한국수학교육학회 수학교사 시리즈 **13**

수학 IN 디자인

신현용 • 유익승 • 문태선 • 신기철 • 신실라 지음

KYOWOOSA 교우사

서문

수학이 과학에 어떠한 의미가 있으며 어떠한 역할을 하는지는 재론할 필요가 없다.

수학의 철학에서의 의미와 역할도 마찬가지이다.

서양 음악의 이론은 수학과 함께 이루어져 오고 있다고 할 수 있고, 건축이나 디자인 등과 같은 미술 이론에서도 수학의 역할을 간과하기 어렵다.

근래에 들어, 우리나라에서도 음악이나 미술 등 예술 전반에 걸쳐 수학의 의의와 역할을 강조하고 설명하는 시도가 활발하고 그 결과 그에 관한 책이 출간되고 있다. 이 책도 그러한 취지에서 구상되었고 집필된 것이다.

이 책은 디자인 학도나 디자인 전문가를 위한 것이 아니다. 이 책은 디자인에서 어떠한 수학을 말할 수 있는지 궁금하거나, 수학교실에서 디자인을 언급하고자 하는 수학교사를 위한 것이다.

이 책의 핵심은 띠와 벽지 문양이다. 띠와 벽지 각각의 문양에 대하여 수학적으로 분류하고, 수학적으로 생성하며, 이러한 수학적 기법들을 우리나라 전통 문양에의 적용을 시도한다.

저자들은 열일곱 개 벽지타입 각각에 해당하는 에셔의 문양을 제시하고자 하였으나 성공하지 못했다. 어떤 사람은 모든 타입의 문양이 있다고 주장하지만 이 책의 저자들은 그 주장을 확인하지 못한 것이다. 훗날, 에셔 기념관을 직접 방문하여 하나하나 찾아봐야 할 것 같다.

마찬가지로, 알함브라 궁전이나 이슬람 문양에서 열일곱 개 벽지타입 각각에 해당하는 문양을 제시하고자 하였으나 이 또한 성공하지 못했다. 어떤 사람은 모든 타입의 문양이 그곳에 있다고 주장하지만 이 책의 저자들은 그 주장도 확인하지 못한 것이다. 저자들은, 훗날, 그곳을 직접 방문하여 하나하나 찾아볼 계획이다.

이 책의 후반부에서는 디자인과 관련하여 학교 수학교실에 적용할만한 소재들을 다룬다. 테셀레이션과 프랙탈이 주요 내용이다. 이러한 주제와 관련된 수학을 전혀 언급하지 않는 것은 어색하여 간략하게 포함시키고, 적절한 프로그램을 활용하여 다양한 문양을 직접 생성할 수 있도록 안내하였다.

이 책의 마지막은 작도가능성과 다항식의 가해성으로서 수학적인 내용이다. 추상대수학의 주요 내용인 이들 주제는 디자인과 관련된 수학에 맞닿아 있다. 가해다항식의 해(근)의 모습은 작도가능한 수의 모습과 크게 다르지 않고, 작도가능성의 문제는 디자인의 문제이다. 더 나아가, 수학과 디자인의 공동 목표는 아름다움에 관한 추구이며 표현이라고 할 수 있다. 저자들은, 수학적 아름다움을 청각적으로 표현한 것이 음악이고, 수학적 아름다움을 시각적으로 표현한 것이 디자인이고 미술이라고 생각한다.

책의 완성도를 높이기 위해 사용되는 수학적 정리의 증명을 가능한 한 제시하였지만, 증명을 자세히 읽지 않아도 이 책의 전체적인 내용을 이해하는 데에는 어려움이 없을 것이다. 특히, Ⅰ장과 Ⅱ장 외에는 증명이 거의 없기 때문에 천천히 읽는 데에 부담이 적을 것이다.

저자와 출판사는 이 책에 오류가 없도록 만전을 기하였으나 오류가 있을 수 있다. 아래 QR 코드를 인식하면 출판 이후에 발견된 오류를 볼 수 있다. 이 정오표는 http://teacheredu.co.kr 의 '논문 및 교수학습 자료'에 있다. 불편을 끼친 것에 대하여 독자 제위께 심심한 사과를 드리며 양해를 구한다.

아무쪼록 이 책이 수학교사에게 조금이나마 도움이 되기를 바란다.

2015년 6월

청주 聖住골에서

저자 일동

차례

CHAPTER

01 디자인에 스민 수학

디자인의 주요 가치를 디자인의 대상이 되는 물건을 통한 아름다움의 창조라고 보고, 아름다움의 요소로서 비례(proportion), 조화(harmony), 그리고 대칭(symmetry) 등을 들 수 있다면 디자인의 본질은 수학과 밀접한 관계가 있음은 분명하다. 디자인과 수학과의 관련성을 탐구해 보기 위해 몇 가지 수학적 개념을 알아보자. 먼저 자연에서도 빈번하게 관찰되는 황금비의 정의부터 살펴보자.

1. 황금비

수열 1, 1, 2, 3, 5, 8, 13, 21, 34, 55, …을 피보나치수열이라고 부른다. 피보나치(Fibonacci 또는 Leonardo of Pisa, 1180−1250)는 다음과 같은 상황으로 이 수열을 소개한다.

> 토끼 한 쌍은 2 개월 후부터 매 달 한 쌍의 새끼를 낳는다. 새로 태어난 쌍도 마찬가지이다. 일 년 후 토끼는 모두 몇 쌍인가?

토끼 쌍의 수를 차례로 구하면 아래 표와 같다.

개월	지금	1	2	3	4	5	6	7	8	…
태어난 쌍	0	0	1	1	2	3	5	8	13	…
전체	1	1	2	3	5	8	13	21	34	…

위 표에서 아래 두 줄에 피보나치수열이 두 개 나타남을 알 수 있다.

피보나치 수열을 $\{a_n\}$으로 나타낼 때, $\frac{a_{n+1}}{a_n}$은 모두 유리수이지만 이 값은 무리수 $\phi = \frac{1+\sqrt{5}}{2}$로 수렴한다는 것을 증명할 수 있다. 무리수 ϕ를 황금비(golden ratio)라고 부른다.

피보나치수열을 이루는 연속하는 두 항(예를 들어, 3과 5, 5와 8 등)이나 황금비가 미술이나 음악 등 여러 예술작품에 등장하는 것은 잘 알려진 사실이다.

문제 1-1 피보나치 수열을 $\{a_n\}$으로 나타낼 때 a_{2k-1}를 마일, a_{2k}를 킬로미터라고 하면 k가 커질수록 정확한 마일–킬로미터 환산이 됨을 확인하여라.

2. 평균

평균으로서 주로 사용하는 것은 다음과 같다.

가. 산술평균

두 수 a, b 사이에 제 삼의 수 c를 끼우되 a와 c 사이의 차이가 c와 b 사이의 차이와 같게 하고자 한다. 차이가 일정한 관계를 원하는 것이다. 이를 수학으로 표현하면 다음과 같다.

$$c - a = b - c$$

이 관계를 정리하면 $c = \frac{a+b}{2}$임을 알 수 있다. 이 값 $\frac{a+b}{2}$를 두 수 a, b의 산술평균(arithmetic mean)이라고 한다.

우리가 보통 '평균'이라고 할 때에는 산술평균을 의미한다.

산술평균에는 덧셈과 뺄셈이 개입한다는 것을 주목할 필요가 있다. 수열 $a, \frac{a+b}{2}, b$는 앞의 수와 뒤의 수의 차이가 동일하므로 등차수열

(arithmetic sequence)이라고 한다. 등차수열 a, $\frac{a+b}{2}$, b를 산술수열이라고도 한다.

나. 기하평균

두 양수 a, b 사이에 제 삼의 양수 c를 끼우되 c를 a로 나눈 몫과 b를 c로 나눈 몫이 같게 하고자 한다. 배율(倍率)이 일정한 관계를 원하는 것이다. 이를 수학으로 표현하면 다음과 같다.

$$\frac{c}{a} = \frac{b}{c}$$

이 관계를 정리하면 $c^2 = ab$ 즉 $c = \sqrt{ab}$ 임을 알 수 있다. 이 값 $\sqrt{ab}$를 두 수 a, b의 기하평균(geometric mean)이라고 한다.

음악에서 말하는 '평균율(equal temperament)'에서 '평균'은 기하평균을 의미한다. 평균율에 의한 열 두 음은 한 옥타브를 열 두 개의 음으로 나누되 기하평균적으로 나눈 것이다.

기하평균에는 곱셈과 나눗셈이 개입한다는 것을 주목할 필요가 있다. 수열 a, $\sqrt{ab}$, b는 앞의 수와 뒤의 비율이 동일하므로 등비수열(geometric sequence)이라고 한다. 등비수열 a, $\sqrt{ab}$, b를 기하수열이라고도 한다.

다. 조화평균

산술평균에서는 두 수의 차이가 일정하고, 기하평균에서는 두 수의 배율이 일정하다. 더 이상 생각할 것이 없을 것 같은데 피타고라스와 당대의 수학자들은 또 하나의 평균을 생각하였다.[1)]

---

1) 일반적으로 두 양의 실수 a, b에 대하여 $M_t(a, b) = \left(\frac{a^t + b^t}{2}\right)^{\frac{1}{t}}$ 는 모두 두 수 a, b의 평균개념이다. 특히 $t=1$일 때 산술평균이고 $t=-1$일 때 조화평균이 된다. $t=0$일 때 $M_t(a, b)$는 정의되지 않으나 $\lim_{t \to 0}\left(\frac{a^t + b^t}{2}\right)^{\frac{1}{t}} = \sqrt{ab}$ 이다.

두 수 a, b가 주어졌을 때, 각각의 두 수의 역수 $\frac{1}{a}$, $\frac{1}{b}$의 산술평균을 구한 후, 그 산술평균의 역수를 구한다. 다시 말하여, 다음 식에서 x를 구하는 것이다.

$$\frac{1}{x}=\frac{\frac{1}{a}+\frac{1}{b}}{2}$$

여기서 x를 구하면 $x=\frac{2ab}{a+b}$이다. 이 수 x를 a, b의 조화평균(harmonic mean)이라고 한다. 즉 a, b의 조화평균은 $\frac{2ab}{a+b}$이다.

피타고라스음계에 의하면 기본음의 주파수를 1이라고 할 때, 주파수가 $\frac{3}{2}$인 음이 완전5도(perfect fifth) 높은 음으로서 기본음과 완벽한 화음을 이루게 된다. 이를 현(絃)의 길이로 말하면 다음과 같다. 기본음을 내는 현의 길이를 1이라고 할 때, 현의 길이가 $\frac{2}{3}$인 음이 완전5도 높은 음으로서 기본음과 완벽한 화음을 이루게 된다. 주파수가 2인 음이 기본음의 한 옥타브 높은 음이므로, 현의 길이를 $\frac{1}{2}$인 음이 기본음의 한 옥타브 높은 음이다. $\frac{2}{3}$는 $\frac{1}{2}$과 1의 조화평균이다.

두 수 a, b의 조화평균을 x라고 하는 것은 $\frac{1}{x}$이 두 수 $\frac{1}{a}, \frac{1}{b}$의 산술평균인 경우이다. 즉, $\frac{1}{x}-\frac{1}{a}=\frac{1}{b}-\frac{1}{x}$이므로 $x=\frac{2ab}{a+b}$이다. 따라서 조화평균에는 덧셈과 곱셈 그리고 뺄셈과 나눗셈이 모두 개입한다. $\frac{1}{a}$, $\frac{1}{\frac{2ab}{a+b}}$, $\frac{1}{b}$는 산술수열이다. 그 역수들의 수열 a, $\frac{2ab}{a+b}$, b를 조화수열(harmonic sequence)이라고 한다.

3. 대칭

대칭은 디자인의 주요 요소 중 하나로 볼 수 있으므로 대칭의 이론은 문양 디자인의 이해와 분류 그리고 생성에서 유용할 수 있다.

그리스의 아름다운 항아리에도 대칭을 발견할 수 있다.

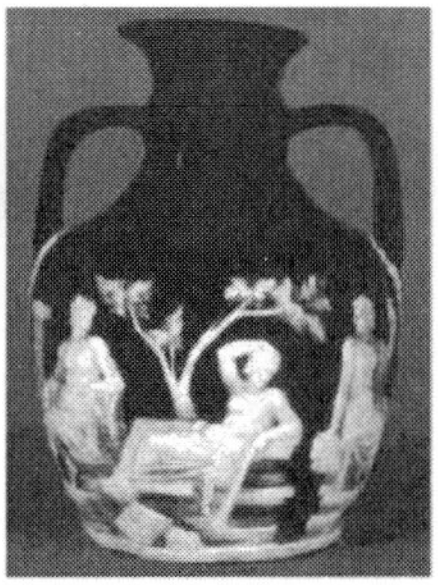

젊은 시인 키츠(Keats, J., 1795-1821)는 그 아름다움에 반해 시 '그리스 항아리에 부치는 노래(Ode on a Grecian Urn)'를 남겼다. 이 시의 마지막은 다음과 같다.

> 'Beauty is truth, truth beauty,'-that is all
> Ye know on earth, and all ye need to know.
> '아름다움은 진리, 진리는 아름다움.' - 이것이
> 당신이 이 땅에서 알아야 할 전부이다.

오른쪽 그림은 키츠의 서명이 있는 그리스 항아리이다.

일반적으로 대칭(symmetry)이라고 하면 어떤 대상을 변화시키지 않는 변환(transformation)을 뜻한다. 여기서 '변화시키지 않는'의 의미는 차차 이해할 수 있을 것이다.

대칭인 변환으로서 대표적인 것은 평행이동(translation), 회전(rotation), 그리고 반사(reflection) 등이 있다.

어떤 대상의 대칭 전체의 집합은 변환의 합성 연산에 의해 군(group)이 된다. 이 군을 그 대상의 '대칭군(symmetry group)'이라고 한다.

가. 집합의 대칭

집합 $\{1, 2, \cdots, n\}$을 변화시키지 않는 변환을 보통 '치환(permutation)'이라고 한다. 집합 $\{1, 2, \cdots, n\}$에서의 치환은 모두 $n!$개 있고 이들 전체의 집합을 S_n이라고 나타낸다. 이 군을 'n차 대칭군(symmetric group of degree n)'이라고 부른다.

앞에서 '대칭군(symmetry group)'을 언급하였는데 우리나라 용어로는 같지만 영어로는 다르다. 뜻도 다르다는 것에 유의하자.

예를 들어, '대칭군(symmetric group) S_n은 집합 $\{1, 2, \cdots, n\}$의 대칭군(symmetry group)이다'라고 표현하는 것이 옳다.

나. 정다각형의 대칭

다음은 잘 알려진 사실이다.

- 정3각형의 대칭군(symmetry group)은 $S_3 = D_3$이다.
- 정n각형의 대칭군은 D_n이다.

대칭군 D_n에 대해서는 뒤에서 다시 설명한다.

4. 군

가. 대칭이론

아름다움의 핵심 요소 중의 하나인 대칭을 잘 설명할 수 있는 이론은 무엇인가? 대칭을 시각적으로 또는 청각적으로 표현할 수 있는데, 대칭을 추상화하고 이론적으로 설명할 수 있는 것이 군론(Group Theory)이다.

나. 군의 정의

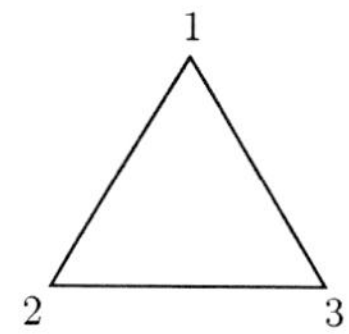

아래 정삼각형의 대칭(또는 대칭변환)은 어떤 것들이 있을까? 즉, 오른쪽 정삼각형을 회전 또는 반사시키되 원래의 모습을 그대로 유지시키는 변환은 어떤 것들이 있을까? 이를 알아보기 위하여 각 꼭짓점에 번호를 다음과 같이 부여하자.

먼저, 다음과 같이 점선을 축으로 하는 반사를 세 개 생각할 수 있다.

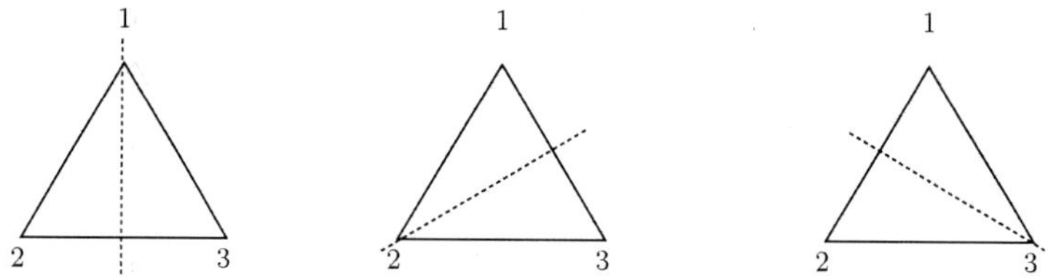

편의상 이 세 개의 반사를 다음과 같이 나타낼 수 있다.

$$(23), (13), (12)$$

여기서 (23)은 '꼭짓점 2를 꼭짓점 3으로 이동시키고 꼭짓점 3을 꼭짓점 2로 이동시키며 여기에 나타나지 않은 꼭짓점 1은 움직이지 않게 하는' 함수(일대일대응)를 뜻한다.

마찬가지로, (13)은 '꼭짓점 1을 꼭짓점 3으로 이동시키고 꼭짓점 3을 꼭짓점 1로 이동시키며 여기에 나타나지 않은 꼭짓점 2는 움직이지 않게 하는' 함수를 뜻한다.

(12)도 동일한 방식으로 이해한다.

한편, 회전은 다음과 같이 세 가지가 있다.

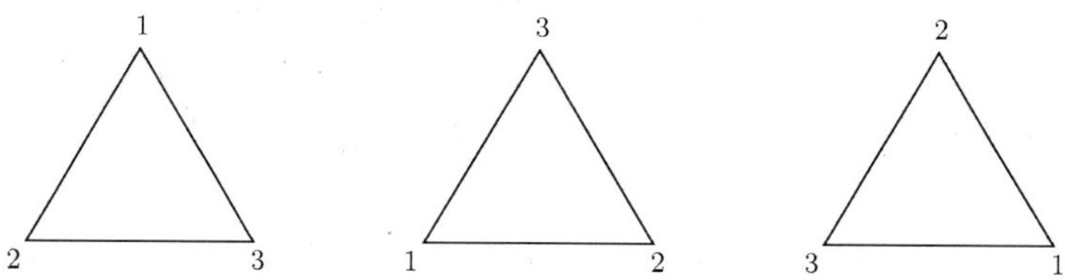

이 세 개의 회전을 다음과 같이 나타내자.

$$1, (123), (132)$$

여기서 1은 원래의 위치 그대로인 경우로서 0°(또는 360°) 회전을 나타내고, (123)은 '꼭짓점 1을 꼭짓점 2의 위치로 이동시키고 꼭짓점 2를 꼭짓점 3의 위치로 이동시키며 꼭짓점 3을 꼭짓점 1의 위치로 이동시키는 함수'로서 원래의 정삼각형을 반시계방향으로 120° 회전시키는 함수(변환)를 뜻한다. 마찬가지로, (132)도 동일한 방식으로 이해하여 반시계방향으로 240° 회전시키는 함수를 나타낸다.

위의 논의를 종합하면, 정삼각형 △의 대칭은 다음과 같이 여섯 개가 있다는 것을 알 수 있다.

$$D_3 = \{1, (12), (13), (23), (123), (132)\}$$

자, 이제 이 집합의 원소 사이에 어떠한 연산을 생각할 수 있을까?

자연스러운 연산은 '변환의 합성'이다. D_3의 원소는 집합 $\{1,2,3\}$에서 $\{1,2,3\}$의 일대일대응이므로 D_3의 원소 두 개가 주어지면 그 두 원소 즉 두 함수의 합성을 생각할 수 있는 것이다. 몇 가지 예를 들어보자. 관례에 따라 두 함수 σ, τ의 합성은 $\tau \circ \sigma$로 나타내고 σ를 먼저 시행하고 τ를 뒤에 시행하는 것으로 한다.

먼저, $(123) \circ (23)$을 계산하여 보자.

- 1은 대칭(변환) (23)에 의하여 1로 대응되고, 1은 대칭 (123)에 의하여 2로 대응되므로 1은 $(123) \circ (23)$에 의하여 2로 대응된다.
- 2는 대칭 (23)에 의하여 3으로 대응되고, 3은 대칭 (123)에 의하여 1로 대응되므로 2는 $(123) \circ (23)$에 의하여 1로 대응된다.
- 3은 대칭 (23)에 의하여 2로 대응되고, 2는 대칭 (123)에 의하여 3으로 대응되므로 3은 $(123) \circ (23)$에 의하여 3으로 대응된다.

따라서 $(123) \circ (23) = (12)$임을 알 수 있다. 같은 방법으로, $(23) \circ (123)$

$=(13)$임을 확인할 수 있으며 다른 모든 경우도 쉽게 계산할 수 있다. 따라서 집합 D_3은 합성연산에 관하여 닫혀있다. 다시 말하면, 집합 D_3에는 합성연산이 잘 정의된다.

이제, 다음 사실을 관찰할 수 있다.

- 항등원이 존재한다. 실제로, D_3의 원소 1은 항등원이다.
- 합성연산에 관한 결합법칙이 성립한다. 왜냐면, 대칭(변환)은 함수이고 함수의 합성에 관하여 결합법칙이 성립한다는 것을 잘 알려진 사실이기 때문이다.
- D_3의 모든 원소는 역원을 갖는다. 이 사실은 두 가지 방법으로 알 수 있다. 첫째 방법은 다음과 같다. D_3의 임의의 원소 σ는 집합 $\{1,2,3\}$에서 $\{1,2,3\}$의 일대일대응이므로 σ의 역함수 σ^{-1}는 존재하고 σ^{-1}도 집합 $\{1,2,3\}$에서 $\{1,2,3\}$의 일대일대응이다. D_3는 집합 $\{1,2,3\}$에서 $\{1,2,3\}$의 일대일대응 전체의 집합이므로 σ^{-1}는 D_3의 원소이다. 둘째 방법은 D_3의 모든 원소에 대하여 역원을 직접 계산하는 것이다. 이 두 방법에 의해 다음을 확인할 수 있다.

1의 역원은 1이다.
(12)의 역원은 (12)이다.
(13)의 역원은 (13)이다.
(23)의 역원은 (23)이다.
(123)의 역원은 (132)이다.

군의 정의는 다음과 같다.

G가 집합이고, $\cdot$ 는 G에 정의된 연산이라고 하자. $(G, \cdot)$가 다음 조건을 만족시킬 때 $(G, \cdot)$는 군(group)이라고 한다.

- 임의의 $x, y, z \in G$에 대하여 $(x \cdot y) \cdot z = x \cdot (y \cdot z)$이다.

- 모든 $x \in G$에 대하여 $x \cdot e = e \cdot x = x$인 $e \in G$가 존재한다.
- 임의의 $x \in G$에 대하여 $x \cdot x' = x' \cdot x = e$인 $x' \in G$가 존재한다.

위의 세 가지 성질을 다음과 같이 말할 수 있다.

- G에서 연산 ·에 관한 결합법칙이 성립한다.
- G에는 연산 ·에 관한 항등원 e가 존재한다.
- 임의의 $x \in G$는 연산 ·에 관한 역원 x'을 가진다.

즉, 집합 G에 정의된 연산 · 에 관하여 결합법칙이 성립하고 항등원이 존재하며 모든 원소의 역원이 존재하면 군이다. 항등원 e를 '1'로 나타내기도 한다.

군 $(G, \cdot)$에서 연산 · 이 무엇인지 분명할 때에는 그냥 '군 G'라고 말하고, G의 두 원소 x, y의 연산 $x \cdot y$를 간략히 xy로 나타낸다.

다음이 성립함을 확인하여 보자.

- 자연수 전체의 집합 $\mathrm{N} = \{1, 2, 3, \cdots\}$에 덧셈을 생각하면 덧셈에 관하여 닫혀있고, 덧셈에 관한 결합법칙이 성립한다. 그러나 덧셈에 관한 항등원, 즉 0은 존재하지 않는다. 덧셈에 관한 항등원이 존재하지 않기 때문에 덧셈에 관한 역원은 생각할 수 없다.
- 0과 자연수 전체의 집합 $W = \{0, 1, 2, 3, \cdots\}$에 덧셈을 생각하면 덧셈에 관하여 닫혀있고, 덧셈에 관한 결합법칙이 성립하며 덧셈에 관한 항등원, 즉 0이 존재한다. 그러나 모든 원소의 덧셈에 관한 역원이 존재하는 것은 아니다. 사실 0 이외의 어떠한 원소도 역원을 가지지 않는다.

군의 정의에서는 '교환법칙'을 요구하지 않는다. 교환법칙은 다음을 뜻한다.

임의의 $x, y \in G$에 대하여 $x \cdot y = y \cdot x$이다.

교환법칙도 만족시키는 군에는 특별한 이름을 붙인다. 실제로, 군 $(G, \cdot)$가 교환법칙을 추가로 만족시킬 때 $(G, \cdot)$는 가환군(abelian group)이라고 한다.

이상으로부터 D_3는 합성연산에 관하여 군의 구조가 된다는 것을 알 수 있다. 이 군을 정삼각형의 '대칭군(group of symmetric)'이라고 한다. 앞에서 이미 확인하였듯이 $(123) \circ (23) = (12)$이지만 $(23) \circ (123) = (13)$이므로 D_3는 가환군이 아니다.

다. 부분군

군 $(G, \cdot)$의 $\varnothing$이 아닌 부분집합 H가 G에서와 동일한 연산 $\cdot$에 관하여 군이 될 때 H를 G의 부분군(subgroup)이라고 하고 기호로 $H \leq G$와 같이 나타낸다.

몇 가지 예를 살펴보자.

- 군 $\mathbb{Z}$에서 5의 배수 전체의 집합 $\{\cdots, -10, -5, 0, 5, 10, \cdots\}$은 $\mathbb{Z}$의 부분군이다.
- $A_3 = \{1, (123), (132)\}$는 $S_3 = \{1, (12), (13), (23), (123), (132)\}$의 부분군이다.
- D_4는 S_4의 부분군이다.

라. 잉여류

군 G와 G의 부분군 H에 대하여 임의의 $x, y \in G$에 관하여 다음과 같이 정의되는 관계 $\sim$를 생각하여 보자.

$$x \sim y \Leftrightarrow xy^{-1} \in H$$

이 관계 $\sim$는 G 위에서의 동치관계임을 쉽게 보일 수 있다. 따라서 G는 동치류로 분할되며, $x \in G$의 동치류는 $Hx = \{hx \mid h \in H\}$이다. 한편, 관계 $\sim'$을 다음과 같이 정의하자.

$$x \sim' y \Leftrightarrow x^{-1}y \in H$$

이 관계도 동치관계이며 이 동치관계에 의한 x의 동치류는 $xH = \{xh | h \in H\}$이다. Hx를 x에 의한 우잉여류(right coset)라고 하고, xH를 x에 의한 좌잉여류(left coset)라고 한다. 일반적으로 Hx와 xH는 같지 않다.

예를 하나 들어보자.

$G = S_3 = \{1, (12), (13), (23), (123), (132)\}$, $H = \{1, (12)\}$, 그리고 $x = (13)$인 경우에 $Hx = \{1, (132)\}$이고 $xH = \{1, (123)\}$이다.

마. 정규부분군

부분군 중에는 정규부분군이라고 불리는 매우 쓸모 있는 것이 있다. 정규부분군이 무엇인지 간단한 예를 통하여 알아보자.

군 $G = D_3 = \{1, (12), (13), (23), (123), (132)\}$는 여러 개의 부분군을 갖는다. 그 중에 $H = \{1, (12)\}$와 $N = \{1, (123), (132)\}$이 있다. 이 두 부분군에는 다음과 같은 차이가 있다.

G의 원소 $g = (13)$와 H의 원소 (12)에 대하여 $g(12)g^{-1} = (13)(12)(13) = (23)$이므로 $g(12)g^{-1} \notin H$ 이다. 그러나 G의 임의의 원소 g와 N의 임의의 원소 n에 대하여 $gng^{-1} \in N$ 임을 보일 수 있다. 다시 말하여, G의 임의의 원소 g와 H의 임의의 원소 h에 대하여 $ghg^{-1} \in H$ 라고 할 수 없으나, G의 임의의 원소 g와 N의 임의의 원소 n에 대하여 $gng^{-1} \in N$ 이라는 것이다.

군 G의 부분군 N에 대하여, G의 임의의 원소 g와 N의 임의의 원소 n에 대하여 $gng^{-1} \in N$ 일 때, N을 G의 '정규부분군(normal subgroup)'이라고 한다.

위에서 G의 부분군 H는 G의 정규부분군이 아니다.

군 G가 가환군이라면 G의 임의의 부분군 N은 G의 정규부분군임을 알 수 있다. G의 임의의 원소 g와 N의 임의의 원소 n에 대하여 $gng^{-1} = gg^{-1}n = n \in N$이기 때문이다.

> **문제 1-2** 다음을 확인하여라.
> 군 G의 정규부분군 N과 임의의 원소 $g \in G$에 대하여 $gN = Ng$이다. 즉, 정규부분군에 의한 분할의 경우에는 임의의 원소 $g \in G$에 의한 좌잉여류와 우잉여류는 같다.

바. 상군

새롭게 얻은 집합 G/N에 적절한 연산을 정의하여 G/N에게 군의 구조를 주고자 한다. 원래의 집합 G가 군이므로 G로부터 얻은 새로운 집합 G/N가 군을 이룰 것임을 기대할 수 있다.

문제는 'G/N의 원소들 사이에 연산을 어떻게 정의하여야 할까?'이다.

N을 G의 정규부분군이라고 하고 G/N에 다음과 같은 연산을 생각해 보자.

$$NxNy = Nxy$$

쉽게 말하면, 'x의 잉여류와 y의 잉여류를 연산하면 xy의 잉여류'라는 것이다. 여기서 xy는 'x와 y의 G에서의 연산'이다. 결국, G/N에서의 연산은 G에서의 연산을 기반으로 하는 것이다.

이 연산이 잘 정의된 연산임을 보이는 것은 다음을 보이면 된다.

$$Nx_1 = Nx_2 \text{이고 } Ny_1 = Ny_2 \text{이면}$$

$$Nx_1Ny_1 = Nx_2Ny_2 \ (\text{즉, } Nx_1y_1 = Nx_2y_2)$$

이것을 증명할 때 다음의 사실이 사용된다.

G의 두 원소 x, y에 관하여 $Nx = Ny$이면 $xy^{-1} \in N$이다. 역으로, $xy^{-1} \in N$이면 $Nx = Ny$이다.

이 사실을 다음과 같이 증명할 수 있다. 먼저, $Nx = Ny$이면 $n'x = n''y$

인 $n', n'' \in N$가 있다. 이 관계로부터 $xy^{-1} = (n')^{-1}n'' \in N$임을 일 수 있다. 역으로, $xy^{-1} \in N$라고 하자. $xy^{-1} = n, n \in N$ 이다. 이제, $z \in Nx$ 이면 $z = n_1 x, n_1 \in N$인데 $x = ny$이므로 $z = n_1 x = n_1 ny \in Ny$임을 알 수 있다. 이는 $Nx \subset Ny$라는 뜻이다. 마찬가지 방법으로 $Ny \subset Nx$임을 보일 수 있다. $Nx \subset Ny$ 이고 $Ny \subset Nx$이므로 $Nx = Ny$이다.

이제, $Nx_1 = Nx_2$이고 $Ny_1 = Ny_2$이면 $Nx_1 Ny_1 = Nx_2 Ny_2$ 즉, $Nx_1 y_1 = Nx_2 y_2$임을 보이기 위해서는 $(x_1 y_1)(x_2 y_2)^{-1} \in N$임을 보이면 충분하다. 그런데 $Nx_1 = Nx_2$ 이고 $Ny_1 = Ny_2$이므로 $x_1 x_2^{-1} \in N$이고 $y_1 y_2^{-1} \in N$ 이다. 다음이 성립한다.

$$
\begin{aligned}
(x_1 y_1)(x_2 y_2)^{-1} &= (x_1 y_1)(y_2^{-1} x_2^{-1}) \\
&= x_1 x_2^{-1} x_2 (y_1 y_2^{-1}) x_2^{-1} \\
&= (x_1 x_2^{-1}) x_2 (y_1 y_2^{-1}) x_2^{-1}
\end{aligned}
$$

여기서 $x_1 x_2^{-1} \in N$, $y_1 y_2^{-1} \in N$, 그리고 N은 G의 정규부분군이므로 $(x_1 y_1)(x_2 y_2)^{-1} \in N$임을 알 수 있다.

집합 G/N은 위에서 정의된 연산에 관하여 군이 된다는 것을 어렵지 않게 알 수 있다.

- 집합 G/N에서는 위에서 정의된 연산에 관한 결합법칙이 성립한다. G/N의 세 원소 Nx, Ny, Nz에 대하여 다음을 알 수 있다.

$$
\begin{aligned}
(NxNy)Nz &= (Nxy)Nz = N(xy)z \\
&= Nx(yz) = Nx(Nyz) = Nx(NyNz)
\end{aligned}
$$

- 군 G의 항등원을 e라고 하면, $N = Ne$는 G/N의 항등원이다. G/N의 임의의 원소 Nx에 대해 $NxNe = Nxe = Nx = Nex = NeNx$이기 때문이다.

- G/N의 임의의 원소 Nx에 대해 Nx^{-1}는 Nx의 역원이다. 여기서 x^{-1}는 G에서 x의 역원을 나타낸다. $Nx^{-1}Nx = Nx^{-1}x = Ne = Nxx^{-1} = NxNx^{-1}$임에 주목하면 된다.

이상으로부터 G/N에서의 결합법칙, 항등원, 역원에 관한 성질 각각은 모두 원래의 군 G에서의 결합법칙, 항등원, 역원의 성질에 기반을 둔다는 것을 알 수 있다.

이렇게 얻은 군 G/N을 'G의 N에 의한 상군(quotient group)'이라고 한다. 상군을 구성하는 과정에서 정규부분군의 필요성에 주목하여야 한다.

상군의 예를 들어보자. 대칭군 $S_3 = \{1,(12),(13),(23),(123),(132)\}$의 정규부분군 $A_3 = \{1,(123),(132)\}$에 의한 상군은 다음과 같다.

$$S_3/A_3 = \{\mathrm{A}_3, \mathrm{A}_3(12)\}$$

여기서 $A_3 \in S_3/A_3$는 항등원이고, $A_3(12)A_3(12) = A_3$이다.

또 하나의 중요한 예를 생각하여보자.

앞에서 법(modulus) n에 관한 잉여류 군 $\mathbb{Z}_n$을 소개하였다. 실제로 $\mathbb{Z}_n$은 상군이다. 그 이유는 다음과 같다.

정수 전체의 집합 $\mathbb{Z}$는 덧셈에 관하여 가환군이고, 임의의 자연수 n에 대하여 n의 배수 전체의 집합 $n\mathbb{Z} = \{\cdots, -2n, -n, 0, n, 2n, \cdots\}$은 $\mathbb{Z}$의 부분군이다. $\mathbb{Z}$는 가환군이므로 $n\mathbb{Z}$는 정규부분군이다.

이제, $G = \mathbb{Z}$이고 $N = n\mathbb{Z}$라고 하면 임의의 $x \in G$에 대하여 잉여류 Nx는 $N + x$와 같이 표현되는 것이 자연스럽다. 이 군 $G = \mathbb{Z}$에서의 연산이 덧셈(+)이기 때문이다. 즉,

$N + x = \{nk + x \mid k \in \mathbb{Z}\}$이다. 따라서 $\mathbb{Z}$의 $n\mathbb{Z}$에 의한 상군 $\mathbb{Z}/n\mathbb{Z}$의 원소는 $N + x$ $(x \in \mathbb{Z})$와 같은 꼴이고 $(N+x)+(N+y) = N+(x+y)$이다. 이 상군이 $\mathbb{Z}_n$이다.

사. 순환군

군 G와 G의 한 원소 g에 대하여 g를 포함하는 G의 부분군 중에서 가장 작은 부분군을 'g로 생성되는 부분군'이라고 하고, 이 부분군을 $< g >$로 나타낸다.

몇 가지 예를 살펴보자.

- 군 $\mathbb{Z}$에서 $< 2 >$는 짝수 전체로 이루어지는 부분군이다.
- 군 $S_3 = \{1,(12),(13),(23),(123),(132)\}$ 에서 $< (12) >= \{1,(12)\}$ 이다.
- 군 $D_4 = \{1,(12)(34),(14)(23),(24),(13),(1234),(13)(24),(1432)\}$ 에서 다음을 알 수 있다.

$$< (1234) >= \{1,(1234),(13)(24),(1432)\}$$

어떤 군 G에 원소 g가 있어서 $G=< g >$일 때, 군 G를 'g에 의하여 생성되는 순환군(cyclic group)'이라고 하고, 원소 g를 '생성자(generator)'라고 한다.

몇 가지 예를 살펴보자.

정수 전체의 집합이 덧셈에 관하여 이루는 군 $\mathbb{Z}$는 순환군이다. $\mathbb{Z} =< 1 >$이기 때문이다. 따라서 $\mathbb{Z}$는 무한순환군이다. 이런 의미에서 $\mathbb{Z}$를 C_∞로 표기하기도 한다.

'순환군'이라는 용어는 유한순환군을 살피면 그 뜻이 분명해진다. 예를 들어, S_3의 부분군 $A_3 = \{1, (123), (132)\}$는 $< (123) >$이므로 A_3는 $g = (123)$으로 생성되는 순환군이다. 여기서 다음 사실을 주목하자.

$$g^0 = 1,\ g^1 = g = (123),\ g^2 = g \circ g = (132)$$
$$g^3 = g \circ g \circ g = 1,\ g^4 = g \circ g \circ g \circ g = (123),$$
$$g^5 = g \circ g \circ g \circ g \circ g = (132),$$
$$\cdots$$

이처럼 순환군 A_3에서는 A_3의 생성자 g 하나를 가지고 계속 연산해 나가면 세 번 째를 주기로 계속 '순환'한다는 것을 알 수 있다. 다시 말하면, 계속 연산하여도 세 개의 원소 밖에는 생성하지 못한다.

군 $\mathbb{Z}_n$은 위수(order, 원소의 개수)가 n인 유한순환군이다. $\mathbb{Z}_n$을 C_∞로 표기하기도 한다.

아. 직적과 반직적

1) 직적

군 G의 두 개의 정규부분군 H와 K가 $H \cap K = \{e\}$이고 $G = HK$를 만족시킬 때, 군 G를 두 정규부분군 H, K에 의한 직적(direct product)이라 하고 기호로 $G = H \times K$로 나타낸다. 예를 들어, 클라인의 사원군 $V_4 = \{1, (12)(34), (14)(23), (13)(24)\}$에서 $H = \{1, (12)(34)\}$이고 $K = \{1, (14)(23)\}$라고 하면 V_4는 H, K에 의한 직적이다.

군 G가 두 정규부분군 M과 N에 의한 직적이면 임의의 $m \in M$과 $n \in N$에 대하여 $mn = nm$이다.

2) 반직적

군 G의 정규부분군 H와 부분군 K가 $H \cap K = \{e\}$이고 $G = HK$를 만족시킬 때, 군 G를 두 부분군 H, K에 의한 반직적(semi-direct product)이라 하고 기호로 $G = H \rtimes K$로 나타낸다. 예를 들어, 대칭군 $S_3 = \{1, (12), (13), (23), (123), (132)\}$에서 $H = \{1, (123), (132)\}$이고 $K = \{1, (12)\}$이라고 하면 $H \cap K = \{e\}$이고 $S_3 = HK$이므로 S_3는 H, K에 의한 반직적이다. 이 경우, K가 S_3의 정규부분군이 아니기 때문에 S_3는 H, K에 의한 직적은 아니다.

자. 정이면체군

정n각형의 대칭군 D_n을 '정이면체군(dihedral group)'이라고 한다. 정다각형을 '면이 두 개인 정다면체'로 본 것으로 이해하면 된다.

정이면체군은 다음과 같이 표현할 수 있다.

$$D_n = < \tau, \sigma \mid \tau^2 = 1 = \sigma^n, \tau\sigma\tau = \sigma^{n-1} >$$

실제로, n개의 회전변환으로 이루어진 부분군 $< \sigma >$는 정규부분군이고 $< \sigma > \cap < \tau > = \{1\}$ 이며 $D_n = < \sigma > < \tau >$이다. 즉, D_n은 $< \sigma >$와 $< \tau >$에 의한 반직적이다.

> **문제 1-3** 정이면체군 D_3을 예로 하여 다음을 확인하여라.
> 군 G가 정규부분군 M과 부분군 N에 의한 반직적 $G = MN$일 때에는 임의의 $m \in M$과 $n \in N$에 대하여 $mn = nm$라고 할 수 없다.

정이면체군은 보통 $n \geq 3$인 경우에 생각하지만

$$D_1 = < \tau, \sigma \mid \tau^2 = 1 = \sigma >, \; D_2 = < \tau, \sigma \mid \tau^2 = 1 = \sigma^2, \tau\sigma\tau = \sigma >$$

인 경우도 생각하면 편리하다. D_1은 위수가 2인 군이고, D_2는 클라인의 사원군 V_4이다.

한편, 무한정이면체군(infinite dihedral group)은 다음과 같이 표현된다.

$$D_\infty = < \tau, \sigma \mid \tau^2 = 1, \tau\sigma\tau = \sigma^{-1} >$$

이 경우 $< \sigma >$는 무한순환군으로서 $\mathbb{Z}$와 동형이고, D_∞는 $< \sigma >$와 $< \tau >$에 의한 반직적이다.

5. 등거리변환

클라인(F. Klein, 1849–1925)은 '기하는 변환군(group of transformations)에 불변(invariant)인 구조를 갖는 대상을 연구하는 것'이라고 하여, 변환군을 이용하여 기하학을 분류하였다. 이는 기하학적인 성질을 군(group)의 개념으로 설명할 수 있음을 의미한다.

> **문제 1-4** 클라인의 '에르랑겐(Erlangen) 프로그램'의 내용을 대략적으로 조사하여라.

변환군의 한 가지 예를 $\mathbb{R}^2$에서 알아보자.

여기에서는 직각좌표계를 사용하는 것으로 하고, 두 점 $X=(x_1, y_1)$, $Y=(x_2, y_2)$ 사이의 거리는 유클리드 거리

$$\|X-Y\|=\sqrt{(x_1-x_2)^2+(y_1-y_2)^2}$$

이다.

함수 $f:\mathbb{R}^2 \to \mathbb{R}^2$가 존재하여 임의의 두 점 (x_1, y_1), (x_2, y_2) 사이의 거리와 $f(x_1, y_1)$, $f(x_2, y_2)$ 사이의 거리가 같을 때, f를 등거리변환(isometry)이라고 한다.

평면에서의 등거리변환을 행렬의 곱으로 표현하기 위해 점 (x_1, y_1)을 2×1행렬 $\begin{bmatrix} x_1 \\ y_1 \end{bmatrix}$로 나타내기로 한다. $\mathbb{R}^2$에서의 등거리변환으로서, 다음과 같이 네 가지를 생각할 수 있다.

가. 평행이동

좌표평면에서 어떤 점 $\begin{bmatrix} x_1 \\ y_1 \end{bmatrix}$을 $\begin{bmatrix} e \\ f \end{bmatrix}$만큼 평행이동시키는 등거리변환은 다음과 같이 나타내어진다.

$$\begin{bmatrix} x_2 \\ y_2 \end{bmatrix}=\begin{bmatrix} 1 & 0 \\ 0 & 1 \end{bmatrix}\begin{bmatrix} x_1 \\ y_1 \end{bmatrix}+\begin{bmatrix} e \\ f \end{bmatrix}$$

이것을 다음과 같이 행렬 하나로 나타내면 편리하다. 이 경우, $\mathbb{R}^2$의 벡터 $\begin{bmatrix} x_1 \\ y_1 \end{bmatrix}$는 $\begin{bmatrix} x_1 \\ y_1 \\ 1 \end{bmatrix}$로 표현된다.

$$\begin{bmatrix} x_2 \\ y_2 \\ 1 \end{bmatrix}=\begin{bmatrix} 1 & 0 & e \\ 0 & 1 & f \\ 0 & 0 & 1 \end{bmatrix}\begin{bmatrix} x_1 \\ y_1 \\ 1 \end{bmatrix}$$

이러한 등거리변환을 평행이동(translation)이라고 한다.

예를 들어, 점 $(1, 2)$를 $\vec{u}=(-2, 1)$만큼 평행이동 한 후, $\vec{v}=(3, -1)$

만큼 평행이동 시킨 점을 찾아보자.

점 $(1,2)$를 $\vec{u}=(-2,1)$만큼 평행이동 시킨 점은 $(-1,3)$이고, 이 점을 다시 $\vec{v}=(3,-1)$만큼 평행이동 시킨 점은 $(2,\ 2)$이다.

이것을 행렬을 이용하여 나타내면 다음과 같다.

$\vec{u}=(-2,1)$만큼 평행이동을 나타내는 행렬은 $\begin{bmatrix}1&0&-2\\0&1&1\\0&0&1\end{bmatrix}$이고, $\vec{v}=(3,-1)$만큼 평행이동을 나타내는 행렬은 $\begin{bmatrix}1&0&3\\0&1&-1\\0&0&1\end{bmatrix}$이다. 따라서 구하는 점은 $\begin{bmatrix}1&0&3\\0&1&-1\\0&0&1\end{bmatrix}\begin{bmatrix}1&0&-2\\0&1&1\\0&0&1\end{bmatrix}\begin{bmatrix}1\\2\\1\end{bmatrix}=\begin{bmatrix}2\\2\\1\end{bmatrix}$, 즉 $(2,2)$이다.

나. 회전변환

원점을 중심으로 반시계방향으로 θ만큼 회전시키는 등거리변환은 다음과 같이 나타내어진다.

$$\begin{bmatrix}x_2\\y_2\end{bmatrix}=\begin{bmatrix}\cos\theta&-\sin\theta\\\sin\theta&\cos\theta\end{bmatrix}\begin{bmatrix}x_1\\y_1\end{bmatrix}$$

이것을 다음과 같이 나타낼 수 있다.

$$\begin{bmatrix}x_2\\y_2\\1\end{bmatrix}=\begin{bmatrix}\cos\theta&-\sin\theta&0\\\sin\theta&\cos\theta&0\\0&0&1\end{bmatrix}\begin{bmatrix}x_1\\y_1\\1\end{bmatrix}$$

이러한 등거리변환을 회전(rotation)이라고 한다.

이 책에서의 회전은 특별한 언급이 없는 한 반시계방향이다.

다. 반사

원점을 지나는 직선 $y=\left(\tan\dfrac{\theta}{2}\right)x$에 관하여 반사시키는 등거리변환은 다음과 같이 나타내어진다. 여기서, $\theta=0$인 경우는 x축에 관한 반사이고, $\theta=\pi$인 경우는 y축에 관한 반사이다.

$$\begin{bmatrix} x_2 \\ y_2 \end{bmatrix} = \begin{bmatrix} \cos\theta & \sin\theta \\ \sin\theta & -\cos\theta \end{bmatrix} \begin{bmatrix} x_1 \\ y_1 \end{bmatrix}$$

이것을 다음과 같이 나타낼 수 있다.

$$\begin{bmatrix} x_2 \\ y_2 \\ 1 \end{bmatrix} = \begin{bmatrix} \cos\theta & \sin\theta & 0 \\ \sin\theta & -\cos\theta & 0 \\ 0 & 0 & 1 \end{bmatrix} \begin{bmatrix} x_1 \\ y_1 \\ 1 \end{bmatrix}$$

이러한 등거리변환을 반사(reflection)라고 한다.

문제 1-5 원점을 축으로 하는 회전과 원점을 지나는 직선을 축으로 하는 반사에 대하여 다음을 확인하여라.

$$\begin{bmatrix} \cos\theta & \sin\theta \\ \sin\theta & -\cos\theta \end{bmatrix} = \begin{bmatrix} \cos\theta & -\sin\theta \\ \sin\theta & \cos\theta \end{bmatrix} \begin{bmatrix} 1 & 0 \\ 0 & -1 \end{bmatrix} \text{이고}$$

$$\begin{bmatrix} \cos\theta & -\sin\theta \\ \sin\theta & \cos\theta \end{bmatrix} = \begin{bmatrix} \cos\theta & \sin\theta \\ \sin\theta & -\cos\theta \end{bmatrix} \begin{bmatrix} 1 & 0 \\ 0 & -1 \end{bmatrix}$$

이므로 반사는 회전과 반사의 곱이고, 회전은 반사와 반사의 곱이다.

위에서 오른쪽 관계를 다음과 같이 확인할 수 있다.

그림에서 원점을 지나는 직선 $y = \left(\tan\frac{\theta}{2}\right)x$를 축으로 하는 반사를 나타내는 대칭은 $\begin{bmatrix} \cos\theta & \sin\theta \\ \sin\theta & -\cos\theta \end{bmatrix}$이다. 이 대칭은 다음 그림에서와 같이 생각할 수 있다.

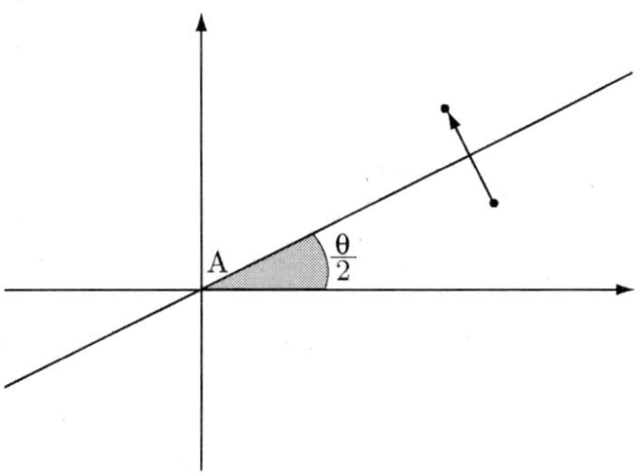

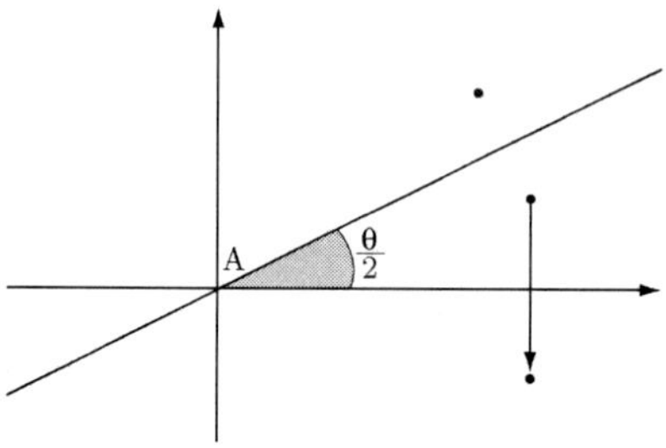

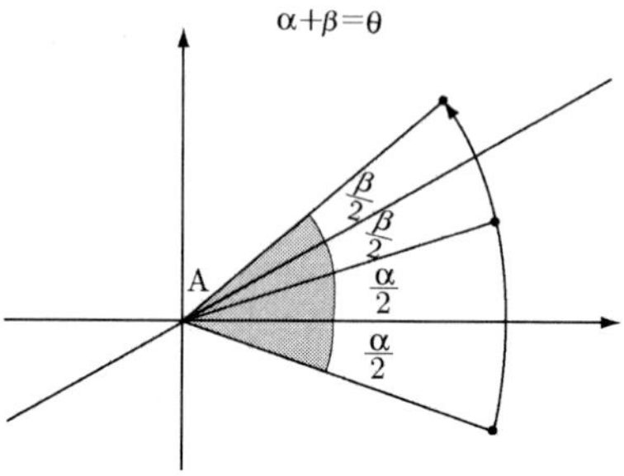

즉, 대칭 $\begin{bmatrix}\cos\theta & \sin\theta \\ \sin\theta & -\cos\theta\end{bmatrix}$은 주어진 점을 x축에 대하여 반사를 시킨 다음, 원점을 축으로 하여 θ만큼 반시계방향으로 회전시킨 결과와 같다. 이 관계를 행렬로 나타내면 다음과 같다.

$$\begin{bmatrix}\cos\theta & -\sin\theta \\ \sin\theta & \cos\theta\end{bmatrix}\begin{bmatrix}1 & 0 \\ 0 & -1\end{bmatrix}=\begin{bmatrix}\cos\theta & \sin\theta \\ \sin\theta & -\cos\theta\end{bmatrix}$$

한편, 원점을 지나는 직선을 축으로 하는 두 반사의 곱은 회전임을 다음 등식으로부터 알 수 있다.

$$\begin{bmatrix}\cos\alpha & \sin\alpha \\ \sin\alpha & -\cos\alpha\end{bmatrix}\begin{bmatrix}\cos\beta & \sin\beta \\ \sin\beta & -\cos\beta\end{bmatrix}$$

$$=\begin{bmatrix}\cos\alpha\cos\beta+\sin\alpha\sin\beta & -(\sin\alpha\cos\beta-\cos\alpha\sin\beta) \\ \sin\alpha\cos\beta-\cos\alpha\sin\beta & \cos\alpha\cos\beta+\sin\alpha\sin\beta\end{bmatrix}$$

$$=\begin{bmatrix}\cos(\alpha-\beta) & -\sin(\alpha-\beta) \\ \sin(\alpha-\beta) & \cos(\alpha-\beta)\end{bmatrix}$$

라. 미끄럼반사

직선 $y=\left(\tan\dfrac{\theta}{2}\right)x$에 대하여 반사시킨 후, 반사축을 따라 $\begin{bmatrix}e \\ f\end{bmatrix}$만큼 평행이동시키는 등거리변환은 다음과 같이 나타내어진다.

$$\begin{bmatrix}x_2 \\ y_2\end{bmatrix}=\begin{bmatrix}\cos\theta & \sin\theta \\ \sin\theta & -\cos\theta\end{bmatrix}\begin{bmatrix}x_1 \\ y_1\end{bmatrix}+\begin{bmatrix}e \\ f\end{bmatrix}$$

이것을 다음과 같이 나타낼 수 있다.

$$\begin{bmatrix} x_2 \\ y_2 \\ 1 \end{bmatrix} = \begin{bmatrix} \cos\theta & \sin\theta & e \\ \sin\theta & -\cos\theta & f \\ 0 & 0 & 1 \end{bmatrix} \begin{bmatrix} x_1 \\ y_1 \\ 1 \end{bmatrix}$$

여기서, 벡터 $\begin{bmatrix} e \\ f \end{bmatrix}$는 반사축과 평행이므로 $f = \left(\tan\frac{\theta}{2}\right)e$이다. 이러한 등거리변환을 미끄럼반사(glide reflection)라고 한다.

미끄럼반사에서처럼 평행이동을 반사축과 평행하게 이동시킨다면 $f = \left(\tan\frac{\theta}{2}\right)e$이므로 다음을 알 수 있다.

$$\begin{aligned} e\cos\theta + f\sin\theta &= e\cos\theta + e\tan\frac{\theta}{2}\sin\theta \\ &= e\left(\cos^2\frac{\theta}{2} - \sin^2\frac{\theta}{2} + 2\frac{\sin\frac{\theta}{2}}{\cos\frac{\theta}{2}}\sin\frac{\theta}{2}\cos\frac{\theta}{2}\right) \\ &= e\left(\cos^2\frac{\theta}{2} + \sin^2\frac{\theta}{2}\right) = e \end{aligned}$$

$$\begin{aligned} e\sin\theta - f\cos\theta &= f\frac{\sin\theta}{\tan\frac{\theta}{2}} - f\cos\theta \\ &= 2f\frac{\cos\frac{\theta}{2}}{\sin\frac{\theta}{2}}\sin\frac{\theta}{2}\cos\frac{\theta}{2} - f\left(\cos^2\frac{\theta}{2} - \sin^2\frac{\theta}{2}\right) \\ &= f\left(2\cos^2\frac{\theta}{2} - \cos^2\frac{\theta}{2} + \sin^2\frac{\theta}{2}\right) = f \end{aligned}$$

이므로

$$\begin{aligned} \begin{bmatrix} \cos\theta & \sin\theta & 0 \\ \sin\theta & -\cos\theta & 0 \\ 0 & 0 & 1 \end{bmatrix} \begin{bmatrix} 1 & 0 & e \\ 0 & 1 & f \\ 0 & 0 & 1 \end{bmatrix} &= \begin{bmatrix} \cos\theta & \sin\theta & e\cos\theta + f\sin\theta \\ \sin\theta & -\cos\theta & e\sin\theta - f\cos\theta \\ 0 & 0 & 1 \end{bmatrix} \\ &= \begin{bmatrix} \cos\theta & \sin\theta & e \\ \sin\theta & -\cos\theta & f \\ 0 & 0 & 1 \end{bmatrix} \\ &= \begin{bmatrix} 1 & 0 & e \\ 0 & 1 & f \\ 0 & 0 & 1 \end{bmatrix} \begin{bmatrix} \cos\theta & \sin\theta & 0 \\ \sin\theta & -\cos\theta & 0 \\ 0 & 0 & 1 \end{bmatrix} \end{aligned}$$

이다.

즉, 직선 $y=\left(\tan\frac{\theta}{2}\right)x$에 대하여 반사시킨 후 이 반사축을 따라 $\begin{bmatrix} e \\ f \end{bmatrix}$만큼 평행이동시키는 등거리변환은, 직선 $y=\left(\tan\frac{\theta}{2}\right)x$을 따라 $\begin{bmatrix} e \\ f \end{bmatrix}$만큼 평행이동 시킨 후 이 직선에 대하여 반사시키는 등거리변환은 같다. 따라서 미끄럼반사에서는 반사와 평행이동의 순서를 바꿔도 상관이 없다.

한편, 미끄럼반사와는 달리 평행이동을 반사축과 평행하지 않게 하면, 평행이동과 반사는 가환적(commutative)이지 않다. 예를 들어, 위 관계식에서 $(e, f)=(1, 0)$이고 $\theta=\frac{\pi}{2}$인 경우에는 다음과 같다.

$$\begin{bmatrix} \cos\theta & \sin\theta & 0 \\ \sin\theta & -\cos\theta & 0 \\ 0 & 0 & 1 \end{bmatrix}\begin{bmatrix} 1 & 0 & e \\ 0 & 1 & f \\ 0 & 0 & 1 \end{bmatrix}=\begin{bmatrix} \cos\theta & \sin\theta & e\cos\theta+f\sin\theta \\ \sin\theta & -\cos\theta & e\sin\theta-f\cos\theta \\ 0 & 0 & 1 \end{bmatrix}=\begin{bmatrix} 0 & 1 & 0 \\ 1 & 0 & 1 \\ 0 & 0 & 1 \end{bmatrix}$$

$$\begin{bmatrix} 1 & 0 & e \\ 0 & 1 & f \\ 0 & 0 & 1 \end{bmatrix}\begin{bmatrix} \cos\theta & \sin\theta & 0 \\ \sin\theta & -\cos\theta & 0 \\ 0 & 0 & 1 \end{bmatrix}=\begin{bmatrix} \cos\theta & \sin\theta & e \\ \sin\theta & -\cos\theta & f \\ 0 & 0 & 1 \end{bmatrix}=\begin{bmatrix} 0 & 1 & 1 \\ 1 & 0 & 0 \\ 0 & 0 & 1 \end{bmatrix}$$

6. 직교군

앞에서 등거리변환의 대표적인 예들을 살펴보았다. 여기에서는 어떻게 그러한 형태의 등거리변환을 얻을 수 있는지를 알아보자. 먼저 등거리변환의 성질에 대하여 알아본다.

가. 등거리변환의 성질

정리 1.1

원점을 고정시키는 등거리변환은 각을 보존한다.

증명 원점을 고정시키는 등거리변환을 f라고 하면 다음이 성립한다.

$$|f(\vec{v})|=|f(\vec{v})-0|=|f(\vec{v})-f(0)|=|\vec{v}-0|=|\vec{v}|$$

$\mathbb{R}^2$에 속하는 두 벡터 $\vec{v}, \vec{u}$의 내적(inner product)을 $\vec{v} \cdot \vec{u}$이라고 표현하면 두 벡터 $\vec{v}, \vec{u}$가 이루는 각 α에 대하여 $\cos\alpha = \dfrac{\vec{v} \cdot \vec{u}}{|\vec{v}|\,|\vec{u}|}$이다. 이제

$$|\vec{v} - \vec{u}|^2 = |\vec{v}|^2 + |\vec{u}|^2 - 2|\vec{v}||\vec{u}|\cos\alpha$$

이고

$$|f(\vec{v}) - f(\vec{u})|^2 = |f(\vec{v})|^2 + |f(\vec{u})|^2 - 2|f(\vec{v})||f(\vec{u})|\cos\alpha'$$

이므로 $\cos\alpha = \cos\alpha'$이다. $0 \le \alpha, \alpha' \le \pi$이므로 $\alpha = \alpha'$이다. 결국 f는 두 벡터가 이루는 각과 두 벡터의 내적을 보존한다.

정리 1.2

원점을 고정시키는 등거리변환은 선형변환(linear transformation)이다.

증명 원점을 고정시키는 등거리변환은 각을 보존하므로 내적도 보존한다. 따라서 $\{\vec{v}_1, \vec{v}_2\}$를 $\mathbb{R}^2$의 정규직교기저라고 하면 $\{\vec{w}_1 = f(\vec{v}_1), \vec{w}_2 = f(\vec{v}_2)\}$도 $\mathbb{R}^2$의 정규직교기저이다. 벡터 $\vec{v} \in \mathbb{R}^2$에 대하여 $\vec{v} = \alpha_1\vec{v}_1 + \alpha_2\vec{v}_2$라고 하면 $\alpha_1 = \vec{v} \cdot \vec{v}_1$, $\alpha_2 = \vec{v} \cdot \vec{v}_2$이고 $f(\vec{v}) = ((f(\vec{v}) \cdot f(\vec{v}_1))\vec{w}_1 + ((f(\vec{v}) \cdot f(\vec{v}_2))\vec{w}_2$이므로 $f(\vec{v}) = \alpha_1\vec{w}_1 + \alpha_2\vec{w}_2$이다. 이제 다음을 알 수 있다.

$$\begin{aligned} f(\vec{v} + \vec{u}) &= ((\vec{v} + \vec{u}) \cdot \vec{v}_1)\vec{w}_1 + ((\vec{v} + \vec{u}) \cdot \vec{v}_2)\vec{w}_2 \\ &= f(\vec{v}) + f(\vec{u}) \end{aligned}$$

$$f(\lambda\vec{v}) = \lambda f(\vec{v}), \quad \lambda \in \mathbb{R}$$

따라서 f는 선형변환이다.

문제 1-6 원점을 고정시키는 등거리변환 f에 대하여 다음을 증명하여라. 임의의 $\lambda \in \mathbb{R}$와 임의의 $\vec{v}, \vec{u} \in \mathbb{R}^2$에 대하여

$$f(\lambda\vec{v} + (1-\lambda)\vec{u}) = \lambda f(\vec{v}) + (1-\lambda)f(\vec{u})$$

이다.

나. 등거리변환의 행렬표현

$\mathbb{R}^2$에서의 임의의 등거리변환을 g라고 하고 $g(\mathrm{O})=A=\begin{bmatrix} e \\ f \end{bmatrix}$라고 하면 $f=t_{-A}g$는 원점 O를 고정시키는 등거리변환으로서 선형변환 $\begin{bmatrix} \alpha & \beta \\ \gamma & \delta \end{bmatrix}$이다. 여기서 t_{-A}는 모든 점을 $-A$만큼 평행이동시키는 변환이다. 따라서 $g\begin{bmatrix} x \\ y \end{bmatrix}=\begin{bmatrix} \alpha & \beta \\ \gamma & \delta \end{bmatrix}\begin{bmatrix} x \\ y \end{bmatrix}+\begin{bmatrix} e \\ f \end{bmatrix}$이다. 이제 다음이 성립함을 알 수 있다.

$$g\left(\begin{bmatrix} x \\ y \\ 1 \end{bmatrix}\right)=\begin{bmatrix} \alpha & \beta & e \\ \gamma & \delta & f \\ 0 & 0 & 1 \end{bmatrix}\begin{bmatrix} x \\ y \\ 1 \end{bmatrix}$$

따라서 $\mathbb{R}^2$에서의 등거리변환은 $\begin{bmatrix} \alpha & \beta & e \\ \gamma & \delta & f \\ 0 & 0 & 1 \end{bmatrix}$와 같은 꼴의 행렬로 표현된다. 이제 행렬 $\begin{bmatrix} \alpha & \beta \\ \gamma & \delta \end{bmatrix}$에 관하여 좀 더 살펴보자.

≪정의 1.3≫

행렬 $A=\begin{bmatrix} \alpha & \beta \\ \gamma & \delta \end{bmatrix}$에 대하여 $A^T=\begin{bmatrix} \alpha & \gamma \\ \beta & \delta \end{bmatrix}$이고 이것을 행렬 A의 전치행렬(transpose matrix)이라 한다.

정리 1.4

등거리 선형변환 $A=\begin{bmatrix} \alpha & \beta \\ \gamma & \delta \end{bmatrix}$에 대하여 $A^TA=AA^T=I$이다.

증명 두 개의 단위벡터 $e_1=(1,0)$와 $e_2=(0,1)$에 대하여 $Ae_1=(\alpha,\gamma)$이고 $Ae_2=(\beta,\delta)$이다. A는 등거리변환이므로 Ae_1과 Ae_2는 모두 단위벡터이고 서로 직교하므로 $A^TA=I$이다.

정칙행렬 A에 대하여 $A^{-1}=A^T$일 때, A를 직교(orthogonal)행렬이라고 한다. 직교행렬에 관한 다음을 알 수 있다.

- 정칙행렬 A가 직교행렬이기위한 필요충분조건은 A의 행(열)집합이 직교정규집합(orthonormal set)인 것이다.
- 정칙행렬 $A=\begin{bmatrix}\alpha & \beta \\ \gamma & \delta\end{bmatrix}$가 직교행렬이면 다음이 성립한다.

$$\alpha^2+\beta^2=\gamma^2+\delta^2=1$$
$$\alpha\gamma+\beta\delta=\alpha\beta+\gamma\delta=0$$

$|A|=\pm 1$이다.

따라서 등거리변환 $\begin{bmatrix}\alpha & \beta & e \\ \gamma & \delta & f \\ 0 & 0 & 1\end{bmatrix}$에서 $A=\begin{bmatrix}\alpha & \beta \\ \gamma & \delta\end{bmatrix}$는 다음 중 하나이다.

$$\begin{bmatrix}\cos\theta & -\sin\theta \\ \sin\theta & \cos\theta\end{bmatrix},\ \begin{bmatrix}\cos\theta & \sin\theta \\ \sin\theta & -\cos\theta\end{bmatrix}\quad (0\le\theta<2\pi)$$

앞에서 $\begin{bmatrix}\cos\theta & -\sin\theta \\ \sin\theta & \cos\theta\end{bmatrix}$와 $\begin{bmatrix}\cos\theta & \sin\theta \\ \sin\theta & -\cos\theta\end{bmatrix}$는 각각 회전과 반사를 나타낸다는 사실을 알았다. 이 사실을 다음과 같이 설명할 수 있다.

먼저, $\begin{bmatrix}\cos\theta & -\sin\theta \\ \sin\theta & \cos\theta\end{bmatrix}$에 관하여 알아보자. 다음 그림과 같이 점 P$(x,\ y)$가 원점 O를 축으로 θ만큼 회전한 점을 P$'(x',\ y')$이라고 하자. 또 두 점 Q$(x,\ 0)$, R$(0,\ y)$가 원점 O를 축으로 θ만큼 회전한 점을 각각 Q$'$, R$'$이라고 하면 각각의 좌표는 다음과 같다.

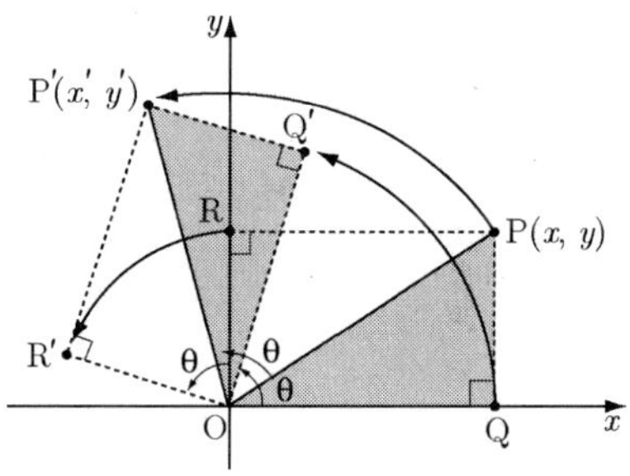

$$\text{Q}'(x\cos\theta,\ x\sin\theta)$$
$$\text{R}'\left(y\cos\left(\frac{\pi}{2}+\theta\right),\ y\sin\left(\frac{\pi}{2}+\theta\right)\right)=\text{R}'(-y\sin\theta,\ y\cos\theta)$$

이때, 직사각형 OQ$'$P$'$R$'$에서 선분OP$'$의 중점과 선분 Q$'$R$'$의 중점은 일치하므로

$$\frac{x'}{2}=\frac{x\cos\theta-y\sin\theta}{2},\ \frac{y'}{2}=\frac{x\sin\theta+y\cos\theta}{2}$$

이다. 따라서 다음을 알 수 있다.

$$\begin{cases} x' = x\cos\theta - y\sin\theta \\ y' = x\sin\theta + y\cos\theta \end{cases}$$

$$\begin{pmatrix} x' \\ y' \end{pmatrix} = \begin{pmatrix} \cos\theta & -\sin\theta \\ \sin\theta & \cos\theta \end{pmatrix} \begin{pmatrix} x \\ y \end{pmatrix}$$

이제, $\begin{bmatrix} \cos\theta & \sin\theta \\ \sin\theta & -\cos\theta \end{bmatrix}$에 관하여 알아보자.

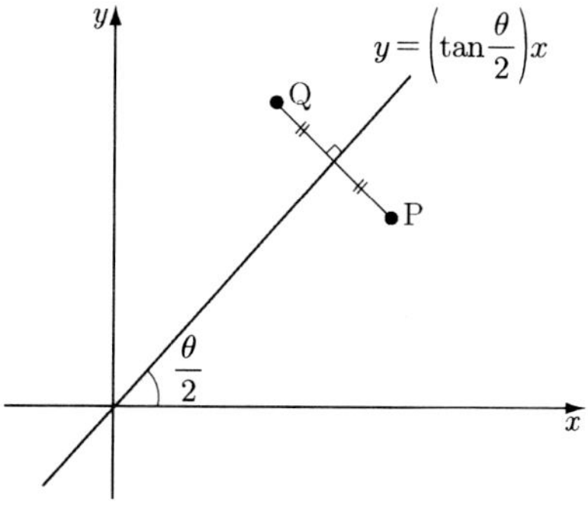

오른쪽 그림과 같이 점 $\mathrm{P}(x_1, y_1)$가 직선 $y = \left(\tan\frac{\theta}{2}\right)x$에 대해 반사된 점을 $\mathrm{Q}(x_2, y_2)$라고 하자.

다음을 알 수 있다.

- $\overline{\mathrm{PQ}}$가 직선 $y = \left(\tan\frac{\theta}{2}\right)x$와 수직이면 $x_1 - x_2 = \tan\frac{\theta}{2}(y_2 - y_1)$이다.
- 점 P와 점 Q의 중점이 직선 $y = \left(\tan\frac{\theta}{2}\right)x$ 위의 점이면 $y_1 + y_2 = \tan\frac{\theta}{2}(x_1 + x_2)$이다.

두 식을 연립하여 풀면 점 Q의 좌표를 점 P의 좌표로 다음과 같이 나타낼 수 있다.

$$x_2 = \frac{1-\tan^2\frac{\theta}{2}}{1+\tan^2\frac{\theta}{2}}x_1 + \frac{2\tan\frac{\theta}{2}}{1+\tan^2\frac{\theta}{2}}y_1 = \cos\theta\, x_1 + \sin\theta\, y_1$$

$$y_2 = \frac{2\tan\frac{\theta}{2}}{1+\tan^2\frac{\theta}{2}}x_1 - \frac{1-\tan^2\frac{\theta}{2}}{1+\tan^2\frac{\theta}{2}}y_1 = \sin\theta\, x_1 - \cos\theta\, y_1$$

지금까지의 논의를 종합하면, $\mathbb{R}^2$에서의 등거리변환은 다음과 같은 행렬로 표현된다는 것을 알 수 있다.

$$\begin{bmatrix} \cos\theta & -\sin\theta & e' \\ \sin\theta & \cos\theta & f' \\ 0 & 0 & 1 \end{bmatrix}, \quad \begin{bmatrix} \cos\theta & \sin\theta & e \\ \sin\theta & -\cos\theta & f \\ 0 & 0 & 1 \end{bmatrix}$$

행렬 $\begin{bmatrix} \cos\theta & \sin\theta & e \\ \sin\theta & -\cos\theta & f \\ 0 & 0 & 1 \end{bmatrix}$는 원점을 지나고 x축의 양의 방향과 $\dfrac{\theta}{2}$의 각을 이루는 직선을 반사축으로 하여 반사시킨 후 (e, f)만큼 평행이동 시킨 변환을 나타내고, $\begin{bmatrix} \cos\theta & -\sin\theta & e' \\ \sin\theta & \cos\theta & f' \\ 0 & 0 & 1 \end{bmatrix}$는 원점을 축으로 하여 θ만큼 회전시킨 후 (e', f')만큼 평행이동 시킨 변환을 나타낸다.

다음과 같은 질문이 가능하다.

$\begin{bmatrix} \cos\theta & \sin\theta & e \\ \sin\theta & -\cos\theta & f \\ 0 & 0 & 1 \end{bmatrix}$는 반사이고, $\begin{bmatrix} \cos\theta & -\sin\theta & e' \\ \sin\theta & \cos\theta & f' \\ 0 & 0 & 1 \end{bmatrix}$는 회전인가? 연산의 순서를 바꾸어 평행이동 시킨 후 반사시키는 변환은 반사인가? 또, 평행이동 시킨 후 회전시키는 변환은 회전변환인가?

이 질문에 대한 답은 뒤에서 한다. 그 전에 직교군(orthogonal group)과 특수직교군(special orthogonal group)에 대하여 알아보자.

다. 직교군과 특수직교군

일반적으로, n이 1 또는 2 인 경우에 n차 직교군 $O(n)$과 특수직교군 $SO(n)$은 다음과 같이 정의된다.

$$O(n) = \{A \in Mat_n(\mathbb{R}) \mid AA^T = A^TA = I\}$$

$$SO(n) = \{A \in O(n) \mid \det A = 1\}$$

여기서 다음 사실을 쉽게 확인할 수 있다.

- $A \in O(n)$이면 $|A| = \pm 1$이다.

- $A \in O(n)$기 위한 필요충분조건은 $A^{-1} = A^T$이다.

문제 1-7 등거리변환 $\begin{bmatrix} \alpha & \beta & e \\ \gamma & \delta & f \\ 0 & 0 & 1 \end{bmatrix}$에서 $A = \begin{bmatrix} \alpha & \beta \\ \gamma & \delta \end{bmatrix}$는

$$\begin{bmatrix} \cos\theta & -\sin\theta \\ \sin\theta & \cos\theta \end{bmatrix}, \begin{bmatrix} \cos\theta & \sin\theta \\ \sin\theta & -\cos\theta \end{bmatrix} \quad (0 \le \theta < 2\pi)$$

중 하나이다. 이 사실을 다음과 같이 설명할 수 있음을 확인하여라.
$A = \begin{bmatrix} a & b \\ c & d \end{bmatrix} \in O(2)$이면 $A^{-1} = \frac{1}{ad-bc}\begin{bmatrix} d & -b \\ -c & a \end{bmatrix}$이므로 A는 $\begin{bmatrix} a & -b \\ b & a \end{bmatrix}$이거나 $\begin{bmatrix} a & b \\ b & -a \end{bmatrix}$이다. 그런데 $|A| = \pm 1$이므로 $A = \begin{bmatrix} \cos\theta & -\sin\theta \\ \sin\theta & \cos\theta \end{bmatrix}$ 또는 $A = \begin{bmatrix} \cos\theta & \sin\theta \\ \sin\theta & -\cos\theta \end{bmatrix}$이다.

다음을 알 수 있다.

- n이 1인 경우에는 $O(1) = \{1, -1\}$이다. 이는 한 선분의 대칭군이다.
- n이 2인 경우에는 다음을 알 수 있다.

$$O(2) = \left\{ \begin{bmatrix} \cos\theta & -\sin\theta \\ \sin\theta & \cos\theta \end{bmatrix} \mid 0 \le \theta < 2\pi \right\}$$
$$\cup \left\{ \begin{bmatrix} \cos\theta & \sin\theta \\ \sin\theta & -\cos\theta \end{bmatrix} \mid 0 \le \theta < 2\pi \right\}$$

$$SO(2) = \left\{ \begin{bmatrix} \cos\theta & -\sin\theta \\ \sin\theta & \cos\theta \end{bmatrix} \mid 0 \le \theta < 2\pi \right\}$$

$O(2)$는 평면위에서 원의 대칭군이다. 사실, $SO(2)$는 회전 전체의 집합이고 $O(2) - SO(2)$는 반사 전체의 집합이다.

7. 등거리변환군

$\mathbb{R}^2$에서의 등거리변환은 다음 중 하나와 같이 표현된다는 것을 앞에서 논의하였다.

$$\begin{bmatrix} \cos\theta & -\sin\theta & e \\ \sin\theta & \cos\theta & f \\ 0 & 0 & 1 \end{bmatrix}, \quad \begin{bmatrix} \cos\theta & \sin\theta & e \\ \sin\theta & -\cos\theta & f \\ 0 & 0 & 1 \end{bmatrix}$$

다음 집합은 행렬의 곱셈에 대하여 군이 된다.

$$\mathrm{ISO}(2, \mathbb{R}) = \left\{ \begin{bmatrix} \cos\theta & -\sin\theta & e \\ \sin\theta & \cos\theta & f \\ 0 & 0 & 1 \end{bmatrix}, \begin{bmatrix} \cos\theta' & \sin\theta' & e' \\ \sin\theta' & -\cos\theta' & f' \\ 0 & 0 & 1 \end{bmatrix} \mid \theta, e, f, \theta', e', f' \in \mathbb{R} \right\}$$

이 군을 $\mathbb{R}^2$에서의 등거리변환군(group of isometries)이라고 한다.

문제 1-8 ISO$(2, \mathbb{R})$가 군임을 증명하여라.

다음은 분명하다.

정리 1.5

ISO$(2, \mathbb{R})$의 부분군 H가 선형변환 전체의 집합이면 $H \cong O(2)$이다.

증명 $\begin{bmatrix} \cos\theta & -\sin\theta & e \\ \sin\theta & \cos\theta & f \\ 0 & 0 & 1 \end{bmatrix}$ 또는 $\begin{bmatrix} \cos\theta & \sin\theta & e \\ \sin\theta & -\cos\theta & f \\ 0 & 0 & 1 \end{bmatrix}$가 H의 원소이면 $e = 0$, $f = 0$이어야 한다.

이제, $\begin{bmatrix} \cos\theta & \sin\theta & e \\ \sin\theta & -\cos\theta & f \\ 0 & 0 & 1 \end{bmatrix}$ 또는 $\begin{bmatrix} \cos\theta & -\sin\theta & e' \\ \sin\theta & \cos\theta & f' \\ 0 & 0 & 1 \end{bmatrix}$로 표현되는 등거리변환은 과연 어떠한 변환인가 알아볼 필요가 있다.

가. 반사변환의 행렬표현

원점을 지나지 않는 직선을 축으로 가지는 반사를 행렬로 나타내 보자.

x축과 $\frac{\theta}{2}$의 각을 이루며 원점을 지나는 직선 l을 l과 수직인 벡터 $\vec{v}' = \begin{bmatrix} e' \\ f' \end{bmatrix}$만큼 평행이동 시킨 직선을 l'이라고 하자. l'을 축으로 하는 반사를 행렬로 표현하기 위하여 다음 그림을 보자.

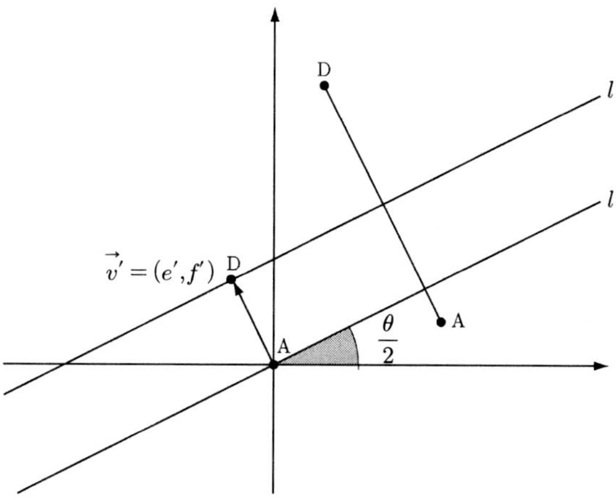

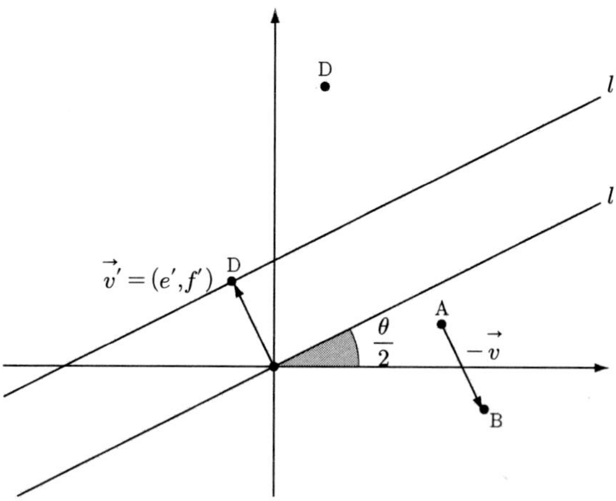

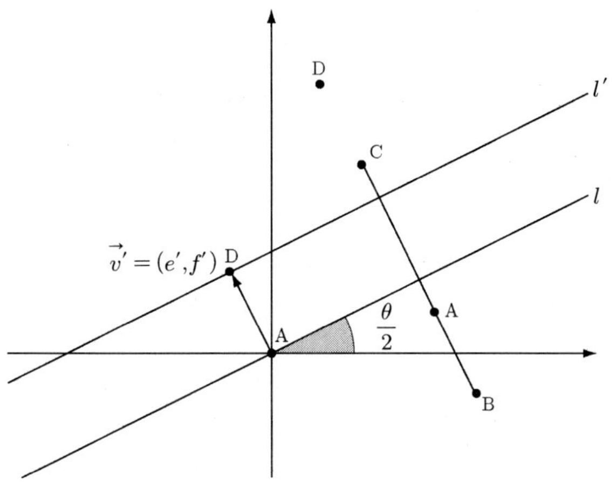

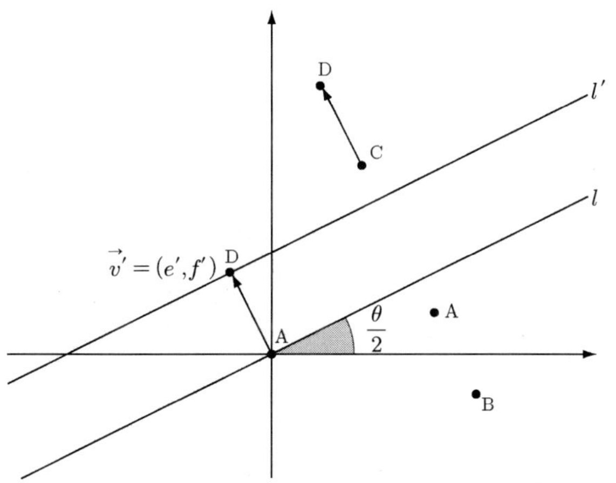

점 A의 직선 l'에 대한 반사를 D라고 하자. 이제, 점 A를 $-\vec{v}'$ 만큼 평행이동 시키면 B가 되고, 점 B를 l을 축으로 반사시키면 C가 되면, C를 다시 $\vec{v}'$만큼 평행이동 시키면 D가 된다. 이 일련의 과정을 행렬로 표현하여 계산하면 다음과 같다.

$$\begin{bmatrix}1 & 0 & e' \\ 0 & 1 & f' \\ 0 & 0 & 1\end{bmatrix}\begin{bmatrix}\cos\theta & \sin\theta & 0 \\ \sin\theta & -\cos\theta & 0 \\ 0 & 0 & 1\end{bmatrix}\begin{bmatrix}1 & 0 & -e' \\ 0 & 1 & -f' \\ 0 & 0 & 1\end{bmatrix}$$

$$=\begin{bmatrix}1 & 0 & e' \\ 0 & 1 & f' \\ 0 & 0 & 1\end{bmatrix}\begin{bmatrix}\cos\theta & \sin\theta & -e'\cos\theta-f'\sin\theta \\ \sin\theta & -\cos\theta & -e'\sin\theta+f'\cos\theta \\ 0 & 0 & 1\end{bmatrix}$$

$$=\begin{bmatrix}\cos\theta & \sin\theta & -e'\cos\theta-f'\sin\theta+e' \\ \sin\theta & -\cos\theta & -e'\sin\theta+f'\cos\theta+f' \\ 0 & 0 & 1\end{bmatrix}$$

$$=\begin{bmatrix}\cos\theta & \sin\theta & e'(1-\cos\theta)+f'(-\sin\theta) \\ \sin\theta & -\cos\theta & e'(-\sin\theta)+f'(1+\cos\theta) \\ 0 & 0 & 1\end{bmatrix}$$

이 계산 결과로부터 다음을 알 수 있다.

정리 1.6

다음 행렬은 원점을 지나는 직선 l을 $\vec{v}'=\begin{bmatrix}e' \\ f'\end{bmatrix}$만큼 평행이동 시킨 직선을 새로운 축으로 하는 반사를 나타낸다.

$$\begin{bmatrix}\cos\theta & \sin\theta & e'(1-\cos\theta)+f'(-\sin\theta) \\ \sin\theta & -\cos\theta & e'(-\sin\theta)+f'(1+\cos\theta) \\ 0 & 0 & 1\end{bmatrix}$$

위 사실을 다음과 같이 증명할 수도 있다.

증명 점 (e, f)를 지나고 x축과 $\frac{\theta}{2}$의 각을 이루는 직선을 축으로 하는 반사는 다음과 같은 꼴로 나타난다.

$$\begin{bmatrix}\cos\theta & \sin\theta & x \\ \sin\theta & -\cos\theta & y \\ 0 & 0 & 1\end{bmatrix}$$

점 (e, f)는 이 변환에 관하여 부동점이므로

$$\begin{bmatrix} \cos\theta & \sin\theta & x \\ \sin\theta & -\cos\theta & y \\ 0 & 0 & 1 \end{bmatrix} \begin{bmatrix} e \\ f \\ 1 \end{bmatrix} = \begin{bmatrix} e \\ f \\ 1 \end{bmatrix}$$

이다. 이 관계식으로부터 x, y를 구하면

$$\begin{bmatrix} \cos\theta & \sin\theta & x \\ \sin\theta & -\cos\theta & y \\ 0 & 0 & 1 \end{bmatrix} = \begin{bmatrix} \cos\theta & \sin\theta & e(1-\cos\theta)+f(-\sin\theta) \\ \sin\theta & -\cos\theta & e(-\sin\theta)+f(1+\cos\theta) \\ 0 & 0 & 1 \end{bmatrix}$$

임을 알 수 있다.

몇 개의 예를 살펴보자.

점 $(1, 2)$을 $\vec{u}=(2, 1)$만큼 평행이동 시킨 후, $y=\frac{1}{2}x-1$을 축으로 반사시킨 점을 찾아보자.

점 $(1, 2)$을 $\vec{u}=(2, 1)$만큼 평행이동 시킨 점의 좌표는 $(3, 3)$이다. 이를 $y=\frac{1}{2}x-1$에 대하여 반사된 점을 (a, b)이라고 하자. $\frac{b-3}{a-3}=-2$, $\frac{b+3}{2}=\frac{1}{2}\times\frac{a+3}{2}-1$을 만족시키므로 $a=5$, $b=-1$이다. 따라서 $(a, b)=(5, -1)$이다.

이 과정을 행렬을 이용하여 계산해보면 다음과 같다.

반사축 $y=\frac{1}{2}x-1$이 x축과 이루는 각의 크기를 $\frac{\theta}{2}$라고 하면, $\tan\frac{\theta}{2}=\frac{1}{2}$이다. $\tan\theta=\frac{4}{3}$이므로 $\cos\theta=\frac{3}{5}$, $\sin\theta=\frac{4}{5}$이다. 새로운 반사축에 의한 반사를 나타내는 행렬을 결정하기 위해 원점에서 직선까지 이동시키는 $\vec{p}$(직선과 수직인 벡터)를 생각해보자. 원점에서 직선까지의 거리가 $\frac{2}{\sqrt{5}}$이므로 $\vec{p}=\left(\frac{2}{5}, -\frac{4}{5}\right)$라 할 수 있다. 이를 적용하여 반사를 나타내는 행렬을 표현하면 다음과 같다.

$$\begin{bmatrix} \cos\theta & \sin\theta & e'(1-\cos\theta)+f'(-\sin\theta) \\ \sin\theta & -\cos\theta & e'(-\sin\theta)+f'(1+\cos\theta) \\ 0 & 0 & 1 \end{bmatrix}$$

$$= \begin{bmatrix} \frac{3}{5} & \frac{4}{5} & \frac{2}{5}\left(1-\frac{3}{5}\right)+\left(-\frac{4}{5}\right)\left(-\frac{4}{5}\right) \\ \frac{4}{5} & -\frac{3}{5} & \frac{2}{5}\left(-\frac{4}{5}\right)+\left(-\frac{4}{5}\right)\left(1+\frac{3}{5}\right) \\ 0 & 0 & 1 \end{bmatrix}$$

$$= \begin{bmatrix} \frac{3}{5} & \frac{4}{5} & \frac{4}{5} \\ \frac{4}{5} & -\frac{3}{5} & -\frac{8}{5} \\ 0 & 0 & 1 \end{bmatrix}$$

평행이동 후 반사시키는 행렬을 구해보면,

$$\begin{bmatrix} \frac{3}{5} & \frac{4}{5} & \frac{4}{5} \\ \frac{4}{5} & -\frac{3}{5} & -\frac{8}{5} \\ 0 & 0 & 1 \end{bmatrix} \begin{bmatrix} 1 & 0 & 2 \\ 0 & 1 & 1 \\ 0 & 0 & 1 \end{bmatrix} = \begin{bmatrix} \frac{3}{5} & \frac{4}{5} & \frac{14}{5} \\ \frac{4}{5} & -\frac{3}{5} & -\frac{3}{5} \\ 0 & 0 & 1 \end{bmatrix}$$

이다. 따라서 구하는 점은 $\begin{bmatrix} \frac{3}{5} & \frac{4}{5} & \frac{14}{5} \\ \frac{4}{5} & -\frac{3}{5} & -\frac{3}{5} \\ 0 & 0 & 1 \end{bmatrix} \begin{bmatrix} 1 \\ 2 \\ 1 \end{bmatrix} = \begin{bmatrix} 5 \\ -1 \\ 1 \end{bmatrix}$, 즉 $(5, -1)$이다.

문제 1-9 원점을 지나고 기울기가 $a = \tan\frac{\theta}{2}$인 직선을 $\vec{v} = (e, f)$만큼 평행이동시킨 직선 $y = ax + b$를 축으로 하는 반사는 행렬

$$\begin{bmatrix} \cos\theta & \sin\theta & e(1-\cos\theta)+f(-\sin\theta) \\ \sin\theta & -\cos\theta & e(-\sin\theta)+f(1+\cos\theta) \\ 0 & 0 & 1 \end{bmatrix}$$

로 표현된다. 다음을 확인하여라.

$\tan\frac{\theta}{2} = a$이므로 $\sin\theta = \frac{2a}{1+a^2}$, $\cos\theta = \frac{1-a^2}{1+a^2}$이고, $f = ae + b$이다. 따라서

$$e(1-\cos\theta) + f(-\sin\theta) = e\left(1 - \frac{1-a^2}{1+a^2}\right) + f\left(-\frac{2a}{1+a^2}\right)$$

$$= \frac{2a^2e - 2af}{1+a^2} = \frac{-2ab}{1+a^2}$$

이고 마찬가지로, $e(-\sin\theta) + f(1+\cos\theta)$도 a와 b만으로 나타내어진다. 따라서 원점을 지나고 기울기가 $a = \tan\frac{\theta}{2}$인 직선을 $y = ax + b$ 위의 어떠한 벡터 $(e, f) = (e, ae+b)$만큼 평행이동시킨 직선을 축으로 하는 반사는 $\begin{bmatrix} \cos\theta & \sin\theta & e(1-\cos\theta) + f(-\sin\theta) \\ \sin\theta & -\cos\theta & e(-\sin\theta) + f(1+\cos\theta) \\ 0 & 0 & 1 \end{bmatrix}$로 표현된다.

나. 회전변환의 행렬 표현

점 (e, f)를 축으로 반시계방향으로 θ만큼 회전시키는 변환을 행렬로 표현하여 보자. 이를 위해 원점을 축으로 하는 회전을 $\vec{v} = (e, f)$만큼 평행이동시켜 (e, f)을 회전축으로 반시계방향으로 θ만큼 회전시키는 변환을 생각한다.

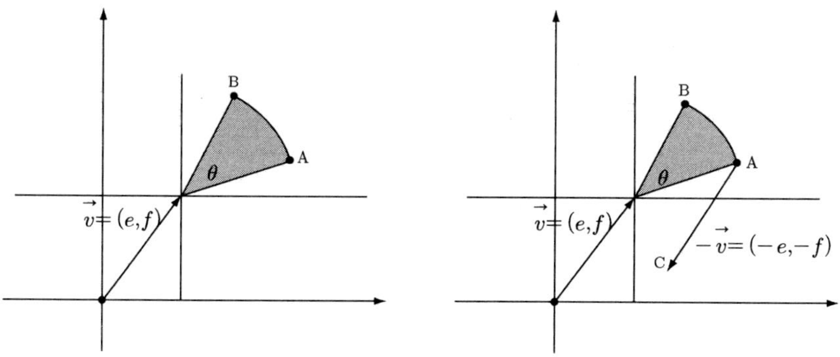

위 그림에서 점 A를 $-\vec{v}=(-e,-f)$만큼 평행이동시키면 점 C가 된다. 이를 행렬로 표현하면 $\begin{bmatrix}1 & 0 & -e\\0 & 1 & -f\\0 & 0 & 1\end{bmatrix}$이다.

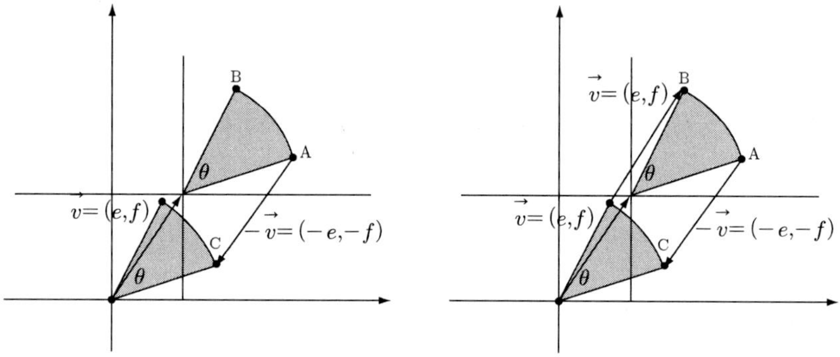

점 C를 (0,0)을 회전축으로 θ만큼 회전시킨 행렬은 $\begin{bmatrix}\cos\theta & -\sin\theta & 0\\\sin\theta & \cos\theta & 0\\0 & 0 & 1\end{bmatrix}$이고, 이 점을 다시 $\vec{v}$만큼 평행이동시키면 점 B가 된다. 이 변환을 행렬로 표현하면 다음과 같다.

$$\begin{bmatrix}1 & 0 & e\\0 & 1 & f\\0 & 0 & 1\end{bmatrix}\begin{bmatrix}\cos\theta & -\sin\theta & 0\\\sin\theta & \cos\theta & 0\\0 & 0 & 1\end{bmatrix}\begin{bmatrix}1 & 0 & -e\\0 & 1 & -f\\0 & 0 & 1\end{bmatrix}$$

$$=\begin{bmatrix}1 & 0 & e\\0 & 1 & f\\0 & 0 & 1\end{bmatrix}\begin{bmatrix}\cos\theta & -\sin\theta & -e\cos\theta+f\sin\theta\\\sin\theta & \cos\theta & -e\sin\theta-f\cos\theta\\0 & 0 & 1\end{bmatrix}$$

$$=\begin{bmatrix}\cos\theta & -\sin\theta & -e\cos\theta+f\sin\theta+e\\\sin\theta & \cos\theta & -e\sin\theta-f\cos\theta+f\\0 & 0 & 1\end{bmatrix}$$

따라서 점 (e,f)를 축으로 하여 θ만큼 회전 이동시키는 변환을 나타내는 행렬은

$$\begin{bmatrix} \cos\theta & -\sin\theta & -e\cos\theta+f\sin\theta+e \\ \sin\theta & \cos\theta & -e\sin\theta-f\cos\theta+f \\ 0 & 0 & 1 \end{bmatrix}$$

$$=\begin{bmatrix} \cos\theta & -\sin\theta & e(1-\cos\theta)+f(\sin\theta) \\ \sin\theta & \cos\theta & e(-\sin\theta)+f(1-\cos\theta) \\ 0 & 0 & 1 \end{bmatrix}$$

이다.

점 (e, f)를 축으로 하여 θ만큼 회전 이동시키는 변환을 나타내는 행렬을 다음과 같이 구할 수 있다.

먼저, 행렬은 다음과 같은 꼴임을 알 수 있다.

$$\begin{bmatrix} \cos\theta & -\sin\theta & x \\ \sin\theta & \cos\theta & y \\ 0 & 0 & 1 \end{bmatrix}$$

이제, 점 (e,f)는 이 변환에 관하여 부동점이므로

$$\begin{bmatrix} \cos\theta & -\sin\theta & x \\ \sin\theta & \cos\theta & y \\ 0 & 0 & 1 \end{bmatrix}\begin{bmatrix} e \\ f \\ 1 \end{bmatrix}=\begin{bmatrix} e \\ f \\ 1 \end{bmatrix}$$

이다. 이 관계식으로부터 x, y를 구하면

$$\begin{bmatrix} \cos\theta & -\sin\theta & x \\ \sin\theta & \cos\theta & y \\ 0 & 0 & 1 \end{bmatrix}=\begin{bmatrix} \cos\theta & -\sin\theta & e(1-\cos\theta)+f(\sin\theta) \\ \sin\theta & \cos\theta & e(-\sin\theta)+f(1-\cos\theta) \\ 0 & 0 & 1 \end{bmatrix}$$

임을 알 수 있다.

한편, $\theta(>0)$만큼 회전시키고 $\vec{v}=(e', f')$만큼 평행이동 시키는 변환은 다음과 같다.

$$\begin{bmatrix} 1 & 0 & e' \\ 0 & 1 & f' \\ 0 & 0 & 1 \end{bmatrix}\begin{bmatrix} \cos\theta & -\sin\theta & 0 \\ \sin\theta & \cos\theta & 0 \\ 0 & 0 & 1 \end{bmatrix}=\begin{bmatrix} \cos\theta & -\sin\theta & e' \\ \sin\theta & \cos\theta & f' \\ 0 & 0 & 1 \end{bmatrix}$$

$$\begin{bmatrix} \cos\theta & -\sin\theta & -e\cos\theta+f\sin\theta+e \\ \sin\theta & \cos\theta & -e\sin\theta-f\cos\theta+f \\ 0 & 0 & 1 \end{bmatrix}=\begin{bmatrix} \cos\theta & -\sin\theta & e' \\ \sin\theta & \cos\theta & f' \\ 0 & 0 & 1 \end{bmatrix}$$

이므로

$$\begin{bmatrix} -e\cos\theta + f\sin\theta + e \\ -e\sin\theta - f\cos\theta + f \end{bmatrix} = \begin{bmatrix} e' \\ f' \end{bmatrix}$$

이다. 이것은

$$(I - \begin{bmatrix} \cos\theta & -\sin\theta \\ \sin\theta & \cos\theta \end{bmatrix})\begin{bmatrix} e \\ f \end{bmatrix} = \begin{bmatrix} e' \\ f' \end{bmatrix}$$

을 뜻한다. 여기서 $I - \begin{bmatrix} \cos\theta & -\sin\theta \\ \sin\theta & \cos\theta \end{bmatrix} (\theta \neq 0)$는 정칙이므로

$$\begin{bmatrix} e \\ f \end{bmatrix} = (I - \begin{bmatrix} \cos\theta & -\sin\theta \\ \sin\theta & \cos\theta \end{bmatrix})^{-1}\begin{bmatrix} e' \\ f' \end{bmatrix}$$

이다.

몇 가지 예를 살펴보자.

점 $(2,\ 3)$을 원점을 축으로 $90°$ 만큼 회전이동한 후, $\vec{v} = (1,\ 2)$만큼 평행이동 시킨 점을 찾아보자.

점 $(2,\ 3)$을 원점을 축으로 $90°$ 회전이동한 점의 좌표는 다음과 같다.

$$\begin{bmatrix} \cos 90° & -\sin 90° \\ \sin 90° & \cos 90° \end{bmatrix}\begin{bmatrix} 2 \\ 3 \end{bmatrix} = \begin{bmatrix} 0 & -1 \\ 1 & 0 \end{bmatrix}\begin{bmatrix} 2 \\ 3 \end{bmatrix} = \begin{bmatrix} -3 \\ 2 \end{bmatrix}$$

이 점을 $\vec{v}$만큼 평행이동한 점의 좌표는 $(-2,\ 4)$이다.

행렬을 이용하여 구해보자.

$$(I - r) = \begin{bmatrix} 1 & 0 \\ 0 & 1 \end{bmatrix} - \begin{bmatrix} 0 & -1 \\ 1 & 0 \end{bmatrix} = \begin{bmatrix} 1 & 1 \\ -1 & 1 \end{bmatrix}$$

이고, $\vec{v} = \begin{bmatrix} 1 \\ 2 \end{bmatrix}$이므로 새로운 회전축은 다음과 같다.

$$(I - r)^{-1}(\vec{v}) = \begin{bmatrix} \frac{1}{2} & -\frac{1}{2} \\ \frac{1}{2} & \frac{1}{2} \end{bmatrix}\begin{bmatrix} 1 \\ 2 \end{bmatrix} = \begin{bmatrix} -\frac{1}{2} \\ \frac{3}{2} \end{bmatrix}$$

따라서 새로운 회전에 의한 회전에 대한 행렬은 다음과 같다.

$$\begin{bmatrix} \cos\theta & -\sin\theta & e'(1-\cos\theta)+f'\sin\theta \\ \sin\theta & \cos\theta & e'(-\sin\theta)+f'(1-\cos\theta) \\ 0 & 0 & 1 \end{bmatrix}$$

$$= \begin{bmatrix} 0 & -1 & -\frac{1}{2}(1-0)+(\frac{3}{2})1 \\ 1 & 0 & -\frac{1}{2}(-1)+(\frac{3}{2})(1-0) \\ 0 & 0 & 1 \end{bmatrix} = \begin{bmatrix} 0 & -1 & 1 \\ 1 & 0 & 2 \\ 0 & 0 & 1 \end{bmatrix}$$

$\begin{bmatrix} 0 & -1 & 1 \\ 1 & 0 & 2 \\ 0 & 0 & 1 \end{bmatrix}\begin{bmatrix} 2 \\ 3 \\ 1 \end{bmatrix} = \begin{bmatrix} -2 \\ 4 \\ 1 \end{bmatrix}$ 이므로 구하는 점은 $(-2, 4)$이다.

정리 1.7

$\vec{v}$만큼의 평행이동 후 θ만큼 회전시키는 변환 $r\tau_{\vec{v}}$는 $(I-r)^{-1}r(\vec{v})$를 축으로 하는 θ만큼의 회전이다.

증명 회전변환 $r\tau_{\vec{v}}$의 회전축은 $r\tau_{\vec{v}}$의 유일한 부동점이다. 이 부동점을 $\vec{x}$로 나타내면 $r\tau_{\vec{v}}(\vec{x}) = \vec{x}$이다. $r(\vec{x}+\vec{v}) = \vec{x}$, 즉 $r(\vec{x})+r(\vec{v}) = \vec{x}$이므로 $(I-r)(\vec{x}) = r(\vec{v})$이다. 행렬 $I-r$는 정칙이므로 $\vec{x} = (I-r)^{-1}r(\vec{v})$이다.

문제 1-10 위 사실을 다음과 같이 보일 수도 있음을 설명하여라.

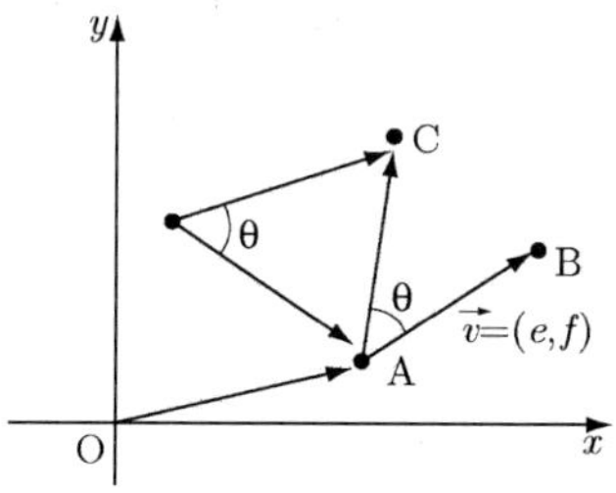

점 A를 벡터 v만큼 평행이동 시킨 점을 B라 하고, 점 B점을 θ만큼 회전 시킨 점을 C라고 할 때, 점 C는 점 A를 축 $(I-r)^{-1}r(\vec{v})$에 대해 θ만큼 회전 시킨 것임을 보이자. 우선, 점 A를 $A=(e', f')$라 하고 $\vec{v}'=(e', f')$로 나타내자.

$\tau_{\vec{v}'}r$를 나타내는 행렬은 $\begin{bmatrix} \cos\theta & -\sin\theta & e'(1-\cos\theta)+f'\sin\theta \\ \sin\theta & \cos\theta & e'(-\sin\theta)+f'(1-\cos\theta) \\ 0 & 0 & 1 \end{bmatrix}$

이다. 한편, $r\tau_{\vec{v}}$를 나타내는 행렬은

$$\begin{bmatrix} \cos\theta & -\sin\theta & 0 \\ \sin\theta & \cos\theta & 0 \\ 0 & 0 & 1 \end{bmatrix}\begin{bmatrix} 1 & 0 & e \\ 0 & 1 & f \\ 0 & 0 & 1 \end{bmatrix}=\begin{bmatrix} \cos\theta & -\sin\theta & e\cos\theta-f\sin\theta \\ \sin\theta & \cos\theta & e\sin\theta+f\cos\theta \\ 0 & 0 & 1 \end{bmatrix}$$

이다. 두 행렬 모두 점 A를 점 C로 보내는 회전이므로 두 행렬은 같다.

$$\begin{bmatrix} 1-\cos\theta & \sin\theta \\ -\sin\theta & 1-\cos\theta \end{bmatrix}\begin{bmatrix} e' \\ f' \end{bmatrix}=\begin{bmatrix} \cos\theta & -\sin\theta \\ \sin\theta & \cos\theta \end{bmatrix}\begin{bmatrix} e \\ f \end{bmatrix}$$

$(I-r)\vec{v}'=r(\vec{v})$, 즉 $\vec{v}'=(I-r)^{-1}(r(\vec{v}))$이므로 $r\tau_{\vec{v}}$는 $(I-r)^{-1}r(\vec{v})$를 축으로 θ만큼 회전시키는 변환이다.

예를 들어, $(2,3)$을 $\vec{v}=(1,\ 2)$만큼 평행이동 한 후, 원점을 축으로 90° 만큼 회전이동한 점을 찾아보자.

점 $(2,3)$을 $\vec{v}$만큼 평행이동한 점은 $(3,\ 5)$이다. 이제, 이 점을 원점을 축으로 90° 회전시킨 점은

$$\begin{bmatrix} \cos 90^\circ & -\sin 90^\circ \\ \sin 90^\circ & \cos 90^\circ \end{bmatrix}\begin{bmatrix} 3 \\ 5 \end{bmatrix}=\begin{bmatrix} 0 & -1 \\ 1 & 0 \end{bmatrix}\begin{bmatrix} 3 \\ 5 \end{bmatrix}=\begin{bmatrix} -5 \\ 3 \end{bmatrix}$$

이다.

행렬을 이용하여 구해보자.

$$(I-r)=\begin{bmatrix} 1 & 0 \\ 0 & 1 \end{bmatrix}-\begin{bmatrix} 0 & -1 \\ 1 & 0 \end{bmatrix}=\begin{bmatrix} 1 & 1 \\ -1 & 1 \end{bmatrix},$$

$$r(\vec{v})=\begin{bmatrix} \cos 90^\circ & -\sin 90^\circ \\ \sin 90^\circ & \cos 90^\circ \end{bmatrix}\begin{bmatrix} 1 \\ 2 \end{bmatrix}=\begin{bmatrix} 0 & -1 \\ 1 & 0 \end{bmatrix}\begin{bmatrix} 1 \\ 2 \end{bmatrix}=\begin{bmatrix} -2 \\ 1 \end{bmatrix}$$

이므로 새로운 회전축

$$(I-r)^{-1}(r(\vec{v})) = \begin{bmatrix} \frac{1}{2} & -\frac{1}{2} \\ \frac{1}{2} & \frac{1}{2} \end{bmatrix} \begin{bmatrix} -2 \\ 1 \end{bmatrix} = \begin{bmatrix} -\frac{3}{2} \\ -\frac{1}{2} \end{bmatrix}$$

이다. 따라서 새로운 회전축 설정에 따른 회전이동에 대한 행렬은 다음과 같다.

$$\begin{bmatrix} \cos\theta & -\sin\theta & e'(1-\cos\theta)+f'\sin\theta \\ \sin\theta & \cos\theta & e'(-\sin\theta)+f'(1-\cos\theta) \\ 0 & 0 & 1 \end{bmatrix}$$

$$= \begin{bmatrix} 0 & -1 & -\frac{3}{2}(1-0)+(-\frac{1}{2})1 \\ 1 & 0 & -\frac{3}{2}(-1)+(-\frac{1}{2})(1-0) \\ 0 & 0 & 1 \end{bmatrix} = \begin{bmatrix} 0 & -1 & -2 \\ 1 & 0 & 1 \\ 0 & 0 & 1 \end{bmatrix}$$

이를 적용하면,

$$\begin{bmatrix} 0 & -1 & -2 \\ 1 & 0 & 1 \\ 0 & 0 & 1 \end{bmatrix} \begin{bmatrix} 2 \\ 3 \\ 1 \end{bmatrix} = \begin{bmatrix} -5 \\ 3 \\ 1 \end{bmatrix}$$

이다. 따라서 구하는 점은 $(-5, 3)$이다.

8. 등거리변환군의 연산

이 절에서는 등거리변환군에서 반사와 반사의 곱은 어떤 변환이 되고 반사와 회전의 곱은 어떤 변환이 되는가를 살펴보고 등거리변환은 평행이동, 회전, 반사, 그리고 미끄럼반사만 존재하는가를 알아본다.

가. 두 반사의 곱

정리 1.8

두 반사의 곱은 평행이동 또는 회전이다.

증명 반사 1은 $y=\left(\tan\frac{\alpha}{2}\right)x$를 반사축으로 하고 $\vec{v}_1$만큼 평행이동한 반사이고, 반사 2는 $y=\left(\tan\frac{\beta}{2}\right)x$를 반사축으로 하고 $\vec{v}_2$만큼 평행이동한 반사라고 하자.

두 반사의 교점을 (e,f)라고 할 때, 두 반사를 $-\vec{v}$만큼 평행이동 시키면 두 축이 원점을 지난다.

그 다음, 두 반사를 실시하고 다시 $\vec{v}$만큼 평행이동 시키면 반사와 반사의 곱이 된다.

이것을 행렬로 표현하면 다음과 같다.

$$\begin{bmatrix}1&0&e\\0&1&f\\0&0&1\end{bmatrix}\begin{bmatrix}\cos\beta&\sin\beta&0\\\sin\beta&-\cos\beta&0\\0&0&1\end{bmatrix}$$

$$\begin{bmatrix}\cos\alpha&\sin\alpha&0\\\sin\alpha&-\cos\alpha&0\\0&0&1\end{bmatrix}\begin{bmatrix}1&0&-e\\0&1&-f\\0&0&1\end{bmatrix}$$

$$=\begin{bmatrix}1&0&e\\0&1&f\\0&0&1\end{bmatrix}\begin{bmatrix}\cos(\beta-\alpha)&-\sin(\beta-\alpha)&0\\\sin(\beta-\alpha)&\cos(\beta-\alpha)&0\\0&0&1\end{bmatrix}\begin{bmatrix}1&0&-e\\0&1&-f\\0&0&1\end{bmatrix}$$

여기서, $\theta=\beta-\alpha$라고 하면 주어진 식은 다음과 같다.

$$\begin{bmatrix}1&0&e\\0&1&f\\0&0&1\end{bmatrix}\begin{bmatrix}\cos\theta&-\sin\theta&0\\\sin\theta&\cos\theta&0\\0&0&1\end{bmatrix}\begin{bmatrix}1&0&-e\\0&1&-f\\0&0&1\end{bmatrix}$$

$$=\begin{bmatrix}\cos\theta&-\sin\theta&e(1-\cos\theta)+f\sin\theta\\\sin\theta&\cos\theta&e(-\sin\theta)+f(1-\cos\theta)\\0&0&1\end{bmatrix}$$

따라서 이 경우의 반사와 반사의 곱은 회전이다. 이때의 회전축은 두 반사축의 교점이다.

이제, $\alpha=\beta$일 때를 생각해보자.

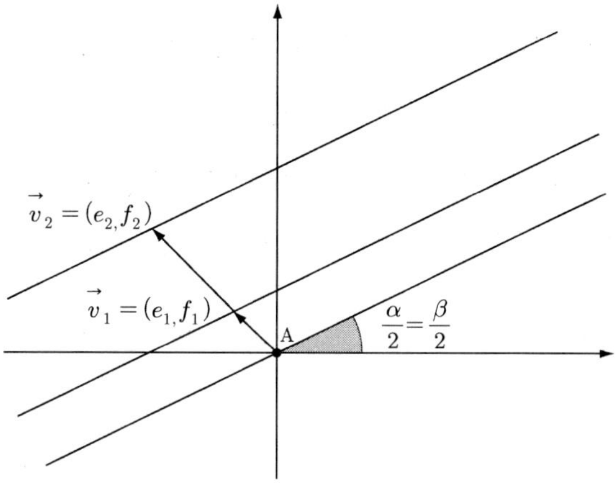

두 개의 반사

$$\begin{bmatrix} \cos\alpha & \sin\alpha & e_1(1-\cos\alpha)+f_1(-\sin\alpha) \\ \sin\alpha & -\cos\alpha & e_1(-\sin\alpha)+f_1(1+\cos\alpha) \\ 0 & 0 & 1 \end{bmatrix},$$

$$\begin{bmatrix} \cos\alpha & \sin\alpha & e_2(1-\cos\alpha)+f_2(-\sin\alpha) \\ \sin\alpha & -\cos\alpha & e_2(-\sin\alpha)+f_2(1+\cos\alpha) \\ 0 & 0 & 1 \end{bmatrix}$$

의 곱은 $\begin{bmatrix} 1\ 0\ e_3 \\ 0\ 1\ f_3 \\ 0\ 0\ 1 \end{bmatrix}$ 이다. 따라서 이 경우의 두 반사의 곱은 평행이동이다.

이상을 다음과 같이 말할 수 있다.

두 반사의 반사축이 평행이면 그 두 반사의 곱은 평행이동이고, 두 반사축이 만나면 그 두 반사의 곱은 회전이다.

예를 들어 보자.

점 $(4, 2)$를 직선 $y=2x-1$에 대하여 반사시킨 후, 직선 $y=\frac{1}{2}x+2$에 대하여 반사시킨 점의 좌표를 구해보자.

점 $(4, 2)$를 직선 $y=2x-1$에 대하여 반사시킨 점을 (a, b)이라고 하자. $\frac{b-2}{a-4}=-\frac{1}{2}$, $\frac{b+2}{2}=2\times\frac{a+4}{2}-1$을 만족시키므로 $a=0, b=4$ 이다. 따라서 $(a,b)=(0, 4)$이다. 이 점 $(0, 4)$를 직선 $y=\frac{1}{2}x+2$에 대하여 반사시킨 점을 (c, d) 라고 하자. $\frac{d-4}{c}=-2$, $\frac{d+4}{2}=\frac{1}{2}\times\frac{c}{2}+2$을 만족시키므로 $c=\frac{8}{5}$, $d=\frac{4}{5}$ 이다. 따라서 $(c,d)=\left(\frac{8}{5}, \frac{4}{5}\right)$이다.

위의 과정을 행렬을 이용하여 계산해 보자.

각각의 반사축인 두 직선이 평행이 아닌 경우이다. 먼저, x축의 양의 방향과 직선 $y=2x-1$이 이루는 각을 $\frac{\alpha}{2}$, 직선 $y=\frac{1}{2}x+2$이 이루는 각을 $\frac{\beta}{2}$라 하자. $\tan\frac{\alpha}{2}=2$이므로 $\cos\alpha=-\frac{3}{5}$, $\sin\alpha=\frac{4}{5}$이다. 또한 $\tan\frac{\beta}{2}=\frac{1}{2}$이므로 $\cos\beta=\frac{3}{5}$, $\sin\beta=\frac{4}{5}$이다. 두 직선의 교점은 벡터 $(2, 3)$이다. $\theta=\beta-\alpha$라고 하면 $\cos\theta=\cos(\beta-\alpha)=\frac{7}{25}$이고 $\sin\theta=\sin(\beta-\alpha)=-\frac{24}{25}$이다.

$$\begin{bmatrix} \cos\theta & -\sin\theta & e(1-\cos\theta)+f\sin\theta \\ \sin\theta & \cos\theta & e(-\sin\theta)+f(1-\cos\theta) \\ 0 & 0 & 1 \end{bmatrix}$$

$$=\begin{bmatrix} \frac{7}{25} & \frac{24}{25} & 2\left(1-\frac{7}{25}\right)+3\left(-\frac{24}{25}\right) \\ -\frac{24}{25} & \frac{7}{25} & 2\left(\frac{24}{25}\right)+3\left(1-\frac{7}{25}\right) \\ 0 & 0 & 1 \end{bmatrix}$$

$$=\begin{bmatrix} \frac{7}{25} & \frac{24}{25} & -\frac{36}{25} \\ -\frac{24}{25} & \frac{7}{25} & \frac{102}{25} \\ 0 & 0 & 1 \end{bmatrix}$$

이다.

따라서 구하는 점은

$$\begin{bmatrix} \frac{7}{25} & \frac{24}{25} & -\frac{36}{25} \\ -\frac{24}{25} & \frac{7}{25} & \frac{102}{25} \\ 0 & 0 & 1 \end{bmatrix}\begin{bmatrix} 4 \\ 2 \\ 1 \end{bmatrix}=\begin{bmatrix} \frac{8}{5} \\ \frac{4}{5} \\ 1 \end{bmatrix},$$

즉 $\left(\frac{8}{5}, \frac{4}{5}\right)$이다.

두 반사의 곱은 평행이동이거나 회전이므로 세 반사의 곱은 평행이동과 반사의 곱 또는 회전과 반사의 곱이다.

정리 1.9

$\begin{bmatrix} e \\ f \end{bmatrix} \neq \begin{bmatrix} 0 \\ 0 \end{bmatrix}$일 때, $\begin{bmatrix} e \\ f \end{bmatrix}$만큼 평행이동 시키는 등거리변환은 두 반사의 곱으로 표현할 수 있다.

증명 $\tan\left(\frac{\theta}{2}\right)=-\frac{e}{f}$인 각 θ에 대하여 다음 두 반사를 생각한다. 단, $e=0$이고 $f \neq 0$이면 $\theta=0$이고, $e \neq 0$이고 $f=0$이면 $\theta=\pi$이다. 두 개의 반사

$$\begin{bmatrix} \cos\theta & \sin\theta & \frac{e}{2}(1-\cos\theta)+\frac{f}{2}(-\sin\theta) \\ \sin\theta & -\cos\theta & \frac{e}{2}(-\sin\theta)+\frac{f}{2}(1+\cos\theta) \\ 0 & 0 & 1 \end{bmatrix},$$

$$\begin{bmatrix} \cos\theta & \sin\theta & 0 \\ \sin\theta & -\cos\theta & 0 \\ 0 & 0 & 1 \end{bmatrix}$$

의 곱

$$\begin{bmatrix} \cos\theta & \sin\theta & \frac{e}{2}(1-\cos\theta)+\frac{f}{2}(-\sin\theta) \\ \sin\theta & -\cos\theta & \frac{e}{2}(-\sin\theta)+\frac{f}{2}(1+\cos\theta) \\ 0 & 0 & 1 \end{bmatrix}$$

$$\begin{bmatrix} \cos\theta & \sin\theta & 0 \\ \sin\theta & -\cos\theta & 0 \\ 0 & 0 & 1 \end{bmatrix}$$

은 원래 주어진 평행이동 $\begin{bmatrix} 1 & 0 & e \\ 0 & 1 & f \\ 0 & 0 & 1 \end{bmatrix}$ 이다. 실제로, $\begin{bmatrix} \frac{e}{2} \\ \frac{f}{2} \end{bmatrix}$ 는 반사축과 수직이므로 다음이 성립한다.

$$\begin{bmatrix} \frac{e}{2}(1-\cos\theta)+\frac{f}{2}(-\sin\theta) \\ \frac{e}{2}(-\sin\theta)+\frac{f}{2}(1+\cos\theta) \end{bmatrix}$$

$$= (I - \begin{bmatrix} \cos\theta & \sin\theta \\ \sin\theta & -\cos\theta \end{bmatrix}) \begin{bmatrix} \frac{e}{2} \\ \frac{f}{2} \end{bmatrix}$$

$$= \begin{bmatrix} \frac{e}{2} \\ \frac{f}{2} \end{bmatrix} + \begin{bmatrix} \frac{e}{2} \\ \frac{f}{2} \end{bmatrix} = \begin{bmatrix} e \\ f \end{bmatrix}$$

문제 1-11

$$\begin{bmatrix} \cos\theta & \sin\theta & \frac{e}{2}(1-\cos\theta)+\frac{f}{2}(-\sin\theta) \\ \sin\theta & -\cos\theta & \frac{e}{2}(-\sin\theta)+\frac{f}{2}(1+\cos\theta) \\ 0 & 0 & 1 \end{bmatrix}$$

$$\begin{bmatrix} \cos\theta & \sin\theta & 0 \\ \sin\theta & -\cos\theta & 0 \\ 0 & 0 & 1 \end{bmatrix} = \begin{bmatrix} 1 & 0 & e \\ 0 & 1 & f \\ 0 & 0 & 1 \end{bmatrix}$$

임을 다음과 같이 보일 수 있음을 확인하여라.

$\vec{v}=(e,f)$에 대해 $|\vec{v}|=k$라 하면

$$e=k\cos\left(\frac{\pi}{2}+\frac{\theta}{2}\right)=-k\sin\frac{\theta}{2},\ f=k\sin\left(\frac{\pi}{2}+\frac{\theta}{2}\right)=k\cos\frac{\theta}{2}$$

라고 할 수 있다.

삼각함수의 관계식에 의하면

$$\sin^2\frac{\theta}{2}=\frac{1-\cos\theta}{2},\ \cos^2\frac{\theta}{2}=\frac{1+\cos\theta}{2},\ \sin\theta=2\sin\frac{\theta}{2}\cos\frac{\theta}{2}$$

이므로

$$\begin{aligned}
&\frac{e}{2}(1-\cos\theta)+\frac{f}{2}(-\sin\theta) \\
&=\frac{1}{2}\times\left(-k\sin\frac{\theta}{2}\right)\times 2\sin^2\frac{\theta}{2}+\frac{1}{2}\times k\cos\frac{\theta}{2}\times\left(-2\sin\frac{\theta}{2}\cos\frac{\theta}{2}\right) \\
&=-k\sin^3\frac{\theta}{2}-k\cos^2\frac{\theta}{2}\sin\frac{\theta}{2}=-k\sin\frac{\theta}{2}\left(\sin^2\frac{\theta}{2}+\cos^2\frac{\theta}{2}\right) \\
&=-k\sin\frac{\theta}{2}=e
\end{aligned}$$

$$\begin{aligned}
&\frac{e}{2}(-\sin\theta)+\frac{f}{2}(1+\cos\theta) \\
&=\frac{1}{2}\times\left(-k\sin\frac{\theta}{2}\right)\times\left(-2\sin\frac{\theta}{2}\cos\frac{\theta}{2}\right)+\frac{1}{2}\times k\cos\frac{\theta}{2}\times 2\cos^2\frac{\theta}{2} \\
&=k\sin^2\frac{\theta}{2}\cos\frac{\theta}{2}+k\cos^3\frac{\theta}{2}=k\cos\frac{\theta}{2}\left(\sin^2\frac{\theta}{2}+\cos^2\frac{\theta}{2}\right) \\
&=k\cos\frac{\theta}{2}=f
\end{aligned}$$

따라서,

$$\begin{bmatrix} \cos\theta & \sin\theta & \frac{e}{2}(1-\cos\theta)+\frac{f}{2}(-\sin\theta) \\ \sin\theta & -\cos\theta & \frac{e}{2}(-\sin\theta)+\frac{f}{2}(1+\cos\theta) \\ 0 & 0 & 1 \end{bmatrix} = \begin{bmatrix} \cos\theta & \sin\theta & e \\ \sin\theta & -\cos\theta & f \\ 0 & 0 & 1 \end{bmatrix}$$

나. 삼반사정리

보통 '삼반사 정리(three reflection theorem)'라고 불리는 다음 정리는 중요하다.

정리 1.10

등거리변환은 세 개 이하의 반사의 곱으로 표현된다.

증명 등거리변환을 나타내는 행렬 $\begin{bmatrix}\cos\theta & \sin\theta & e\\ \sin\theta & -\cos\theta & f\\ 0 & 0 & 1\end{bmatrix}$과 $\begin{bmatrix}\cos\theta & -\sin\theta & e\\ \sin\theta & \cos\theta & f\\ 0 & 0 & 1\end{bmatrix}$ 이 세 개 이하의 반사의 곱으로 표현된다는 것을 보이면 충분하다.

$$\begin{bmatrix}\cos\theta & \sin\theta & e\\ \sin\theta & -\cos\theta & f\\ 0 & 0 & 1\end{bmatrix} = \begin{bmatrix}1 & 0 & e\\ 0 & 1 & f\\ 0 & 0 & 1\end{bmatrix}\begin{bmatrix}\cos\theta & -\sin\theta & e\\ \sin\theta & \cos\theta & f\\ 0 & 0 & 1\end{bmatrix}$$

에서 평행이동 $\begin{bmatrix}1 & 0 & e\\ 0 & 1 & f\\ 0 & 0 & 1\end{bmatrix}$는 두 반사의 곱이므로 $\begin{bmatrix}\cos\theta & \sin\theta & e\\ \sin\theta & -\cos\theta & f\\ 0 & 0 & 1\end{bmatrix}$는 세 개 이하의 반사의 곱이다.

이제, $\begin{bmatrix}\cos\theta & -\sin\theta & e\\ \sin\theta & \cos\theta & f\\ 0 & 0 & 1\end{bmatrix}$의 경우를 생각한다.

$\alpha-\beta=\theta$이고 $\tan\left(\frac{\alpha}{2}\right)=-\frac{e}{f}$일 때 다음이 성립한다.

$$\begin{bmatrix}\cos\theta & -\sin\theta & e\\ \sin\theta & \cos\theta & f\\ 0 & 0 & 1\end{bmatrix} = \begin{bmatrix}1 & 0 & e\\ 0 & 1 & f\\ 0 & 0 & 1\end{bmatrix}\begin{bmatrix}\cos\theta & -\sin\theta & 0\\ \sin\theta & \cos\theta & 0\\ 0 & 0 & 1\end{bmatrix}$$

$$= \begin{bmatrix}\cos\alpha & \sin\alpha & \frac{e}{2}(1-\cos\alpha)+\frac{f}{2}(-\sin\alpha)\\ \sin\alpha & -\cos\alpha & \frac{e}{2}(-\sin\alpha)+\frac{f}{2}(1+\cos\alpha)\\ 0 & 0 & 1\end{bmatrix}$$

$$\begin{bmatrix}\cos\alpha & \sin\alpha & 0\\ \sin\alpha & -\cos\alpha & 0\\ 0 & 0 & 1\end{bmatrix}\begin{bmatrix}\cos\alpha & \sin\alpha & 0\\ \sin\alpha & -\cos\alpha & 0\\ 0 & 0 & 1\end{bmatrix}$$

$$
\begin{bmatrix} \cos\beta & \sin\beta & 0 \\ \sin\beta & -\cos\beta & 0 \\ 0 & 0 & 1 \end{bmatrix}
$$

$$
= \begin{bmatrix} \cos\alpha & \sin\alpha & \frac{e}{2}(1-\cos\alpha)+\frac{f}{2}(-\sin\alpha) \\ \sin\alpha & -\cos\alpha & \frac{e}{2}(-\sin\alpha)+\frac{f}{2}(1+\cos\alpha) \\ 0 & 0 & 1 \end{bmatrix}
$$

$$
\begin{bmatrix} \cos\beta & \sin\beta & 0 \\ \sin\beta & -\cos\beta & 0 \\ 0 & 0 & 1 \end{bmatrix}
$$

여기서 첫 번째 행렬은, 원점을 지나고 x축과 이루는 각이 $\frac{\alpha}{2}$인 직선을 $\left(\frac{e}{2}, \frac{f}{2}\right)$만큼 평행이동 시킨 직선에 대한 반사를 나타낸다.

위의 증명 과정에서 다음을 알 수 있다.

정리 1.11

회전변환은 두 반사의 곱으로 표현할 수 있다.

다. 평행이동과 반사의 곱

이제, 평행이동과 반사의 곱은 어떠한 등거리변환인가 살펴보자.

정리 1.12

f는 원점을 지나는 직선 l을 축으로 하는 반사이고 $\tau_{\vec{v}}$는 $\vec{v}$만큼의 평행이동이라고 하자. 변환 $g=\tau_{\vec{v}}f$가 반사이기위한 필요충분조건은 $\vec{v}$가 l에 수직인 것이다. 이 경우 g의 반사축은 $l+\frac{1}{2}\vec{v}$이다.

증명 $g=\tau_{\vec{v}}f$가 반사이면 $\vec{v}$와 l이 수직임을 보이자. $g=\tau_{\vec{v}}f$는

$\begin{bmatrix} \cos\theta & \sin\theta & e \\ \sin\theta & -\cos\theta & f \\ 0 & 0 & 1 \end{bmatrix}$로 표현된다. 직선 l에 수직인 적당한 벡터 $\vec{v}' = (e', f')$에 대하여 다음이 성립한다.

$$\begin{bmatrix} \cos\theta & \sin\theta & e'(1-\cos\theta)+f'(-\sin\theta) \\ \sin\theta & -\cos\theta & e'(-\sin\theta)+f'(1+\cos\theta) \\ 0 & 0 & 1 \end{bmatrix}$$

$$= \begin{bmatrix} \cos\theta & \sin\theta & e \\ \sin\theta & -\cos\theta & f \\ 0 & 0 & 1 \end{bmatrix}$$

$\vec{v}'$과 l은 수직이므로 $\frac{f'}{e'} \times \tan\left(\frac{\theta}{2}\right) = -1$이고 $e' = -f' \times \tan\left(\frac{\theta}{2}\right)$이다.

$$\begin{aligned} e &= e'(1-\cos\theta)+f'(-\sin\theta) \\ &= -f' \times \tan\left(\frac{\theta}{2}\right) \times \left(1-\cos^2\left(\frac{\theta}{2}\right)+\sin^2\left(\frac{\theta}{2}\right)\right)+ \\ &\quad f' \times \left(-2\sin\left(\frac{\theta}{2}\right)\cos\left(\frac{\theta}{2}\right)\right) \\ &= -f' \times \tan\left(\frac{\theta}{2}\right) \times \left(1-\cos^2\left(\frac{\theta}{2}\right)+\sin^2\left(\frac{\theta}{2}\right)+2\cos^2\left(\frac{\theta}{2}\right)\right) \\ &= -2f' \times \tan\left(\frac{\theta}{2}\right) \end{aligned}$$

$$\begin{aligned} f &= e'(-\sin\theta)+f'(1+\cos\theta) \\ &= f' \times \tan\left(\frac{\theta}{2}\right) \times 2\sin\frac{\theta}{2}cos\frac{\theta}{2} + f'\left(1+\cos^2\frac{\theta}{2}-\sin^2\frac{\theta}{2}\right) \\ &= f' \times \left(2\sin^2\frac{\theta}{2}+1+\cos^2\frac{\theta}{2}-\sin^2\frac{\theta}{2}\right) \\ &= 2f' \end{aligned}$$

$\frac{f}{e} = \frac{1}{-\tan\frac{\theta}{2}}$, 즉 $\frac{f}{e} \times \tan\frac{\theta}{2} = -1$이므로 v와 l은 수직이다.

역으로, $\vec{v}$와 l이 수직이면 $g = \tau_{\vec{v}} f$가 반사임을 보이고 반사축을 구하자. $\vec{v}$와 l이 수직이면 $g = \tau_{\vec{v}} f$가 반사라는 것은 앞에서 이미 보였기 때문에 여기에서는 반사축을 계산한다.

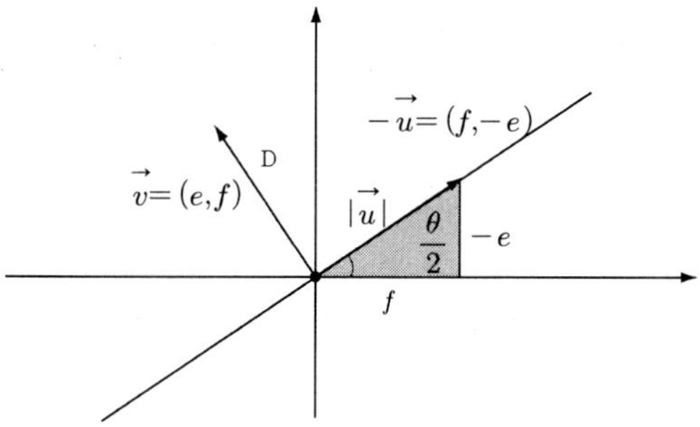

$\vec{v}=(e,f)$라고 하면 직선 l의 방향벡터는 $\vec{u}=(f,-e)$이다.

$$\cos\left(\frac{\theta}{2}\right)=\frac{f}{|\vec{u}|},\ \sin\frac{\theta}{2}=-\frac{e}{|\vec{u}|}$$

이므로,

$$\cos\theta=\frac{f^2-e^2}{|\vec{u}|^2},\sin\theta=-\frac{2ef}{|\vec{u}|^2}$$

이다. $\vec{v}$와 평행인 벡터 $\vec{v}'=(e',f')$에 대하여 다음이 성립한다.

$$\begin{aligned} e'(1-\cos\theta)+f'(-\sin\theta) &= e'\left(1-\frac{f^2-e^2}{|\vec{u}|^2}\right)+f'\left(\frac{2ef}{|\vec{u}|^2}\right) \\ &= \frac{2e}{|\vec{u}|^2}(ee'+ff') \end{aligned}$$

$$\begin{aligned} e'(-\sin\theta)+f'(1+\cos\theta) &= e'\left(\frac{2ef}{|\vec{u}|^2}\right)+f'\left(1+\frac{f^2-e^2}{|\vec{u}|^2}\right) \\ &= \frac{2f}{|\vec{u}|^2}(ee'+ff') \end{aligned}$$

$\vec{v'}=\frac{1}{2}\vec{v}$라고 하면 $ee'+ff'=\frac{1}{2}|\vec{u}|^2$이므로

$$\begin{bmatrix}\cos\theta & \sin\theta & e \\ \sin\theta & -\cos\theta & f \\ 0 & 0 & 1\end{bmatrix}=\begin{bmatrix}\cos\theta & \sin\theta & \frac{e(1-\cos\theta)+f(-\sin\theta)}{2} \\ \sin\theta & -\cos\theta & \frac{e(-\sin\theta)+f(1+\cos\theta)}{2} \\ 0 & 0 & 1\end{bmatrix}$$

이다. 이는 $g=\tau_{\vec{v}}f$가 $l+\frac{1}{2}\vec{v}$를 반사축으로 하는 반사임을 뜻한다.

위 정리를 다음과 같이 증명할 수도 있다.

$g=\tau_{\vec{v}}f$가 반사이면 일정한 직선 $\{\lambda\vec{w} \mid \vec{w}\in\mathbb{R}^2\}$을 고정시킨다. $g(\vec{w})=f(\vec{w})+\vec{v}=\vec{w}$이므로 $\vec{v}=\vec{w}-f(\vec{w})$이다. f는 선형변환이므로

$$f(\vec{v})=f(\vec{w}-f(\vec{w}))=f(\vec{w})-f^2(\vec{w})=f(\vec{w})-\vec{w}=-\vec{v}$$

이다. 임의의 $\vec{x}\in\mathbb{R}^2$에 대하여 $f(\vec{x})-\vec{x}$는 l과 수직이므로 $f(\vec{v})-\vec{v}=-2\vec{v}$는 l과 수직이다. 따라서 $\vec{v}$는 l과 수직이다. 역으로, $\vec{v}$는 l과 수직이라고 하자. $f(\vec{v})-\vec{v}$는 l과 수직이므로 $f(\vec{v})-\vec{v}=\lambda\vec{v}$이다. f는 선형변환인 반사이므로 $f(\vec{v})=-\vec{v}$이고 $g(\frac{1}{2}\vec{v})=f(\frac{1}{2}\vec{v})+\vec{v}=\frac{1}{2}\vec{v}$이다. 이는 $g=\tau_{\vec{v}}f$가 $l+\frac{1}{2}\vec{v}$를 반사축으로 하는 반사임을 뜻한다.

> **문제 1-12** 다음을 증명하여라.
> f는 원점을 지나는 직선 l을 축으로 하는 반사이고 $\vec{v}$가 l에 수직이 아니면 $g=\tau_{\vec{v}}f$에 대하여 g^2은 $\vec{v}+f(\vec{v})$만큼의 평행이동이고 $\vec{v}+f(\vec{v})$는 l 위에 있다.

정리 1.13

$\vec{v}$가 l에 수직이 아니면 $\tau_{\vec{v}}f$와 $f\tau_{\vec{v}}$는 미끄럼반사이다.

증명 먼저, $\tau_{\vec{v}}f$가 미끄럼반사임을 보인다. 직선 l(원점을 지나고 x축과 이루는 각이 $\frac{\theta}{2}$인 직선)을 반사축으로 하여 반사시킨 후 $\vec{v}=(e,f)$만큼 평행이동 시킨 변환에 대한 행렬 A는 다음과 같다.

$$\begin{bmatrix} 1 & 0 & e \\ 0 & 1 & f \\ 0 & 0 & 1 \end{bmatrix} \begin{bmatrix} \cos\theta & \sin\theta & 0 \\ \sin\theta & -\cos\theta & 0 \\ 0 & 0 & 1 \end{bmatrix} = \begin{bmatrix} \cos\theta & \sin\theta & e \\ \sin\theta & -\cos\theta & f \\ 0 & 0 & 1 \end{bmatrix}$$

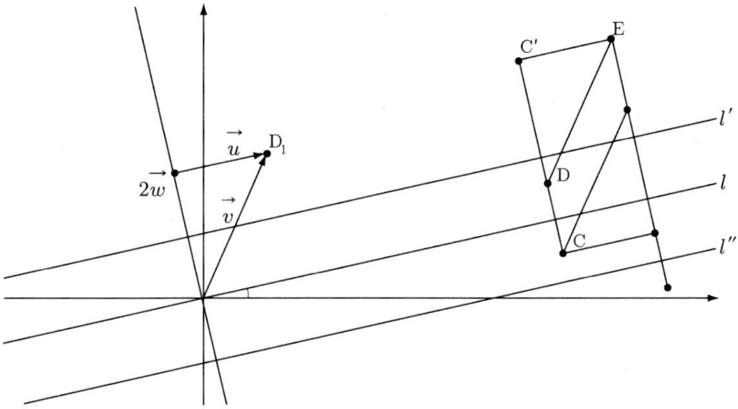

그림과 같이 $\vec{v}=(e,f)$를 직선 l에 수직인 벡터 위로 정사영 시킨 벡터를 $2\vec{w}$라고 하고 $\vec{v}-2\vec{w}=\vec{u}$라고 하면 직선 l과 $\vec{u}$는 평행하다. 이와 같이 정의한 두 벡터를 $\vec{w}=(w_1, w_2)$, $\vec{u}=(u_1, u_2)$라 하자. 어떤 점 C를 직선 l에 대해 반사시킨 점을 D라 하고 이를 $\vec{v}=(e,f)$만큼 이동시킨 점을 E라 하자. 점 C를 직선 l'(직선 l을 $\vec{w}$만큼 평행이동 시킨 직선)에 대해 반사시킨 점을 C′라 하고 이를 $\vec{u}$만큼 평행이동 시키면 E와 만난다.

직선 l'을 반사축으로 하여 반사시킨 것을 나타내는 행렬은

$$\begin{bmatrix} \cos\theta & \sin\theta & w_1(1-\cos\theta)+w_2(-\sin\theta) \\ \sin\theta & -\cos\theta & w_1(-\sin\theta)+w_2(1+\cos\theta) \\ 0 & 0 & 1 \end{bmatrix}$$

이고 $\vec{u}=(u_1, u_2)$만큼 평행이동 시키는 것을 나타내는 행렬은 $\begin{bmatrix} 1 & 0 & u_1 \\ 0 & 1 & u_2 \\ 0 & 0 & 1 \end{bmatrix}$이므로 직선 l'을 반사 축으로 하여 반사시킨 후 이를 $\vec{u}$만큼 평행이동 시킨 미끄럼반사에 대한 행렬 B는 다음과 같다.

$$B=\begin{bmatrix}1&0&u_1\\0&1&u_2\\0&0&1\end{bmatrix}\begin{bmatrix}\cos\theta&\sin\theta&w_1(1-\cos\theta)+w_2(-\sin\theta)\\\sin\theta&-\cos\theta&w_1(-\sin\theta)+w_2(1+\cos\theta)\\0&0&1\end{bmatrix}$$

$$=\begin{bmatrix}\cos\theta&\sin\theta&w_1(1-\cos\theta)+w_2(-\sin\theta)+u_1\\\sin\theta&-\cos\theta&w_1(-\sin\theta)+w_2(1+\cos\theta)+u_2\\0&0&1\end{bmatrix}$$

일반적으로, 직선 l을 반사축으로 하여 반사시킨 후 $\vec{v}=(e,f)$만큼 평행이동 시킨 변환과 직선 l'을 반사축으로 하여 반사시킨 후 이를 $\vec{u}$만큼 평행이동 시킨 미끄럼반사가 같은 변환임을 보이기 위해 두 행렬 A, B 가 같음을 보이자.

$$\begin{bmatrix}\cos\theta&\sin\theta&e\\\sin\theta&-\cos\theta&f\\0&0&1\end{bmatrix}$$

$$=\begin{bmatrix}\cos\theta&\sin\theta&w_1(1-\cos\theta)+w_2(-\sin\theta)+u_1\\\sin\theta&-\cos\theta&w_1(-\sin\theta)+w_2(1+\cos\theta)+u_2\\0&0&1\end{bmatrix}$$

$$\Leftrightarrow\begin{bmatrix}e\\f\end{bmatrix}=(I-\rho)\begin{bmatrix}w_1\\w_2\end{bmatrix}+\begin{bmatrix}u_1\\u_2\end{bmatrix},\ \rho=\begin{bmatrix}\cos\theta&\sin\theta\\\sin\theta&-\cos\theta\end{bmatrix}$$

$$\Leftrightarrow \vec{v}=(I-\rho)\vec{w}+\vec{u}$$

$$\Leftrightarrow \vec{v}=(I-\rho)\vec{w}+\vec{v}-2\vec{w}$$

$$\Leftrightarrow 2\vec{w}=(I-\rho)\vec{w}$$

직선 l과 $\vec{w}$는 수직이므로 $\rho\vec{w}=-\vec{w}$이고

$$(I-\rho)\vec{w}=\vec{w}-\rho\vec{w}=\vec{w}+\vec{w}=2\vec{w}$$

이다. 이제, $2\vec{w}$는 $\vec{v}$를 직선 l과 수직인 단위 벡터 $\vec{x}=(x_1,x_2)$ 위로 정사영 시킨 벡터와 같다.

$x_1=\cos\left(\frac{\pi}{2}+\frac{\theta}{2}\right)=-\sin\frac{\theta}{2},\ x_2=\sin\left(\frac{\pi}{2}+\frac{\theta}{2}\right)=\cos\frac{\theta}{2}$이므로

$$2\vec{w}=\mathrm{Proj}_{\vec{x}}\vec{v}=\frac{\vec{v}\cdot\vec{x}}{\vec{x}\cdot\vec{x}}\vec{x}=\left\{e\left(-\sin\frac{\theta}{2}\right)+f\cos\frac{\theta}{2}\right\}\left(-\sin\frac{\theta}{2},\cos\frac{\theta}{2}\right)$$

이다. 따라서 다음을 알 수 있다.

$$w_1 = \frac{1}{2}\left(e\sin^2\frac{\theta}{2} - f\sin\frac{\theta}{2}\cos\frac{\theta}{2}\right) = \frac{1-\cos\theta}{4}e - \frac{\sin\theta}{4}f$$

$$w_2 = \frac{1}{2}\left(-e\sin\frac{\theta}{2} + f\cos^2\frac{\theta}{2}\right) = -\frac{\sin\theta}{4}e + \frac{1-\cos\theta}{4}f$$

즉, $\begin{bmatrix} w_1 \\ w_2 \end{bmatrix} = \begin{bmatrix} \frac{1-\cos\theta}{4} & -\frac{\sin\theta}{4} \\ -\frac{\sin\theta}{4} & \frac{1+\cos\theta}{4} \end{bmatrix}\begin{bmatrix} e \\ f \end{bmatrix} = \frac{1}{4}(I-\rho)\begin{bmatrix} e \\ f \end{bmatrix}$ 이다.

따라서 직선 l을 반사축으로 하여 반사시킨 후 $\vec{v} = (e, f)$만큼 평행이동 시킨 변환은 직선 l을 $\vec{w} = \frac{1}{4}(I-\rho)\vec{v}$만큼 평행이동 시킨 직선 l'을 반사축으로 하여 반사시킨 후 이를 $\vec{u} = \vec{v} - 2\vec{w}$만큼 평행이동 시킨 미끄럼반사와 같은 변환이다.

이제, $f\tau_{\vec{v}}$가 미끄럼반사임을 보이자. 직선 l (원점을 지나고 x축과 이루는 각이 $\frac{\theta}{2}$인 직선)을 반사축으로 하여 반사시킨 변환에 대한 행렬은 $\begin{bmatrix} \cos\theta & \sin\theta & 0 \\ \sin\theta & -\cos\theta & 0 \\ 0 & 0 & 1 \end{bmatrix}$ 이고 $\vec{v} = (e, f)$만큼 평행이동 시킨 변환에 대한 행렬은 $\begin{bmatrix} 1 & 0 & e \\ 0 & 1 & f \\ 0 & 0 & 1 \end{bmatrix}$ 이므로 $\vec{v} = (e, f)$만큼 평행이동 시킨 후 직선 l을 반사축으로 하여 반사시킨 변환에 대한 행렬 A는 다음과 같다.

$$A = \begin{bmatrix} \cos\theta & \sin\theta & 0 \\ \sin\theta & -\cos\theta & 0 \\ 0 & 0 & 1 \end{bmatrix}\begin{bmatrix} 1 & 0 & e \\ 0 & 1 & f \\ 0 & 0 & 1 \end{bmatrix}$$
$$= \begin{bmatrix} \cos\theta & \sin\theta & e\cos\theta + f\sin\theta \\ \sin\theta & -\cos\theta & e\sin\theta - f\cos\theta \\ 0 & 0 & 1 \end{bmatrix}$$

이 변환은 직선 l을 반사축으로 하여 반사시킨 후 $\rho\vec{v} = \begin{bmatrix} \cos\theta & \sin\theta \\ \sin\theta & -\cos\theta \end{bmatrix}\begin{bmatrix} e \\ f \end{bmatrix}$

만큼 평행이동 시킨 변환과 같다. 그러므로 위와 같은 방법으로 증명할 수 있고, $\frac{1}{4}(I-\rho)\rho\vec{v}=\frac{1}{4}(\rho\vec{v}-\rho^2\vec{v})=\frac{1}{4}(\rho\vec{v}-\vec{v})=-\vec{w}$이다. 따라서 $\vec{v}=(e,f)$만큼 평행이동 시킨 후 직선 l을 반사축으로 하여 반사시킨 변환은 직선 l을 $-\vec{w}$만큼 평행이동 시킨 직선 l''을 반사축으로 하여 반사시킨 후 이를 $\vec{u}=\vec{v}-2\vec{w}$만큼 평행이동 시킨 미끄럼반사와 같은 변환임을 알 수 있다.

예를 들어, 점 $(-1,0)$를 직선 $y=\frac{1}{2}x+1$에 대하여 반사시킨 후, $\vec{u}=(3,1)$만큼 평행이동한 점을 찾아보자.

점 $\mathrm{A}(-1,0)$을 직선 $y=\frac{1}{2}x+1$에 대하여 반사시킨 점을 (a,b)이라고 하자. $\frac{b}{a+1}=-2$, $\frac{b}{2}=\frac{1}{2}\times\frac{a-1}{2}+1$을 만족시키므로 $a=-\frac{7}{5}$, $b=\frac{4}{5}$이다. 따라서 $(a,b)=\left(-\frac{7}{5},\frac{4}{5}\right)$이다. 이 점을 $\vec{u}=(3,1)$만큼 평행이동한 점은 $\left(\frac{8}{5},\frac{9}{5}\right)$이다.

이것을 행렬을 이용하여 계산해보면 다음과 같다.

$y=\frac{1}{2}x+1$에 대한 반사를 나타내는 행렬을 찾아보자. 이 직선이 x축과 이루는 각을 $\frac{\theta}{2}$라 하면, $\tan\frac{\theta}{2}=\frac{1}{2}$이므로

$$\tan\theta=\frac{2\times\frac{1}{2}}{1-\left(\frac{1}{2}\right)^2}=\frac{4}{3}$$

이다. $\cos\theta=\frac{3}{5}$, $\sin\theta=\frac{4}{5}$이다. 반사축 설정에 따른 반사를 나타내는 행렬을 결정하기 위해 원점에서 직선까지 이동시키는 $\vec{p}$(직선과 수직인 벡터)를 생각해보자. 원점에서 직선까지의 거리가 $\frac{2}{\sqrt{5}}$이므로 $\vec{p}=\left(-\frac{2}{5},\frac{4}{5}\right)$라 할 수 있다. 다음을 알 수 있다.

$$\begin{bmatrix} \cos\theta & \sin\theta & e'(1-\cos\theta)+f'(-\sin\theta) \\ \sin\theta & -\cos\theta & e'(-\sin\theta)+f'(1+\cos\theta) \\ 0 & 0 & 1 \end{bmatrix}$$

$$= \begin{bmatrix} \frac{3}{5} & \frac{4}{5} & -\frac{2}{5}\left(1-\frac{3}{5}\right)+\frac{4}{5}\left(-\frac{4}{5}\right) \\ \frac{4}{5} & -\frac{3}{5} & -\frac{2}{5}\left(-\frac{4}{5}\right)+\frac{4}{5}\left(1+\frac{3}{5}\right) \\ 0 & 0 & 1 \end{bmatrix} = \begin{bmatrix} \frac{3}{5} & \frac{4}{5} & -\frac{4}{5} \\ \frac{4}{5} & -\frac{3}{5} & \frac{8}{5} \\ 0 & 0 & 1 \end{bmatrix}$$

이제, 반사 후 평행이동 시키는 행렬을 구해보면,

$$\begin{bmatrix} 1 & 0 & 3 \\ 0 & 1 & 1 \\ 0 & 0 & 1 \end{bmatrix} \begin{bmatrix} \frac{3}{5} & \frac{4}{5} & -\frac{4}{5} \\ \frac{4}{5} & -\frac{3}{5} & \frac{8}{5} \\ 0 & 0 & 1 \end{bmatrix} = \begin{bmatrix} \frac{3}{5} & \frac{4}{5} & \frac{11}{5} \\ \frac{4}{5} & -\frac{3}{5} & \frac{13}{5} \\ 0 & 0 & 1 \end{bmatrix}$$

이다. 따라서 구하는 점은

$$\begin{bmatrix} \frac{3}{5} & \frac{4}{5} & \frac{11}{5} \\ \frac{4}{5} & -\frac{3}{5} & \frac{13}{5} \\ 0 & 0 & 1 \end{bmatrix} \begin{bmatrix} -1 \\ 0 \\ 1 \end{bmatrix} = \begin{bmatrix} \frac{8}{5} \\ \frac{9}{5} \\ 1 \end{bmatrix},$$

즉 $\left(\frac{8}{5}, \frac{9}{5}\right)$이다.

라. 평행이동과 회전의 곱

지금까지의 논의에 의하면 평행이동과 회전의 곱은 네 반사의 곱이다. 반사변환의 행렬식은 -1이므로 삼반사정리에 의하여 네 반사의 곱은 두 반사의 곱으로 귀착되고 그 결과는 평행이동 또는 회전이다. 그러나 회전과 평행이동의 곱이 평행이동일 수는 없기 때문에 회전과 평행이동의 곱은 회전이다. 마찬가지로 평행이동과 회전의 곱도 평행이동이다.

문제 1-13 다음을 확인하여라.

평행이동과 회전을 나타내는 두 쌍의 반사축 각각에서 하나가 일치하도록 회전시키면 오른쪽과 같은 그림이 된다.

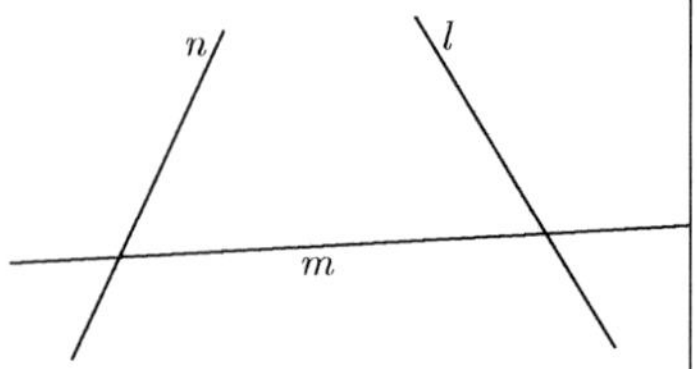

따라서 평행이동과 회전의 곱은 직선 n과 직선 m에 대한 반사의 곱, 직선 m과 직선 l에 대한 반사의 곱으로 나타나고, 따라서 직선 m에 대한 반사는 두 번 연이어 이루어지므로 항등변환이 되어 결국 직선 n과 직선 l에 대한 반사의 곱이 된다. 결국, 네 반사의 곱은 두 반사의 곱으로 귀착된다.

다음은 뒤에서 문양의 대칭성을 조사할 때 도움이 된다.

정리 1.14

r는 $\begin{bmatrix} \cos\theta & -\sin\theta \\ \sin\theta & \cos\theta \end{bmatrix}$로서 원점을 축으로 θ만큼의 회전이고 $\tau_{\vec{v}}$는 $\vec{v}$만큼의 평행이동이라고 하면, $\tau_{\vec{v}}r$는 $(I-r)^{-1}(\vec{v})$를 축으로 하는 θ만큼의 회전이다. 여기서 $I=\begin{bmatrix} 1 & 0 \\ 0 & 1 \end{bmatrix}$이다.

증명 회전변환 $\tau_{\vec{v}}r$의 회전축은 $\tau_{\vec{v}}r$의 유일한 부동점(fixed point)이다. 이 부동점을 $\vec{x}$로 나타내면 $\tau_{\vec{v}}r(\vec{x})=\vec{x}$이다. 이를 행렬로 표현하면 $(I-r)(\vec{x})=\vec{v}$이다. 행렬 $I-r$는 정칙이므로 $\vec{x}=(I-r)^{-1}(\vec{v})$이다.

문제 1-14 위 증명에서 행렬 $I-r$는 정칙임을 설명하여라.

마. 평행이동과 평행이동의 곱

평면위에서 (e, f)만큼의 평행이동은 $\begin{bmatrix} 1 & 0 & e \\ 0 & 1 & f \\ 0 & 0 & 1 \end{bmatrix}$로 표현되므로 두 평행이동의 곱은 가환적(commutative)이며 평행이동임을 알 수 있다.

바. 회전과 반사의 곱

회전과 반사의 곱은 어떠한 등거리변환인가 알아보자.

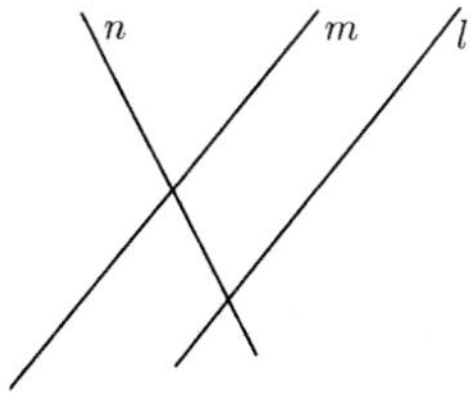

오른쪽의 그림에서 회전을 직선 m과 직선 n 각각을 축으로 하는 두 반사의 곱으로 표현할 수 있다. 회전을 두 반사의 곱으로 나타낼 때, 반사축의 사이 각을 변하지 않게 한다면 반사축은 임의로 잡을 수 있다. 이제, 반사축인 직선 l과 평행하게 직선 m을 잡으면 직선 l과 직선 m으로 이루어지는 반사의 곱은 평행이동이다. 따라서 회전과 반사의 곱은 반사와 평행이동의 곱이므로 반사 또는 미끄럼반사이다. 특히, 직선 l과 직선 m이 일치하게 되면 회전과 반사의 곱은 반사이다.

사. 회전과 회전의 곱

회전과 회전의 곱은 어떠한 등거리변환인가 알아보자.

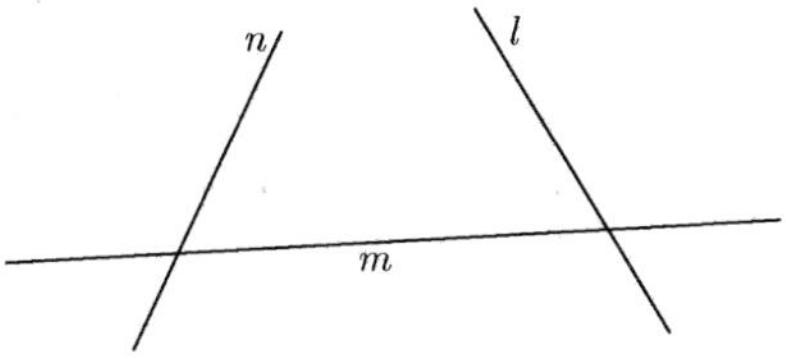

회전은 두 반사의 곱으로 표현할 수 있고, 두 회전 각각에는 두 개의 반사축이 존재한다. 두 쌍의 반사축 각각에서 하나가 일치하도록 회전시키면 오른쪽과 같은 그림이 된다.

따라서 두 회전은 직선 n과 직선 m에 대한 반사의 곱, 직선 m과 직선 l에 대한 반사의 곱으로 나타나고, 따라서 직선 m에 대한 반사는 두 번 반복하여 이루어지므로 항등변환이 되어 결국 직선 n과 직선 l에 대한 반사의 곱이 된다. 즉, 두 회전의 곱은 두 반사의 곱이 되어 평행이동 또는 회전이 된다. 특히, 직선 l과 직선 n이 평행하면 이 두 반사의 곱은 평행이동이고 평행하지 않으면 회전이다.

아. 등거리변환의 종류

등거리변환에 관한 지금까지의 논의를 다음과 같이 요약할 수 있다.

- 등거리변환은 세 개 이하의 반사의 곱으로 표현된다.
- 등거리변환은 반사, 평행이동, 회전, 그리고 미끄럼반사 뿐이다.
- $\begin{bmatrix} \cos\theta & -\sin\theta & e' \\ \sin\theta & \cos\theta & f' \\ 0 & 0 & 1 \end{bmatrix}$ 꼴의 행렬식은 1이므로 회전과 평행이동은 이러한 꼴이며, $\begin{bmatrix} \cos\theta & \sin\theta & e \\ \sin\theta & -\cos\theta & f \\ 0 & 0 & 1 \end{bmatrix}$ 꼴의 행렬식은 -1이므로 반사와 미끄럼반사는 이러한 꼴이다.

9. 부동점

등거리변환을 부동점에 따라 규정할 수 있다.

정리 1.15

세 점 $A(x_1,y_1)$, $B(x_2,y_2)$, $C(x_3,\ y_3)$을 꼭지점으로 가지는 삼각형의 넓이는

$$\frac{1}{2}\begin{vmatrix} x_1 & y_1 & 1 \\ x_2 & y_2 & 1 \\ x_3 & y_3 & 1 \end{vmatrix}$$

이다. 단, 행렬식이 음수이면 그 절댓값을 취한다.

세 점 $A(x_1,y_1), B(x_2,y_2), C(x_3,y_3)$가 일직선 위에 있다는 것은 세 점으로 이루어지는 삼각형의 넓이가 0 이어야 한다는 것이다. 따라서 주어진 세 점이 일직선 위에 있기 위한 조건을 행렬식을 이용하여 다음과 같이 나타낼 수 있다.

$$\begin{vmatrix} x_1 & y_1 & 1 \\ x_2 & y_2 & 1 \\ x_3 & y_3 & 1 \end{vmatrix} = 0$$

정리 1.16

등거리변환은 일직선 위에 있지 않은 세 점 $A(x_1, y_1), B(x_2, y_2), C(x_3, y_3)$의 상(image) $A'(x'_1, y'_1), B'(x'_2, y'_2), C'(x'_3, y'_3)$에 의하여 유일하게 결정된다.

증명 등거리변환 M에 대하여 다음이 성립한다.

$$M\begin{bmatrix} x_1 & x_2 & x_3 \\ y_1 & y_2 & y_3 \\ 1 & 1 & 1 \end{bmatrix} = \begin{bmatrix} x'_1 & x'_2 & x'_3 \\ y'_1 & y'_2 & y'_3 \\ 1 & 1 & 1 \end{bmatrix}$$

여기서 $\begin{bmatrix} x_1 & x_2 & x_3 \\ y_1 & y_2 & y_3 \\ 1 & 1 & 1 \end{bmatrix}$은 정칙이므로 M은 유일하게 결정된다.

문제 1-15 위 정리에서 세 개의 상(image) $A'(x'_1,y'_1)$, $B'(x'_2,y'_2)$, $C'(x'_3,y'_3)$은 일직선 위에 있지 않음을 증명하여라.

부동점 관점에서 $\mathbb{R}^2$에서의 등거리변환에 관하여 다음을 알 수 있다. 등거리변환은 일직선 위에 있지 않는 세 개의 점의 변환으로 결정된다.

이 세 점 모두가 부동점이면 항등변환이고, 두 개의 점이 부동점이면 한 개의 반사로 표현되며, 한 점이 부동점이면 그 부동점을 축으로 하는 회전이거나 그 부동점을 지나는 직선을 축으로 하는 반사이다. 부동점이 없는 경우는 세 개 이하의 반사 곱으로 표현되어 평행이동, 회전, 반사, 또는 미끄럼반사이다.

10. 문양과 등거리변환

이 책에서 논의하는 문양은 띠(frieze)와 벽지(wall paper)이다. 띠와 벽지는 동일한 문양의 반복임을 전제한다. 여기서 '동일한' 문양이라는 것은 반복되는 최소단위의 조각을 뜻하고 이것을 '기본조각(fundamental region)'이라고 부른다.

문양의 대칭성으로 문양을 분류할 때, 각 문양의 기본조각의 대칭성만을 고려하면 된다. 단, 미끄럼반사의 경우는 그 변환의 특성상 인접한 조각을 동시에 고려한다.

등거리변환 중에서 다음은 자주 이용된다.

가. 평행이동

x축을 따라 1만큼 평행이동은 행렬 $\omega_{x1} = \begin{bmatrix} 1&0&1 \\ 0&1&0 \\ 0&0&1 \end{bmatrix}$ 으로 표현되고, y축을 따라 1만큼 평행이동은 $\omega_{y1} = \begin{bmatrix} 1&0&0 \\ 0&1&1 \\ 0&0&1 \end{bmatrix}$ 으로 표현된다.

> **문제 1-16** 다음을 확인하여라.
>
> 임의의 자연수 k에 대하여 $\omega_{x1}^{k} = \begin{bmatrix} 1&0&k \\ 0&1&0 \\ 0&0&1 \end{bmatrix}$ 이고, $\omega_{x1}^{k} = \omega_{xk}$는 x축을 따라 k만큼의 평행이동을 나타낸다.

나. 회전

$90°$ 회전은 $\delta_4 = \begin{bmatrix} 0 & -1 & 0 \\ 1 & 0 & 0 \\ 0 & 0 & 1 \end{bmatrix}$ 으로 표현되고, $180°$ 회전은 $\delta_2 = \begin{bmatrix} -1 & 0 & 0 \\ 0 & -1 & 0 \\ 0 & 0 & 1 \end{bmatrix}$ 으로 표현된다.

> **문제 1-17** 시계방향으로 $90°$ 회전을 나타내는 행렬은 무엇인가?

다. 반사

x축 반사는 $\rho_x = \begin{bmatrix} 1 & 0 & 0 \\ 0 & -1 & 0 \\ 0 & 0 & 1 \end{bmatrix}$ 으로 표현되고, y축 반사는 $\rho_y = \begin{bmatrix} -1 & 0 & 0 \\ 0 & 1 & 0 \\ 0 & 0 & 1 \end{bmatrix}$ 으로 표현된다.

> **문제 1-18** $180°$ 회전은 x축 반사와 y축 반사의 곱임을 확인하여라.

한편, $y = x$축 반사는 $\rho_{y=x} = \begin{bmatrix} 0 & 1 & 0 \\ 1 & 0 & 0 \\ 0 & 0 & 1 \end{bmatrix}$ 으로 표현되고, $y = -x$축 반사는 $\rho_{y=-x} = \begin{bmatrix} 0 & -1 & 0 \\ -1 & 0 & 0 \\ 0 & 0 & 1 \end{bmatrix}$ 으로 표현된다.

라. 미끄럼반사

x축을 따라 $\frac{1}{2}$ 만큼 평행이동 후 x축 반사는 $\theta_x = \begin{bmatrix} 1 & 0 & \frac{1}{2} \\ 0 & -1 & 0 \\ 0 & 0 & 1 \end{bmatrix}$ 으로 표현

되고, y축을 따라 $\frac{1}{2}$만큼 평행이동 후 y축 반사는 $\theta_y = \begin{bmatrix} -1 & 0 & 0 \\ 0 & 1 & \frac{1}{2} \\ 0 & 0 & 1 \end{bmatrix}$으로 표현된다.

유클리드평면에서 띠나 벽지의 대칭성을 살필 때의 평행이동 단위는 기본조각에 의하여 결정된다. '평행이동 후 반사'인 미끄럼반사 경우에서의 '평행이동'은 원래의 평행이동 단위의 $\frac{1}{2}$도 허용된다는 것을 주목할 필요가 있다.

11. 점군

문양의 대칭성은 기본조각의 대칭성으로 결정된다. 기본조각의 대칭성을 살피기 위해 새로운 특별한 군을 생각한다.

$\mathbb{R}^2$에서의 등거리변환군

$$\mathrm{ISO}(2, \mathbb{R}) = \left\{ \begin{bmatrix} \cos\theta & -\sin\theta & e \\ \sin\theta & \cos\theta & f \\ 0 & 0 & 1 \end{bmatrix}, \begin{bmatrix} \cos\theta' & \sin\theta' & e' \\ \sin\theta' & -\cos\theta' & f' \\ 0 & 0 & 1 \end{bmatrix} \middle| \theta, e, f, \theta', e', f' \in \mathbb{R} \right\}$$

의 임의의 부분군 G에 대하여

$$\left\{ \begin{bmatrix} \cos\theta & -\sin\theta & 0 \\ \sin\theta & \cos\theta & 0 \\ 0 & 0 & 1 \end{bmatrix}, \begin{bmatrix} \cos\theta' & \sin\theta' & 0 \\ \sin\theta' & -\cos\theta' & 0 \\ 0 & 0 & 1 \end{bmatrix} \middle| \begin{bmatrix} \cos\theta & -\sin\theta & e \\ \sin\theta & \cos\theta & f \\ 0 & 0 & 1 \end{bmatrix}, \begin{bmatrix} \cos\theta' & \sin\theta' & e' \\ \sin\theta' & -\cos\theta' & f' \\ 0 & 0 & 1 \end{bmatrix} \in G \right\}$$

는 군이다. 이 군을 G의 점군(point group)이라고 하고 P로 나타낸다.

> **문제 1-19** G의 점군의 원소는 G의 원소가 아닐 수 있음을 예를 통하여 설명하여라.

점군을 다음과 같이 정의할 수 있다.

$$\left\{ \begin{bmatrix} \cos\theta & -\sin\theta \\ \sin\theta & \cos\theta \end{bmatrix}, \begin{bmatrix} \cos\theta' & \sin\theta' \\ \sin\theta' & -\cos\theta' \end{bmatrix} \middle| \begin{bmatrix} \cos\theta & -\sin\theta & e \\ \sin\theta & \cos\theta & f \\ 0 & 0 & 1 \end{bmatrix}, \begin{bmatrix} \cos\theta' & \sin\theta' & e' \\ \sin\theta' & -\cos\theta' & f' \\ 0 & 0 & 1 \end{bmatrix} \in G \right\}$$

$\mathrm{ISO}(2, \mathbb{R})$의 부분군 G에 대하여 다음과 같이 정의되는 함수 $f:\ G \to P$는 위로의 군준동형사상이다.

$$f\left(\begin{bmatrix} \cos\theta & -\sin\theta & e \\ \sin\theta & \cos\theta & f \\ 0 & 0 & 1 \end{bmatrix}\right) = \begin{bmatrix} \cos\theta & -\sin\theta & 0 \\ \sin\theta & \cos\theta & 0 \\ 0 & 0 & 1 \end{bmatrix}$$

$$f\left(\begin{bmatrix} \cos\theta' & \sin\theta' & e' \\ \sin\theta' & -\cos\theta' & f' \\ 0 & 0 & 1 \end{bmatrix}\right) = \begin{bmatrix} \cos\theta' & \sin\theta' & 0 \\ \sin\theta' & -\cos\theta' & 0 \\ 0 & 0 & 1 \end{bmatrix}$$

군준동형사상 $f:\ G \to P$의 핵(kernel) T는 G의 정규부분군으로서 G 안에 있는 평행이동 전체의 집합이다. 따라서 평행이동은 점군에 아무런 영향을 끼치지 않는다. 즉, 점군은 기본조각에 의하여 결정된다고 할 수 있다.

군(group)의 제1동형정리(The First Isomorphism Theorem)에 의하여 $G/T \cong P$ 이다. 즉, 군 G는 정규부분군 T의 P에 의한 확장(extension)이다. 이제, P는 T 위에 다음과 같이 작용한다.

$$p = \begin{bmatrix} \cos\theta & -\sin\theta & 0 \\ \sin\theta & \cos\theta & 0 \\ 0 & 0 & 1 \end{bmatrix} \in P,\ \ t = \begin{bmatrix} 1 & 0 & e \\ 0 & 1 & f \\ 0 & 0 & 1 \end{bmatrix} \in T$$

이라고 할 때,

$$ptp^{-1} = \begin{bmatrix} \cos\theta & -\sin\theta & 0 \\ \sin\theta & \cos\theta & 0 \\ 0 & 0 & 1 \end{bmatrix} \begin{bmatrix} 1 & 0 & e \\ 0 & 1 & f \\ 0 & 0 & 1 \end{bmatrix} \begin{bmatrix} \cos\theta & \sin\theta & 0 \\ -\sin\theta & \cos\theta & 0 \\ 0 & 0 & 1 \end{bmatrix}$$

를 블록행렬(block matrix)로 표현하면 $\begin{bmatrix} A_{11} & A_{12} \\ A_{21} & A_{22} \end{bmatrix}$ 와 같다. 여기서

$$A_{12} = A\begin{bmatrix} e \\ f \end{bmatrix} = \begin{bmatrix} \cos\theta & -\sin\theta \\ \sin\theta & \cos\theta \end{bmatrix} \begin{bmatrix} e \\ f \end{bmatrix}$$

이다.

$$q = \begin{bmatrix} \cos\theta & \sin\theta & 0 \\ \sin\theta & -\cos\theta & 0 \\ 0 & 0 & 1 \end{bmatrix} \in P,\ t = \begin{bmatrix} 1 & 0 & e \\ 0 & 1 & f \\ 0 & 0 & 1 \end{bmatrix} \in T$$

인 경우에도 qtq^{-1}을 계산하여 블록행렬 $\begin{bmatrix} B_{11} & B_{12} \\ B_{21} & B_{22} \end{bmatrix}$ 와 같이 나타내면

$$B_{12} = B\begin{bmatrix} e \\ f \end{bmatrix} = \begin{bmatrix} \cos\theta & \sin\theta \\ \sin\theta & -\cos\theta \end{bmatrix} \begin{bmatrix} e \\ f \end{bmatrix}$$

이다.

이상의 논의로부터 문양의 분류는 각 문양 자체의 대칭군과 그 문양의 기본조각의 대칭군을 규정하는 것으로 귀착된다. 즉, 문양의 형태는 그 문양의 대칭군과 그 문양의 점군으로 규정지을 수 있다.

문제 1-20 군 $\mathrm{ISO}(2, \mathbb{R})$의 다음 부분군 각각의 특성을 확인하여라.

- $\{s \in \mathrm{ISO}(2, \mathbb{R}) \mid |s| = 1\}$: 행렬식이 1인 등거리변환 전체의 집합으로서 $\mathrm{ISO}(2, \mathbb{R})$의 지수(index)가 2인 정규부분군이다. 이는 평행이동과 회전 전체의 집합이다.

- $T(2, \mathbb{R})$: 평행이동 전체의 집합으로서 $\mathrm{ISO}(2, \mathbb{R})$의 정규부분군이다. 이는 평행이동 전체의 집합이다.
- $O(2)$: 등거리 선형변환 전체의 집합으로서 $\mathrm{ISO}(2, \mathbb{R})$의 부분군이다. 이는 원점을 고정시키는 등거리변환 전체의 집합이다.
- $SO(2)$: 행렬식이 1인 등거리 선형변환 전체의 집합으로서 $\mathrm{ISO}(2, \mathbb{R})$의 부분군이다. 이는 원점을 축으로 하는 회전 전체의 집합이다.

위의 부분군 각각의 관계를 그림으로 나타내면 다음과 같다.

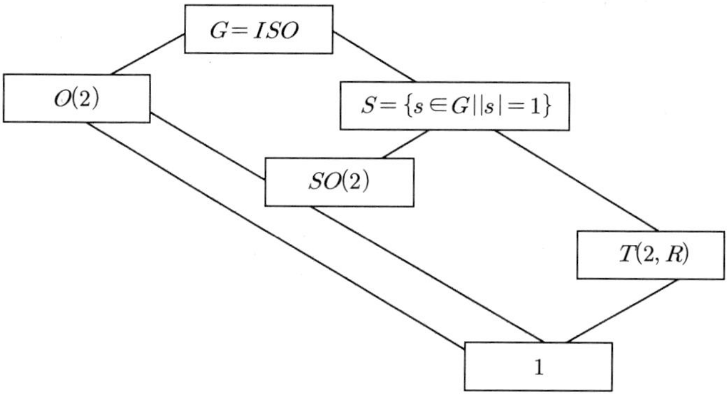

$G/T \cong P$이므로 P는 S/T의 지수 2만큼의 확장이다. 여기서 S/T는 SO와 동형이다.

띠나 벽지 문양의 분류에서 점군이 결정적인 역할을 한다. 띠군 또는 벽지군 G는 각각의 평행이동군 T의 점군 P에 의한 군의 확대(group extension)이다. 따라서 점군이 평행이동군 T에 어떻게 작용(action)하는지에 따라 띠군 또는 벽지군 G가 결정된다.

12. 문양의 표현

이 책에서 다루는 문양은 띠와 벽지이다. 띠는 기본조각이 좌・우로 무한히 반복되는 문양이고, 벽지는 기본조각이 좌・우 그리고 상・하로 무한히 반복되는 문양이다.

문양을 표현하고자 할 때, 아래와 같이 정수 좌표를 가지는 격자(lattice)를 이용한다.

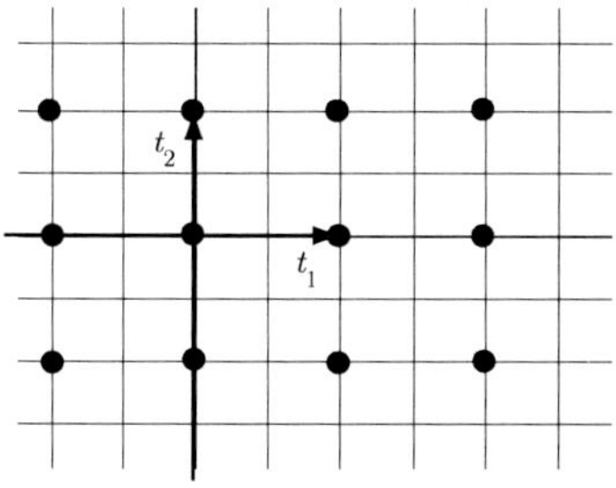

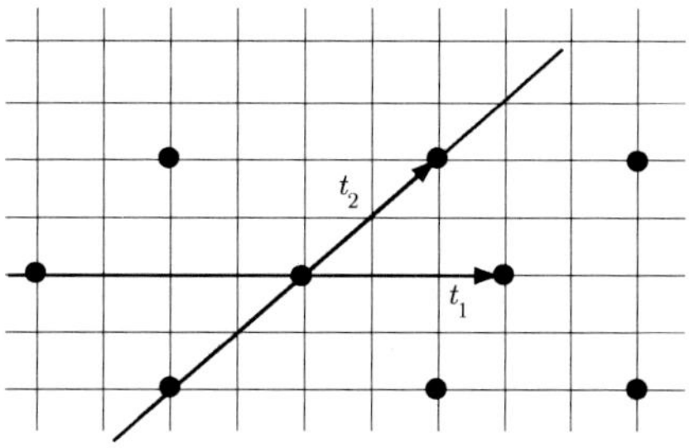

기본 문양에 따라 격자 기저(lattice basis)를 다르게 택할 수 있다. 위의 예에서 알 수 있듯이 격자 기저에 따라 좌・우 방향과 상・하 방향이 수직이 아닐 수 있다.

주어진 격자에서 두 개의 기저를 $S=\{\overrightarrow{s_1}, \overrightarrow{s_2}\}$, $T=\{\overrightarrow{t_1}, \overrightarrow{t_2}\}$라고 하자. 주어진 격자점 x의 S 기저와 T 기저 각각에 의한 좌표를 $[x]_S$와 $[x]_T$라고 하면 $[x]_T=\begin{bmatrix}\alpha & \gamma \\ \beta & \delta\end{bmatrix}[x]_S$인 $\begin{bmatrix}\alpha & \gamma \\ \beta & \delta\end{bmatrix}$가 존재한다. $Q=\begin{bmatrix}\alpha & \gamma \\ \beta & \delta\end{bmatrix}\in GL_2(\mathbb{Z})$이고 $Q^{-1}\in GL_2(\mathbb{Z})$이며 Q의 행렬식 $|Q|$은 ± 1이다.

CHAPTER 02 띠와 벽지

우리나라 사찰이나 궁궐 또는 도자기 등에는 여러 형태의 문양이 그려져 있다. 대부분의 문양에서 '대칭성'을 쉽게 발견할 수 있다.

위 문양에서와 같이 특정한 한 단위의 문양이 좌우로 반복될 때 그 문양을 띠(frieze)라고 한다. 편의상 띠는 좌우로 무한히 반복된다고 가정한다.

한편, 위 문양에서와 같이 특정한 한 단위의 문양이 좌우 그리고 상하 등 두 방향으로 반복될 때 그 문양을 벽지(wallpaper)라고 한다. 벽지도 두 방향으로 무한히 반복된다고 가정한다.

수학에서는 띠의 형태를 가지는 일차원적 문양, 벽지의 형태를 가지는 이차원적 문양뿐만이 아니라 삼차원적 문양 그리고 더 나아가 그 이상의 차원의 문양도 생각한다. 이 책에서는 일차원적 띠 문양과 이차원적 벽지 문양만을 고려하기 때문에 $\mathbb{Z}^2 = \mathbb{Z} \times \mathbb{Z}$, 즉 정수 좌표를 가지는 격자점으로 구성된 좌표공간을 생각한다.

1. 띠

띠에서는 기본조각(fundamental region, 다음 그림에서 굵은 점선으로 된 직사각형 부분)의 일정한 거리에 의한 평행이동이 항상 존재하며 띠의 평행이동 축(아래 그림에서 좌·우로 길게 뻗은 점선)은 변환에 의하여 불변이다.

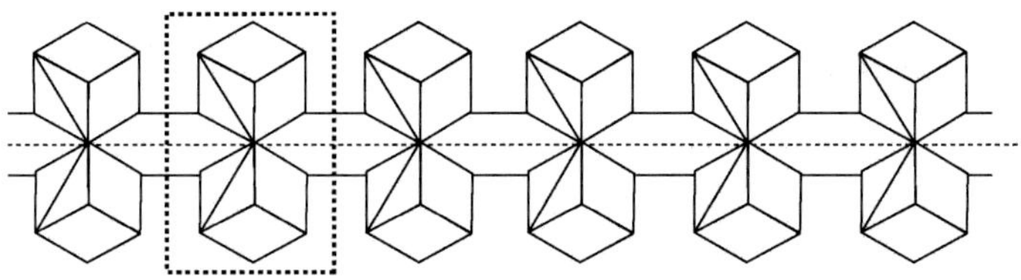

띠의 기본조각에서 다음과 같은 대칭이 가능하다.

- 좌·우반사가 있을 수 있다.
- 180° 회전이 있을 수 있다.
- 상·하반사가 있을 수 있다.
- 일정한 거리를 평행이동한 후 상·하반사를 하는 미끄럼반사가 있을 수 있다.

Ⅰ장의 문제 Ⅰ-20에서 다음 사실을 언급하였다.

$G/T \cong P$이므로 P는 S/T의 지수(index) 2만큼의 확장이다. 여기서 S/T는 SO와 동형이다.

띠의 문양에 따라서 S/T는 SO와 동형이므로 180° 회전이 없거나 있음에 따라 C_1 또는 C_2이다. 즉, '지수 2만큼의 확장' 부분에서는 반사(또는 미끄럼반사)가 없거나 있음에 따라 C_1 또는 D_1이다. 따라서 기본조각의 대칭으로서 다음과 같은 네 가지 경우를 생각할 수 있다.

S/T		점군 P
C_1	1	C_1
C_1	D_1	D_1
C_2	1	C_2
C_2	D_1	D_2

다음 사실에 주목한다.

- C_2와 D_1은 군으로서는 동형이지만 180° 회전과 반사는 구별되어야 하므로 다르게 취급한다.
- D_1은 x축 반사, y축 반사, 그리고 미끄럼반사의 세 가지 경우가 있다.
- D_2는 (x축 반사) + (y축 반사)의 경우와 (y축 반사) + (미끄럼반사) 등 두 가지 경우를 생각할 수 있다.

문제 2-1 다음을 확인하여라.

미끄럼반사 $\theta_x = \begin{bmatrix} 1 & 0 & \frac{1}{2} \\ 0 & -1 & 0 \\ 0 & 0 & 1 \end{bmatrix}$에 대하여 $\theta_x^2 \neq I$이지만 G/T에서는 $(T\theta_x)^2 = I \in G/T$이다. 여기서 $T\theta_x$는 θ_x의 잉여류(coset)를 나타낸다.

가. 띠의 타입

다음 사실에 주목한다.

- x축 반사, y축 반사, $180°$ 회전의 경우에는 이 중 어느 두 개가 있으면 나머지는 자동적으로 있게 된다. 예를 들어, 다음 관계식으로부터 $180°$ 회전과 x축 반사가 있으면 y축 반사가 있다는 것을 알 수 있다.

$$\begin{bmatrix} 1 & 0 & 0 \\ 0 & -1 & 0 \\ 0 & 0 & 1 \end{bmatrix} \begin{bmatrix} -1 & 0 & 0 \\ 0 & -1 & 0 \\ 0 & 0 & 1 \end{bmatrix} = \begin{bmatrix} -1 & 0 & 0 \\ 0 & 1 & 0 \\ 0 & 0 & 1 \end{bmatrix}$$

- x축 반사와 미끄럼반사는 동시에 존재할 수 없다. x축 반사와 미끄럼반사가 동시에 존재한다면 다음이 성립한다.

$$\begin{bmatrix} 1 & 0 & \frac{1}{2} \\ 0 & -1 & 0 \\ 0 & 0 & 1 \end{bmatrix} \begin{bmatrix} 1 & 0 & 0 \\ 0 & -1 & 0 \\ 0 & 0 & 1 \end{bmatrix} = \begin{bmatrix} 1 & 0 & \frac{1}{2} \\ 0 & 1 & 0 \\ 0 & 0 & 1 \end{bmatrix}$$

  그런데 행렬 $\begin{bmatrix} 1 & 0 & \frac{1}{2} \\ 0 & 1 & 0 \\ 0 & 0 & 1 \end{bmatrix}$은 x축 방향으로의 $\frac{1}{2}$만큼의 평행이동을 나타내는데 이는 허용되지 않는 평행이동 변환이다. 왜냐하면 평행이동은 정수$(\cdots, -3, -2, -1, 0, 1, 2, 3, \cdots)$ 만큼만 가능하기 때문이다.

- 정해진 기본조각에 대하여 미끄럼반사, $180°$ 회전, y축 반사가 동시에 존재할 수 없다. 실제로, 다음 관계로부터 x축 미끄럼반사와 $180°$

회전이 있으면 $x=\dfrac{1}{4}$에서의 좌·우반사가 존재한다는 것을 알 수 있다.

$$\begin{bmatrix}1 & 0 & \frac{1}{2}\\ 0 & -1 & 0\\ 0 & 0 & 1\end{bmatrix}\begin{bmatrix}-1 & 0 & 0\\ 0 & -1 & 0\\ 0 & 0 & 1\end{bmatrix}=\begin{bmatrix}-1 & 0 & \frac{1}{2}\\ 0 & 1 & 0\\ 0 & 0 & 1\end{bmatrix}$$

위 관계식 우변에 있는 행렬은 직선 $x=\dfrac{1}{4}$에 대한 좌·우반사를 나타낸다는 것을 다음과 같이 알 수 있다. $(x,\ y)$의 직선 $x=\dfrac{1}{4}$ 축으로 하는 좌·우반사 대칭점을 $(\square,\ y)$ 라고 하면, 대칭축과 $(x,\ y)$점 사이의 거리와 $(\square,\ y)$점과 대칭축 사이의 거리가 같으므로 $\dfrac{1}{4}-x=\square-\dfrac{1}{4}$ 이다. 따라서 $\square=-x+\dfrac{1}{2}$ 이다. 이제, $\begin{bmatrix}-1 & 0 & \frac{1}{2}\\ 0 & 1 & 0\\ 0 & 0 & 1\end{bmatrix}\begin{bmatrix}x\\ y\\ 1\end{bmatrix}=\begin{bmatrix}-x+\frac{1}{2}\\ y\\ 1\end{bmatrix}$이므로, 행렬 $\begin{bmatrix}-1 & 0 & \frac{1}{2}\\ 0 & 1 & 0\\ 0 & 0 & 1\end{bmatrix}$은 직선 $x=\dfrac{1}{4}$에 대한 좌·우반사를 나타낸다는 것을 알 수 있다. 한 예를 들면 다음과 같다. 아래 문양의 선화(line drawing)에서 기본조각 ABCD를 우측으로 $\dfrac{1}{4}$만큼 평행이동 시킨 기본조각이 EFGH이다.

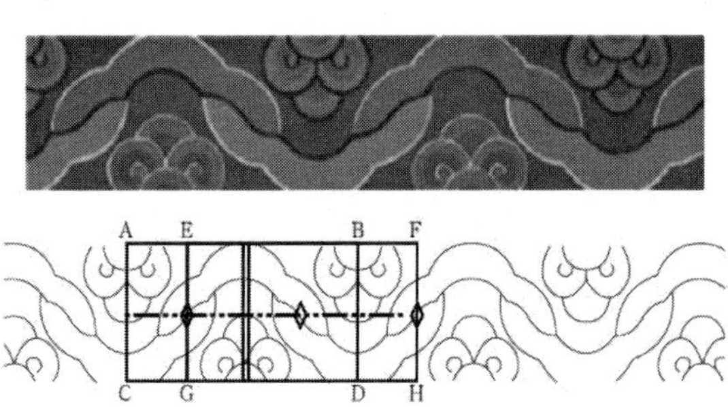

정해진 기본조각에 대하여 x축 미끄럼반사, 180° 회전, 좌・우반사가 동시에 존재할 수 없다. 그러나 동일한 띠이지만 x축 미끄럼반사와 y축 반사를 가진 기본조각을 택할 수도 있고, x축 미끄럼반사와 180° 회전 대칭을 가진 기본조각을 택할 수 있다는 것을 위의 예로부터 알 수 있다. 즉, 동일한 띠이지만 대칭성이 다른 기본조각을 택할 수 있다.

문제 2-2 다음을 설명하여라.

- 미끄럼반사와 좌우반사가 있으면 직선 $x=-\dfrac{1}{4}$에서 180° 회전이 존재한다는 것을 다음과 같이 보일 수 있다. 먼저 다음을 알 수 있다.

$$\begin{bmatrix} -1 & 0 & 0 \\ 0 & 1 & 0 \\ 0 & 0 & 1 \end{bmatrix}\begin{bmatrix} 1 & 0 & \frac{1}{2} \\ 0 & -1 & 0 \\ 0 & 0 & 1 \end{bmatrix}\begin{bmatrix} x \\ y \\ 1 \end{bmatrix}=\begin{bmatrix} -1 & 0 & -\frac{1}{2} \\ 0 & -1 & 0 \\ 0 & 0 & 1 \end{bmatrix}\begin{bmatrix} x \\ y \\ 1 \end{bmatrix}=\begin{bmatrix} -x-\frac{1}{2} \\ -y \\ 1 \end{bmatrix}$$

이제, $(x,\ y)$의 직선 $x=-\dfrac{1}{4}$에서 180° 회전 대칭점을 $(\square,\ -y)$라고 하자. $x=-\dfrac{1}{4}$인 지점과 $(x,\ y)$점 사이의 거리와 $(\square,\ -y)$점과 $x=-\dfrac{1}{4}$인 지점 사이의 거리가 같으므로 $-\dfrac{1}{4}-x=\square-\left(-\dfrac{1}{4}\right)$이다. 따라서 $\square=-x-\dfrac{1}{2}$이다.

- 띠의 주어진 기본조각에 대하여 180° 회전, y축 반사, 미끄럼반사가 동시에 존재할 수 없다.
- 주어진 띠의 기본조각에 대하여 x축 반사, y축 반사, 미끄럼반사가 동시에 존재할 수 없다.

이상으로부터 다음과 같은 표가 만들어진다. 여기서 '○'는 해당 대칭이 존재한다는 것을 뜻하고, '×'는 해당 대칭이 존재하지 않는다는 것을 뜻한다.

<table>
<tr><th>회전</th><th>x축 반사</th><th>y축 반사</th><th>미끄럼반사</th></tr>
<tr><td rowspan="3">○</td><td>○</td><td>○</td><td>×</td></tr>
<tr><td rowspan="2">×</td><td rowspan="2">×</td><td>○</td></tr>
<tr><td>×</td></tr>
<tr><td rowspan="5">×</td><td>○</td><td>×</td><td>×</td></tr>
<tr><td rowspan="4">×</td><td rowspan="2">○</td><td>○</td></tr>
<tr><td>×</td></tr>
<tr><td rowspan="2">×</td><td>○</td></tr>
<tr><td>×</td></tr>
</table>

이 여덟 가지 경우 중에서 두 번째와 다섯 번째는 기본조각은 다르지만 동일한 타입의 띠 문양이다. 이상으로부터 띠의 타입은 일곱 개 밖에 없다는 사실을 비교적 쉽게 알 수 있다.

다음은 일곱 개의 띠 타입의 모습이다. 타입의 기호는 필자가 편의에 따라 정한 것이다.

기호	대칭성	기본조각	띠
$f1$	평행이동		
fx	평행이동 x축 반사		
fy	평행이동 y축 반사		
$f2$	평행이동 180°회전		
fxy	평행이동 x축 반사 y축 반사		
fg	평행이동 미끄럼반사		
fgy	평행이동 미끄럼반사 y축 반사		

참고로, 띠의 타입에 관하여 국제적으로 통일된 기호가 없으나, 이 책에서 필자가 제시하는 기호의 뜻은 다음과 같다. 'f'는 '띠(frieze)'를, '1'과 '2' 각각은 $\frac{360°}{1} = 360°$ 회전'과 '$\frac{360°}{2} = 180°$ 회전'을 나타내고, 'x', 'y', 'g' 각각은 'x축 반사', 'y축 반사', '미끄럼반사(glide reflection)'를 나타낸다.

문제 2-3 이상을 다음과 같이 정리할 수 있음을 설명하여라.
점군이 $C_1 \times D_1 = C_1 \times D_1 = D_1$인 경우에는 x축 반사, y축 반사, x축 미끄럼 반사 각각 하나씩만 존재하는 세 가지 경우가 있다.
점군이 $C_2 \times D_1 = C_2 \times D_1 = D_2$인 경우에는 다음과 같이 두 가지 경우가 있다.
- 180°회전 + x축 반사
  ≡ 180°회전 + y축 반사
  ≡ 180°회전 + x축 반사 + y축 반사
- 180°회전 + x축 미끄럼 반사

나. 띠군

띠에 대한 대칭군을 띠군(frieze group)이라고 한다.

띠는 띠군과 점군에 의해 결정된다. 모든 띠에 대하여 평행이동군 C_∞(무한순환군)는 띠군의 정규부분군으로서 일정하다.

정리 2.1

띠 문양과 벽지 문양의 점군은 유한이다.

증명 원점을 중심으로 하고 격자 기저를 품는 원을 생각하면 원 안에는 유한개(n)의 격자점이 존재한다. 점군의 원소 f는 등거리사상이므로 원 안에 있는 모든 점의 집합의 치환이다. 따라서 점군은 n개의 원소를 가지는 집합의 대칭군 S_n의 부분군이다.

정리 2.2

띠 문양과 벽지 문양의 점군은 C_n 또는 D_n 이다. 여기서 C_n은 위수가 n인 순환군을, D_n은 위수가 $2n$인 정이면체군을 나타낸다.

증명 점군 G의 원소 f를 $\begin{bmatrix} \alpha & \beta \\ \gamma & \delta \end{bmatrix}$로 나타내면 $\begin{vmatrix} \alpha & \beta \\ \gamma & \delta \end{vmatrix} = \alpha\delta - \beta\gamma = \pm 1$이다. $\begin{vmatrix} \alpha & \beta \\ \gamma & \delta \end{vmatrix} = 1$인 원소 전체의 집합 N은 G의 정규부분군이다. $N = G$이면 G는 순환군이고 최소각의 회전변환 σ가 생성자이다. $N \neq G$ 이면 $|G : N| = 2$이므로 $G - N$의 한 원소를 τ라고 하면 τ는 반사이고 $\sigma\tau\sigma\tau = 1$이다. 따라서 $\tau\sigma\tau = \sigma^{-1}$이고 이 경우의 점군은 $< \sigma, \tau > = D_n$ 이다.

정리 2.3

점군의 원소 f가 회전각 $\frac{2\pi}{n}$의 회전이면 $n = 1, 2, 3, 4,$ 또는 6이다.

증명 표준기저에 관하여 $f = \begin{bmatrix} \cos\theta & -\sin\theta \\ \sin\theta & \cos\theta \end{bmatrix}$라고 하고 다른 기저에 관하여 $f = \begin{bmatrix} a & b \\ c & d \end{bmatrix}$라고 하면 두 행렬은 공액이므로 두 행렬의 궤적(trace)과 같다. 따라서 $2\cos\theta = a + d$이고 이는 정수여야 한다. $\theta = \frac{2\pi}{n}$에서 $n = 1, 2, 3, 4,$ 또는 6이다.

다음은 Coxeter(1969)에 소개된 위 정리에 관한 증명 과정이다.

점 P를 f에 의한 회전축이라고 하면, P는 무수히 많은 다른 대칭에 의해 회전각 $\frac{2\pi}{n}$의 다른 회전축에 대응한다. 그 다른 회전축 중에서 P와 가장 가까운 회전축을 Q라고 하자.

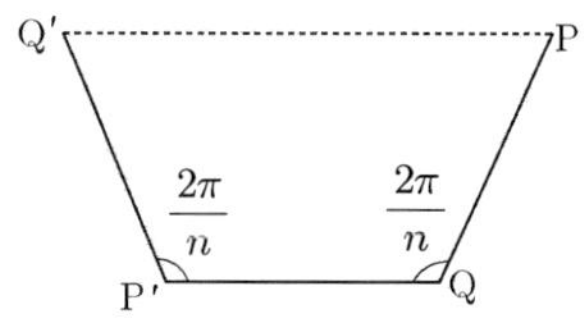

점 Q를 회전축으로 P를 $\frac{2\pi}{n}$ 만큼 회전시켜 얻은 점을 P′이라고 하고, P′을 회전축으로 Q를 $\frac{2\pi}{n}$ 만큼 회전시켜 얻은 점을 Q′이라고 하자. 세 개의 선분 PQ, QP′, P′Q′ 모두의 길이는 같다. Q′와 P가 일치하면 $n=6$이다. 그렇지 않으면 선분 PQ′의 길이는 선분 PQ의 길이보다 크거나 같으므로 $n \leq 4$이다.

문제 2-4 위 증명 과정에서 $n > 4$일 수 없음을 설명하여라.

위 사실로부터 벽지군의 점군은 다음 중 하나임을 알 수 있다.

$$C_1,\ C_2,\ C_3,\ C_4,\ C_6$$

$$D_1,\ D_2,\ D_3,\ D_4,\ D_6$$

띠 문양에서는 120° 회전, 90° 회전, 60° 회전은 생각할 수 없다.

정리 2.4

띠 문양의 점군은 다음 중 하나이다.

$$C_1,\ C_2,\ D_1,\ D_2$$

2. 띠의 대칭성

이제, 각각의 문양에 관한 띠군을 계산한다. 이곳에서의 문양 그림은 Burn(1985) 또는 Hart(2009)에서 인용하였다.

모든 띠에 관하여 평행이동군은 항상 $T = < \omega_{x1} > \cong C_\infty$ 이다. 여기서 $\omega_{x1} = \begin{bmatrix} 1 & 0 & 1 \\ 0 & 1 & 0 \\ 0 & 0 & 1 \end{bmatrix}$ 이다.

가. $f1$

평행이동(ω_{x1})만 있다. 따라서 띠군은 $G=<\omega_{x1}>\cong C_\infty$ 이고 점군은

$$P=\left\{\begin{bmatrix}1&0&0\\0&1&0\\0&0&1\end{bmatrix}\right\}\cong \mathrm{C}_1$$

이고 $G/T=\{IT\}\cong C_1\cong P$임을 알 수 있다. 여기서 $I=\begin{bmatrix}1&0&0\\0&1&0\\0&0&1\end{bmatrix}$이고 IT는 G/T의 항등원으로서 I의 동치류이다.

나. fx

평행이동(ω_{x1})과 x축반사 $\rho_x=\begin{bmatrix}1&0&0\\0&-1&0\\0&0&1\end{bmatrix}$가 존재한다.

띠군은 $G=<\omega_{x1},\ \rho_x>\cong C_\infty\times D_1$이고 점군은 $P=<\rho_x>\cong D_1$이다. 여기서 ω_{x1}와 ρ_x는 가환적임에 주목하여라. $G/T=<\rho_x T>\cong D_1\cong P$이다.

다. fy

평행이동(ω_{x1})과 y축반사 $\rho_y=\begin{bmatrix}-1&0&0\\0&1&0\\0&0&1\end{bmatrix}$가 존재한다.

ω_{x1}와 ρ_y는 가환적이 아니므로 띠군은 $G=<\omega_{x1},\rho_y>\cong C_\infty\rtimes D_1\cong D_\infty$ 이고 점군은 $P=<\rho_y>=\left\langle\begin{bmatrix}-1&0&0\\0&1&0\\0&0&1\end{bmatrix}\right\rangle\cong D_1$이므로 $G/T=<\rho_y T>$ $\cong D_1\cong P$이다.

라. $f2$

평행이동(ω_{x1})과 180° 회전 $\delta_2=\begin{bmatrix}-1&0&0\\0&-1&0\\0&0&1\end{bmatrix}$가 존재한다.

띠군은 $G=<\omega_{x1},\delta_2>\cong C_\infty\rtimes C_2\cong D_\infty$ 이고 점군은 $P=<\delta>\cong C_2$ 이다. ω_{x1}과 δ_2는 가환적이 아님에 주목하여라. $G/T=<\delta T>\cong C_2\cong P$ 이다.

마. fxy

평행이동(ω_{x1}), 180° 회전(δ_2), x축 반사(ρ_x), y축 반사(ρ_y)가 존재한다.

띠군은 $G=<\omega_{x1}, \delta_2, \rho_x, \rho_y>=<\omega_{x1}, \delta_2, \rho_x> \cong (C_\infty \rtimes C_2)\times D_1$ 이고 점군은

$$P=\left\langle \begin{bmatrix} -1 & 0 & 0 \\ 0 & -1 & 0 \\ 0 & 0 & 1 \end{bmatrix}, \begin{bmatrix} 1 & 0 & 0 \\ 0 & -1 & 0 \\ 0 & 0 & 1 \end{bmatrix} \right\rangle \cong D_2$$

이다. δ_2와 ρ_x는 가환적이다.

한편, $G=<\omega_{x1}, \delta_2, \rho_x, \rho_y>$ 이고 $T=<\omega_{x1}>$ 이므로

$$G/T=<\omega_{x1}, \delta_2, \rho_x, \rho_y>/<\omega_{x1}>=<\delta_2 T, \rho_x T> \cong D_2 \cong P$$

이다.

> **문제 2-5** 다음을 보여라.
> - δ_2와 ρ_x는 가환적이다. 즉, $\delta_2\rho_x=\rho_x\delta_2=\rho_y$ 이다.
> - $<\delta_2, \rho_x>=<\rho_x, \rho_y>=<\delta_2, \rho_y> \cong D_2$

바. fg

평행이동(ω_{x1})과 x축 방향으로의 미끄럼반사(θ_x)가 존재한다.

$\theta_x=\begin{bmatrix} 1 & 0 & \frac{1}{2} \\ 0 & -1 & 0 \\ 0 & 0 & 1 \end{bmatrix}$는 x축을 따라 $\frac{1}{2}$만큼 이동한 후 x축을 축으로 반사시키는 것이다.

$\theta_x^2=\omega_{x1}$ 이므로 띠군은 $G=<\omega_{x1}, \theta_x>=<\theta_x> \cong C_\infty$ 이고 점군은

$$P=\left\langle \begin{bmatrix} 1 & 0 & 0 \\ 0 & -1 & 0 \\ 0 & 0 & 1 \end{bmatrix} \right\rangle \cong D_1$$

이다.

이 경우에는 점군의 원소 $\begin{bmatrix} 1 & 0 & 0 \\ 0 & -1 & 0 \\ 0 & 0 & 1 \end{bmatrix}$가 띠군의 원소가 아니다.

한편, $G = < \omega_{x1}, \theta_x >$이고 $T = < \omega_{x1} >$이므로

$$G/T = < \omega_{x1}, \theta_x > / < \omega_{x1} > = < \theta_x T > \cong D_1 \cong P$$

이다.

> **문제 2-6** 다음을 보여라.
> $\theta_x^2 = \omega_{x1}$이다. 따라서 ω_{x1}와 θ_x는 가환적이다.

사. fgy

평행이동(ω_{x1})과 미끄럼반사(θ_x) 그리고 180° 회전(δ_2)이 있다.

$\theta_x^2 = \omega_{x1}$이므로 띠군은

$$G = < \omega_{x1}, \theta_x, \delta_2 > = < \theta_x, \delta_2 > \cong C_\infty \rtimes D_1 \cong D_\infty$$

이고 점군은 $P = \left\langle \begin{bmatrix} 1 & 0 & 0 \\ 0 & -1 & 0 \\ 0 & 0 & 1 \end{bmatrix}, \begin{bmatrix} -1 & 0 & 0 \\ 0 & -1 & 0 \\ 0 & 0 & 1 \end{bmatrix} \right\rangle \cong D_2$이다. 이 경우에는 점군의 원소 $\begin{bmatrix} 1 & 0 & 0 \\ 0 & -1 & 0 \\ 0 & 0 & 1 \end{bmatrix}$가 띠군의 원소가 아님에 주목하여라.

한편, $G = < \omega_{x1}, \theta_x, \delta_2 >$이고 $T = < \omega_{x1} >$이므로

$$G/T = < \omega_{x1}, \theta_x, \delta_2 > / < \omega_{x1} > = < \theta_x T, \delta_2 T > \cong D_2 \cong P$$

이다.

> **문제 2-7** 앞에서 언급하였듯이, fgy 타입의 문양에서는 기본조각을 적절히 조정하면 좌·우반사를 얻을 수 있다. 다음을 확인하여라.
>
> • $\delta_2 = \begin{bmatrix} -1 & 0 & 0 \\ 0 & -1 & 0 \\ 0 & 0 & 1 \end{bmatrix}$ 이고 $\theta_x = \begin{bmatrix} 1 & 0 & \frac{1}{2} \\ 0 & -1 & 0 \\ 0 & 0 & 1 \end{bmatrix}$이므로 $\delta_2\theta_x = \begin{bmatrix} -1 & 0 & -\frac{1}{2} \\ 0 & 1 & 0 \\ 0 & 0 & 1 \end{bmatrix}$
>
> 이고 $\theta_x\delta_2 = \begin{bmatrix} -1 & 0 & \frac{1}{2} \\ 0 & 1 & 0 \\ 0 & 0 & 1 \end{bmatrix}$이며 $(\delta_2\theta_x)^2 = (\theta_x\delta_2)^2 = 1$이다.

- $\theta_x\delta_2\begin{bmatrix}x\\y\\1\end{bmatrix}=\begin{bmatrix}-1&0&\frac{1}{2}\\0&1&0\\0&0&1\end{bmatrix}\begin{bmatrix}x\\y\\1\end{bmatrix}=\begin{bmatrix}-x+\frac{1}{2}\\y\\1\end{bmatrix}$ 이므로 $x-\frac{1}{4}=\frac{1}{4}-(-x+\frac{1}{2})$이다. 따라서 $\theta_x\delta_2$는 $x=\frac{1}{4}$를 축으로 하는 좌·우반사이고, $\delta_2\theta_x$는 $x=-\frac{1}{4}$를 축으로 하는 좌·우반사이다.
- 위 사실을 다음과 같이 증명할 수도 있다.

  $\theta_x\delta_2\begin{bmatrix}\frac{1}{4}\\y\\1\end{bmatrix}=\begin{bmatrix}-1&0&\frac{1}{2}\\0&1&0\\0&0&1\end{bmatrix}\begin{bmatrix}\frac{1}{4}\\y\\1\end{bmatrix}\equiv\begin{bmatrix}\frac{1}{4}\\y\\1\end{bmatrix}$ (mod 1)이므로 $\theta_x\delta_2$는 $x=\frac{1}{4}$를 축으로 하는 좌우반사이다. 마찬가지로, $\delta_2\theta_x\begin{bmatrix}-\frac{1}{4}\\y\\1\end{bmatrix}\equiv\begin{bmatrix}-\frac{1}{4}\\y\\1\end{bmatrix}$ (mod1)임을 보일 수 있다.
- 미끄럼반사가 존재하는 띠의 경우에는 점군의 원소가 띠군의 원소가 아닐 수 있다.

지금까지의 논의를 바탕으로 띠군과 띠군 각각의 문양에 관하여 다음과 같이 요약할 수 있다.

'기본조각(fundamental region)'의 평행이동 전체는 무한순환군 C_∞이 된다. 우측으로 1만큼의 평행이동을 나타내는 $\omega_{x1}=\begin{bmatrix}1&0&1\\0&1&0\\0&0&1\end{bmatrix}$에 의해 생성된다.

주어진 띠의 대칭 전체의 집합을 '띠군(frieze group)'이라고 하며 평행이동군 C_∞는 모든 띠군의 정규부분군이다.

이제, 직교좌표 평면에서의 기본조각에 관하여 다음과 같은 대칭이 가능하다.

- 좌 · 우반사: $\rho_y = \begin{bmatrix} -1 & 0 & 0 \\ 0 & 1 & 0 \\ 0 & 0 & 1 \end{bmatrix}$
- 상 · 하반사: $\rho_x = \begin{bmatrix} 1 & 0 & 0 \\ 0 & -1 & 0 \\ 0 & 0 & 1 \end{bmatrix}$
- 180° 회전: $\delta_2 = \begin{bmatrix} -1 & 0 & 0 \\ 0 & -1 & 0 \\ 0 & 0 & 1 \end{bmatrix}$
- 미끄럼반사: $\theta_x = \begin{bmatrix} 1 & 0 & \frac{1}{2} \\ 0 & -1 & 0 \\ 0 & 0 & 1 \end{bmatrix}$

문제 2-8 $< \rho_x, \rho_y, \delta_2 > \cong V_4$임을 확인하여라. 여기서 V_4는 클라인의 사원군을 나타낸다.

다음을 주목할 필요가 있다.

$f2$ 타입과 fy 의 경우에는 평행이동군, 점군, 그리고 띠군 모두가 군론적으로 동형이다. 그러나 평행이동군의 원소와 점군의 원소 사이의 연산이 다르므로 같은 띠군이라고 할 수 없다. 이는 두 개의 군 C_2, D_1이 군론적으로는 동형인 군이지만 다른 기호를 쓰는 이유이기도 하다.

띠의 일곱 개 타입에 관하여 다음과 같이 요약할 수 있다.

타입	$f1$	fx	fy	$f2$	fxy	fg	fyg, $f2g$
점군	C_1	D_1	D_1	C_2	D_2	D_1	D_2
띠군	C_∞	$C_\infty \times D_1$	D_∞	D_∞	$D_\infty \times D_1$	C_∞	D_∞

문제 2-9

1) 다음을 설명하여라.
   - 띠군이 군론적으로 동형이더라도 점군이 다를 수 있다.
   - 띠군과 점군이 모두 군론적으로 동형이더라도 띠의 문양이 다를 수 있다.
   - fgy 타입은 $f2g$라고 표기해도 된다.

2) 다음을 확인하여라.

$C_1 \cong 1$ $\quad$ $D_1 \cong C_2$

$D_2 \cong V_4$ $\quad$ $D_3 \cong S_3 \cong C_3 \rtimes C_2$

$D_n \cong C_n \rtimes C_2$ $\quad$ $D_\infty \cong C_\infty \rtimes C_2$

3. 벽지

앞에서는 일차원적 띠 문양에 관하여 살펴보았다. 이번에는 이차원적 벽지 문양에 대하여 알아본다.

네덜란드의 판화가 에셔의 그림에는 대칭이라는 규칙이 있다. 즉, 그의 문양에서는 '평행이동', '회전', '반사', '미끄럼반사' 등이 있는 것이다.

아래 두 그림은 다른 그림이다. 그러나 각 그림에서 발견되는 규칙은 같아 보이지만 자세히 분석할 필요가 있다.

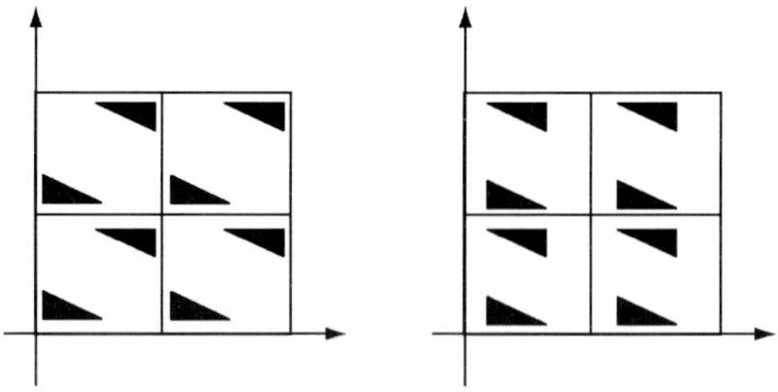

수학적으로 두 그림에 있는 규칙을 설명하거나 두 개의 그림을 비교하는데 있어서 유용한 수학적 개념이 '군(群, group)'이다.

가. 점군의 종류

앞 장에서 띠를 분류할 때 다음 사실을 이용하였다.

> $G/T \cong P$ 이므로 P는 S/T의 지수(index) 2만큼의 확장이다. 여기서 S/T는 SO와 동형이다.

벽지를 분류할 때에도 이 사실을 이용할 수 있다. 벽지의 문양에 따라서 S/T는 SO와 동형이므로 C_1, C_2, C_3, C_4, 또는 C_6이다. 따라서 P에 반사(또는 미끄럼반사)가 없느냐 있느냐에 따라 점군은 다음과 같이 열 가지 경우가 있음을 알 수 있다.

S/T		점군 P
C_1	C_1	C_1
C_1	D_1	D_1
C_2	C_1	C_2
C_2	D_1	D_2
C_3	C_1	C_3
C_3	D_1	D_3
C_4	C_1	C_4
C_4	D_1	D_4
C_6	C_1	C_6
C_6	D_1	D_6

기본조각의 대칭을 행렬로 표현하는 방법을 기억하자. 실제로, 기본조각의 기저 $\{\overrightarrow{t_1}, \overrightarrow{t_2}\}$에 대하여

$$\phi(\overrightarrow{t_1}) = \alpha\overrightarrow{t_1} + \beta\overrightarrow{t_2}$$
$$\phi(\overrightarrow{t_2}) = \gamma\overrightarrow{t_1} + \delta\overrightarrow{t_2}$$

라고 하면 $\phi\left(\begin{bmatrix}\overrightarrow{t_1}\\ \overrightarrow{t_2}\end{bmatrix}\right) = \begin{bmatrix}\alpha & \beta\\ \gamma & \delta\end{bmatrix}\begin{bmatrix}\overrightarrow{t_1}\\ \overrightarrow{t_2}\end{bmatrix}$이다.

예를 들어, 다음과 같은 기본조각에서 180° 회전을 r라고 하면,

$$r(\overrightarrow{t_1}) = -\overrightarrow{t_1} + 0\overrightarrow{t_2},\ \ r(t_2) = 0\overrightarrow{t_1} - \overrightarrow{t_2}$$

이다.

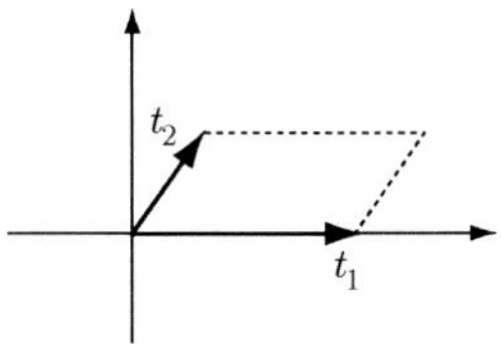

따라서 r는 $\begin{bmatrix}-1 & 0\\ 0 & -1\end{bmatrix}$로 표현된다.

두 벽지군 G와 G' 그리고 각각의 평행이동군 T와 T'에 대하여 $\phi(T) = T'$인 군동형사상 $\phi: G \to G'$이 존재할 때, G와 G'은 동치(equivalent)라고 한다.

$\{\overrightarrow{t_1}, \overrightarrow{t_2}\}$와 $\{\overrightarrow{s_1}, \overrightarrow{s_2}\}$를 T와 T' 각각의 기저라고 하면, 다음 조건을 만족시키는 정수 α, β, γ, δ, a, b, c, d가 존재한다.

$$\begin{cases}\phi(\overrightarrow{t_1}) = \alpha\overrightarrow{s_1} + \beta\overrightarrow{s_2}\\ \phi(\overrightarrow{t_2}) = \gamma\overrightarrow{s_1} + \delta\overrightarrow{s_2}\end{cases}$$

$$\begin{cases}\overrightarrow{s_1} = a\phi(\overrightarrow{t_1}) + b\phi(\overrightarrow{t_2})\\ \overrightarrow{s_2} = c\phi(\overrightarrow{t_1}) + d\phi(\overrightarrow{t_2})\end{cases}$$

여기서, $\{\phi(\overrightarrow{t_1}), \phi(\overrightarrow{t_2})\}$는 T'의 기저이다.

$U = \begin{bmatrix}\alpha & \gamma\\ \beta & \delta\end{bmatrix}$, $U' = \begin{bmatrix}a & c\\ b & d\end{bmatrix}$라고 하면 다음을 알 수 있다.

- $U' = U^{-1}$
- $|U| = |U'| = \pm 1$
- $U,\ U' \in GL_2(\mathbb{Z})$

행렬 $U = \begin{bmatrix} \alpha & \gamma \\ \beta & \delta \end{bmatrix} \in GL_2(\mathbb{Z})$가 $|U| = |U'| = \pm 1$일 때, U를 유니모듈라(unimodular) 행렬이라고 한다.

2×2행렬 A와 벡터 $\vec{v} = \begin{bmatrix} v_1 \\ v_2 \end{bmatrix}$에 대하여 $\begin{bmatrix} A & \vec{v} \\ 0 & 1 \end{bmatrix} \in G$를 $(A,\ \vec{v})$로 나타내자. 또, $(I,\ \vec{t}) \in T$에 대하여 $\phi((I,\ \vec{t})) = (I,\ \vec{t}\,')$일 때, $\phi(\vec{t}) = \vec{t}\,'$이라고 나타낸다. 즉, $\phi(\vec{t}) = \vec{t}\,' = U\vec{t}$이다.

또한 $\begin{bmatrix} \alpha & \beta \\ \gamma & \delta \end{bmatrix} = A$, $\vec{u} = \begin{bmatrix} x \\ y \end{bmatrix}$일 때, $\begin{bmatrix} \alpha & \beta & x \\ \gamma & \delta & y \\ 0 & 0 & 1 \end{bmatrix} = (A, \vec{u})$로 나타내면 3×3행렬 $\begin{bmatrix} \alpha & \beta & x \\ \gamma & \delta & y \\ 0 & 0 & 1 \end{bmatrix}$에서 제 3열은 항상 $[0\,0\,1]$이므로, 행렬의 성질과 행렬의 곱셈에서는 제1열과 제2열만을 살피면 된다. 여기에서 다루는 행렬 $(A, \vec{u})$는 정칙이고, $(A, \vec{u})^{-1} = (A^{-1}, -A^{-1}\vec{u})$이며 $(A, \vec{u})(B, \vec{v}) = (AB,\ A\vec{v} + \vec{u})$이다.

한편, 연산 과정에서 관련되는 행렬이 $\begin{bmatrix} \alpha & \beta & 0 \\ \gamma & \delta & 0 \\ 0 & 0 & 1 \end{bmatrix}$와 같은 경우에는 이 행렬을 간단히 $\begin{bmatrix} \alpha & \beta \\ \gamma & \delta \end{bmatrix}$로 표현하여 필요한 계산을 할 수도 있다. 이때의 벡터 $\begin{bmatrix} x \\ y \\ 1 \end{bmatrix}$은 $\begin{bmatrix} x \\ y \end{bmatrix}$로 표현된다.

이제, $\phi((A,\ \vec{a})) = (A',\ \vec{a}\,')$이라고 하면 $(A,\ \vec{a})(I,\ \vec{t})(A,\ \vec{a})^{-1}$는 $(A',\ \vec{a}\,')(I,\ U\vec{t})(A',\ \vec{a}\,')^{-1}$로 대응된다. $(A,\ \vec{a})(I,\ \vec{t})(A,\ \vec{a})^{-1} = (I,\ A\vec{t})$이고 $(A',\ \vec{a}\,')(I,\ U\vec{t})(A',\ \vec{a}\,')^{-1} = (I,\ A'U\vec{t})$이므로 $\phi(I,\ A\vec{t}) = (I,\ A'U\vec{t})$, 즉 $UA\vec{t} = A'U\vec{t}$이다. 따라서 임의의 $A \in P$에 대하여 $UAU^{-1} = A'$이다.

다음 정리를 얻을 수 있다.

정리 2.5

G와 G'이 동치이면 어떤 유니모듈라 행렬 U가 존재하여 $P' = UPU^{-1}$ 이다.

예를 들어 $P=\left\{I, \begin{bmatrix} -1 & 0 \\ 0 & -1 \end{bmatrix}\right\}$이고 $P'=\left\{I, \begin{bmatrix} 0 & 1 \\ 1 & 0 \end{bmatrix}\right\}$일 때, G와 G'은 동치가 아니다. 왜냐하면, G와 G'이 동치이면 어떤 유니모듈라 행렬 U에 대하여 $P' = UPU^{-1}$ 이므로 $\begin{bmatrix} -1 & 0 \\ 0 & -1 \end{bmatrix}$의 행렬식과 $\begin{bmatrix} 0 & -1 \\ -1 & 0 \end{bmatrix}$의 행렬식이 같아야 하기 때문이다.

어떤 유니모듈라 행렬 U에 대하여 $G' = (U, \vec{s})G(U, \vec{s})^{-1}$이면 G와 G'은 동치이다. 왜냐하면, G와 G'은 동형이고, $(U, \vec{s})(I, \vec{t})(U, \vec{s})^{-1} = (I, U\vec{t})$이므로 $T' = UT$이기 때문이다. 예를들어,

$G=\left\{(I, \vec{t}), \left(\begin{bmatrix} -1 & 0 \\ 0 & -1 \end{bmatrix}, \vec{t}\right) \middle| \vec{t} \in T\right\}$이고

$G'=\left\{(I, \vec{t}), \left(\begin{bmatrix} -1 & 0 \\ 0 & -1 \end{bmatrix}, \vec{t}+\begin{bmatrix} \frac{1}{2} \\ 0 \end{bmatrix}\right) \middle| \vec{t} \in T\right\}$라고 하면

$$\left(I, \begin{bmatrix} -\frac{1}{4} \\ 0 \end{bmatrix}\right)\left(\begin{bmatrix} -1 & 0 \\ 0 & -1 \end{bmatrix}, \begin{bmatrix} \frac{1}{2} \\ 0 \end{bmatrix}\right)\left(I, \begin{bmatrix} -\frac{1}{4} \\ 0 \end{bmatrix}\right)^{-1} = \left(\begin{bmatrix} -1 & 0 \\ 0 & -1 \end{bmatrix}, 0\right)$$

이다. 따라서 다음 두 벽지군은 동치이다.

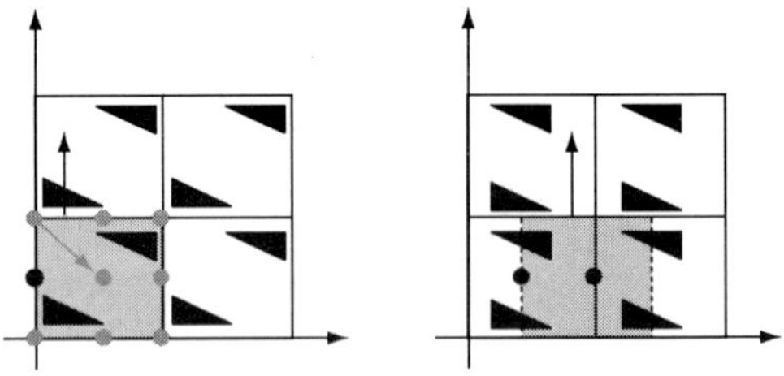

위 그림에서 왼쪽 벽지는 원점을 축으로 하여 180° 회전시키는 대칭을 가지고 있고, 오른쪽 벽지는 x축을 따라 $\frac{1}{2}$만큼 평행 이동시킨 후 180° 회전 시키는 대칭을 가지고 있다.

문제 2-10 다음을 확인하여라.
위 그림의 오른쪽 벽지는 원점을 축으로 180° 회전 시킨 후, x축을 따라 $\frac{1}{2}$만큼 평행 이동시키는 대칭을 가지고 있다.
한편, 위 그림의 왼쪽 벽지는 $\left(\frac{1}{4}, 0\right)$을 회전축으로 가진다. 이 사실을 다음 계산에 의해 확인할 수 있다.

$$\left(\begin{bmatrix} 1 & 0 \\ 0 & 1 \end{bmatrix} - \begin{bmatrix} -1 & 0 \\ 0 & -1 \end{bmatrix}\right)^{-1} \begin{bmatrix} \frac{1}{2} \\ 0 \end{bmatrix} = \begin{bmatrix} 2 & 0 \\ 0 & 2 \end{bmatrix}^{-1} \begin{bmatrix} \frac{1}{2} \\ 0 \end{bmatrix} = \frac{1}{2} \begin{bmatrix} \frac{1}{2} \\ 0 \end{bmatrix} = \begin{bmatrix} \frac{1}{4} \\ 0 \end{bmatrix}$$

벽지를 2차원 벡터공간으로 볼 때, 기본조각을 형성하는 두 벡터는 기저(basis)이다. 따라서 기본조각을 정하는 것은 기저를 정하는 것과 같다.

벽지군이 평행이동 외에 아무런 대칭을 가지지 않거나 평행이동 외에 180° 회전만을 가지는 경우에는 기저를 정하기가 쉽다.

다음 정리는 기저에 관한 것으로서 벽지군을 분류할 때 유용하다.

정리 2.6

점군이 $\frac{2\pi}{n}$ $(n \geq 3)$인 회전 r를 가지고 있고, $\vec{t}(\neq 0)$가 최소길이 벡터라고 하면 $\{\vec{t}, r(\vec{t})\}$는 기저이다.

증명 $\{\overrightarrow{t_1}, \overrightarrow{t_2}\}$를 기저라고 하자.

$$\begin{cases} \vec{t} = \alpha \vec{t_1} + \beta \vec{t_2} \\ r(\vec{t}) = \gamma \vec{t_1} + \delta \vec{t_2} \end{cases} \quad (\alpha, \beta, \gamma, \delta \in \mathbb{Z})$$

$n \geq 3$이므로 $\{\vec{t}, r(\vec{t})\}$는 일차독립이다. 위 연립방정식은 풀면 다음과 같은 꼴을 갖는다.

$$\vec{t_1} = a\vec{t} + br(\vec{t}) \ (a, b \in \mathbb{Q})$$

a와 b가 정수임을 보이기 위해 $a = a_0 + \epsilon, \ b = b_0 + \epsilon' \ \ a_0, b_0 \in \mathbb{Z}$ $|\epsilon|, |\epsilon'| \leq \frac{1}{2}$라고 놓자. $a_0\vec{t} + b_0 r(\vec{t}) \in T$이므로 $\epsilon\vec{t} + \epsilon' r(\vec{t}) \in T$이다. $n \geq 3$이므로, 즉 $\{\vec{t}, r(\vec{t})\}$는 일차독립이므로

$$|\epsilon\vec{t} + \epsilon' r(\vec{t})| < |\epsilon\vec{t}| + |\epsilon' r(\vec{t})|$$

이다. 따라서 다음이 성립한다.

$$|\epsilon\vec{t} + \epsilon' r(\vec{t})| < \frac{1}{2}(|\vec{t}| + |r(\vec{t})|) = \frac{1}{2} \cdot 2|\vec{t}| = |\vec{t}|$$

이다. $\vec{t} \in T$는 0이 아닌 최소 길이의 벡터이므로 $\epsilon\vec{t} + \epsilon' r(\vec{t}) = 0$, 즉 $\epsilon = \epsilon' = 0$이다. 마찬가지 방법으로 $\vec{t_2}$도 $\vec{t}$와 $r(\vec{t})$의 정수 스칼라에 의한 일차결합임을 보일 수 있다. 따라서 $\{\vec{t}, r(\vec{t})\}$는 기저이다.

점군이 평행이동 외에 반사 또는 미끄럼반사를 가지는 경우에는 기저를 어떻게 택할 수 있을까?

점군이 반사 ρ를 가지고 있는 경우를 생각하여 보자. ρ의 반사축을 x축으로 잡는다. $\vec{t} \in T$를 x축이나 y축 위에 있지 않도록 잡으면 $\vec{t} + \rho(\vec{t})$은 x축 위에 있고 $\vec{t} - \rho(\vec{t})$는 y축 위에 있다.

$\vec{t_1}$과 $\vec{t_2}$를 각각 x축과 y축 위의 벡터로서 최소길이를 갖는다고 하면 다음이 성립한다.

$$\begin{cases} \vec{t} + \rho(\vec{t}) = m\vec{t_1} \\ \vec{t} - \rho(\vec{t}) = n\vec{t_2} \end{cases} \quad (m, n \in \mathbb{Z})$$

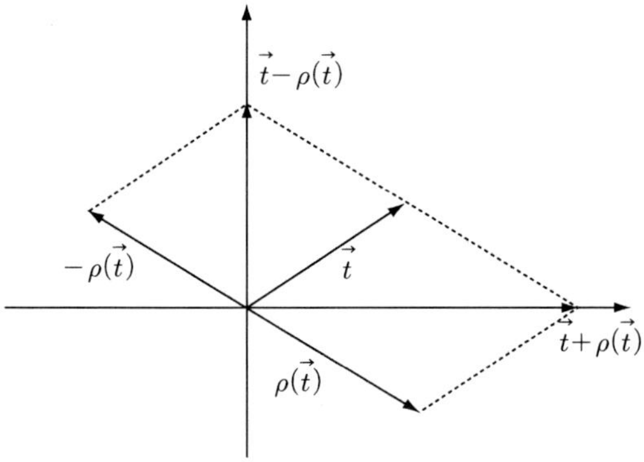

이 연립방정식을 풀면, $\vec{t}=\frac{m}{2}\overrightarrow{t_1}+\frac{n}{2}\overrightarrow{t_2}$이다. m과 n은 모두 짝수이거나 모두 홀수이어야 한다. 그렇지 않으면 $\overrightarrow{t_1}$ 또는 $\overrightarrow{t_2}$ 보다 크기(길이)가 작은 벡터가 존재하여 모순이 되기 때문이다. m과 n이 모두 짝수이면 $\left\{\overrightarrow{t_1}, \overrightarrow{t_2}\right\}$는 기본조각의 기저가 되고, m과 n이 모두 홀수이면

$$\frac{m}{2}\overrightarrow{t_1}+\frac{n}{2}\overrightarrow{t_2}=\left(\frac{m+n}{2}\right)\left(\frac{\overrightarrow{t_1}+\overrightarrow{t_2}}{2}\right)+\left(\frac{m-n}{2}\right)\left(\frac{\overrightarrow{t_1}-\overrightarrow{t_2}}{2}\right)$$

이므로 $\left\{\frac{1}{2}(\overrightarrow{t_1}+\overrightarrow{t_2}), \frac{1}{2}(\overrightarrow{t_1}-\overrightarrow{t_2})\right\}$가 기본조각의 기저가 된다. 따라서 기본조각은 다음과 같은 두 가지 경우가 가능하다.

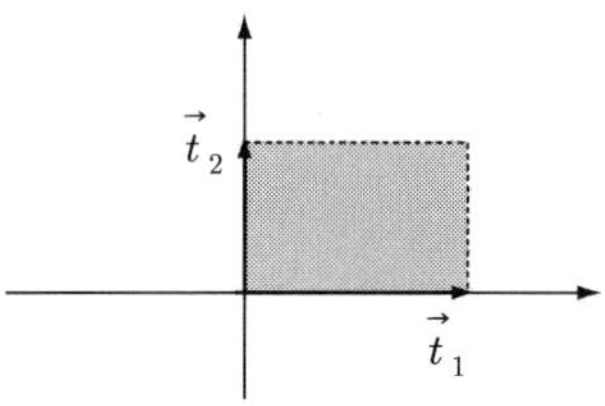

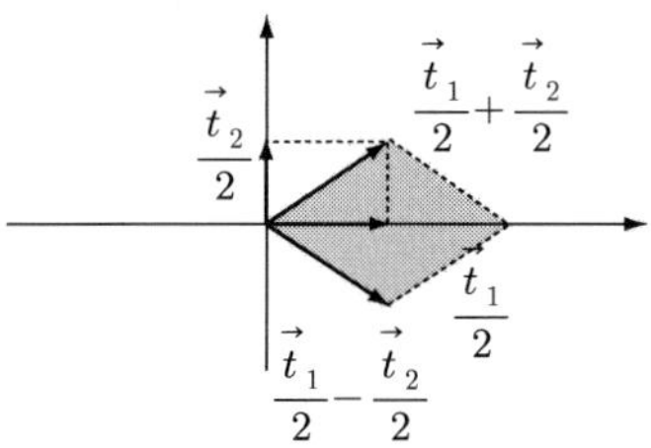

왼쪽과 같은 기본조각을 '직사각형 꼴(rectangular)'이라고 하고, 오른쪽과 같은 기본조각을 '마름모 꼴(rhombic)'이라고 한다.

정리 2.7

벽지군 G의 점군을 $P = D_n$이라고 하고 $\varphi: G \to P$을 표준위로의사상(cannonical epimorphism)이라고 하자.
$\varphi^{-1}(C_n) = T \rtimes C_n$이고, $f \in D_n - C_n$에 대하여 $G = \langle \varphi^{-1}(C_n), (f, t_f) \rangle$이다.

증명 $\varphi^{-1}(C_n) = T \rtimes C_n$이고 $D_n = \langle C_n, f \rangle$이므로 $G = \varphi^{-1}(D_n) = \langle \varphi^{-1}(C_n), \varphi^{-1}(f) \rangle$이다. $\varphi^{-1}(f) = (f, t_f)$이므로 $G = \langle \varphi^{-1}(C_n), (f, t_f) \rangle$이다.

이제 벽지군의 점군은 13가지라는 사실을 증명한다.

실제로, 점군이 $P = C_1, C_2, C_3, C_4, C_6$인 경우에는 각각 유일한 벽지군이 존재한다는 것을 쉽게 보일 수 있다. 점군에 반사(또는 미끄럼반사)가 있는 경우에는 다음을 보인다.

- $P \cong D_1$인 경우에는 동치가 아닌 점군 두 개 $D_{1,c}$와 $D_{1,p}$가 있고, $D_{1,c}$인 경우의 벽지군은 하나이지만 $D_{1,p}$인 경우의 벽지군은 두 개 있다.
- $P \cong D_2$인 경우에는 동치가 아닌 점군 두 개 $D_{2,c}$와 $D_{2,p}$가 있고, $D_{2,c}$인 경우의 벽지군은 하나이지만 $D_{2,p}$인 경우의 벽지군은 세 개 있다.
- $P \cong D_3$인 경우에는 동치가 아닌 점군 두 개 $D_{3,l}$와 $D_{3,s}$가 있고, 각각의 경우에 벽지군은 하나씩 있다.
- $P \cong D_4$인 경우에는 벽지군이 두 개 있다.
- $P \cong D_6$인 경우에는 벽지군이 하나 있다.

1) $P=D_4$인 경우

정리 2.6에 의하여 다음 그림에서 $\{\vec{t_1}, \vec{t_2}\}$는 기본조각의 기저이다.

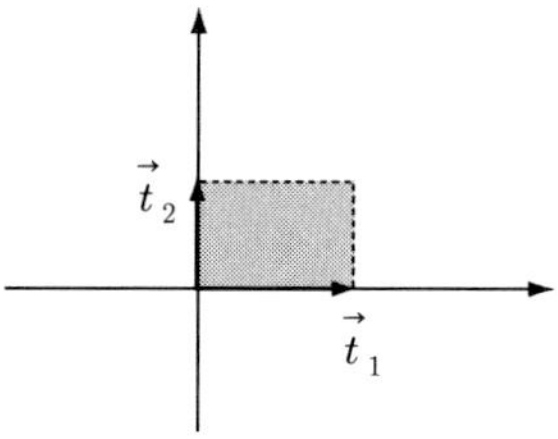

원점을 중심으로 하는 단위원 위에는 $\vec{t_1}, -\vec{t_1}, \vec{t_2}, -\vec{t_2}$ 외에는 격자점이 없어야 한다. 왜냐하면, 그 외의 격자점이 있으면 $\vec{t_1}$ 또는 $\vec{t_2}$의 최소길이 성질에 모순되기 때문이다. 이제, $\begin{bmatrix}1 & 0\\0 & -1\end{bmatrix}$로 표현되는 반사를 생각하면 $D_4=\left\langle\begin{bmatrix}0 & -1\\1 & 0\end{bmatrix}, \begin{bmatrix}1 & 0\\0 & -1\end{bmatrix}\right\rangle$이다.

2) $P=D_6$인 경우

60° 회전은 $\begin{bmatrix}1 & -1\\1 & 0\end{bmatrix}$으로 표현된다.

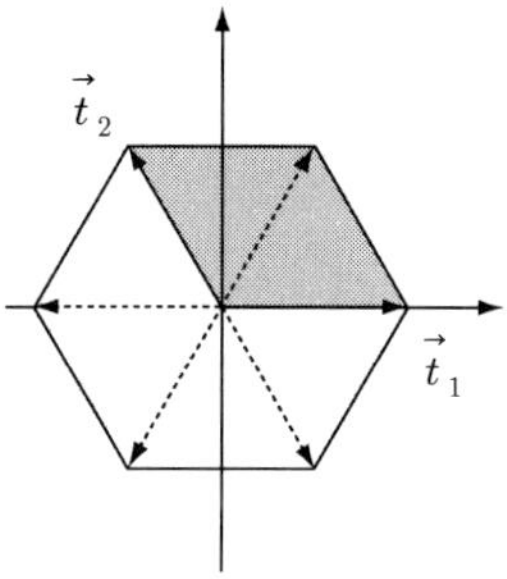

원점을 중심으로 하는 단위원 위의 벡터로써 격자점이 될 수 있는 것은 위의 그림에 나타난 6개이다. 이때, $\begin{bmatrix}1 & -1\\0 & -1\end{bmatrix}$로 표현되는 반사를 생각하면 $D_6=\left\langle\begin{bmatrix}1 & -1\\1 & 0\end{bmatrix}, \begin{bmatrix}1 & -1\\0 & -1\end{bmatrix}\right\rangle$이다.

3) $P=D_3$인 경우

120° 회전은 $\begin{bmatrix}0 & -1\\1 & -1\end{bmatrix}$로 표현된다. 반사는 3개가 있다. 앞의 그림에서 $\vec{t_1}$과 각각 $30^\circ, 90^\circ, 150^\circ$의 각을 이루는 직선을 축으로 하는 경우와, $\vec{t_1}$과 각각 $0^\circ, 60^\circ, 120^\circ$의 각을 이루는 직선을 축으로 하는 경우가 있다. 처음 경우의 점군은 $D_{3,l}=\left\langle\begin{bmatrix}0 & -1\\1 & 1\end{bmatrix}, \begin{bmatrix}1 & 0\\1 & -1\end{bmatrix}\right\rangle$로 표현되고, 두 번째 경우의 점군은 $D_{3,s}=\left\langle\begin{bmatrix}0 & -1\\1 & 1\end{bmatrix}, \begin{bmatrix}1 & -1\\0 & -1\end{bmatrix}\right\rangle$로 표현된다. 여기서 '$l$'과 '$s$'

는 각각 '$long$'과 '$short$'를 뜻하는 것으로서 평행사변형 꼴인 기본조각의 '긴' 대각선과 '짧은' 대각선을 반사축으로 가진다는 것을 나타낸다.

정리 2.8

$D_{3,l}$과 $D_{3,s}$는 $GL_2(\mathbb{Z})$에서 공액이 아니다.

증명 $D_{3,s}$와 $D_{3,l}$가 공액이라고 하자. 다음을 만족시키는 정칙행렬 $\begin{bmatrix} a & b \\ c & d \end{bmatrix}$가 존재한다.

$$\begin{bmatrix} a & b \\ c & d \end{bmatrix} D_{3,s} = D_{3,l} \begin{bmatrix} a & b \\ c & d \end{bmatrix}$$

D_3에 있는 모든 반사는 다른 어느 반사로부터 세 개의 회전 ρ_3, ρ_3^2, I 중 하나에 의한 공액이므로 다음과 같이 가정할 수 있다.

$$\begin{bmatrix} a & b \\ c & d \end{bmatrix}\begin{bmatrix} 0 & 1 \\ 1 & 0 \end{bmatrix} = \begin{bmatrix} 0 & -1 \\ -1 & 0 \end{bmatrix}\begin{bmatrix} a & b \\ c & d \end{bmatrix}$$

$ad - bc = \pm 1$이므로 $a = \pm 1$ 이고 $b = 0$ 이거나 $a = 0$이고 $b = \pm 1$이므로 다음 두 가지 경우로 귀착된다.

$$\begin{bmatrix} a & b \\ c & d \end{bmatrix} = \begin{bmatrix} 1 & 0 \\ 0 & -1 \end{bmatrix}, \quad \begin{bmatrix} a & b \\ c & d \end{bmatrix} = \begin{bmatrix} 0 & 1 \\ -1 & 0 \end{bmatrix}$$

각각의 경우에 관하여 다음을 알 수 있다.

$$\begin{bmatrix} 1 & 0 \\ 0 & -1 \end{bmatrix}\begin{bmatrix} 1 & -1 \\ 0 & -1 \end{bmatrix}\begin{bmatrix} 1 & 0 \\ 0 & -1 \end{bmatrix}^{-1} = \begin{bmatrix} 1 & 1 \\ 0 & -1 \end{bmatrix}$$

$$\begin{bmatrix} 0 & 1 \\ -1 & 0 \end{bmatrix}\begin{bmatrix} 0 & -1 \\ -1 & 0 \end{bmatrix}\begin{bmatrix} 1 & 0 \\ 0 & -1 \end{bmatrix}^{-1} = \begin{bmatrix} -1 & 0 \\ 1 & -1 \end{bmatrix}$$

어떠한 경우라도 $D_{3,s}$는 $D_{3,l}$의 공액이 아니다. $\begin{bmatrix} 1 & -1 & 0 \\ 0 & -1 & 0 \\ 0 & 0 & 1 \end{bmatrix}$은 $D_{3,s}$의 원소이지만 $\begin{bmatrix} 1 & 1 & 0 \\ 0 & -1 & 0 \\ 0 & 0 & 1 \end{bmatrix}$와 $\begin{bmatrix} -1 & 0 & 0 \\ 1 & -1 & 0 \\ 0 & 0 & 1 \end{bmatrix}$는 $D_{3,l}$의 원소가 아니기 때문이다.

4) $P = D_1$인 경우

앞의 논의에 의하여 두 가지 경우가 있다.

$$D_{1,p} = \left\langle \begin{bmatrix} 1 & 0 \\ 0 & -1 \end{bmatrix} \right\rangle \qquad D_{1,c} = \left\langle \begin{bmatrix} 0 & 1 \\ 1 & 0 \end{bmatrix} \right\rangle$$

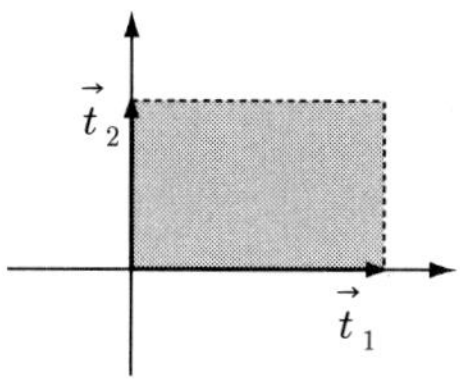

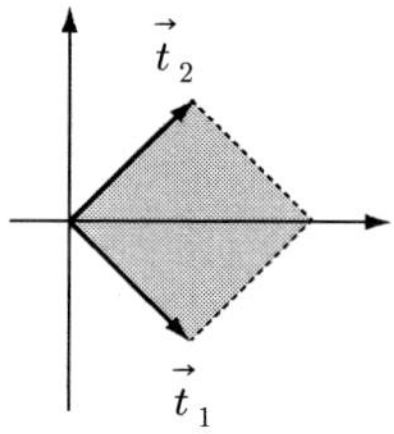

정리 2.9

$D_{1,p}$와 $D_{1,c}$는 $GL_2(\mathbb{Z})$에서 공액이 아니다.

증명 $D_{1,p}$의 생성자인 $\begin{bmatrix} -1 & 0 & 0 \\ 0 & 1 & 0 \\ 0 & 0 & 1 \end{bmatrix}$와 $D_{1,c}$의 생성자인 $\rho_{y=x} = \begin{bmatrix} 0 & 1 & 0 \\ 1 & 0 & 0 \\ 0 & 0 & 1 \end{bmatrix}$가 공액이라면 다음 조건을 만족시키는 정칙이며 각 성분이 정수인 행렬 $\begin{bmatrix} a & b \\ c & d \end{bmatrix}$가 존재한다.

$$\begin{bmatrix} a & b \\ c & d \end{bmatrix} \begin{bmatrix} -1 & 0 \\ 0 & 1 \end{bmatrix} = \begin{bmatrix} 0 & 1 \\ 1 & 0 \end{bmatrix} \begin{bmatrix} a & b \\ c & d \end{bmatrix}$$

따라서 $a = -c$이고 $b = d$ 이다. $ad - bc = \pm 1$이므로 $2ab = \pm 1$ 이다. 이것은 a, b가 정수라는 사실에 모순이다.

5) $P = D_2$인 경우

앞의 논의에 의하여 두 가지 경우가 있다.

$$D_{2,p} = \left\langle \begin{bmatrix} -1 & 0 \\ 0 & -1 \end{bmatrix}, \begin{bmatrix} 1 & 0 \\ 0 & -1 \end{bmatrix} \right\rangle, \quad D_{2,c} = \left\langle \begin{bmatrix} -1 & 0 \\ 0 & -1 \end{bmatrix}, \begin{bmatrix} 0 & 1 \\ 1 & 0 \end{bmatrix} \right\rangle$$

정리 2.10

$D_{2,p}$와 $D_{2,c}$는 $GL_2(\mathbb{Z})$에서 공액이 아니다.

증명 $D_{2,p}$와 $D_{2,c}$가 공액이라고 하면 다음을 만족시키는 정칙행렬 $\begin{bmatrix} a & b \\ c & d \end{bmatrix}$가 존재한다.

$$\begin{bmatrix} a & b \\ c & d \end{bmatrix} D_{2,p} = D_{2,c} \begin{bmatrix} a & b \\ c & d \end{bmatrix}$$

따라서 $\begin{bmatrix} a & b \\ c & d \end{bmatrix}\begin{bmatrix} -1 & 0 \\ 0 & 1 \end{bmatrix} = \begin{bmatrix} 0 & 1 \\ 1 & 0 \end{bmatrix}\begin{bmatrix} a & b \\ c & d \end{bmatrix}$ 또는 $\begin{bmatrix} a & b \\ c & d \end{bmatrix}\begin{bmatrix} 1 & 0 \\ 0 & -1 \end{bmatrix} = \begin{bmatrix} 0 & 1 \\ 1 & 0 \end{bmatrix}\begin{bmatrix} a & b \\ c & d \end{bmatrix}$이다. 어느 경우라고 하더라도 $2ab = \pm 1$이므로 모순이다.

이상의 논의로부터 점군을 기본조각의 꼴에 따라 정리하면 다음과 같다.

- 평행사변형(parallelogram)꼴: C_1, C_2
- 직사각형(rectangular)꼴: $D_{1,p}$, $D_{2,p}$
- 마름모(rhombic)꼴: $D_{1,c}$, $D_{2,c}$
- 정사각형(quadratic, square)꼴: C_4, D_4
- 육각형(hexagonal)꼴: C_3, C_6, $D_{3,s}$, $D_{3,l}$, D_6

나. 벽지의 분류

벽지는 점군과 벽지군에 의하여 분류된다. 실제로, 임의의 벽지군 G는 평행이동군 T를 공통으로 가지고 점군 $P = G/T$는 13개의 경우가 있다. 그 각각의 경우에 대하여 G를 규정한다.

실제로 다음을 증명한다.

벽지군 G의 점군이 P라고 하면 임의의 원소 $g \in P$에 대하여 $(g, \vec{t}_g) \in G$인 $\vec{t}_g \in \mathbb{R}^2$가 존재한다. $(g, \vec{t}_g)(h, \vec{t}_h) = (gh, g(\vec{t}_h) + \vec{t}_g)$이므로 $\vec{t}_{gh} \equiv g(\vec{t}_h) + t_g \pmod 1$이다. 위의 특별한 경우로서 임의의

$g \in P$에 대하여 $\overrightarrow{t_g} = \vec{0}$이면 벽지군 G는 다음과 같다.

$$G = \{(g,\ \vec{t}) \mid g \in P,\ \vec{t} \in T\}$$

이때, G는 T의 P에 의한 반직적 $T \rtimes P$이다.

이제 점군이 P인 두 개의 벽지군 G와 G'이 동치라고 하자.

$$(I,\ \vec{s})(g,\ \vec{t})(I,\ \vec{s})^{-1} = (g,\ \vec{s} + \vec{t} - g(\vec{s}))$$

이므로 모든 $g \in P$에 대하여 $\overrightarrow{t_g'} = \overrightarrow{t_g} + \vec{s} - g(\vec{s})$인 $\vec{s} \in \mathbb{R}^2$가 존재한다.

문제 2-11 다음을 확인하여라.
위의 논의에서 모든 $g \in P$에 대하여 $\overrightarrow{t_g} = g(\vec{s}) - \vec{s} = (g - I)(\vec{s})$일 때 $G \cong G'$는 $T \rtimes P$인 벽지군이다.

이제, 각각의 점군에 따라 벽지 문양을 분류하여 보자.

1) $P = C_1$인 경우

$P = I$이며 기본조각은 항등변환이외의 대칭을 갖지 않는다.

이 경우에는 $G = T$이다.

이 문양을 기호 p111 또는 p1으로 나타낸다.

2) $P = C_2 = \left\langle \begin{bmatrix} -1 & 0 \\ 0 & -1 \end{bmatrix} \right\rangle$인 경우

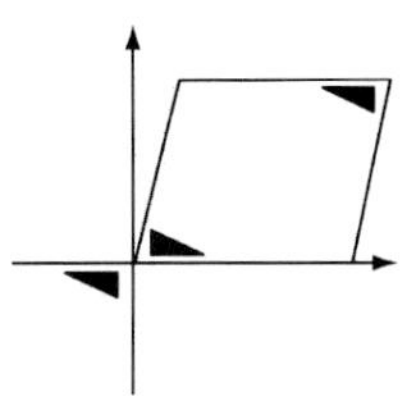

기본조각은 180° 회전 대칭을 가진다. 이 경우에는 $G = T \rtimes P$이고 기본조각은 다음과 같은 꼴이다.

이 문양을 기호 p211 또는 p2로 나타낸다.

3) $P = C_3$인 경우

$C_3 = \left\langle \begin{bmatrix} 0 & -1 \\ 1 & -1 \end{bmatrix} \right\rangle = \left\{ \begin{bmatrix} 1 & 0 \\ 0 & 1 \end{bmatrix}, \begin{bmatrix} 0 & -1 \\ 1 & -1 \end{bmatrix}, \begin{bmatrix} -1 & 1 \\ -1 & 0 \end{bmatrix} \right\}$이다. $G = T \rtimes P$이고 기

본조각은 다음과 같은 꼴이다.

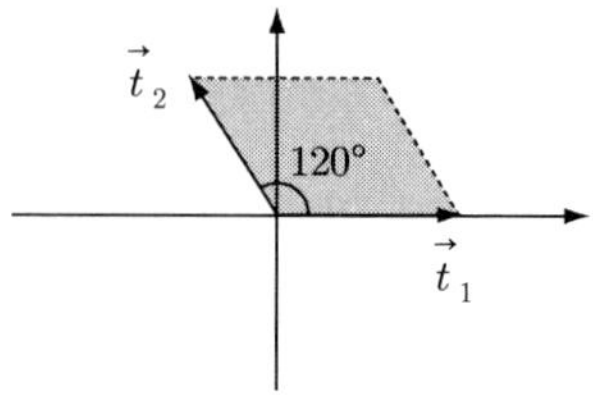

$$C_3 = \left\{ I, A = \begin{bmatrix} 0 & -1 \\ 1 & -1 \end{bmatrix}, A^2 = \begin{bmatrix} -1 & 1 \\ -1 & 0 \end{bmatrix} \right\}$$

$(A, \vec{a}) \in G$라고 하면 $(A, \vec{a})^2 = (A^2, A\vec{a} + \vec{a})$이다. $A(\neq I)$는 회전변환이므로 $A - I$는 정칙이다. $\vec{s} = (A - I)^{-1}\vec{a}$, 즉 $(A - I)\vec{s} = \vec{a}$라고 하면, $(I, \vec{s})(A, \vec{a})(I, \vec{s})^{-1} = (A, \vec{0})$이고 $(I, \vec{s})(A^2, A\vec{a} + \vec{a})(I, \vec{s})^{-1} = (A^2, \vec{0})$이다. 따라서 $G = T \rtimes P$이다. 기본조각은 다음과 같은 꼴이다.

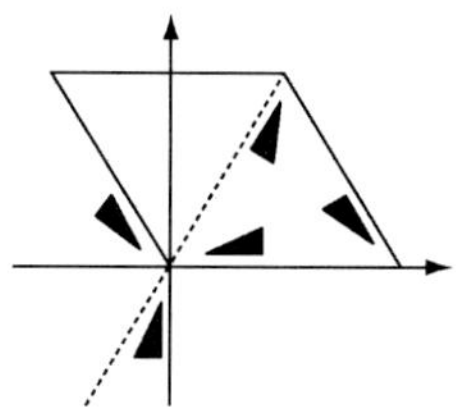

이 문양을 기호 p311 또는 p3로 나타낸다.

문제 2-12 위 증명에서 $(I, \vec{s})(A, \vec{a})(I, \vec{s})^{-1} = (A, \vec{0})$임을 이용하여 $(I, \vec{s})(A^2, A\vec{a} + \vec{a})(I, \vec{s})^{-1} = (A^2, \vec{0})$임을 다음과 같이 계산할 수 있음을 확인하여라.

$$\begin{aligned}(I, \vec{s})(A, \vec{a})^2(I, \vec{s})^{-1} &= ((I, \vec{s})(A, \vec{a})(I, \vec{s})^{-1})^2 \\ &= (A, \vec{0})^2 \\ &= (A^2, \vec{0})\end{aligned}$$

4) $P = C_4$인 경우

$$C_4 = \left\langle \begin{bmatrix} 0 & -1 \\ 1 & 0 \end{bmatrix} \right\rangle = \left\{ \begin{bmatrix} 1 & 0 \\ 0 & 1 \end{bmatrix}, \begin{bmatrix} 0 & -1 \\ 1 & 0 \end{bmatrix}, \begin{bmatrix} -1 & 0 \\ 0 & -1 \end{bmatrix}, \begin{bmatrix} 0 & 1 \\ -1 & 0 \end{bmatrix} \right\}$$

앞의 $P=C_3$인 경우와 같이 보일 수 있다. 즉, $A=\begin{bmatrix}0&-1\\1&0\end{bmatrix}$이고 $(A,\vec{a})\in G$ 라고 하면, $A-I$는 정칙이므로 $\vec{s}=(A-I)^{-1}\vec{a}$, 즉 $(A-I)\vec{s}=\vec{a}$인 $\vec{s}$가 존재한다. 따라서 $G=T\rtimes P$이고 기본조각은 다음과 같은 꼴이다.

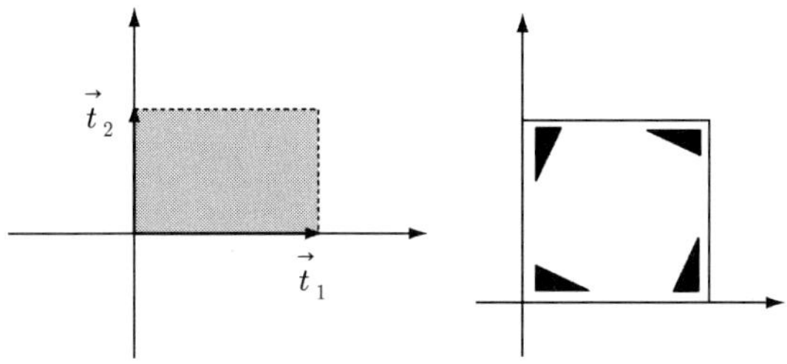

이 문양을 기호 p411 또는 p4로 나타낸다.

5) $P=C_6$인 경우

$$C_6=\left\langle\begin{bmatrix}1&-1\\1&0\end{bmatrix}\right\rangle=\left\{\begin{bmatrix}1&0\\0&1\end{bmatrix},\begin{bmatrix}1&-1\\0&1\end{bmatrix},\begin{bmatrix}0&-1\\1&-1\end{bmatrix},\begin{bmatrix}-1&0\\0&-1\end{bmatrix},\begin{bmatrix}-1&1\\-1&0\end{bmatrix},\begin{bmatrix}0&1\\-1&1\end{bmatrix}\right\}$$

앞의 $P=C_3$인 경우와 같은 방법으로 $G=T\rtimes P$임을 알 수 있다. 기본조각은 다음과 같은 꼴이다.

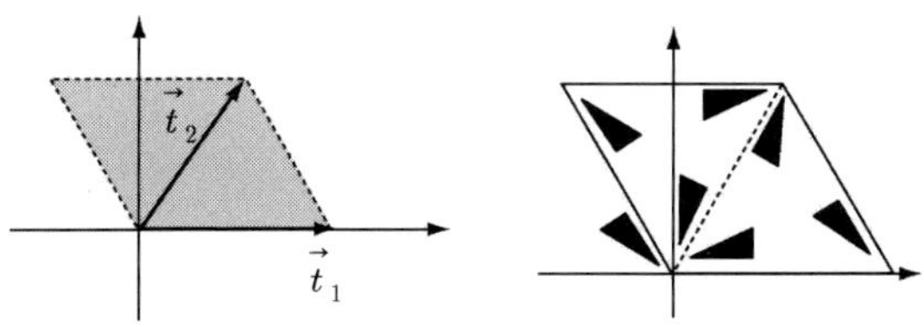

이 문양을 기호 p611 또는 p6로 나타낸다.

6) $P=D_1$인 경우

앞에서 살펴본 바와 같이 점군이 D_1인 경우는 $D_{1,p}=\left\langle\begin{bmatrix}1&0\\0&-1\end{bmatrix}\right\rangle$와

$D_{1,c} = \left\langle \begin{bmatrix} 0 & 1 \\ 1 & 0 \end{bmatrix} \right\rangle$ 두 가지가 있다.

먼저, $P = D_{1,p}$인 경우를 생각한다. $D_{1,p} = \left\{ I, A = \begin{bmatrix} 1 & 0 \\ 0 & -1 \end{bmatrix} \right\}$이다.

$(A, \vec{a}) \in G \left(\vec{a} = \begin{bmatrix} x \\ y \end{bmatrix}, 0 \le x, y < 1 \right)$라고 하자.

$\begin{bmatrix} x \\ y \end{bmatrix} - (A - I) \begin{bmatrix} 0 \\ -\frac{y}{2} \end{bmatrix} = \begin{bmatrix} x \\ 0 \end{bmatrix}$ 이므로 $\vec{a} = \begin{bmatrix} x \\ 0 \end{bmatrix}$이라 가정할 수 있다.

$(A, \vec{a})^2 = (A^2, A\vec{a} + \vec{a})$이고 $A\vec{a} + \vec{a} \equiv 0 \pmod 1$이므로 $2x \equiv 0 \pmod 1$ 이다. $x = 0$ 또는 $\frac{1}{2}$이므로 벽지군 G는 다음과 같이 두 가지 경우이다.

$$G_1 = T \cup T\left(A, \begin{bmatrix} 0 \\ 0 \end{bmatrix}\right)$$

$$G_2 = T \cup T\left(A, \begin{bmatrix} \frac{1}{2} \\ 0 \end{bmatrix}\right)$$

어떤 유니모듈라 행렬 U에 대하여 $\Phi(T) = UT$인 동형사상 $\Phi : G_1 \to G_2$가 존재한다고 하자.

$$\Phi\left(A, \begin{bmatrix} \frac{1}{2} \\ 0 \end{bmatrix}\right) = \left(A, \begin{bmatrix} u \\ v \end{bmatrix}\right),\ u, v \in Z$$

$$\left(A, \begin{bmatrix} \frac{1}{2} \\ 0 \end{bmatrix}\right)^2 = \left(I, \begin{bmatrix} u \\ v \end{bmatrix}\right) \text{ 이므로}$$

$$\Phi\left(I, \begin{bmatrix} 1 \\ 0 \end{bmatrix}\right) = \left(A, \begin{bmatrix} u \\ v \end{bmatrix}\right)^2 = \left(I, \begin{bmatrix} 2u \\ 0 \end{bmatrix}\right)$$

즉, $U\begin{bmatrix} 1 \\ 0 \end{bmatrix} = \begin{bmatrix} 2u \\ 0 \end{bmatrix}$이고 이것은 U의 제 1열이 $\begin{bmatrix} 2u \\ 0 \end{bmatrix}$임을 의미한다. U의 모든 성분은 정수이므로 $|U| \ge 2$ 이므로 모순이다. 따라서 두 군 G_1, G_2는 동치가 아니다. 실제로 $G_1 = T \rtimes P$ 이지만 G_2는 그렇지 않으며 각각의 기본조각은 다음과 같은 꼴이다.

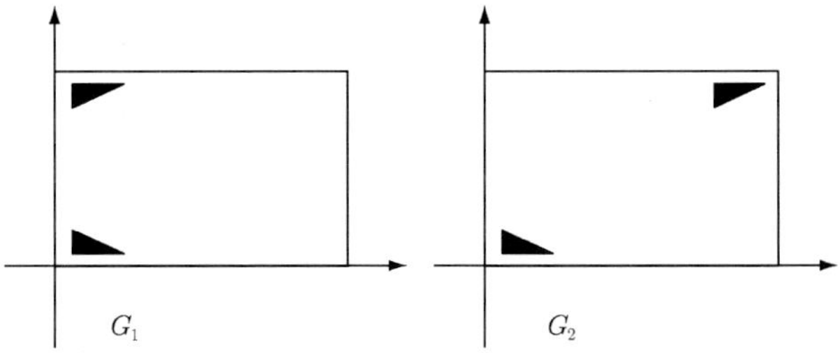

G_1 문양을 기호 p1m1 또는 pm으로 나타내고, G_2 문양을 기호 p1g1 또는 pg로 나타낸다.

이제, $P= D_{1,c}$인 경우를 생각한다.

$$D_{1,c}= \left\{1, A = \begin{bmatrix} 0 & 1 \\ 1 & 0 \end{bmatrix}\right\}$$

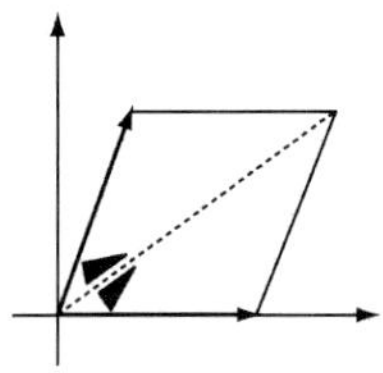

$(A, \vec{a}) \in G$, $\left(\vec{a}= \begin{bmatrix} x \\ y \end{bmatrix}, 0 \le x, y < 1\right)$이라고 하면 $(A, \vec{a})^2 = (A^2, A\vec{a}+ \vec{a})$이고 $A\vec{a}+ \vec{a} \equiv 0 \pmod 1$이므로 $x+y \equiv 0 \pmod 1$이다. 따라서 $\vec{a} = \begin{bmatrix} x \\ -x \end{bmatrix}$라고 가정할 수 있다. $(A-I)\begin{bmatrix} 0 \\ x \end{bmatrix} = \begin{bmatrix} x \\ -x \end{bmatrix}$이므로 $G= T \rtimes P$이다. 점군이 $D_{1,c}$인 벽지의 기본조각은 다음과 같은 꼴이다.

이 문양을 기호 c1m1 또는 cm으로 나타낸다.

7) $P= D_2$인 경우

앞에서 살펴본 바와 같이 점군이 D_2인 경우는 $P= D_{2,p}$와 $P= D_{2,c}$ 두 가지가 있다.

먼저, $P= D_{2,p}$인 경우를 생각하자.

$$D_{2,p} = \left\{I, \begin{bmatrix} -1 & 0 \\ 0 & -1 \end{bmatrix}, \begin{bmatrix} 1 & 0 \\ 0 & -1 \end{bmatrix}, \begin{bmatrix} -1 & 0 \\ 0 & 1 \end{bmatrix}\right\}$$

이다. $A = \begin{bmatrix} -1 & 0 \\ 0 & -1 \end{bmatrix}$, $B= \begin{bmatrix} 1 & 0 \\ 0 & -1 \end{bmatrix}$에 대하여 $(A, \vec{a}), (B, \vec{b}) \in G$라고 하자.

$< A > \cong C_2$이고 점군 C_2에 의한 벽지군은 $T \rtimes C_2$이므로 $\vec{a} = \vec{0}$이라 가정할 수 있다. $(B, \vec{b})^2 = (B^2, B\vec{b} + \vec{b})$이므로 $B\vec{b} + \vec{b} \equiv 0 \pmod 1$이다. $\vec{b} = \begin{bmatrix} x \\ y \end{bmatrix}$ 라고 하면 $B\vec{b} + \vec{b} = \begin{bmatrix} 1 & 0 \\ 0 & -1 \end{bmatrix}\begin{bmatrix} x \\ y \end{bmatrix} + \begin{bmatrix} x \\ y \end{bmatrix} = \begin{bmatrix} 2x \\ 0 \end{bmatrix}$ 이므로 $2x \equiv 0 \pmod 1$이다. 따라서 $x = 0$ 또는 $x = \dfrac{1}{2}$이다. 한편, $AB = BA$이고 $(A, \vec{0})(B, \vec{b}) = (AB, A\vec{b})$이며 $(B, \vec{b})(A, \vec{0}) = (BA, \vec{b})$이므로 $A\vec{b} \equiv \vec{b} \pmod 1$, 즉 $\begin{bmatrix} 2x \\ 2y \end{bmatrix} \equiv 0 \pmod 1$이다. 따라서 $y = 0$또는 $y = \dfrac{1}{2}$이다. 이것을 종합하면 다음 네 가지 경우를 생각할 수 있다.

	x	y
G_1	0	0
G_2	0	$\frac{1}{2}$
G_3	$\frac{1}{2}$	0
G_4	$\frac{1}{2}$	$\frac{1}{2}$

- G_2와 G_3는 동치이다.

  $U = \begin{bmatrix} 0 & 1 \\ 1 & 0 \end{bmatrix}$ 이라고 하면 $(U, \vec{0})(A, \vec{0})(U, \vec{0})^{-1} = (A, \vec{0})$이다. 다음을 알 수 있다.

$$
\begin{aligned}
(U, 0)\left(B, \begin{bmatrix} \frac{1}{2} \\ 0 \end{bmatrix}\right)(U, 0)^{-1} &= \left(UBU^{-1}, U\begin{bmatrix} \frac{1}{2} \\ 0 \end{bmatrix}\right) \\
&= \left(\begin{bmatrix} -1 & 0 \\ 0 & 1 \end{bmatrix}, \begin{bmatrix} 0 \\ \frac{1}{2} \end{bmatrix}\right) = \left(AB, \begin{bmatrix} 0 \\ \frac{1}{2} \end{bmatrix}\right) \\
&= \left(U, 0)(AB, \begin{bmatrix} \frac{1}{2} \\ 0 \end{bmatrix}\right)(U, 0)^{-1} = \left(B, \begin{bmatrix} 0 \\ \frac{1}{2} \end{bmatrix}\right)
\end{aligned}
$$

따라서 $UG_3U^{-1} = G_2$ 이다.

- G_3와 G_1은 동치가 아니다.

  두 군을 다음과 같이 표현할 수 있다.

$$G_1 = T \bigcup T(A, 0) \bigcup T(B, 0) \bigcup T(AB, 0)$$

$$G_3 = T \bigcup T(A, 0) \bigcup T\left(B, \begin{bmatrix} \frac{1}{2} \\ 0 \end{bmatrix}\right) \bigcup T\left(AB, \begin{bmatrix} -\frac{1}{2} \\ 0 \end{bmatrix}\right)$$

  두 군 G_3와 G_1 사이에 동형사상 ϕ가 존재한다고 하자. $\phi\left(\left(B, \begin{bmatrix} \frac{1}{2} \\ 0 \end{bmatrix}\right)\right)$는 잉여류 T나 $T(A,0)$에 속할 수 없다. 왜냐하면, $\left(B, \begin{bmatrix} \frac{1}{2} \\ 0 \end{bmatrix}\right)$의 행렬식은 −1이지만 T나 $T(A,0)$에 속하는 원소의 행렬식은 1이기 때문이다. $\phi\left(\left(B, \begin{bmatrix} \frac{1}{2} \\ 0 \end{bmatrix}\right)\right) = \left(B, \begin{bmatrix} u \\ v \end{bmatrix}\right)$ $(u, v \in \mathbb{Z})$라고 하자. $\left(B, \begin{bmatrix} \frac{1}{2} \\ 0 \end{bmatrix}\right)^2 = \left(I, \begin{bmatrix} 1 \\ 0 \end{bmatrix}\right)$이므로

$$\phi\left(\left(I, \begin{bmatrix} 1 \\ 0 \end{bmatrix}\right)\right) = \phi\left(\left(B, \begin{bmatrix} \frac{1}{2} \\ 0 \end{bmatrix}\right)^2\right) = \left(B, \begin{bmatrix} u \\ v \end{bmatrix}\right)^2 = \left(I, \begin{bmatrix} 2u \\ 0 \end{bmatrix}\right)$$

  이다. 따라서 U의 제 1열이 $\begin{bmatrix} 2u \\ 0 \end{bmatrix}$ 이므로 모순이다. 왜냐하면, $U = \begin{bmatrix} 2u & \delta \\ 0 & \gamma \end{bmatrix} \in GL_2(\mathbb{Z})$에 대하여 $|U| = \pm 1$이기 때문이다. $\phi\left(\left(B, \begin{bmatrix} \frac{1}{2} \\ 0 \end{bmatrix}\right)\right) = \left(AB, \begin{bmatrix} u \\ v \end{bmatrix}\right)$ $(u, v \in \mathbb{Z})$라고 하여도 동일한 방법으로 모순을 얻게 된다. 따라서 G_3와 G_1은 동치가 아니다.

- G_4와 G_1은 동치가 아니라는 증명은 G_3와 G_1가 동치가 아니라는 증명과 같다.
- G_4와 G_2는 동치가 아니다.

두 군을 다음과 같이 표현할 수 있다.

$$G_2 = T \bigcup T(A,0) \bigcup T\left(B, \begin{bmatrix} 0 \\ \frac{1}{2} \end{bmatrix}\right) \bigcup T\left(AB, \begin{bmatrix} 0 \\ \frac{1}{2} \end{bmatrix}\right)$$

$$G_4 = T \bigcup T(A,0) \bigcup T\left(B, \begin{bmatrix} \frac{1}{2} \\ \frac{1}{2} \end{bmatrix}\right) \bigcup T\left(AB, \begin{bmatrix} \frac{1}{2} \\ \frac{1}{2} \end{bmatrix}\right)$$

G_2에는 잉여류 $T(A, 0)$ 외에도 위수가 2인 원소가 있다. 예를 들어, $\left(B, \begin{bmatrix} 0 \\ \frac{1}{2} \end{bmatrix}\right)^2 = (I, 0)$이다. 그러나 G_4에는 그렇지 않다는 것을 간단한 계산을 통하여 보일 수 있다. 따라서 G_4와 G_2는 동치일 수 없다. 따라서 세 개의 벽지군 G_1, $G_2 \cong G_3$, G_4가 존재한다.

> **문제 2-13** G_4에서는 $T(A, 0)$ 외에는 위수가 2인 원소가 없음을 설명하여라.

G_1, G_2, G_4의 기본조각은 각각 다음과 같은 꼴이다.

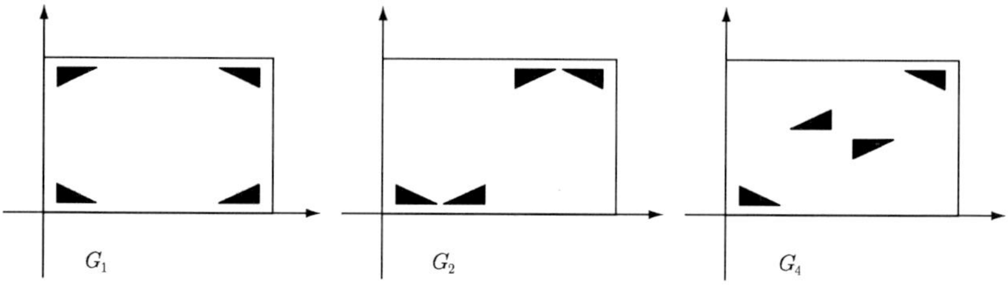

G_1 문양을 기호 p2mm 또는 pmm으로 나타낸다.

G_2 문양을 기호 p2mg 또는 pmg로 나타낸다.

G_4 문양을 기호 p2gg 또는 pgg로 나타낸다.

이제, $P=D_{2,c}$인 경우를 생각한다.

$A=\begin{bmatrix}-1 & 0\\ 0 & -1\end{bmatrix}$, $B=\begin{bmatrix}0 & 1\\ 1 & 0\end{bmatrix}$에 대하여 $(B, \vec{b})\in G$ 이면 $\vec{b}=\begin{bmatrix}x\\ -x\end{bmatrix}$임을 보일 수 있다. 이제, $\vec{s}=\begin{bmatrix}0\\ x\end{bmatrix}$일 때, $(I, \vec{s})(B, \vec{b})(I, \vec{s})^{-1}=(B, \vec{0})$이므로 $G=T\rtimes P$ 이며 기본조각은 오른쪽과 같은 꼴이다.

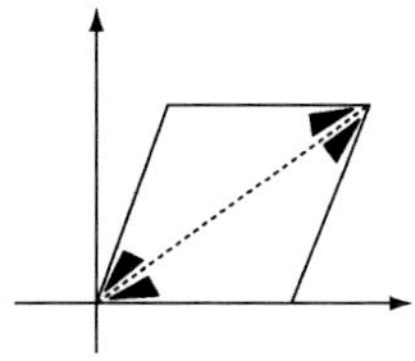

이 문양을 기호 c2mm 또는 cmm으로 나타낸다.

8) $P=D_3$인 경우

먼저, $P=D_{3,s}$인 경우를 생각한다.

$$D_{3,s}=\left\{A=\begin{bmatrix}0 & -1\\ 1 & -1\end{bmatrix}, A^2=\begin{bmatrix}-1 & 1\\ -1 & 0\end{bmatrix}, \begin{bmatrix}1 & 0\\ 0 & 1\end{bmatrix},\right.$$
$$\left.B=\begin{bmatrix}0 & 1\\ 1 & 0\end{bmatrix}, AB=\begin{bmatrix}-1 & 0\\ -1 & 1\end{bmatrix}, A^2B=\begin{bmatrix}1 & -1\\ 0 & -1\end{bmatrix}\right\}$$

$(A, \overrightarrow{a_1}), (A^2, \overrightarrow{a_2}), (B, \vec{b})\in G$라고 하면 $\overrightarrow{a_1}=\overrightarrow{a_2}=\vec{0}$이라고 가정할 수 있다. 연립합동식을 $\begin{cases}(A-I)\vec{v}\equiv\vec{0}\pmod 1\\ (B-I)\vec{v}\equiv\vec{0}\pmod 1\end{cases}$을 만족시키는 $\vec{v}\in\mathbb{R}^2$가 존재하면 $G\cong T\rtimes P$이다. 이 연립합동식을 만족시키는 $\vec{v}$가 실제로 존재한다는 것을 다음과 같이 보일 수 있다. $BA=A^2B$이므로 $A^2\vec{b}\equiv\vec{b}\pmod 1$, $A^3\vec{b}\equiv A\vec{b}\pmod 1$, $\vec{b}\equiv A\vec{b}\pmod 1$이다. 따라서 $(A-I)\vec{b}\equiv\vec{0}\pmod 1$이다. 한편, $B^2=I$이므로 $B\vec{b}+\vec{b}\equiv\vec{0}\pmod 1$이다. $A^3=I$이므로 $A^2+A+I=0$, 즉 $A^2+A+B=B-I$이다. 다음이 성립한다.

$$\begin{aligned}(B-I)\vec{b}&\equiv(A^2+A+B)\vec{b}\pmod 1\\ &\equiv A^2\vec{b}+A\vec{b}+B\vec{b}\\ &\equiv\vec{b}+(\vec{b}+B\vec{b})\pmod 1\\ &\equiv\vec{b}\pmod 1\end{aligned}$$

$P=D_{3,s}$인 경우의 기본조각은 오른쪽과 같은

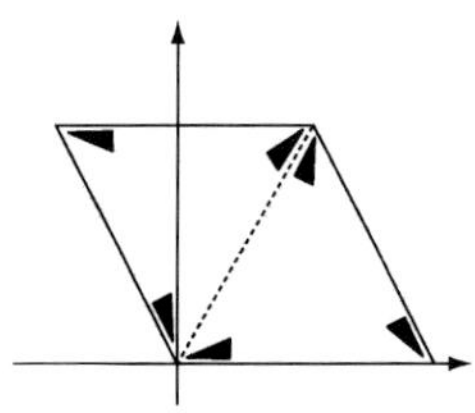

꼴이다.

$G = T \rtimes P$ 이며 이 문양을 기호 p31m으로 나타낸다.

이제, $P = D_{3,l}$ 인 경우를 생각한다.

$A = \begin{bmatrix} 0 & -1 \\ 1 & -1 \end{bmatrix}$, $B = \begin{bmatrix} 0 & -1 \\ -1 & 0 \end{bmatrix}$에 대하여 $(B, \vec{b}) \in G$이면 $\vec{b} = \begin{bmatrix} x \\ -x \end{bmatrix}$이다. 이제, $\vec{s} = \begin{bmatrix} -x \\ 0 \end{bmatrix}$일 때,

$(I, \vec{s})(B, \vec{b})(I, \vec{s})^{-1} \equiv (B, \vec{0})\,(\mathrm{mod}\ 1)$이므로

$G = T \rtimes P$이며 기본조각은 오른쪽과 같은 꼴이다.

이 문양을 기호 p31m으로 나타낸다.

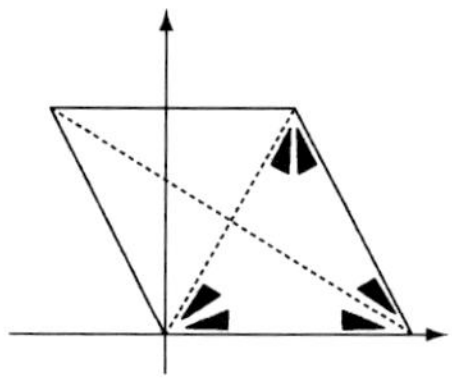

9) $P = D_4$인 경우

$A = \begin{bmatrix} 0 & -1 \\ 1 & 0 \end{bmatrix}$, $B = \begin{bmatrix} 0 & 1 \\ 1 & 0 \end{bmatrix}$이고 $D_4 = \{I, A, A^2, A^3, B, AB, A^2B, A^3B\}$이다. $(A, \vec{a}) \in G$일 때 $\vec{a} = \vec{0}$이라고 가정할 수 있다. $(B, \vec{b}) \in G$, $\vec{b} = \begin{bmatrix} x \\ y \end{bmatrix}$라고 하면 $B\vec{b} + \vec{b} \equiv 0\,(\mathrm{mod}\ 1)$이므로 $x + y \equiv 0\,(\mathrm{mod}\ 1)$이다. 따라서 $\vec{b} = \begin{bmatrix} x \\ -x \end{bmatrix}$이다. 한편, $(A, \vec{0})(B, \vec{b}) = (AB, A\vec{b}) = \left(AB, \begin{bmatrix} -x \\ x \end{bmatrix}\right)$ 이고 $(B, \vec{b})(A, \vec{0})^3 = (BA^3, \vec{b}) = \left(BA^3, \begin{bmatrix} x \\ -x \end{bmatrix}\right)$ 이므로 $\begin{bmatrix} -x \\ x \end{bmatrix} \equiv \begin{bmatrix} x \\ -x \end{bmatrix}$ $(\mathrm{mod}\ 1)$, 즉 $2x \equiv 0\,(\mathrm{mod}\ 1)$이다. 따라서 $x = 0$ 또는 $x = \frac{1}{2}$이다.

$x = 0$인 경우의 벽지군은 $G_1 = T \rtimes P$이다. 이제, $x = \frac{1}{2}$인 경우의 벽지군을 G_2라고 하자. 다음을 알 수 있다.

$$G_2 = T \cup T(A, \vec{0}) \cup T(A^2, \vec{0}) \cup T(A^3, \vec{0}) \cup T\left(B, \begin{bmatrix} \frac{1}{2} \\ -\frac{1}{2} \end{bmatrix}\right) \cup T\left(AB, \begin{bmatrix} \frac{1}{2} \\ \frac{1}{2} \end{bmatrix}\right) \cup T\left(A^2B, \begin{bmatrix} -\frac{1}{2} \\ \frac{1}{2} \end{bmatrix}\right) \cup T\left(A^3B, \begin{bmatrix} -\frac{1}{2} \\ -\frac{1}{2} \end{bmatrix}\right)$$

G_2는 D_4와 동형인 부분군을 가지고 있지 않다는 것을 보이자. G_2가 D_4와 동형인 부분군을 가지기 위해서는 다음 조건을 만족시키는 σ 와 τ가 존재해야 한다.

$$\sigma^4 = 1 = \tau^2, \tau\sigma\tau = \sigma^{-1}$$

이 조건을 만족시키는 σ는 잉여류 $T(A, 0)$ 또는 잉여류 $T(A^3, 0)$에 포함되어야 한다. 한편, τ는

$T\left(B, \begin{bmatrix} \frac{1}{2} \\ -\frac{1}{2} \end{bmatrix}\right)$ 또는 $T\left(A^2B, \begin{bmatrix} -\frac{1}{2} \\ \frac{1}{2} \end{bmatrix}\right)$에 포함되어야 한다. 왜냐하면

잉여류 $T\left(AB, \begin{bmatrix} \frac{1}{2} \\ \frac{1}{2} \end{bmatrix}\right)$ 또는 $T\left(A^3B, \begin{bmatrix} -\frac{1}{2} \\ -\frac{1}{2} \end{bmatrix}\right)$에는 위수가 2인 원소가 없음을 간단한 계산으로 알 수 있기 때문이다. 이제, $\sigma\tau, \sigma^2\tau, \sigma^3\tau$ 모두는 역시 위수가 2여야 하므로 $T\left(B, \begin{bmatrix} \frac{1}{2} \\ -\frac{1}{2} \end{bmatrix}\right)$ 또는 $T\left(A^2B, \begin{bmatrix} -\frac{1}{2} \\ \frac{1}{2} \end{bmatrix}\right)$에 포함되어야 한다. 그러나 위에서 살펴 본 가능한 어떠한 경우라 하더라도 이는 가능하지 않다. 따라서 G_2는 D_4와 동형인 군을 포함하고 있지 않다. 한편 G_1은 D_4와 동형인 부분군을 포함하므로 G_1과 G_2는 동치일 수 없다.

문제 2-14

잉여류 $T\left(AB, \begin{bmatrix} \frac{1}{2} \\ \frac{1}{2} \end{bmatrix}\right)$와 $T\left(A^3B, \begin{bmatrix} -\frac{1}{2} \\ -\frac{1}{2} \end{bmatrix}\right)$에는 위수가 2인 원소가 존재하지 않음을 설명하여라.

위에서 생각한 두 가지 벽지의 기본조각은 각각 다음과 같은 꼴이다.

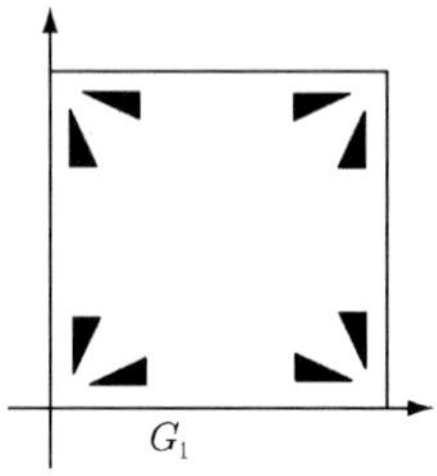

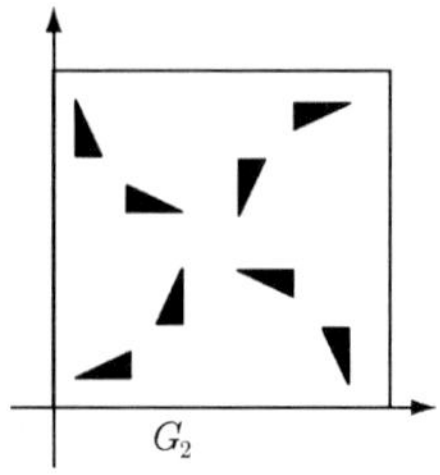

G_1 문양을 기호 p4mm 또는 p4m으로 나타낸다.

G_2 문양을 기호 p4gm 또는 p4g로 나타낸다.

문제 2-15 다음을 확인하여라.

G_2는 D_2와 동형인 군을 가지고 있다. 실제로, $\left(A, \begin{bmatrix} 1 \\ 0 \end{bmatrix}\right)$와 $\left(B, \begin{bmatrix} \frac{1}{2} \\ -\frac{1}{2} \end{bmatrix}\right)$는 D_2와 동형인 군을 생성한다.

10) $P = D_6$인 경우

$A = \begin{bmatrix} 0 & -1 \\ 1 & 0 \end{bmatrix}, B = \begin{bmatrix} 0 & -1 \\ -1 & 0 \end{bmatrix}$에 대하여 $(B, \vec{b}) \in G$이면 $\vec{b} = \begin{bmatrix} x \\ -x \end{bmatrix}$이다. 이제, $\vec{s} = \begin{bmatrix} -x \\ 0 \end{bmatrix}$일 때, $(I, \vec{s})(B, \vec{b})(I, \vec{s})^{-1} \equiv (B, \vec{0})\,(\mathrm{mod}\ 1)$이므로 $G = T \rtimes P$이며 기본 조각은 오른쪽과 같은 꼴이다.

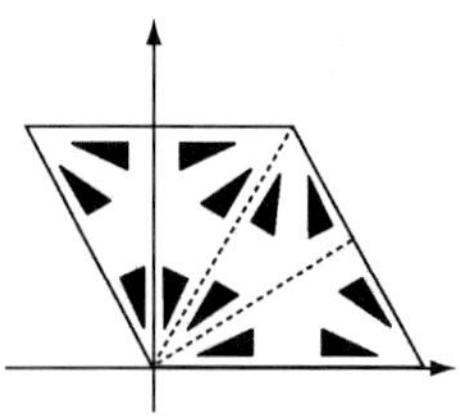

이 문양을 기호 p6mm 또는 p6m으로 나타낸다.

이상을 종합하면 다음과 같다.

• 점군이 다음과 같은 경우에는 벽지군은 $T \rtimes P$이다.

$$C_1, C_2, C_3, C_4, C_6, D_{1,c}, C_{2,c}, D_{3,l}, D_{3,s}, D_6$$

• 점군이 다음과 같은 경우에는 벽지군은 $T \rtimes P$ 외에 하나씩 더 있다.

$$D_{1,p}, D_4$$

• 점군이 $D_{2,p}$인 경우에는 벽지군이 $T \rtimes P$ 외에 두 개 더 있다.
• 점군은 $C_1, C_2, C_3, C_4, C_6, D_1, D_2, D_3, D_4, D_6$ 중 하나이다.
• D_1에는 동치가 아닌 점군 두 개 $D_{1,p}$와 $D_{1,c}$가 있고, D_2에는 동치가 아닌 점군 두 개 $D_{2,p}$와 $D_{2,c}$가 있으며 D_3에는 동치가 아닌 점군 두 개 $D_{3,l}$ 과 $D_{3,s}$가 있다.
• 점군 $D_{2,p}$인 경우에는 동치가 아닌 벽지군이 세 개 있고 $D_{1,p}$과 D_4에는 동치가 아닌 벽지군이 두 개씩 있다.

다. 벽지 문양과 대칭성의 표현

각 문양은 다음과 같은 방식으로 나타낸다.

기호는 4자리 숫자 또는 문자의 조합으로 '□'와 같은 형태로 나타낸다.

왼쪽에서 첫 번째 자리는 'c' 또는 'p'로서 기본문양의 형태를 나타낸다. 기본조각이 마름모꼴인 경우로서 점군이 $D_{1,c}$이거나 $D_{2,c}$일 때에는 'c'를, 그 외에는 'p'를 사용한다. 17 가지 문양 중에서 'c'인 경우는 두 가지 경우이다. 'c'는 'centered'를, 'p'는 'primitive'를 뜻한다.

두 번째 자리는 1, 2, 3, 4, 6 중 한 숫자로서 회전대칭의 최대주기를 나타낸다.

세 번째 자리와 네 번째 자리의 기호가 뜻하는 'x축'과 'y축'은 기본조각의 격자 벡터에 따라 결정된 것이 아니고 원래 주어진 표준좌표계, 즉 직교좌표계의 x축과 y축을 뜻한다.

세 번째 자리는 'm', 'g', 또는 '1'중 하나이다. 'm'은 y축과 평행인 반사축이 존재하는 경우이고, 'g'는 y축과 평행인 반사축은 존재하지 않으나 y축과 평행인 미끄럼반사축이 존재하는 경우이고, '1'은 y축과 평행인 반사도 미끄럼반사도 존재하지 않는 경우이다.

네 번째 자리도 'm', 'g', 또는 '1' 중 하나이다. 'm'은 x축의 양의 방향과 α°를 이루는 직선을 축으로 하는 반사가 존재하는 경우이고, 'g'는 x축의 양의 방향과 α°를 이루는 직선을 축으로 하는 반사는 존재하지 않으나 미끄럼반사가 존재하는 경우이고, '1'은 x축과 α°를 이루는 직선을 축으로 하는 반사도 미끄럼반사도 존재하지 않는 경우이다. 여기서 α°는 다음과 같이 정해진다.

$$n = 1, 2 \text{인 경우: } \alpha = 180$$
$$n = 3, 6 \text{인 경우: } \alpha = 60$$
$$n = 4 \text{인 경우: } \alpha = 45$$

모든 벽지군의 평행이동군은 $T = < \omega_{x1}, \omega_{y1} > \cong C_\infty \times C_\infty$이다. 여기서 $\omega_{x1} = \begin{bmatrix} 1\,0\,1 \\ 0\,1\,0 \\ 0\,0\,1 \end{bmatrix}$은 x축을 따라 1 만큼 평행이동하는 것을 나타내고, $\omega_{y1} = \begin{bmatrix} 1\,0\,0 \\ 0\,1\,1 \\ 0\,0\,1 \end{bmatrix}$은 y축을 따라 1 만큼 평행이동하는 것을 나타낸다.

아래의 기호나 벽지 모형은 Schattschneider(1978), Morandi(2013), Bool et al.(1992), 또는 Escher(2000) 등에서 인용한 것이다.

기호	의미	기호	의미
◊	180° 회전축		반사축
△	120° 회전축		미끄럼반사축
□	90° 회전축		기본조각 테두리
⬡	60° 회전축		

이상을 종합하여 17개의 벽지문양 타입을 정리하면 다음과 같다. 이 표에서는, 향후의 편의를 위해서, IUC(국제결정학연맹, International Union of Crystallography)의 표준 기호와 약식 기호, 그리고 orbifold 기호 모두를 제시한다. orbifold 기호에 관해서는 다음 장(제Ⅲ장)에서 설명한다.

회전	타입
360° (0°)	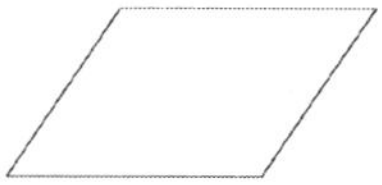 p111 (p1, o) 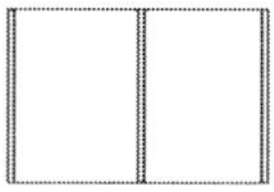 p1m1 (pm, **)  p1g1 (pg, ××) 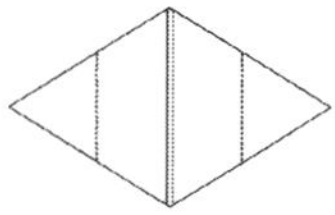 c1m1 (cm, *×)
180°	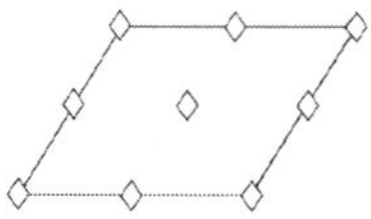 p211 (p2, 2222) 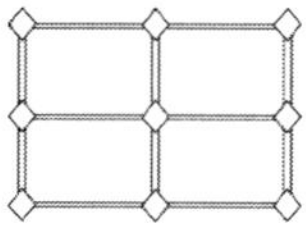 p2mm (pmm, *2222) 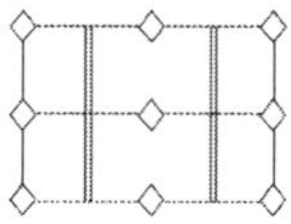 p2mg (pmg, 22*) 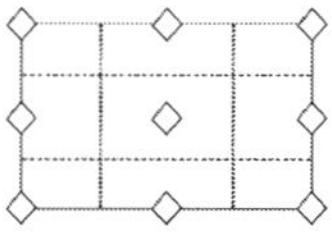 p2gg (pgg, 22×) 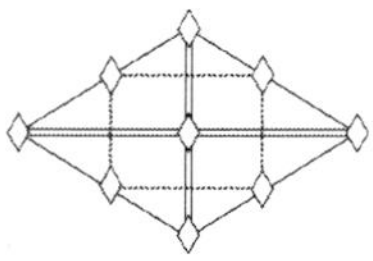 c2mm (cmm, 2*22)
120°	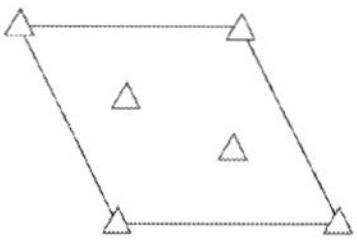 p311 (p3, 333) 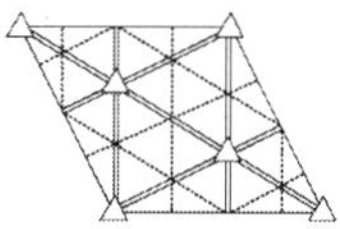 p3m1 (*333) 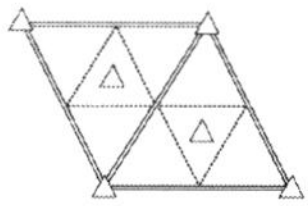 p31m (3*3)
90°	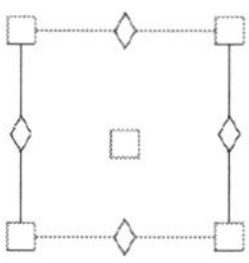 p411 (p4, 442) 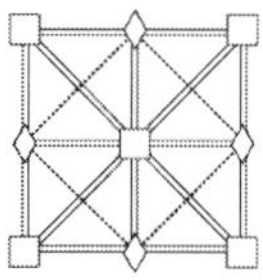 p4mm (p4m, *442) 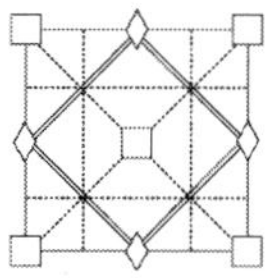 p4gm (p4g, 4*2)
60°	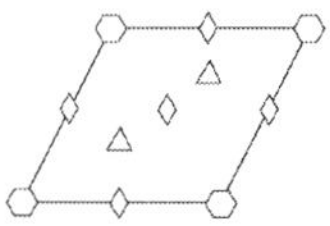 p611 (p6, 632) 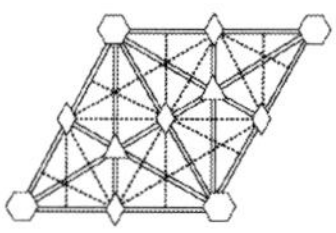 p6mm (p6m, *632)

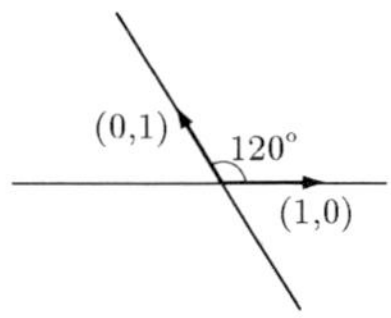

이 책에서는 문양의 대칭을 행렬로 나타낸다. 기본조각의 기저가 되는 두 벡터는 (1,0)과 (0,1)로 나타내어진다. 예를 들어, 다음과 같은 기저를 생각하자.

반시계방향으로 60° 회전시키는 위 변환에 의하여 벡터 (1,0)은 벡터 (1,1)로 대응되고 벡터 (0,1)은 벡터 (−1,0)으로 대응된다. 이러한 선형변환 $\begin{bmatrix}\alpha & \beta \\ \gamma & \delta\end{bmatrix}$은 $\begin{bmatrix}1 & -1 \\ 1 & 0\end{bmatrix}$이다. 따라서 이 격자 기저에 관하여 60° 회전시키는 변환을 $\delta_6 = \begin{bmatrix}1 & -1 & 0 \\ 1 & 0 & 0 \\ 0 & 0 & 1\end{bmatrix}$와 같이 나타낸다.

> **문제 2-16**
>
> 위 좌표공간에서 120° 회전시키는 선형변환은 $\delta_3 = \begin{bmatrix}0 & -1 & 0 \\ 1 & -1 & 0 \\ 0 & 0 & 1\end{bmatrix}$로 표현된다는 것을 보여라.

4. 벽지군

이제 17가지 각각의 문양에 관하여 점군과 벽지군을 계산하고, 각각의 경우에 기본조각이 가지는 대칭성을 살펴본다.

여기에서는 기본조각의 기저가 되는 두 벡터 (1,0)과 (0,1)을 포함하는 각각의 축을 'x축' 'y축'이라고 한다.

가. p111 (p1)

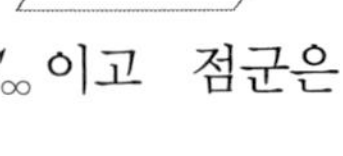

기본조각은 다음과 같다.

평행이동 외의 아무런 대칭이 없다. 따라서 벽지군은 $G = <\omega_{x1}, \omega_{y1}> = <\omega_{x1}> \times <\omega_{y1}> \cong C_\infty \times C_\infty$이고 점군은 $P = \left\{\begin{bmatrix}1&0&0\\0&1&0\\0&0&1\end{bmatrix}\right\} \cong C_1$이다. $T = <\omega_{x1}, \omega_{y1}>$이므로 $G/T \cong P$ 이다.

문제 2-17 p1 타입의 에셔 꼴 또는 이슬람 벽지문양을 찾아보아라.

나. p1m1 (pm)

기본조각은 다음과 같다.

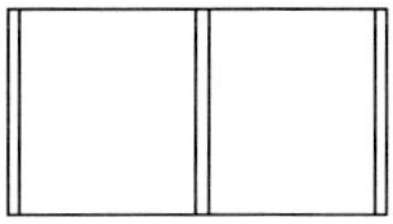

벽지군 G는 y축반사를 나타내는 $\rho_y = \begin{bmatrix} -1 & 0 & 0 \\ 0 & 1 & 0 \\ 0 & 0 & 1 \end{bmatrix}$를 포함한다. 따라서 $G = < \omega_{x1}, \omega_{y1}, \rho_y > \cong (C_\infty \times C_\infty) \rtimes D_1$이고 점군은 $P = < \rho_y > \cong D_{1,p}$ 이다.

문제 2-18 다음을 확인하여 벽지가 평행이동과 y축 반사만을 가지는 경우와 평행이동과 x축 반사만을 가지는 경우는 같은 것임을 설명하여라.

위의 벽지군 $G = < \omega_{x1}, \omega_{y1}, \rho_y >$에서 $\begin{bmatrix} -1 & 0 \\ 0 & 1 \end{bmatrix} \begin{bmatrix} 0 & 1 \\ 1 & 0 \end{bmatrix} = \begin{bmatrix} 0 & 1 \\ 1 & 0 \end{bmatrix} \begin{bmatrix} 1 & 0 \\ 0 & -1 \end{bmatrix}$이므로 ρ_y 를 ρ_x로 대체한 군 $< \omega_{x1}, \omega_{y1}, \rho_x >$는 G와 공액이다.

이 경우의 점군 $D_{1,p}$는 D_1과 동형이지만 뒤의 cm 문양에서의 반사와 구별하기 위하여 별도의 기호를 사용한다.

여기에서도 $G/T \cong P$임을 쉽게 확인할 수 있다.

$\begin{bmatrix} -1 & 0 & 0 \\ 0 & 1 & 0 \\ 0 & 0 & 1 \end{bmatrix} \begin{bmatrix} \frac{1}{2} \\ \beta \\ 1 \end{bmatrix} = \begin{bmatrix} -\frac{1}{2} \\ \beta \\ 1 \end{bmatrix} \equiv \begin{bmatrix} \frac{1}{2} \\ \beta \\ 1 \end{bmatrix} \pmod 1$이므로 $x = \frac{1}{2}$은 반사축이다.

문제 2-19

- 이 문양에서 직선 $x = \frac{1}{2}$이 반사축임을 설명하여라.
- p1m1 타입의 에셔 꼴 또는 이슬람 벽지문양을 찾아보아라.

다. p1g1 (pg)

기본조각은 다음과 같다.

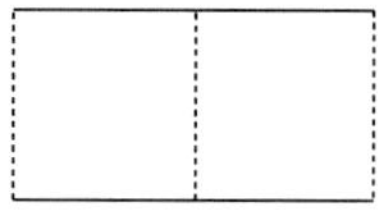

벽지군 G에 미끄럼반사 $\theta_y = \begin{bmatrix} -1 & 0 & 0 \\ 0 & 1 & \frac{1}{2} \\ 0 & 0 & 1 \end{bmatrix}$가 존재한다.

따라서

$$G = < \omega_{x1}, \omega_{y1}, \theta_y > = < \omega_{x1}, \theta_y > = < \omega_{x1} > \rtimes < \theta_y > \cong C_\infty \rtimes C_\infty$$

이고, 점군은 $P = \left\langle \begin{bmatrix} -1 & 0 & 0 \\ 0 & 1 & 0 \\ 0 & 0 & 1 \end{bmatrix} \right\rangle \cong D_{1,p}$이다. 이 경우에 점군의 원소 $\begin{bmatrix} -1 & 0 & 0 \\ 0 & 1 & 0 \\ 0 & 0 & 1 \end{bmatrix}$는 G의 원소가 아니다.

문제 2-20 다음을 확인하여라.

- $\theta_y^2 = \omega_{y1}$
- ω_{x1}와 θ_y는 가환적이 아니다. 즉, $\omega_{x1}\theta_y \neq \theta_y \omega_{x1}$이다.
- $\theta_y \omega_{x1} \theta_y^{-1} = \omega_{x1}^{-1}$이므로 $< \omega_{x1} >$는 $< \omega_{x1}, \theta_y >$의 정규부분군이다.
- $< \omega_{x1} > \cap < \theta_y > = 1$
- $< \omega_{x1}, \theta_y^2 > \simeq C_\infty \times C_\infty$이며, 이는 $< \omega_{x1}, \theta_y > \cong C_\infty \rtimes C_\infty$의 정규부분군이다.

y축, 즉 $x = 0$인 직선이 미끄럼반사축인 이 문양에서 직선 $x = \pm \frac{1}{2}$도 미끄럼반사축이다. 실제로,

$$\begin{bmatrix} -1 & 0 & 0 \\ 0 & 1 & \frac{1}{2} \\ 0 & 0 & 1 \end{bmatrix} \begin{bmatrix} \frac{1}{2} \\ \beta \\ 1 \end{bmatrix} = \begin{bmatrix} -\frac{1}{2} \\ \beta + \frac{1}{2} \\ 1 \end{bmatrix} \equiv \begin{bmatrix} \frac{1}{2} \\ \beta + \frac{1}{2} \\ 1 \end{bmatrix} \pmod 1$$

이므로 직선 $x = \frac{1}{2}$는 미끄럼반사축이다.

평행이동과 y축 미끄럼반사만을 가지는 벽지와 평행이동과 x축 미끄럼반사만을 가지는 벽지는 같은 것이다. 즉, 위의 벽지군 $G = <\omega_{x1}, \omega_{y1}, \theta_y>$에서 $\begin{bmatrix} -1 & 0 & 0 \\ 0 & 1 & \frac{1}{2} \\ 0 & 0 & 1 \end{bmatrix}\begin{bmatrix} 0 & 1 & 0 \\ 1 & 0 & 0 \\ 0 & 0 & 1 \end{bmatrix} = \begin{bmatrix} 0 & 1 & 0 \\ 1 & 0 & 0 \\ 0 & 0 & 1 \end{bmatrix}\begin{bmatrix} 1 & 0 & \frac{1}{2} \\ 0 & -1 & 0 \\ 0 & 0 & 1 \end{bmatrix}$이므로 θ_y 를 θ_x로 대체한 군 $<\omega_{x1}, \omega_{y1}, \theta_x>$는 G와 공액이다.

문제 2-21

- $G/T \cong P$임을 보여라.
- pg 타입의 에셔 꼴 또는 이슬람 벽지문양을 찾아보아라.

라. c1m1 (cm)

기본조각은 다음과 같다.

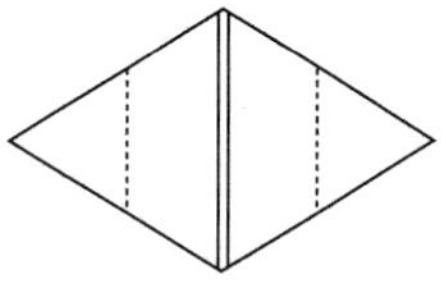

벽지군에 $\rho_{y=x} = \begin{bmatrix} 0 & 1 & 0 \\ 1 & 0 & 0 \\ 0 & 0 & 1 \end{bmatrix}$가 존재하므로

$G = <\omega_{x1}, \omega_{y1}, \rho_{y=x}> \cong (C_\infty \times C_\infty) \rtimes D_1$이다.

점군은 $P = <\rho_{y=x}> \cong D_{1,c}$이다. 여기에서도 $G/T \cong P$임을 쉽게 확인할 수 있다.

$$\rho_{y=x}\omega_{x1} = \begin{bmatrix} 0 & 1 & 0 \\ 1 & 0 & 0 \\ 0 & 0 & 1 \end{bmatrix}\begin{bmatrix} 1 & 0 & 1 \\ 0 & 1 & 0 \\ 0 & 0 & 1 \end{bmatrix} = \begin{bmatrix} 0 & 1 & 0 \\ 1 & 0 & 1 \\ 0 & 0 & 1 \end{bmatrix} \in G\text{이고} \quad \begin{bmatrix} 0 & 1 & 0 \\ 1 & 0 & 1 \\ 0 & 0 & 1 \end{bmatrix}\begin{bmatrix} x \\ x + \frac{1}{2} \\ 1 \end{bmatrix}$$

$= \begin{bmatrix} x + \frac{1}{2} \\ x + \frac{1}{2} + \frac{1}{2} \\ 1 \end{bmatrix}$이므로 직선 $y = x + \frac{1}{2}$는 미끄럼반사축이다. 마찬가지로,

$$\rho_{y=x}\omega_{y1} = \begin{bmatrix} 0 & 1 & 0 \\ 1 & 0 & 0 \\ 0 & 0 & 1 \end{bmatrix}\begin{bmatrix} 1 & 0 & 0 \\ 0 & 1 & 1 \\ 0 & 0 & 1 \end{bmatrix} = \begin{bmatrix} 0 & 1 & 1 \\ 1 & 0 & 0 \\ 0 & 0 & 1 \end{bmatrix} \in G\text{이고} \quad \begin{bmatrix} 0 & 1 & 1 \\ 1 & 0 & 0 \\ 0 & 0 & 1 \end{bmatrix}\begin{bmatrix} x \\ x - \frac{1}{2} \\ 1 \end{bmatrix}$$

$$=\begin{bmatrix} x+\frac{1}{2} \\ x+\frac{1}{2}-\frac{1}{2} \\ 1 \end{bmatrix}$$ 이므로 직선 $y=x-\frac{1}{2}$은 미끄럼반사축이다.

문제 2-22

- 다음을 확인하여라.

  $y=x+\frac{1}{2}$가 미끄럼반사축이면 $\rho_{y=x}$에 의하여 $y=x-\frac{1}{2}$도 미끄럼반사축이다
- cm 타입의 에셔 꼴 또는 이슬람 벽지문양을 찾아보아라.

마. p211 (p2)

기본조각은 다음과 같다.

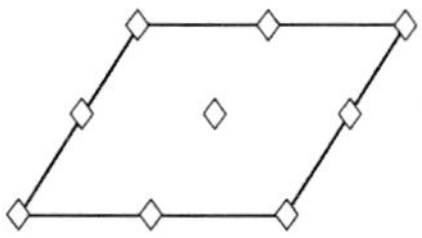

벽지군에 $\delta_2=\begin{bmatrix} -1 & 0 & 0 \\ 0 & -1 & 0 \\ 0 & 0 & 1 \end{bmatrix}$, 즉 $180°$ 회전이 존재한다.

$G=<\omega_{x1},\omega_{y1},\delta_2>\cong(C_\infty\times C_\infty)\rtimes C_2$이고 점군은 $P=<\delta_2>\cong C_2$이며 $G/T\cong P$이다.

정리 1.14에 의하면 δ_2 회전 후 $(1,0),(0,1)$ 각각만큼 평행이동하면 $180°$ 회전이 된다. 예를 들어, δ_2 회전 후 $(1,0)$ 만큼 평행이동하면 $180°$ 회전이 되고, 이때의 회전축은 정리 1.14에 의하여 $\left(\frac{1}{2},0\right)$이다. 같은 방법으로 δ_2 회전 후 $(0,1)$, $(1,1)$ 각각만큼 평행이동하면 $180°$ 회전이 되고, 이때, 각각의 회전축은 각각 $\left(0,\frac{1}{2}\right)$, $\left(\frac{1}{2},\frac{1}{2}\right)$이다.

p2문양의 점군 C_2와 pm(pg)문양의 점군 $D_{1,p}$ 그리고 cm 문양의 점군 $D_{1,c}$ 모두는 위수가 2인 순환군으로서 동형이다. 그러나 C_2는 $D_{1,p}$이나

$D_{1,c}$과도 공액이 아니다. C_2의 행렬식은 1이지만 $D_{1,p}$와 $D_{1,c}$ 각각의 행렬식은 -1 이기 때문이다.

> **문제 2-23** p2 타입의 에셔 꼴 또는 이슬람 벽지문양을 찾아보아라.

바. p2mm (pmm)

기본조각은 다음과 같다.

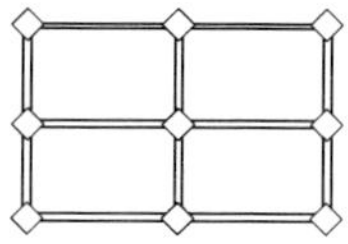

벽지군에 $\delta_2 = \begin{bmatrix} -1 & 0 & 0 \\ 0 & -1 & 0 \\ 0 & 0 & 1 \end{bmatrix}$, $\rho_x = \begin{bmatrix} 1 & 0 & 0 \\ 0 & -1 & 0 \\ 0 & 0 & 1 \end{bmatrix}$가 존재한다.

$G = <\omega_{x1}, \omega_{y1}, \delta_2, \rho_x> \cong (C_\infty \times C_\infty) \rtimes D_2$이고, 점군은 $P = <\delta_2, \rho_x>$이며 $G/T = <T\delta_2, T\rho_x> \cong D_{2,p} \cong P$이다.

> **문제 2-24** $\rho_y = \delta_2 \rho_x$ 임을 보임으로써 $180°$ 회전과 x축 반사가 있으면 y축 반사가 있음을 설명하여라.

$\begin{bmatrix} 1 & 0 \\ 0 & -1 \end{bmatrix} \begin{bmatrix} x \\ \pm\frac{1}{2} \end{bmatrix} = \begin{bmatrix} x \\ \mp\frac{1}{2} \end{bmatrix}$이고 $\begin{bmatrix} 1 & 0 \\ 0 & -1 \end{bmatrix} \begin{bmatrix} \pm\frac{1}{2} \\ y \end{bmatrix} = \begin{bmatrix} \pm\frac{1}{2} \\ y \end{bmatrix}$이므로 직선 $y = \pm\frac{1}{2}$를 축으로 하는 반사와 직선 $x = \pm\frac{1}{2}$를 축으로 하는 반사가 존재한다. $180°$ 회전 축에 관해서는 p2의 경우와 같다. 따라서 기본조각에 표시된 대칭성을 얻을 수 있다.

> **문제 2-25**
> - $G/T \cong P$임을 보여라.
> - pmm 타입의 에셔 꼴 또는 이슬람 벽지문양을 찾아보아라.

사. p2mg (pmg)

기본조각은 다음과 같다.

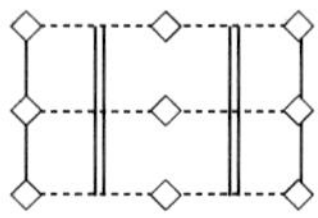

벽지군에 $\delta_2 = \begin{bmatrix} -1 & 0 & 0 \\ 0 & -1 & 0 \\ 0 & 0 & 1 \end{bmatrix}$, $\theta_x = \begin{bmatrix} 1 & 0 & \frac{1}{2} \\ 0 & -1 & 0 \\ 0 & 0 & 1 \end{bmatrix}$가 존재한다.

$$G = < \omega_{x1},\ \omega_{y1},\ \delta_2,\ \theta_x > = < \omega_{y1},\ \delta_2,\ \theta_x >$$
$$= < \omega_{y1},\ \theta_x > \rtimes < \delta_2 > \cong (C_\infty \rtimes C_\infty) \rtimes C_2$$

이고 점군은 $P = \left\langle \begin{bmatrix} -1 & 0 & 0 \\ 0 & -1 & 0 \\ 0 & 0 & 1 \end{bmatrix}, \begin{bmatrix} 1 & 0 & 0 \\ 0 & -1 & 0 \\ 0 & 0 & 1 \end{bmatrix} \right\rangle \cong D_{2,p}$이다. 한편,

$$G/T = < \omega_{x1}, \omega_{y1}, \delta_2, \theta_x > / < \omega_{x1}, \omega_{y1} > = < T\delta_2,\ T\theta_x > \cong D_{2,p}$$

이다.

이 경우 다음을 주목하자.

- 점군의 원소 $\begin{bmatrix} 1 & 0 & 0 \\ 0 & -1 & 0 \\ 0 & 0 & 1 \end{bmatrix}$는 G에 속하지 않는다.
- $G = T \cup T\delta_2 \cup T\theta_x \cup T\delta_2\theta_x$에서 $T\delta_2$ 외에 위수가 2인 원소가 존재한다. 예를 들어, $(\delta_2\theta_x)^2 = 1$이다.

문제 2-26 다음을 확인하여 $< \omega_{y1},\ \theta_x >$는 $< \omega_{y1},\ \delta_2,\ \theta_x >$의 정규부분군이고 $< \omega_{y1} >$은 $< \omega_{y1},\ \theta_x >$의 정규부분군임을 보여라.

- $\delta_2 \omega_{y1} \delta_2^{-1} = \omega_{y1}^{-1}$
- $\delta_2 \theta_x \delta_2^{-1} = \theta_x^{-1}$
- $\theta_x \omega_{y1} \theta_x^{-1} = \omega_{y1}^{-1}$

$\delta_2\theta_x \begin{bmatrix} \frac{1}{4} \\ y \\ 1 \end{bmatrix} \equiv \begin{bmatrix} \frac{1}{4} \\ y \\ 1 \end{bmatrix} (\mathrm{mod}\ 1)$이므로 $x = \frac{1}{4}$을 축으로 하는 반사가 존재한

다. 한편, $\theta_x\begin{bmatrix} x \\ \frac{1}{2} \\ 1 \end{bmatrix} \equiv \begin{bmatrix} x+\frac{1}{2} \\ \frac{1}{2} \\ 1 \end{bmatrix} \pmod 1$이므로 $y=\frac{1}{2}$을 축으로 하는 미끄럼반사가 존재한다. 180° 회전에 관해서는 p2의 경우와 같고, $\left(\frac{1}{2},\frac{1}{2}\right)$을 축으로 하는 180° 회전에 의하여 직선 $x=\frac{3}{4}$을 축으로 하는 반사가 존재한다.

문제 2-27 • 다음을 확인하여라.
y축을 따라 이동한 후 x축과 평행한 직선을 축으로 반사하면 평행이동 방향과 반사방향이 같다. 이 경우에는 x축과 평행인 직선을 축으로 반사가 존재한다. 마찬가지로, x축을 따라 이동한 후 y축과 평행인 직선을 축으로 반사하면 평행이동 방향과 반사방향이 같다. 이 경우에는 y축과 평행인 직선을 축으로 반사가 존재한다. 그러나 y축을 따라 이동한 후 y축과 평행인 직선을 축으로 반사하거나 x축을 따라 이동한 후 x축과 평행인 직선을 축으로 반사하면 평행이동 방향과 반사방향이 다르다. 이러한 경우에는 x축이나 y축과 평행인 직선을 축으로 하는 반사가 존재하지 않는다.
• p2mg 타입의 에셔 꼴 또는 이슬람 벽지문양을 찾아보아라.

아. p2gg (pgg)

기본조각은 다음과 같다.

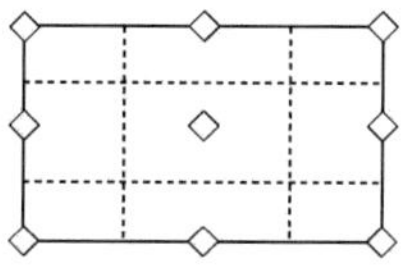

$$\delta_2=\begin{bmatrix} -1 & 0 & 0 \\ 0 & -1 & 0 \\ 0 & 0 & 1 \end{bmatrix}$$ 와 $$\omega_{xy}\rho_x=\begin{bmatrix} 1 & 0 & \frac{1}{2} \\ 0 & -1 & \frac{1}{2} \\ 0 & 0 & 1 \end{bmatrix}$$ 가 벽지

군 G에 존재한다. 여기서 $\omega_{xy} = \begin{bmatrix} 1 & 0 & \frac{1}{2} \\ 0 & 1 & \frac{1}{2} \\ 0 & 0 & 1 \end{bmatrix}$이고

$$G = < \omega_{x1},\ \omega_{y1},\ \delta_2,\ \omega_{xy}\rho_x > = < \omega_{y1},\ \omega_{xy}\rho_x,\ \delta_2 > =$$
$$< \omega_{y1},\ \omega_{xy}\rho_x > \rtimes < \delta_2 > \cong (C_\infty \rtimes C_\infty) \rtimes C_2$$

이 성립한다. 한편, 점군은 $P = \left\langle \begin{bmatrix} -1 & 0 & 0 \\ 0 & -1 & 0 \\ 0 & 0 & 1 \end{bmatrix}, \begin{bmatrix} 1 & 0 & 0 \\ 0 & -1 & 0 \\ 0 & 0 & 1 \end{bmatrix} \right\rangle \cong D_{2,p}$이다.

이때 다음을 주목하자.

- 점군의 원소 $\begin{bmatrix} 1 & 0 & 0 \\ 0 & -1 & 0 \\ 0 & 0 & 1 \end{bmatrix}$는 G에 속하지 않는다.
- $G = T \cup T\delta_2 \cup T\omega_{xy}\rho_x \cup T\delta_2\omega_{xy}\rho_x$에서는 $T\delta_2$ 외에 위수가 2인 원소가 존재하지 않는다.

pgg의 경우와 pmg의 경우는 점군이 같고 벽지군이 모두 $(C_\infty \rtimes C_\infty) \rtimes C_2$이지만 두 벽지군이 동형은 아니다. 특히, pmg 타입에서는 $\delta_2\theta_x\delta_2^{-1} = \theta_x^{-1}$인데 pgg에서는 $\delta_2\omega_{xy}\rho_x\delta_2 = (\omega_{xy}\rho_x\omega_{y1})^{-1}$임에 주목할 필요가 있다. 실제로, pmg의 벽지군에서는 $T\delta_2$ 외에 위수가 2인 원소가 존재하지만 pgg의 벽지군에서는 $T\delta_2$ 외에 위수가 2인 원소가 존재하지 않는다.

문제 2-28 다음을 확인하여 $< \omega_{x1}, \omega_{y1}, \omega_{xy}\rho_x > = < \omega_{y1}, \omega_{xy}\rho_x >$는 G의 정규부분군이고 $< \omega_{y1} >$은 $< \omega_{y1}, \omega_{xy}\rho_x >$의 정규부분군임을 보여라.

- $(\omega_{xy}\rho_x)^2 = \omega_{x1}$
- $\delta_2\omega_{y1}\delta_2^{-1} = \omega_{y1}^{-1}$
- $\delta_2\omega_{xy}\rho_x\delta_2^{-1} = (\omega_{xy}\rho_x\omega_{y1})^{-1}$
- $(\omega_{xy}\rho_x)\omega_{y1}(\omega_{xy}\rho_x)^{-1} = \omega_{y1}^{-1}$

$\omega_{xy}\rho_x\begin{bmatrix} x \\ \frac{1}{4} \\ 1 \end{bmatrix} = \begin{bmatrix} x+\frac{1}{2} \\ \frac{1}{4} \\ 1 \end{bmatrix}$ 이므로 $y=\frac{1}{4}$을 축으로 하는 미끄럼반사가 존재한다. 또, $\delta_2\omega_{xy}\rho_x\begin{bmatrix} \frac{1}{4} \\ y \\ 1 \end{bmatrix} = \begin{bmatrix} -\frac{3}{4} \\ y-\frac{1}{2} \\ 1 \end{bmatrix} \equiv \begin{bmatrix} \frac{1}{4} \\ y-\frac{1}{2} \\ 1 \end{bmatrix} \pmod 1$ 이므로 $x=\frac{1}{4}$을 축으로 하는 미끄럼반사가 존재한다. 180° 회전에 관해서는 앞에서 논의한 바와 같고, $\left(\frac{1}{2},\frac{1}{2}\right)$를 축으로 하는 180° 회전에 의하여 $y=\frac{3}{4}$과 $x=\frac{3}{4}$는 미끄럼반사축이다. 따라서 기본조각에 표시된 대칭성을 얻을 수 있다.

문제 2-29

- $G/T \cong P$임을 보여라.
- pgg 타입의 에셔 꼴 또는 이슬람 벽지문양을 찾아보아라.
- pmm과 pgg의 경우에는 벽지군과 점군 각각이 모두 동형이다. 두 문양을 효과적으로 구별할 수 있는 방안은 무엇인가?

자. c2mm (cmm)

기본조각은 다음과 같다.

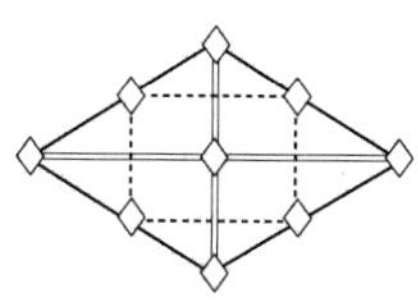

$\delta_2=\begin{bmatrix} -1 & 0 & 0 \\ 0 & -1 & 0 \\ 0 & 0 & 1 \end{bmatrix}$, $\rho_{y=x}=\begin{bmatrix} 0 & 1 & 0 \\ 1 & 0 & 0 \\ 0 & 0 & 1 \end{bmatrix}$가 벽지군에 존재한다. 따라서 $G=<\omega_{x1},\omega_{y1},\delta_2,\rho_{y=x}>\cong(C_\infty\times C_\infty)\rtimes D_2$이고 점군은 $P=<\sigma_2,\rho_{y=x}>=\left\langle\begin{bmatrix} -1 & 0 & 0 \\ 0 & -1 & 0 \\ 0 & 0 & 1 \end{bmatrix},\begin{bmatrix} 0 & 1 & 0 \\ 1 & 0 & 0 \\ 0 & 0 & 1 \end{bmatrix}\right\rangle\cong D_{2,c}$이다.

문제 2-30 $\rho_{y=-x} \in G$ 임을 설명하여라.

$$\begin{bmatrix} 0 & 1 & 0 \\ 1 & 0 & 0 \\ 0 & 0 & 1 \end{bmatrix} \begin{bmatrix} x \\ x+\frac{1}{2} \\ 1 \end{bmatrix} = \begin{bmatrix} x+\frac{1}{2} \\ x \\ 1 \end{bmatrix} \equiv \begin{bmatrix} x+\frac{1}{2} \\ x+\frac{1}{2}+\frac{1}{2} \\ 1 \end{bmatrix} (\mathrm{mod}\, 1)$$ 이므로 $y = x + \frac{1}{2}$

을 축으로 하는 미끄럼반사가 존재한다.

$$\rho_{y=x}\delta_2 \begin{bmatrix} x \\ -x+\frac{1}{2} \\ 1 \end{bmatrix} = \begin{bmatrix} x-\frac{1}{2} \\ -x \\ 1 \end{bmatrix} \equiv \begin{bmatrix} x+\frac{1}{2} \\ -x-\frac{1}{2}+\frac{1}{2} \\ 1 \end{bmatrix} (\mathrm{mod}\, 1)$$ 이므로

$y=-x+\frac{1}{2}$ 는 미끄럼반사 축이다. 이제 δ_2에 의하여 $y=x-\frac{1}{2}$을 축으로 하는 반사와 $y=-x-\frac{1}{2}$을 축으로 하는 반사가 존재한다. 180° 회전축에 관하여는 p2 등에서 논의한 바와 같으므로 기본조각에 표시된 대칭성을 얻을 수 있다.

문제 2-31
- $G/T \cong P$임을 보여라.
- cmm 타입의 에서 꼴 또는 이슬람 벽지문양을 찾아보아라.

차. p311 (p3)

기본조각은 다음과 같다.

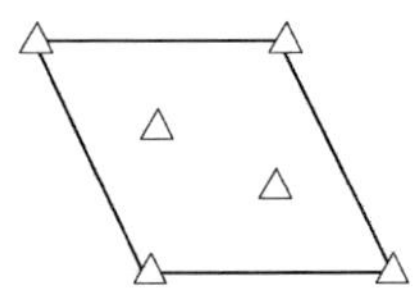

$\delta_3 = \begin{bmatrix} 0 & -1 & 0 \\ 1 & -1 & 0 \\ 0 & 0 & 1 \end{bmatrix}$ 가 벽지군에 존재하므로

$G=<\omega_{x1}, \omega_{y1}, \delta_3> \cong (C_\infty \times C_\infty) \rtimes C_3$ 이고 점군은 $P=<\sigma_3> \cong C_3$

이다.

$I-\delta_3=\begin{bmatrix}1 & 1\\-1 & 2\end{bmatrix}$이므로 $(I-\delta_3)^{-1}=\frac{1}{3}\begin{bmatrix}2 & -1\\1 & 1\end{bmatrix}$이다.

$(I-\delta_3)^{-1}\begin{bmatrix}1\\0\end{bmatrix}=\begin{bmatrix}\frac{2}{3}\\\frac{1}{3}\end{bmatrix}$이고 $(I-\delta_3)^{-1}\begin{bmatrix}-1\\0\end{bmatrix}\equiv\begin{bmatrix}\frac{1}{3}\\\frac{2}{3}\end{bmatrix}(\text{mod }1)$이므로 정리 1.14에 의하여 $\left(\frac{1}{3},\frac{2}{3}\right)$, $\left(\frac{2}{3},\frac{1}{3}\right)$은 $120°$ 회전축이다. 따라서 기본조각에 표시된 대칭성을 얻을 수 있다.

문제 2-32

- $G/T\cong P$임을 보여라.
- p3 타입의 에셔 꼴 또는 이슬람 벽지문양을 찾아보아라.

카. p3m1

기본조각은 다음과 같다.

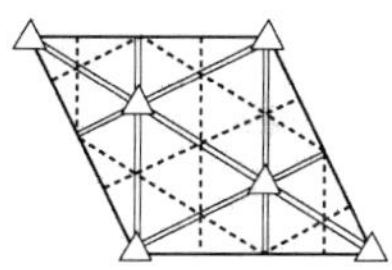

$\delta_3=\begin{bmatrix}0 & -1 & 0\\1 & -1 & 0\\0 & 0 & 1\end{bmatrix}$와 $\rho_{y=-x}=\begin{bmatrix}0 & -1 & 0\\-1 & 0 & 0\\0 & 0 & 1\end{bmatrix}$가 벽지군에 존재한다.

$G=<\omega_{x1},\omega_{y1},\delta_3,\rho_{y=-x}>\cong(C_\infty\times C_\infty)\rtimes D_3$이고 점군은 $P=<\delta_3,\rho_{y=-x}>\cong D_{3,l}$이다. 실제로, 점군은 다음과 같다.

$$D_{3,l}=\left\{\delta_3=\begin{bmatrix}0 & -1 & 0\\1 & -1 & 0\\0 & 0 & 1\end{bmatrix},\ \delta_3^2=\begin{bmatrix}-1 & 1 & 0\\1 & 0 & 0\\0 & 0 & 1\end{bmatrix},\ I,\right.$$

$$\left.\rho_{y=-x}=\begin{bmatrix}0 & -1 & 0\\-1 & 0 & 0\\0 & 0 & 1\end{bmatrix},\ \rho_{y=-x}\delta_3=\begin{bmatrix}-1 & 1 & 0\\0 & 1 & 0\\0 & 0 & 1\end{bmatrix},\ \rho_{y=-x}\delta_3^2=\begin{bmatrix}1 & 0 & 0\\1 & -1 & 0\\0 & 0 & 1\end{bmatrix}\right\}$$

$\begin{bmatrix}1 & 0\\1 & -1\end{bmatrix}\begin{bmatrix}x\\\frac{1}{2}x+\frac{1}{4}\end{bmatrix}\equiv\begin{bmatrix}x\\\frac{1}{2}x+\frac{1}{4}+\frac{1}{2}\end{bmatrix}(\text{mod }1)$이고

$\begin{bmatrix}1 & 0\\ 1 & -1\end{bmatrix}\begin{bmatrix}x\\ \frac{1}{2}x-\frac{1}{4}\end{bmatrix}\equiv\begin{bmatrix}x\\ \frac{1}{2}x-\frac{1}{4}+\frac{1}{2}\end{bmatrix}$(mod 1)이므로 직선 $y=x\pm\frac{1}{4}$ 를 축으로 하는 미끄럼반사가 존재한다. 또, $\begin{bmatrix}1 & 0\\ 1 & -1\end{bmatrix}\begin{bmatrix}x\\ \frac{1}{2}x\end{bmatrix}=\begin{bmatrix}x\\ \frac{1}{2}x\end{bmatrix}$ 이고 $\begin{bmatrix}1 & 0\\ 1 & -1\end{bmatrix}\begin{bmatrix}x\\ \frac{1}{2}x+\frac{1}{2}\end{bmatrix}=\begin{bmatrix}x\\ \frac{1}{2}x-\frac{1}{2}\end{bmatrix}\equiv\begin{bmatrix}x\\ \frac{1}{2}x+\frac{1}{2}\end{bmatrix}$(mod 1)이므로 $y=\frac{1}{2}x$ 와 $y=\frac{1}{2}x+\frac{1}{2}$ 을 각각 축으로 하는 반사가 존재한다. 나머지 미끄럼반사 또는 반사의 축은 $y=-x$ 에 관한 반사를 이용하여 구할 수 있다. 120° 회전에 관해서는 P3 등에서 논의한 바와 같으므로 기본조각에 표시된 대칭성을 얻을 수 있다.

문제 2-33

- $G/T\cong P$ 임을 보여라.
- p3m1 타입의 에셔 꼴 또는 이슬람 벽지문양을 찾아보아라.

타. p31m

기본조각은 다음과 같다.

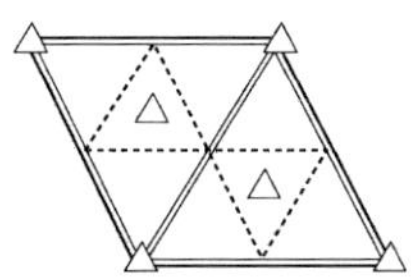

$\delta_3=\begin{bmatrix}0 & -1 & 0\\ 1 & -1 & 0\\ 0 & 0 & 1\end{bmatrix}$ 와 $\rho_{y=x}=\begin{bmatrix}0 & 1 & 0\\ 1 & 0 & 0\\ 0 & 0 & 1\end{bmatrix}$ 가 벽지군에 존재한다. $G=<\omega_{x1},\omega_{y1},\delta_3,\rho_{y=x}>\cong(C_\infty\times C_\infty)\rtimes D_3$ 이고 점군은 $P=<\delta_3,\rho_{y=x}>\cong D_{3,s}$ 이다. 실제로, 점군은 다음과 같다.

$$D_{3,s}=\left\{\delta_3=\begin{bmatrix}0 & -1 & 0\\ 1 & -1 & 0\\ 0 & 0 & 1\end{bmatrix},\ \delta_3^2=\begin{bmatrix}-1 & 1 & 0\\ 1 & 0 & 0\\ 0 & 0 & 1\end{bmatrix},\ I,\right.$$

$$\left.\rho_{y=x}=\begin{bmatrix}0 & 1 & 0\\ 1 & 0 & 0\\ 0 & 0 & 1\end{bmatrix},\ \rho_{y=x}\delta_3=\begin{bmatrix}1 & -1 & 0\\ 0 & -1 & 0\\ 0 & 0 & 1\end{bmatrix},\ \rho_{y=x}\delta_3^2=\begin{bmatrix}-1 & 0 & 0\\ -1 & 1 & 0\\ 0 & 0 & 1\end{bmatrix}\right\}$$

$\begin{bmatrix}1 & -1\\0 & -1\end{bmatrix}\begin{bmatrix}x\\0\end{bmatrix}=\begin{bmatrix}x\\0\end{bmatrix}$ 이고 $\begin{bmatrix}-1 & 0\\-1 & 1\end{bmatrix}\begin{bmatrix}0\\y\end{bmatrix}=\begin{bmatrix}0\\y\end{bmatrix}$ 이므로 x축과 y축은 반사축이다. 또, 다음으로부터 $x=\frac{1}{2}$와 $y=x+\frac{1}{2}$ 각각을 축으로 하는 미끄럼반사가 존재한다는 것을 알 수 있다.

$$\begin{bmatrix}-1 & 0\\-1 & 1\end{bmatrix}\begin{bmatrix}\frac{1}{2}\\y\end{bmatrix}=\begin{bmatrix}-\frac{1}{2}\\-\frac{1}{2}+y\end{bmatrix}\equiv\begin{bmatrix}\frac{1}{2}\\y+\frac{1}{2}\end{bmatrix}(\mathrm{mod}\ 1),$$

$$\begin{bmatrix}0 & 1\\1 & 0\end{bmatrix}\begin{bmatrix}x\\x+\frac{1}{2}\end{bmatrix}=\begin{bmatrix}x+\frac{1}{2}\\x\end{bmatrix}\equiv\begin{bmatrix}x+\frac{1}{2}\\x+\frac{1}{2}+\frac{1}{2}\end{bmatrix}(\mathrm{mod}\ 1)$$

이제, $y=x$를 축으로 하는 반사를 활용하면 추가적인 미끄럼반사를 얻을 수 있다. 120° 회전축에 관하여는 p3 등에서 논의한 바와 같다. 따라서 기본조각에 표시된 대칭성을 얻을 수 있다.

문제 2-34

- $G/T\cong P$임을 보여라.
- p31m 타입의 에서 꼴 또는 이슬람 벽지문양을 찾아보아라.

파. p411 (p4)

기본조각은 다음과 같다.

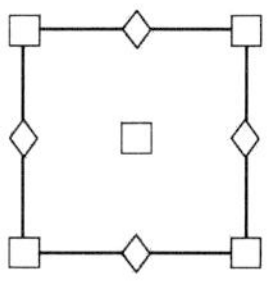

$\delta_4=\begin{bmatrix}0 & -1 & 0\\1 & 0 & 0\\0 & 0 & 1\end{bmatrix}$ 가 벽지군에 존재하므로

$G=<\omega_{x1},\ \omega_{y1},\ \delta_4>\cong(C_\infty\times C_\infty)\rtimes C_4$ 이고 점군은 $P=<T\delta_4>\cong C_4$ 이다.

$I-\delta_4=\begin{bmatrix}1 & 1\\-1 & 1\end{bmatrix}$ 이므로 $(I-\delta_4)^{-1}=\frac{1}{2}\begin{bmatrix}1 & -1\\1 & 1\end{bmatrix}$ 이다. $(I-\delta_4)^{-1}\begin{bmatrix}1\\0\end{bmatrix}$

$= \begin{bmatrix} \frac{1}{2} \\ \frac{1}{2} \end{bmatrix}$ 이므로 정리 1.14에 의하여 $\left(\frac{1}{2}, \frac{1}{2}\right)$은 $90°$ 회전축이다. $180°$ 회전축에 관해서는 앞에서 논의한 바와 같다. 따라서 기본조각에 표시된 대칭성을 얻을 수 있다.

> **문제 2-35**
> - $G/T \cong P$임을 보여라.
> - p4 타입의 에서 꼴 또는 이슬람 벽지문양을 찾아보아라.

하. p4mm (p4m)

기본조각은 다음과 같다.

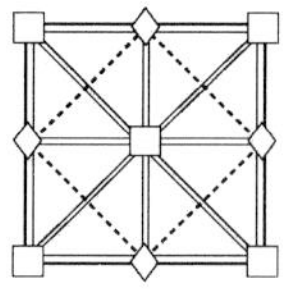

$\delta_4 = \begin{bmatrix} 0 & -1 & 0 \\ 1 & 0 & 0 \\ 0 & 0 & 1 \end{bmatrix}$, $\rho_y = \begin{bmatrix} -1 & 0 & 0 \\ 0 & 1 & 0 \\ 0 & 0 & 1 \end{bmatrix}$ 가 벽지군에 존재한다.

$G = < \omega_{x1}, \omega_{y1}, \delta_4, \rho_y > \cong (C_\infty \times C_\infty) \rtimes D_4$ 이고 점군은 $P = < T\delta_4, T\rho_y > \cong D_4$ 이다.

> **문제 2-36** p4m에는 $\rho_x, \rho_{y=x}, \rho_{y=-x}$ 가 모두 존재함을 확인하여라.

$$\delta_4\rho_y \begin{bmatrix} x \\ x+\frac{1}{2} \end{bmatrix} = \begin{bmatrix} 0 & -1 \\ -1 & 0 \end{bmatrix} \begin{bmatrix} x \\ x+\frac{1}{2} \end{bmatrix} = \begin{bmatrix} -x-\frac{1}{2} \\ -x-\frac{1}{2}+\frac{1}{2} \end{bmatrix} \equiv \begin{bmatrix} x+\frac{1}{2} \\ x+\frac{1}{2}+\frac{1}{2} \end{bmatrix}$$

(mod 1)이므로 $y = x + \frac{1}{2}$을 축으로 하는 미끄럼반사가 존재한다. 이제 $\rho_x, \rho_{y=x}, \rho_{y=-x}$을 적용하면 기본조각에 표시된 대칭성을 얻을 수 있다.

> **문제 2-37**
>
> - 행렬 $\omega_{x1}\rho_y$는 $x=\dfrac{1}{2}$를 축으로 하는 반사임을 설명하여라.
> - $G/T \cong P$임을 보여라.
> - p4m 타입의 에셔 꼴 또는 이슬람 벽지문양을 찾아보아라.

거. p4gm (p4g)

기본조각은 다음과 같다.

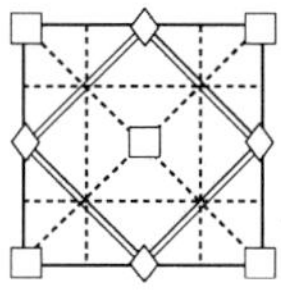

$$\delta_4 = \begin{bmatrix} 0 & -1 & 0 \\ 1 & 0 & 0 \\ 0 & 0 & 1 \end{bmatrix} \in G \text{ 이고 } \mu = \begin{bmatrix} 0 & 1 & \frac{1}{2} \\ 1 & 0 & -\frac{1}{2} \\ 0 & 0 & 1 \end{bmatrix} \in G \text{ 이다.}$$

따라서 벽지군은 $G=< \omega_{x1}, \omega_{y1}, \delta_4, \mu >=< \delta_4, \mu >=< \delta_4\mu, \mu\delta_4, \mu >$ 이고 점군은 $P=< T\delta_4, T\mu > \cong D_4$이다.

> **문제 2-38** 다음을 확인하여라.
>
> - $\mu^2 = 1$
> - $\mu(\delta_4\mu)\mu = \mu\delta_4, \ \mu(\mu\delta_4)\mu = \delta_4\mu$

$G=< \delta_4\mu, \mu\delta_4 >< \mu >$이다. 여기서, $(\delta_4\mu)^2 = \omega_{y1}$이고 $(\mu\delta_4)^2 = \omega_{x1}$이므로 $N=< (\delta_4\mu)^2, (\mu\delta_4)^2 > \cong C_\infty \times C_\infty$은 $K=< \delta_4\mu, \mu\delta_4 >$의 정규부분군임을 알 수 있다.

군 $K=< \delta_4\mu, \mu\delta_4 >$의 구조를 살펴보자. 먼저, 군 $H=< (\delta_4\mu)^2, \mu\delta_4 > =< \omega_{y1}, \mu\delta_4 >$에 관하여 다음을 알 수 있다.

- $N \le H \le K$
- $(\mu\delta_4)^{-1}\omega_{y1}(\mu\delta_4) = \omega_{y1}^{-1}$

따라서 $H=<\omega_{y1}, \mu\delta_4>=<\omega_{y1}><\mu\delta_4>$이다. $<\omega_{y1}>$의 임의의 원소는 $\begin{bmatrix}1&0&0\\0&1&k\\0&0&1\end{bmatrix}$ (k는 정수) 꼴이고, $<\mu\delta_4>$의 임의의 원소는 $\begin{bmatrix}1&0&l\\0&1&0\\0&0&1\end{bmatrix}$, 또는 $\begin{bmatrix}1&0&l+\frac{1}{2}\\0&-1&-\frac{1}{2}\\0&0&1\end{bmatrix}$ (l은 정수) 꼴이므로 $<\omega_{y1}>\cap<\mu\delta_4>=1$이다.

결국, $H=<\omega_{y1}>\rtimes<\mu\delta_4>\cong C_\infty \rtimes C_\infty$이다.

이제, 다음을 보일 수 있다.

- $|K:H|=2$.
- $\delta_2 \in K-H$
- $\delta_2\omega_{y1}\delta_2^{-1}=\omega_{y1}^{-1}$, $\delta_2(\mu\delta_4)\delta_2^{-1}=\omega_{y1}(\mu\delta_4)^{-1}$

따라서 $K=H\rtimes<\delta_2>\cong(C_\infty\rtimes C_\infty)\rtimes C_2$이다.

한편, $\mu\notin K$임을 쉽게 보일 수 있으므로, 이상을 종합하면, 벽지군 G는 $((C_\infty\rtimes C_\infty)\rtimes C_2)\rtimes D_1$임을 알 수 있다.

문제 2-39 다음을 확인하여라.
- $|K:H|=2$. 여기서 $|K:H|$는 H의 K에서의 지수(index)이다.
- $|G:N|=8$

벽지군 G에는 다음과 같은 대칭이 있다.

$$I,\ \delta_4=\begin{bmatrix}0&-1&0\\1&0&0\\0&0&1\end{bmatrix},\ \delta_4^2=\delta_2=\begin{bmatrix}-1&0&0\\0&-1&0\\0&0&1\end{bmatrix},\ \delta_4^3=\begin{bmatrix}0&1&0\\-1&0&0\\0&0&1\end{bmatrix}$$

$$\mu=\begin{bmatrix}0&1&\frac{1}{2}\\1&0&-\frac{1}{2}\\0&0&1\end{bmatrix},\ \delta_4\mu=\begin{bmatrix}-1&0&\frac{1}{2}\\0&1&\frac{1}{2}\\0&0&1\end{bmatrix},$$

$$\delta_4^2\mu = \begin{bmatrix} 0 & -1 & -\frac{1}{2} \\ -1 & 0 & \frac{1}{2} \\ 0 & 0 & 1 \end{bmatrix}, \ \delta_4^3\mu = \begin{bmatrix} 1 & 0 & -\frac{1}{2} \\ 0 & -1 & -\frac{1}{2} \\ 0 & 0 & 1 \end{bmatrix}$$

p4g 꼴의 벽지군 G는 D_4과 동형인 부분군을 포함하지 않는다. 예를 들어, 위에 있는 여덟 개의 대칭은 D_4의 구조를 가지지 않는다.

이제, $\begin{bmatrix} 0 & 1 & \frac{1}{2} \\ 1 & 0 & -\frac{1}{2} \\ 0 & 0 & 1 \end{bmatrix}\begin{bmatrix} x \\ x+\frac{1}{2} \\ 1 \end{bmatrix} \equiv \begin{bmatrix} x \\ x+\frac{1}{2} \\ 1 \end{bmatrix} \pmod 1$ 이므로 $y = x + \frac{1}{2}$은 반사축이다. 한편, $\begin{bmatrix} 0 & 1 & \frac{1}{2} \\ 1 & 0 & -\frac{1}{2} \\ 0 & 0 & 1 \end{bmatrix}\begin{bmatrix} x \\ x \\ 1 \end{bmatrix} \equiv \begin{bmatrix} x+\frac{1}{2} \\ x+\frac{1}{2} \\ 1 \end{bmatrix} \pmod 1$이고 $\begin{bmatrix} 1 & 0 & -\frac{1}{2} \\ 0 & -1 & -\frac{1}{2} \\ 0 & 0 & 1 \end{bmatrix}\begin{bmatrix} x \\ \frac{1}{4} \\ 1 \end{bmatrix} \equiv \begin{bmatrix} x+\frac{1}{2} \\ \frac{1}{4} \\ 1 \end{bmatrix} \pmod 1$이므로 $y = x$와 $y = \frac{1}{4}$ 각각은 미끄럼반사축이다. 이제, $90°$ 회전을 적용하면 다른 반사축과 미끄럼반사축을 구할 수 있다. $90°$ 회전축과 $180°$ 회전축은 앞에서 구하였으므로 기본조각에 표시된 대칭성을 얻을 수 있다.

문제 2-40

- $G/T \cong P$임을 보여라.
- p4g 타입의 에셔 꼴 또는 이슬람 벽지문양을 찾아보아라.

너. p611 (p6)

기본조각은 다음과 같다.

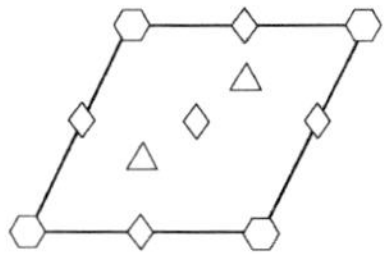

$\delta_6 = \begin{bmatrix} 1 & -1 & 0 \\ 1 & 0 & 0 \\ 0 & 0 & 1 \end{bmatrix} \in G$이므로 벽지군은

$G = < \omega_{x1}, \omega_{y1}, \delta_6 > \cong (C_\infty \times C_\infty) \rtimes C_6$

이고 점군은 $P = < T\delta_6 > \cong C_6$이다. 실제로, 점군은 다음과 같다.

$$C_6 = \left\{ \delta_6 = \begin{bmatrix} 1 & -1 & 0 \\ 1 & 0 & 0 \\ 0 & 0 & 1 \end{bmatrix}, \delta_6^2 = \delta_3 = \begin{bmatrix} 0 & -1 & 0 \\ 1 & -1 & 0 \\ 0 & 0 & 1 \end{bmatrix}, \delta_3^2 = \begin{bmatrix} -1 & 1 & 0 \\ 1 & 0 & 0 \\ 0 & 0 & 1 \end{bmatrix}, I, \right.$$

$$\left. \delta_6^3 = \delta_2 = \begin{bmatrix} -1 & 0 & 0 \\ 0 & -1 & 0 \\ 0 & 0 & 1 \end{bmatrix}, \delta_6^5 = \begin{bmatrix} 0 & 1 & 0 \\ -1 & 1 & 0 \\ 0 & 0 & 1 \end{bmatrix} \right\}$$

G에는 180° 회전과 120° 회전이 존재하므로 앞의 여러 논의로부터 기본조각에 표시된 대칭성을 얻을 수 있다.

문제 2-41

- $G/T \cong P$임을 보여라.
- p6 타입의 에셔 꼴 또는 이슬람 벽지문양을 찾아보아라.

더. p6mm (p6m)

기본조각은 다음과 같다.

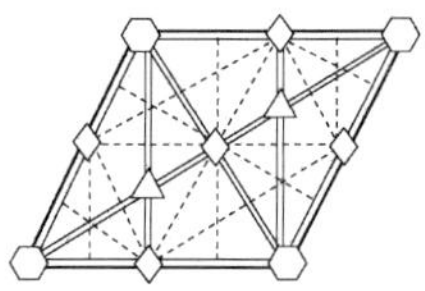

$\delta_6 = \begin{bmatrix} 1 & -1 & 0 \\ 1 & 0 & 0 \\ 0 & 0 & 1 \end{bmatrix}$, $\rho_{y=x} = \begin{bmatrix} 0 & 1 & 0 \\ 1 & 0 & 0 \\ 0 & 0 & 1 \end{bmatrix}$가 벽지군에 존재한다. $G = < \omega_{x1}, \omega_{y1}, \delta_6, \rho_{y=x} > \cong (C_\infty \times C_\infty) \rtimes C_6$이고 점군은 $P = < T\delta_6, T\rho_{y=x} > \cong D_6$이다. 실제로, 점군은 다음과 같다.

$$D_6 = \left\{ \delta_6 = \begin{bmatrix} 1 & -1 & 0 \\ 1 & 0 & 0 \\ 0 & 0 & 1 \end{bmatrix}, \delta_6^2 = \delta_3 = \begin{bmatrix} 0 & -1 & 0 \\ 1 & -1 & 0 \\ 0 & 0 & 1 \end{bmatrix}, \delta_3^2 = \begin{bmatrix} -1 & 1 & 0 \\ -1 & 0 & 0 \\ 0 & 0 & 1 \end{bmatrix}, I, \right.$$

$$\delta_6^3 = \delta_2 = \begin{bmatrix} -1 & 0 & 0 \\ 0 & -1 & 0 \\ 0 & 0 & 1 \end{bmatrix}, \delta_6^5 = \begin{bmatrix} 0 & 1 & 0 \\ -1 & 1 & 0 \\ 0 & 0 & 1 \end{bmatrix},$$

$$\rho_{y=x}=\begin{bmatrix}0&1&0\\1&0&0\\0&0&1\end{bmatrix},\ \delta_6\rho_{y=x}=\begin{bmatrix}-1&1&0\\0&1&0\\0&0&1\end{bmatrix},\ \delta_3\rho_{y=x}=\begin{bmatrix}-1&0&0\\-1&1&0\\0&0&1\end{bmatrix},$$

$$\left.\delta_2\rho_{y=x}=\begin{bmatrix}0&-1&0\\-1&0&0\\0&0&1\end{bmatrix},\ \delta_6^4\rho_{y=x}=\begin{bmatrix}1&-1&0\\0&-1&0\\0&0&1\end{bmatrix},\ \delta_6^5\rho_{y=x}=\begin{bmatrix}1&0&0\\1&-1&0\\0&0&1\end{bmatrix}\right\}$$

$\begin{bmatrix}-1&0\\-1&1\end{bmatrix}\begin{bmatrix}x\\\frac{x}{2}\end{bmatrix}=\begin{bmatrix}-x\\-\frac{x}{2}\end{bmatrix}$ 이므로 $y=\frac{x}{2}$ 를 축으로 하는 반사가 존재한다.

$\begin{bmatrix}0&-1\\-1&0\end{bmatrix}\begin{bmatrix}x\\x+\frac{1}{2}\end{bmatrix}=\begin{bmatrix}-x-\frac{1}{2}\\-x-\frac{1}{2}+\frac{1}{2}\end{bmatrix}$ 이고 $\begin{bmatrix}1&0\\1&-1\end{bmatrix}\begin{bmatrix}\frac{1}{2}\\y\end{bmatrix}=\begin{bmatrix}\frac{1}{2}\\\frac{1}{2}-y\end{bmatrix}\equiv$ $\begin{bmatrix}\frac{1}{2}\\y+\frac{1}{2}\end{bmatrix}(\mathrm{mod}\ 1)$ 이므로 $y=x+\frac{1}{2}$ 와 $x=\frac{1}{2}$ 각각을 축으로 하는 미끄럼반사가 존재한다. 앞의 다양한 논의를 적용하면 기본조각에 표시된 대칭성을 얻을 수 있다.

문제 2-42

- $G/T\cong P$ 임을 보여라.
- $y=-x$ 축 반사 $\rho_{y=-x}=\begin{bmatrix}0&-1&0\\-1&0&0\\0&0&1\end{bmatrix}$ 에 대하여 벽지군은

  $G=<\omega_{x1},\ \omega_{y1},\ \delta_6,\rho_{y=x}>=<\omega_{x1},\ \omega_{y1},\ \delta_6,\ \rho_{y=-x}>$

  임을 보여라.
- p6m 타입의 에셔 꼴 또는 이슬람 벽지문양을 찾아보아라.

5. 벽지 타입 인식

17개의 벽지군 기호 중에서 'c'로 시작하는 것은 두 개 있고, 'g'가 들어 있는 것은 4 개 있다. 벽지군을 나타내는 기호에 'g'가 들어 있는 경우의

벽지군은 평행이동군 $C_\infty \times C_\infty$과 점군 P의 반직적이 아니다. 이 경우에는 벽지군이 $C_\infty \rtimes C_\infty$이거나 $C_\infty \rtimes C_\infty$를 정규부분군으로 가진다. 기호에 'g'가 들어 있지 않은 나머지 13개의 벽지군은 평행이동군 $C_\infty \times C_\infty$과 점군 P의 반직적이다.

문제 2-43 아래는 벽지문양의 기호이다. 약식 기호에서 생략된 대칭성을 표기된 나머지 대칭성으로 유도하여라.

p111	p1m1	p1g1	c1m1	p211	p2mm	p2mg	p2gg	c2mm	p311	p3m1	p31m	p411	p4mm	p4gm	p611	p6mm
p1	pm	pg	cm	p2	pmm	pmg	pgg	cmm	p3	p3m1	p31m	p4	p4m	p4g	p6	p6m

가. 인식 절차

어떤 벽지가 주어졌을 때 벽지의 타입을 어떻게 인식할 수 있을까? 아래와 같은 절차를 따르면 효과적이다.

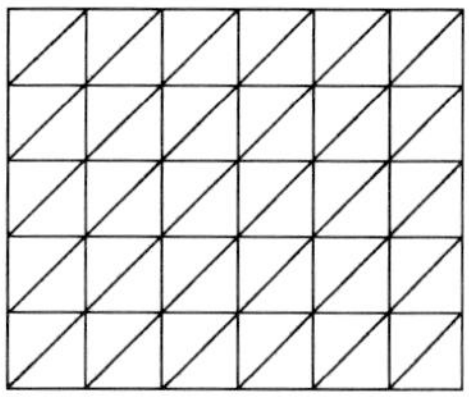

예를 들어, 오른쪽 문양을 생각하자.

- 먼저, 회전대칭을 찾는다.
  이 경우에는 60°, 90°, 120° 회전 대칭은 없고 180°회전이 있다. 따라서 p211, p2mm, p2mg, p2gg, 또는 c2mm 중 하나이다.
- 반사 대칭을 찾는다.
  이 경우에는 $y=x$를 축으로 하는 반사, $y=-x$를 축으로 하는 반사가 있다. 서로 직교하는 반사가 있으므로 벽지 타입은 p2mm, c2mm 중 하나이다. 즉, 다음 중 하나이다.

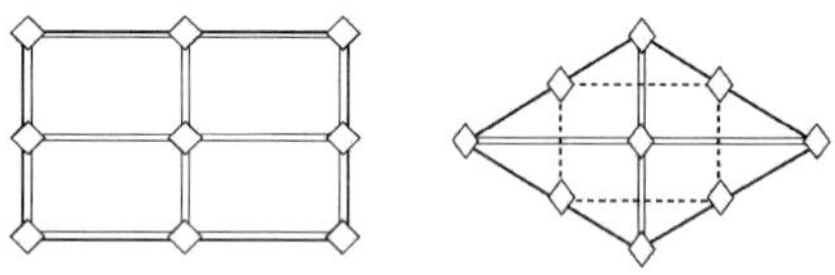

- 다음과 같은 틀에서 생각한다.

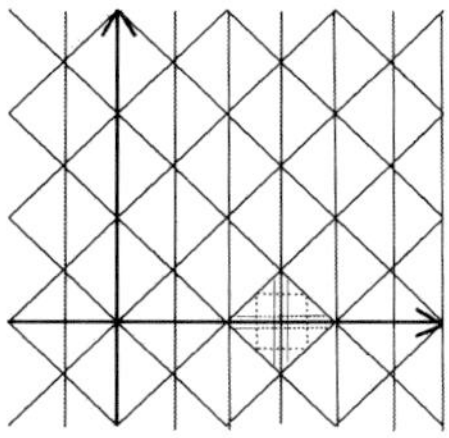

x축과 평행인 미끄럼반사와 y축과 평행인 미끄럼반사가 있다는 것을 알 수 있다. 따라서 주어진 문양은 c2mm 타입이다.

- 마지막으로 기본조각을 결정한다. 이 경우의 기본조각은 이고, 기본조각위에 대칭성을 표시하면 위의 그림과 같다.

나. 벽지로서의 띠

띠를 벽지의 특수한 형태로 생각하여 벽지의 분류 방식에 따라 분류를 하려면 띠의 경우에는 평행이동군이 C_∞ 이고 벽지의 경우에는 $C_\infty \times C_\infty$ 이므로 두 경우의 평행이동군이 다르다는 것을 무시하면 띠 문양을 벽지 문양과 같은 방식으로 다음과 같은 기호로 나타내는 경우가 있다.

타입	p1	pm	pm	p2	pmm	pg	pmg

그러나 주어진 띠 문양이 상・하로 어떻게 배치되느냐에 따라 달라지기 때문에 이는 올바른 분류라 할 수 없다. 예를 들어, p1 타입의 문양으로 분류될  문양이 $y=1$인 곳에서 $x=\frac{1}{2}$ 만큼 평행이동하여 위치한다면 180° 회전이 생기게 된다.

다. 벽지 타입 약식 표기법

벽지문양의 기호는 네 개의 숫자 또는 문자로 이루어진다. 그러나 많은 경우 한 자리 또는 두 자리가 생략되어 두 자리 또는 세 자리 기호로 나타낸다. 이는 생략된 기호가 나타내는 대칭성은 표기된 나머지 대칭성으로 유도되기 때문이다.

문제 2-44 다음에 관하여 논의하여라.

- p11m이나 p11g 문양은 무엇일까?
- 왜 p1mm, p1mg, p1gm, p1gg 문양은 없을까?
- 왜 pmm, pmg, pgg, cmm은 p2를 함의할까?
- 왜 p3mm, p2gg 문양은 없을까?
- 왜 p4m와 p4g는 각각 p4mm과 p4gm을 함의할까?
- 왜 p6m은 p6mm을 함의할까?

라. 벽지 타입 사이의 관계

몇 몇 벽지 문양 사이에는 관계가 있다. 이러한 관계를 알면 벽지의 타입을 인식하는 데에 도움이 될 수 있다.

- pm 타입인 동시에 cm 타입이면 p4m 타입이다. 역도 성립하는데 이것은 다음이 성립하기 때문이다.

  $\rho_y \cdot \rho_{y=x} = \begin{bmatrix} -1 & 0 & 0 \\ 0 & 1 & 0 \\ 0 & 0 & 1 \end{bmatrix} \begin{bmatrix} 0 & 1 & 0 \\ 1 & 0 & 0 \\ 0 & 0 & 1 \end{bmatrix} = \begin{bmatrix} 0 & -1 & 0 \\ 1 & 0 & 0 \\ 0 & 0 & 1 \end{bmatrix} = \delta_4$이고 $\rho_y \delta_4 = \begin{bmatrix} -1 & 0 & 0 \\ 0 & 1 & 0 \\ 0 & 0 & 1 \end{bmatrix}$

  $\begin{bmatrix} 0 & -1 & 0 \\ 1 & 0 & 0 \\ 0 & 0 & 1 \end{bmatrix} = \begin{bmatrix} 0 & 1 & 0 \\ 1 & 0 & 0 \\ 0 & 0 & 1 \end{bmatrix} = \rho_{y=x}$

- p2mm 타입인 동시에 c2mm 타입이면 p4mm 타입이다. 역도 성립한다. p2mm 타입의 점군 생성원은 δ_2, ρ_x이고, c2mm 타입 점군의 생성원은 δ_2, $\rho_{y=x}$, $\rho_{y=-x}$이다. 또한 p4mm 타입 점군의 생성원은 δ_4, ρ_y이다.

  $\delta_2 = \begin{bmatrix} -1 & 0 \\ 0 & -1 \end{bmatrix}$, $\delta_4 = \begin{bmatrix} 0 & -1 \\ 1 & 0 \end{bmatrix}$, $\rho_x = \begin{bmatrix} 1 & 0 \\ 0 & -1 \end{bmatrix}$, $\rho_y = \begin{bmatrix} -1 & 0 \\ 0 & 1 \end{bmatrix}$,

  $\rho_{y=x} = \begin{bmatrix} 0 & 1 \\ 1 & 0 \end{bmatrix}$, $\rho_{y=-x} = \begin{bmatrix} 0 & -1 \\ -1 & 0 \end{bmatrix}$이므로 계산을 통해 다음을 확인할 수 있다.

  $\rho_{y=x}\rho_x = \delta_4$, $\delta_2\rho_x = \rho_y$

  $\delta_4\delta_4 = \delta_2$, $\rho_y\delta_2 = \rho_x$

$\delta_4\delta_4 = \delta_2$, $\delta_4\rho_x = \rho_{y=x}$, $\rho_{y=x}\delta_2 = \rho_{y=-x}$

- p3m1 타입이고 p31m 타입이면 p6mm 타입이다. 역도 성립한다. p3m1 타입 점군의 생성원은 δ_3, $\rho_{y=-x}$ 이고, p31m 타입 점군의 생성원은 δ_3, $\rho_{y=x}$ 이며 p6mm 타입 점군의 생성원은 δ_6, $\rho_{y=x}$ 이다. $\delta_6 = \begin{bmatrix} 1 & -1 \\ 1 & 0 \end{bmatrix}$ 이고, $\delta_3 = \begin{bmatrix} 0 & -1 \\ 1 & -1 \end{bmatrix}$ 이므로 계산을 통해 다음을 확인할 수 있다.

  $\rho_{y=-x}\delta_3\rho_{y=x} = \delta_6$

  $\delta_6\delta_6 = \delta_3$

  $(\delta_6)^3\rho_{y=x} = \rho_{y=-x}$

6. 비주기 벽지

지금까지 살펴 본 띠나 벽지는 기본조각의 주기적인 반복(평행이동)을 전제로 하였다. 그렇다면 다음과 같은 질문이 가능하다. 영원히 반복하지 않는 문양을 수학적으로 제시할 수 있을까?

이 질문에 대한 답은 영국의 수학자 펜로즈(R. Penrose)에 의하여 주어졌다. 실제로, 펜로즈는 비주기적인(non-periodic) 벽지문양을 제시하였다.

문제 2-45 '펜로즈타일'을 검색하여 감상하여라.

펜로즈 타일에 나타나는 내각의 크기는 36°, 72°, 108°, 그리고 144°도이다. 108°는 정오각형의 한 내각의 크기이고 72°는 그의 반이며 36°는 72°의 반이고 144°는 36°와 108°의 합이다. 즉, 펜로즈타일에 등장하는 각 모두는 정오각형과 관계가 있기 때문에 황금비와 관계있다.

7. 한국의 전통문양

한 나라 문화의 특징은 그 나라의 전통문양에서 어느 정도 가늠할 수 있다. 전통문양에는 민족의 정서와 미의식이 함축되어 있기 때문이다. 실제로, 중국 등 각 문명마다 독특한 문양을 가지고 있다. 특히, 이슬람 문양에서 사람과 동물의 형상은 종교적인 이유로 인하여 금지되었다. 사람이나 동물의 형상은 우상 숭배를 유발할 수 있다고 여긴 것이다. 이러한 전통은 이슬람문양이 정교하고 다양한 이유 중 하나일 것이다. 스페인의 그라나다에 있는 알함브라궁전은 '대칭궁(Palace of Symmetry)'이라고 불릴 정도로 다양한 문양이 그려져 있다. 사토이(Du Sauty, 2008)는 그곳에서는 17개 타입에 해당하는 벽지 문양이 모두 발견된다고 한다. 그러나 그는 어디에서 어떤 타입의 문양이 발견되는지는 밝히지 않는다. 실제로, 사토이의 주장에 동의하지 않는 경우도 있다(Stewart, 2013).

신현용 · 신실라(2014)는 일곱 개 각각의 띠 문양 타입에 해당하는 한국의 전통 문양을 찾아 제시하였다. 또, 신현용 · 신실라 · 문태선 · 권혜윤 · 이윤우(2014)는 열일곱 개 각각의 벽지 문양 타입에 해당하는 한국의 전통 문양을 모두 찾아 제시하였다. Shin, Sheen, Kwon, & Mun(2015)은 이 두 연구에서 발굴된 문양들을 수정 보완하여 원래의 색으로 소개하였다.

CHAPTER 03

유클리드에서 포앙카레로

1. 디자인

오늘날 디자인(design)은 우리의 삶에서 중요한 역할을 한다. 예를 들어, 물건을 구매할 때, 우리는 디자인의 심미성과 편의성 등을 고려하게 된다. 근래에 와서 디자인은 더 많은 주목을 받고 있으며 사회문화적으로도 큰 이슈가 되고 있다. 단적인 예로 애플의 디자인은 대중에게 혁신적이고 매력적으로 다가갔으며, 이러한 양상이 소비자의 구매로까지 이어져 세계 최고의 주가를 올리는 기업이 되었다. 애플의 이러한 성공의 밑바탕에는 미를 추구하는 인간 본성에 대한 이해와 분석이 있었기 때문에 가능하였을 것이다. 이 책에서는 눈에 보이지 않는 '아름다움'의 개념을 수학적으로 분석하고 이해하여 디자인에 활용하는 방안을 모색하고자 한다.

가. 디자인의 개념

많은 사람들은 디자인의 개념과 정의에 대해 정확히 알기를 원한다. 그러나 디자인의 개념이 모호하여 개인이 어떤 준거와 기준을 가지고 어떻게 정의하느냐에 따라 여러 가지 의미를 가질 수 있다. 여기에서는 디자인을 단어의 쓰임에 따라 명사와 동사로 나누어보고자 한다. 예를 들어 '이 스마트폰의 디자인은 잘 되었다'라는 문장에서는 명사로 쓰였다. 명사로 쓰일 때는 일반적으로 '외관'을 의미하는 단어로 쓰이는데, '디자인 된 대상이 사용자에게 편리하다'는 의미로도 쓰인다. 반면에 '스마트폰을 디자인하기 위해는 시장조사를 많이 해야 한다'라는 문장에서는 동사로 쓰이고 있다. 일상적으로는 디자인이 명사적 개념으로 많이 알려져 사용되는데, 이는 대부분의 사람들이 디자인의 수용자이지 생산자가 아니기 때문이다. 그러나 전문적인 과정을 밟지 않고도 디자인의 생산자가 되는 사람들이 점점 많아지고 있기 때문에 요즘은 동사적 개념으로도 자주 사용되고 있다.

나. 디자인의 시작

심미성과 편의성을 고려한 디자인은 오래전부터 있어왔으나 경제성까지 고려한 현대적인 개념의 디자인은 18세기 유럽의 산업혁명으로부터 유래되었다. 산업혁명이래로 사람들은 '빠르게 더 많이'라는 모토를 내걸고 경제성을 추구하기 위해 노력하였으며, 이전에 수공업으로 행해지던 많은 것들이 기계화와 분업화로 이전되었다.

그러나 위와 같은 시대적 흐름에 반하는 일련의 시도 역시 생겨났는데 이는 러스킨(Ruskin, J.)과 모리스(Morris, W.)에 의하여 주도되었다. 그들은 대량생산에 의해 생산된 제품들이 수공업에 의해 생산된 제품들에 비해 미적 가치가 떨어진다고 생각했으며 다시 수공업으로 돌아가자는 취지의 예술공예운동(Arts and Crafts movement)을 전개하였다. 이 운동의 전개 과정에서 모리스는 특히 장인에 의한 생산을 장려하였고 자신도 패턴 디자인의 수공예 작업을 통해 작품을 생산하였다. 또한 러스킨은 강연과 글을 통해 인간의 미적 감수성의 소중함을 지키자며 호소하였다. 비록 이 운동이 제품의 가격 상승으로 인한 대중화의 어려움과 제 2차 세계대전의 발발 등의 요인으로 인해 크게 성공하지는 못하였지만 19세기 유럽과 미국 전역을 달구었던 그들의 사상은 여전히 현대 디자인의 원류가 되고 있다.

문제 3-1 검색창에 '윌리엄 모리스, 장미패턴'을 입력하여 윌리엄 모리스의 작품을 감상하여라.

다. 바우하우스

위에서 살펴 본 바와 같이 대량생산체제와 기계에 대한 신뢰가 커지면서 유럽에서는 점차 생산방식에 맞는 합리적이고 기능적인 디자인에 눈을 돌리게 되었다. 20세기로 들어서면서 이러한 움직임은 더욱 활발해졌고 시대적 흐름에 부응하기 위하여 디자인 교육에도 변화가 일기 시작하였다. 그 선봉에는 바우하우스(Bauhaus)가 자리 잡고 있었다.

> **문제 3-2** 검색창에 '독일, 바우하우스'를 입력하여 바우하우스 건물을 검색해보고 Google Earth를 통해 건물을 관찰해 보아라.

바우하우스는 독일의 디자인 대학이다. 그로피우스(Gropius, W.)가 1919년에 창립한 이 대학에서는 우수한 교수진을 구성하고 '건축을 주체로 한 모든 창조적 예술의 통합'을 위한 디자인 커리큘럼을 개발하여 교육시켰다. 결국 나치에 의해 강제 폐교 당하지만 당시 교수진들은 세계로 흩어지면서 열정을 가지고 디자인 교육을 지속하였다. 이로 인해 전 세계 디자인 교육의 모태가 된 바우하우스는 지금의 디자인계에 막대한 영향력을 끼치게 되었다(조영제 외, 2012).

라. 디자인의 요소

디자인에 어떠한 요소들이 있는지 살펴보자.

첫째, 디자인은 인간을 중심으로 한다. 지금 바로 책에서 눈을 떼고 나와 내 주위를 둘러보자. 나는 지금 주변 환경에 맞는 옷을 입고 있을 것이고 필요에 따라 악세사리나 안경 등을 착용하고 있을 것이다. 또한 내 주위를 둘러보면 내가 있는 곳이 실내이건 실외이건 간에 각종 사물과 제품들로 가득 차 있다. 예를 들어, 시계는 내 팔목의 굵기에 맞으면서도 시간을 잘 볼 수 있도록 디자인 되어 있을 것이고, 의자는 몸통과 다리를 엉덩이를 기점으로 90°로 굽혀 편하게 앉되 주변의 사물과 조화를 이룰 수 있도록 만들어져 있을 것이다. 결국 인간이 기본적인 삶을 영위하기 위해 필요한 사물들을 기능적이면서도 아름답게 만들어야 한다는 것인데, 이것이 바로 인간 중심 디자인이다.

둘째, 디자인은 그 목표와 기능에 부합하여야 한다. 디자이너들은 어떤 제품을 디자인할 때 특정한 목표를 먼저 설정한 후 디자인을 시작한다. 예를 들어, 신발을 하나 디자인한다고 할 때, 그 신발이 러닝화인지 등산화인지 등의 요소를 고려해 외관과 내구성 등을 디자인하게 된다. 이런 면에서 디자인은 인간의 감성에 따라 작품을 제작하는 예술과 다소 차이가 있다. 그런데 디자인된 제품을 생산하는데 현대기술로는 제작이 불가능한 경우나 생산 기술은 가능하지만 디자인 된 제품의 외적, 내적 구성을 바꾸어야 하는 경우가 생길 수 있다. 이런 경우에는 디자이너는 제품의 디자인을 다시 해야 하는 상황이 발생할 수 있으므로 처음 설정된 디자인의 목표와 기능에 잘 부합하도록 제품의 디자인을 연구해야 한다.

셋째, 디자인은 경제 원리를 따른다. 최소의 비용으로 최대의 효과를 얻으려는 경제 원리는 디자인에도 그대로 적용된다. 다시 말해 생산자가 생각하는 투자의 범위와 디자인의 최대 효과가 교차되는 지점에서 디자인이 이루어지는 것이다.

넷째, 디자인은 항상 아름다움에 대한 연구를 바탕으로 한다.

디자인을 하는데 있어서 심미성을 추구하는 이유는 쉽게 말해 소비자가 상품의 외관을 통해 매력을 느낌으로써 그 상품을 구입하도록 만들기 위함이다. 예를 들어, 스마트폰을 생각해보자. 모든 산업이 그렇지만 스마트폰 시장 또한 대중의 선호에 의해 그 시장의 판도가 좌우된다. 소비자들은 스마트폰을 선택할 때 디자인의 아름다움부터 UI(User Interface)가 주는 운영체제의 편의성 등 내적 요소까지를 모두 고려하고자 한다. 그런데 제품을 직접 써보지 않은 상태에서 운영체제의 편의성 등을 알기는 어렵기 때문에 소비자는 디자인적인 요소를 먼저 고려하게 된다. 또한 기업들 간의 기술 경쟁이 한계에 다다른 지금 생산자 역시 디자인 경쟁에 사활을 걸게 된다. 때문에 기업들은 제품을 연구하고 기획하는 단계에서부터 디자인의 심미적인 요소를 연구해야만 한다.

2. 수학과 디자인

조각품이나 건축물에서 발견되는 피보나치수열에서 $\frac{3}{2}, \frac{5}{3}, \frac{8}{5}, \frac{13}{8}$ 등과 같은 유리수 비례를 관찰할 수 있는데, 이들 유리수 비례가 수렴하는 값이 황금비라고 불리는 무리수 $\frac{1+\sqrt{5}}{2}$이다. 최근 활발하게 연구되고 활용되는 프랙탈의 개념에서는 복소수가 중요한 역할을 한다.

한편 띠나 벽지 등과 같은 전통적인 문양은 유클리드 평면에서의 디자인으로서 유클리드 기하학으로 분석할 수 있다. 그러나 구면에서의 문양은 다소 다른 기하학적 접근을 요구한다.

실제로, 많은 미술가들이 미술에서 수학의 중요성을 강조한다. 이 장에서는 수학의 매력을 좇았던 많은 화가들 중에서 레오나르도 다빈치(Leonardo da Vinci, 1452~1519), 뒤러(A. Dürer, 1471~1528), 에셔(M. C. Escher, 1898~1972)에 관해서 간략히 살펴본다.

3. 레오나르도 다빈치와 뒤러

레오나르도 다빈치는 모든 시대를 통틀어 가장 유명하고 대중적인 화가 중 한명이다. 일반적으로 그는 화가라고 알려져 있지만 이는 다시 한 번 생각해 보아야 할지도 모른다. 그 이유는 그가 살면서 남겨놓은 학문적 산물의 범위가 보통 사람들이 생각하는 수준을 뛰어넘기 때문이다.

레오나르도 다빈치와 더불어 우리가 주목해야 하는 화가가 한 명 더 있다. 그는 뒤러로 독일 미술의 역사에 중요한 인물이다. 판화가로 많이 알려진 그는 레오나르도 다빈치 보다 늦게 태어났지만 르네상스를 함께 부흥시킨 동시대의 인물로 방대하고 위대한 업적을 이룬 독일의 천재화가로 알려져 있는데 특히 그는 자신의 자화상을 그리길 즐겨하였다.

우리가 주목하는 이 두 화가의 공통점 중 하나는 그들의 창작활동에서의 끊임없는 수학적 호기심과 수학적 시도이다.

문제 3-3 레오나르도 다빈치의 화가 이외의 업적을 검색하여 알아보아라.

가. 황금비를 적용한 인체 비례

비례(proportion)는 예술과 디자인에서 가장 기본적인 조형 원리로 꼽힌다. 비례는 작품 전체에서 크기나 넓이, 부피 등의 비율에서 느낄 수 있는 것이다. 비례 중에서 황금비는 오래전부터 대중적으로 활용되었다.

1) 비례

레오나르도 다빈치와 뒤러가 연구한 인체 비례를 알아보기 전 로마시대 건축가 비트루비어스에 대해 알아볼 필요가 있다. 비트루비어스는 '건축 10서'를 통해 인체 구조와 신전 건축의 원리가 크게 다르지 않다고 주장하였다(노성두, 2005). 그러면서 그가 이상적으로 생각하는 인체 비례를 보여주는 '비트루비어스의 인체 비례'에 대해 설명하길, 인간의 키와 쭉 뻗은 팔의 길이는 같아야 하고 이 두 부분은 몸을 둘러싸는 하나의 정사각형을 만들어낸다고 하였다. 이와 동시에 손 끝과 발 끝은 배꼽을 중심으로 하는 원 위에 있어야 하고 이 원의 중심은 앞에서 말한 정사각형의 중심과 일치해야 한다고 하였다.

레오나르도 다빈치의 '회화론(A Treatise on Painting)'을 통해 우리는 흥미로운 그의 연구들을 살펴볼 수 있다. 회화론의 첫 장에서 다루는 개념은 바로 비례이다. 레오나르도 다빈치는 드로잉을 할 때 가장 유의 깊게 살펴보아야 할 요소로 비례를 꼽는다.

레오나르도 다빈치의 '비트루비어스의 인체 비례'는 우리에게 친숙한 그림이다. 레오나르도 다빈치가 그림으로 유명하기 때문에 사람들은 이 그림을 레오나르도 다빈치의 순수 창작물이라 생각할 수 있지만 이는 그 당시를 기점으로 1500년 전 로마 건축가 비트루비우스가 쓴 '건축 10서'의 내용을 읽고, 레오나르도 다빈치의 스타일로 다시 그린 것이다.

한편 비트루비어스의 인체 비례는 1521년 밀라노의 측량기사인 체사리아노에 의해 다시 그려진 적이 있다. 체사리아노의 그림은 비트루비어스의 말을 그대로 따라 그린 것이지만 인체가 어딘가 어색하다. 비트루비어스의의 말을 그대로 따라 그림으로 도해했기 때문에 인체를 어떻게 해서든 동심원과 정사각형 안에 넣으려고 손과 발의 크기를 늘린 모습을 볼 수 있다. 그러나 레오나르도 다빈치는 비트루비어스가 설명한 인체비례에서 조금 벗어나 원과 정사각형을 정확하게 겹치는 것에 신경 쓰지 않고 인체를 실제로 측정했던 경험을 되살려 안정적인 인체의 형태의 비트루비어스적 인간을 구현하려 시도하였다. 그의 시도는 훨씬 더 안정적인 인체 비례를 찾아냈고 원과 중심이 같은 정사각형이 원 안에 정확이 내접하고 그 안에 인체가 팔과 다리를 펼치고 서있다(최재혁, 2006).

문제 3-4 검색창에 '비트루비어스, 인체비례'를 입력하여 레오나르도 다빈치와 체사리아노 각각의 인체비례 그림을 살펴보아라.

2) 뒤러의 비트루비어스의 인체 비례

비트루비어스의 인체 비례는 뒤러에 의해서도 그려졌다. 뒤러가 그린 인체 비례는 레오나르도 다빈치의 것과 상당히 흡사한데, 뒤러의 것은 남성과 여성의 인체를 그린 그림이 지금까지 전해진다. 우리는 남성 인체 비례 그림을 중심으로 보려고 한다. 한명의 남성이 오른쪽 팔과 다리를 사선으로 벌리고 있고 왼쪽 팔과 다리는 바닥에 수직으로 곧게 놓여있다. 머리의 끝과 같은 높이로 벌린 팔과 사선으로 벌린 다리의 끝은 배꼽을 중심축으로 직선을 그었을 때 길이가 일치하고 하나의 원을 생성함을 관찰할 수 있다. 또한 비트루비어스가 설명한 인체 비례 구성 내에서 사람의 형상은 고환을 중심으로 반으로 나뉜다는 대목에서 대칭적인 요소를 찾아 볼 수 있다. 뒤러는 비트루비어스의 말을 그대로 차용하여 자신의 그림에 적용하였다.

3) 레오나르도 다빈치와 뒤러의 인체 비례 비교

레오나르도 다빈치와 뒤러의 비트루비어스의 인체 비례는 비슷하면서도 각자의 해석을 갖고 그렸기 때문에 함께 비교해보면 재미있는 요소를 발견 할 수 있다. 우선 레오나르도 다빈치가 다른 두 가지의 포즈를 취한 인체를 같이 겹쳐 놓았다면 뒤러의 그림은 한 인체가 가운데 축을 중심으로 양쪽이 다른 포즈를 취하고 있다. 하지만 두 그림을 동시에 포개 놓았을 경우 그려진 인체의 포즈는 다르지만 뒤러의 인체 비례와 레오나르도 다빈치의 인체비례 중 몸의 비례는 거의 정확하게 일치한다.

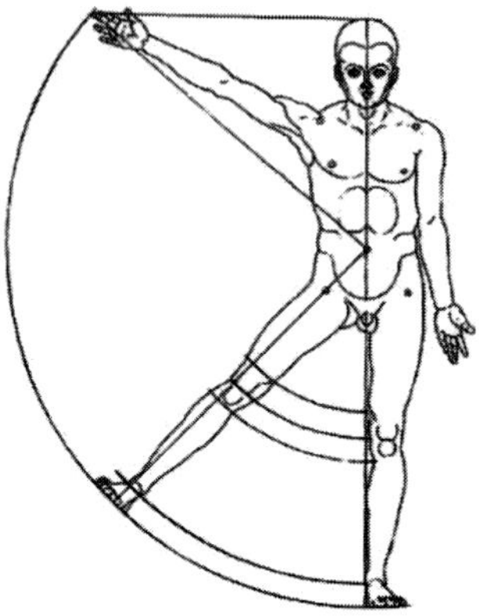

뒤러에 의한 비트루비어스의 인체 비례(Kimberly, 2011)

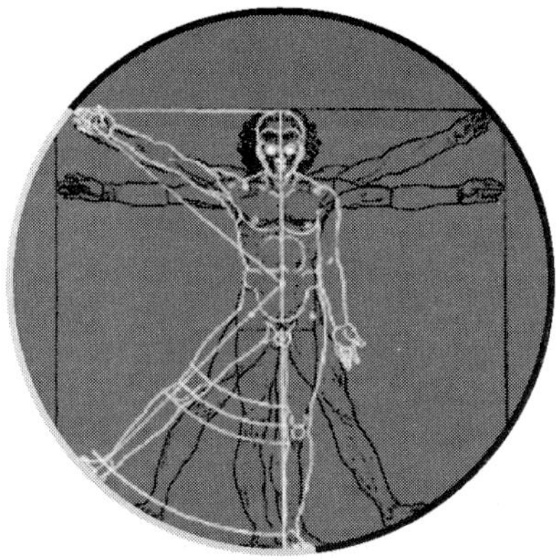

레오나르도 다빈치와 뒤러의 인체 비례 비교

레오나르도 다빈치와 뒤러의 인체 두상 비교

한편 차이점을 보이는 곳이 한 군데 있는데 그것은 바로 얼굴의 비례이다. 비트루비어스는 사람 몸의 비례뿐만 아니라 얼굴의 비례에 대해서도 언급하였고 이는 그리스와 로마의 조각상에서 고전적인 비례로 쓰이게 되었다. 레오나르도 다빈치는 이러한 비트루비어스의 얼굴 비례를 자신의 비트루비어스의 인체 비례의 얼굴에 적용하였다. 그러나 뒤러의 경우는 달랐다. 뒤러의 그림을 보면 약간 부자연스러운 느낌을 받게 되는데 그의 그림에서는 얼굴 상하를 같은 길이로 나누어 중심을 나누었다. 윗부분은 이마와 머리를 포함하고 아랫부분은 얼굴의 주요 구성요소인 눈, 코, 입과 귀로 구성되어 있다. 레오나르도 다빈치의 작품은 뒤러의 작품과는 달리 얼굴의 구성요소들이 대체적으로 위로 올라가 있다. 사실 뒤러의 비례는 보통의 인간 얼굴과 다르다. 보통 인간의 얼굴은 레오나르도 다빈치의 그림과 비슷하게 눈, 코, 입의 위치가 얼굴의 중심보다는 위로 올라와 있기 때문이다(Kimberly, 2011). 그러나 정확한 길이로 얼굴을 나누어 완벽한 인간의 얼굴을 그려 보겠다는 그의 시도는 흥미롭다. 지금까지 살펴본 내용은 비례와 관련된 것으로 수학적 요소를 사용하여 인체 비례의 완벽함을 추구한 두 화가의 노력을 엿볼 수 있다.

나. 대칭을 활용한 '최후의 만찬'

레오나르도 다빈치의 수학과 기하학을 향한 열망은 다방면에서 찾아 볼 수 있다. 그의 대표작 '최후의 만찬'에서는 대칭의 요소를 찾아 볼 수 있다. 완벽한 대칭은 아니지만 그의 그림에서 균형감과 안정감을 느낄 수 있다. 이는 대칭의 원리를 적용한 사례로서 대칭이 주는 미술적 시각에서의 안정감으로 완성미를 더하였다. '최후의 만찬'에는 예수와 그의 제자 12명, 총 13명이 그려져 있다. 일직선의 테이블을 수평으로 그린 후 한 가운데 예수를 중심으로 양 옆에 6명의 제자를 배치시켰다. 인원이 좌우로 같을 뿐만 아니라 배경이 되는 건물의 내부 구조 또한 좌우로 나누어 보았을 때 거의 완벽히 일치한다.

문제 3-5 검색창에 '레오나르도 다빈치, 최후의 만찬'을 입력하여 그림을 보고 위에서 언급한 사실들을 확인하여라.

또한 레오나르도 다빈치가 수학자인 파치올리의 논문에 넣을 '완전무결한 비례'의 다면체 삽화를 그린 것도 같은 맥락이다. 삽화를 그리며 수학과 기하학 연구에 열정적이었던 그는 '수학자가 아닌 사람은 나의 원칙들을 읽을 수 없을 것'이라 선언했다고 전해진다(김교신, 2012).

문제 3-6 검색창에 '파치올리, 레오나르도 다빈치, 다면체'를 입력하여 레오나르도 다빈치가 파치올리 논문을 위해 그린 다면체를 찾아보아라.

4. 에셔

에셔는 그의 작품을 생산할 때 수학을 의도적으로 의식한 것 같지는 않다. 즉, 에셔는 그의 작품 활동에서 수학적 원리를 적용하거나 수학적 틀을 염두에 둔 것은 아닌 것이다. 그러나 그가 추구한 아름다움은 수학이 추구한 아름다움과 다르지 않았다. 그의 작품에 얼마나 풍부한 수학적 아름다움이 있는지는 앞으로 자세히 살필 것이다. 결국 에셔는 '그가 수학을 한다는 것을 의식하지 않고 수학을 한 것'이라고 할 수 있다. '그는 수학을 그림으로 표현한 것'이라고도 말할 수 있을 것이다.

특히, 에셔의 원형극한(circle limit)을 분석하고 이해하기 위해서는 유클리드 기하학이 아닌 다른 기학학적 접근이 필요하다. 이에 관해서는 뒤에서 자세히 살펴볼 것이다.

5. 테셀레이션

테셀레이션(tessellation)이란 한 가지 이상의 도형을 이용해 빈틈이나 포개짐 없이 평면이나 공간을 가득 채우는 것을 말한다. 타일링(tiling)이라고 불리기도 하는 테셀레이션은 평면을 채우는 정다각형의 개수에 따라 정규(regular)와 준정규(semi-regular) 테셀레이션으로 나뉘고, 패턴의 주기성에 따라 주기적(periodic)과 비주기적(aperiodic) 테셀레이션으로 나뉜다. 또한 평면을 채우느냐 공간을 채우느냐에 따라 2차원과 3차원 테셀레이션으로 나뉘기도 하는데, 우리는 에셔의 테셀레이션 작품들에서와 같이 한 가지 혹은 그 이상의 도형들을 이용해 평면을 채우는 방법에 대해 살핀다.

가. 정규 테셀레이션

정규 테셀레이션(regular tessellation)이란 오직 한 가지 모양의 정다각형을 이용해 빈틈이나 포개짐 없이 평면을 가득 채우는 것을 말한다. 정규 테셀레이션이 가능한 정다각형은 정삼각형, 정사각형, 정육각형의 세 가지 뿐이며, 평면이 채워지는 모양은 아래 그림과 같다.

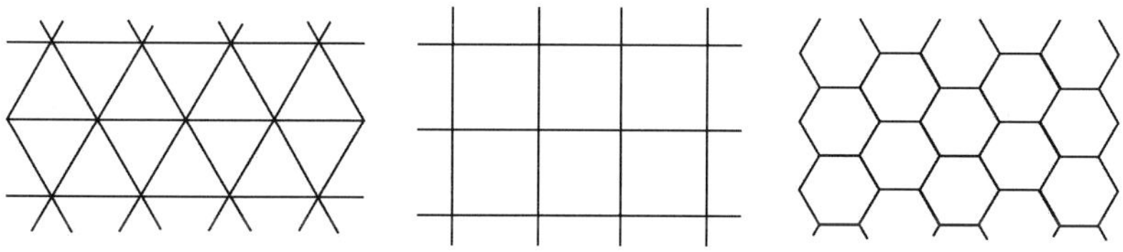

정규 테셀레이션이 정삼각형, 정사각형, 정육각형에서만 되는 이유를 간단히 살펴보도록 하자. 이를 위해 정규 테셀레이션이 가능한 정다각형을 정n각형이라고 하고, 각각의 경우에 대해 한 꼭짓점에 모인 정n각형의 개수를 m개라 하자. 그러면 정n각형의 한 내각의 크기는 다음과 같다.

$$\frac{180^\circ \times (n-2)}{n}$$

이제, 한 내각의 크기가 $\frac{180^\circ \times (n-2)}{n}$ 인 정n각형을 한 꼭짓점에 m개 모아보자. 그러면 m개의 내각의 합은 360°가 되어야 한다. 따라서 $\frac{180^\circ \times (n-2)}{n} \times m = 360^\circ$ 이란 식이 성립한다. 이 식을 풀면 다음과 같

부정방정식을 얻을 수 있다.

$$(n-2)(m-2)=4$$

이때, n과 m은 모두 양의 정수이기 때문에 곱해서 4가 되는 각각의 수 $(n-2)$와 $(m-2)$도 역시 양의 정수가 되어야 한다. 이와 같은 조건에서 위 부정방정식을 풀면 다음과 같다.

$n-2$	1	2	4
$m-2$	4	2	1

$\Rightarrow$

n	3	4	6
m	6	4	3

따라서 정규 테셀레이션이 가능한 정다각형은 정삼각형, 정사각형, 정육각형의 세 가지 뿐이며, 각각의 경우 한 꼭짓점에 모인 다각형의 개수는 6개, 4개, 3개임을 알 수 있다. 이 각각을 {3, 6}, {4, 4}, {6, 3}-정규 테셀레이션이라고 한다.

나. 삼각형과 사각형 테셀레이션

앞에서 살펴본 바와 같이 정삼각형, 정사각형, 정육각형은 정규 테셀레이션이 가능하다. 한편 임의의 삼각형과 사각형으로도(심지어 오목 사각형도) 테셀레이션은 항상 가능하다.

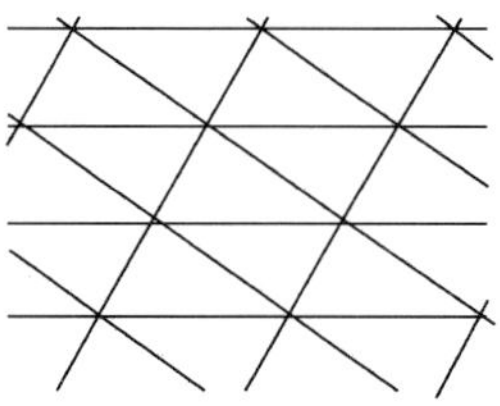
삼각형

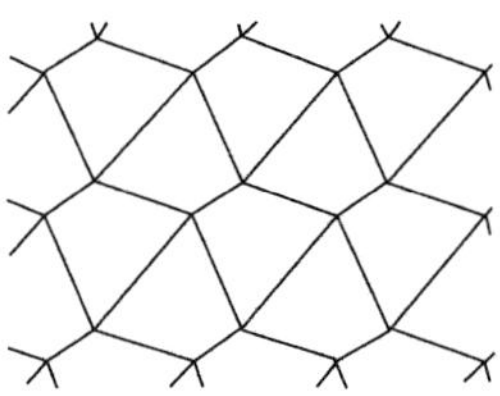
사각형

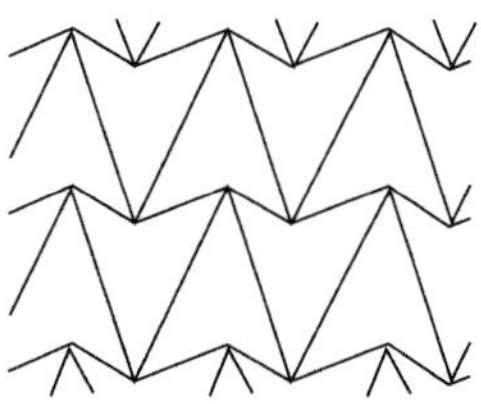
오목 사각형

그러나 임의의 육각형으로 평면을 빈틈없고 겹쳐지지 않게 채우는 것은 항상 가능한 것이 아니다. 물론 앞에서 살펴본 바와 같이 정육각형은 테셀레이션이 가능하다. 또한 아래 그림에서와 같이 정육각형이 아닌 육각형에서도 테셀레이션이 가능할 수 있다. 그러나 모든 육각형에서 이러한 테셀레이션이 가능한 것은 아니다. 즉, 육각형 테셀레이션이 가능하려면 테셀레이션이 가능하도록 하는 어떤 조건이 필요하다는 것이다.

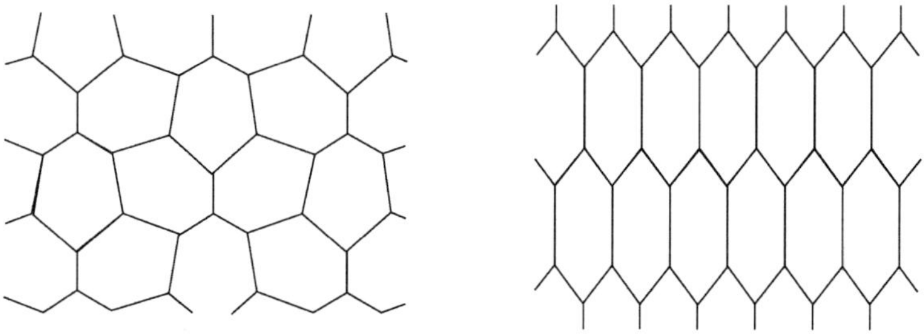

육각형으로 테셀레이션이 되는 경우

임의의 육각형으로는 테셀레이션이 되지 않는 이유를 알아보기 위해 먼저 임의의 삼각형과 사각형 테셀레이션의 원리를 살펴보자.

1) 삼각형 테셀레이션의 원리

임의의 삼각형으로 테셀레이션이 가능한지 알아보기 위해 세 변의 길이가 모두 다른 삼각형을 생각해보자. 그런데 변의 길이가 모두 다른 삼각형에서 겹쳐짐이나 빈틈없이 테셀레이션이 가능하려면 삼각형의 한 변은 자기 자신과 대응이 되어야만 한다. 또한 한 꼭짓점에 모인 각의 합은 360°가 되어야 하기 때문에 다음 그림과 같이 삼각형들을 배열해야 한다.

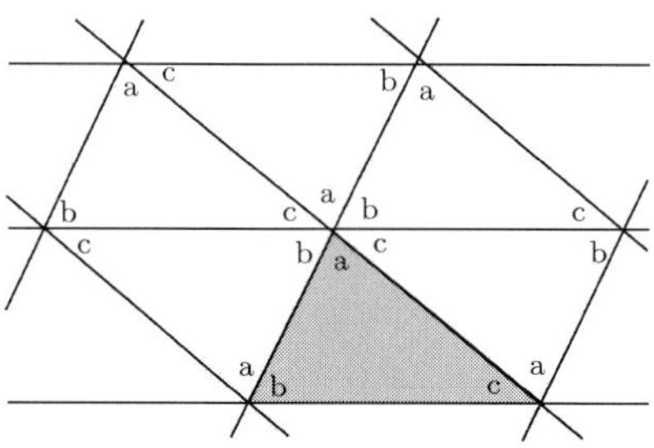

이런 배열을 갖기 위해서는 삼각형의 각 변의 중점을 중심으로 180° 회전을 시키며 변들을 연결해야 한다.

2) 사각형 테셀레이션의 원리

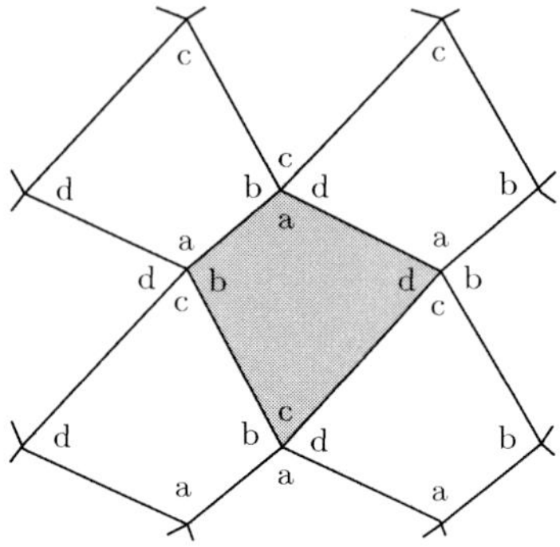

임의의 사각형 테셀레이션에서도 삼각형 테셀레이션과 마찬가지로 변의 길이가 모두 다른 사각형을 생각해보자. 그러면 길이가 같은 변끼리 대응이 되어야 하기 때문에 한 변은 역시 자기 자신과 맞닿게 연결이 되어야 한다. 또한 한 꼭짓점에 모인 각의 합은 360°가 되어야 하므로 오른쪽 그림과 같이 사각형을 배열해야 한다.

이런 배열을 갖기 위해서는 역시 사각형의 각 변의 중점을 중심으로 180° 회전을 시키며 변들을 연결해야 한다.

3) 육각형 테셀레이션이 불가능한 이유

삼각형과 사각형의 테셀레이션에서 살펴본 바와 같이 길이가 모두 다른 임의의 육각형으로 테셀레이션을 하려면 한 변은 자기 자신과 대응이 되도록 연결해야 한다. 다시 말해 변의 중점을 중심으로 180° 회전하여 변을 연결해야 하는데, 육각형의 경우에는 삼각형, 사각형의 경우와는 다르게 빈틈이 생기거나 겹칠 수 있다.

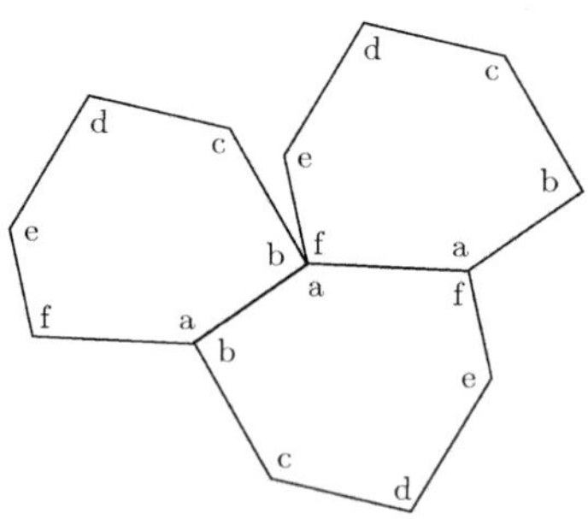

빈틈이 생기는 경우

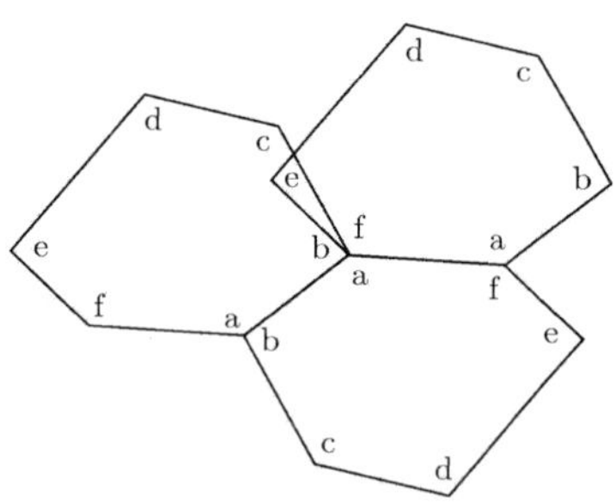

겹치는 경우

임의의 육각형으로는 테셀레이션이 되지 않는 이유를 다음의 반례를 통해 알아보자.

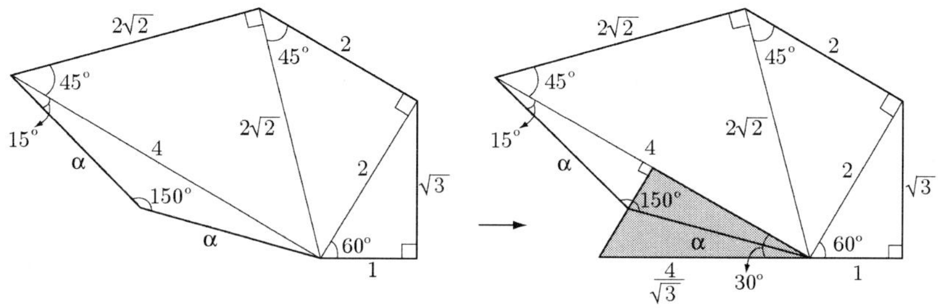

위 그림에서 왼쪽 육각형을 분할하는 네 개의 삼각형들은 모두 작도가능하므로 위 육각형은 작도가능하다. 이제 이 육각형에서 두 밑각의 크기가 15°인 둔각이등변삼각형의 두 변의 길이를 각각 α라 하자. 그리고 이 육각형에 오른쪽 그림과 같이 직각삼각형을 그려보면 α의 길이는 다음과 같은 조건을 만족시킴을 알 수 있다.

$$2 < \alpha < \frac{4}{\sqrt{3}}$$

그런데 육각형에서 α를 제외한 나머지 변의 길이는 각각 1, $\sqrt{3}$, 2, $2\sqrt{2}$이므로 $2 < \alpha < \frac{4}{\sqrt{3}}$에 속하는 것이 없다. 즉, 이 육각형에서 변 α와 대응될 수 있는 변은 길이가 같은 변 α 뿐이라는 것이다. 그런데 이렇게 변 α가 변 α와 만나는 경우 두 육각형 사이를 동일한 육각형으로 채울 수 있는 방법은 없다. 이 육각형의 내각은 각각 90°, 120°, 135°, 60°, 150°, 165°인데, 결합될 수 있는 각과 그 각에 이웃한 변의 길이를 동시에 고려해야 하기 때문이다.

따라서 임의의 육각형 테셀레이션이 항상 가능한 것이 아님을 위 예를 통해 알 수 있다.

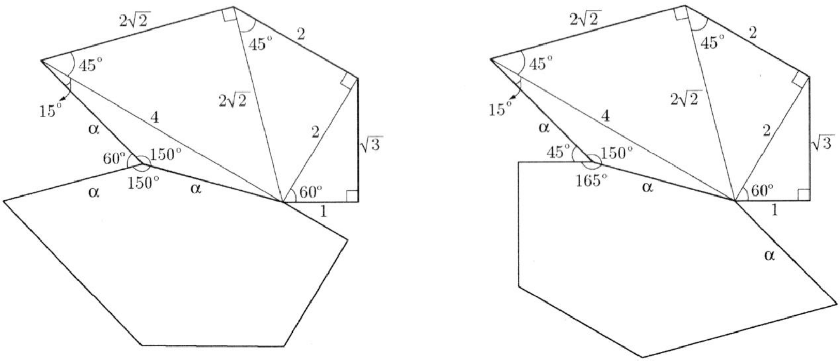

변 α가 변 α와 만나는 경우의 예

4) 오각형 테셀레이션이 가능한 경우

정규 테셀레이션이 가능한 경우는 정삼각형, 정사각형, 정육각형의 세 가지 뿐임을 앞에서 살펴본 바 있다. 따라서 정오각형으로는 테셀레이션을 할 수 없다는 것은 자명한 사실이다. 그러나 오각형에 특별한 조건을 주면 테셀레이션이 가능하도록 할 수 있다. 다음 오각형 테셀레이션의 예를 살펴보자.

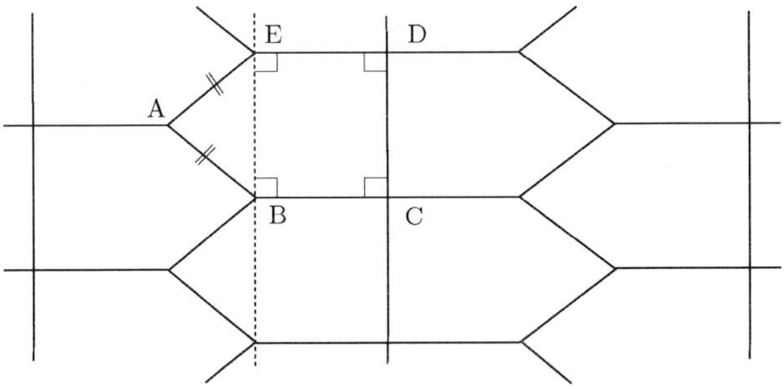

오각형 테셀레이션이 가능한 예

위 오각형 테셀레이션의 예에서 주어진 조건은 다음과 같다

$\square$EBCD는 직사각형, $\triangle$ABE는 $\overline{AE}=\overline{AB}$인 이등변삼각형

이러한 조건을 만족하는 오각형은 무수히 많다. 또한 오각형 테셀레이션이 가능하도록 다른 조건을 줄 수도 있다. 그러한 예들은 앞으로 차차 살펴보도록 하겠다.

지금까지 알아본 사실을 정리해보면 다음과 같다.

- 정삼각형, 정사각형, 정육각형은 정규 테셀레이션이 가능하다.
- 임의의 삼각형과 사각형으로 테셀레이션이 가능하다.
- 육각형이나 오각형의 경우에는 항상 테셀레이션이 가능한 것은 아니지만, 특정한 조건을 부여하면 가능하게 할 수 있다.

그러나 임의의 삼각형과 사각형에 의한 테셀레이션은 한 변의 중점을 중심으로 180° 회전한 테셀레이션만 가능하기 때문에 변형방법이 다양하지 않다. 따라서 앞으로 우리는 정삼각형, 정사각형, 정육각형의 변형과 더불어 직사각형, 마름모와 같은 평행사변형의 변형도 함께 살펴볼 것이다. 각각의 도형들을 어떻게 변형시켜야 에셔와 같은 평면 테셀레이션 작품들을 만들 수 있는지를 알아보는 것이 우리의 목적이다. 다음 절에서는 에셔의 대표적인 작품들을 분석해 봄으로써 테셀레이션을 만들기 위한 다각형의 변형 방법을 알아보고자 한다.

6. 에셔의 테셀레이션

네델란드의 판화가 에셔는 수학을 특별히 의식하지 않았음에도 수학적 내용이 담긴 작품들을 만들었다. 과연 어떤 다각형을 어떻게 변형해야 에셔와 같은 테셀레이션을 만들 수 있는지를 알아보기 위해 먼저 에셔의 대표작들을 분석해보는 과정이 필요하다. 이 책에 있는 에셔문양은 주로 Escher(2000)에서 인용한다.

가. 사각형의 변형

정사각형을 비롯해 마름모, 직사각형을 포함한 평행사변형의 경우 다양한 방법으로의 모양 변형이 가능하다. 에셔의 작품들 중에도 평행사변형을 변형한 테셀레이션들이 가장 많은데, 몇 가지 예들을 분석해 봄으로써 다음의 두 가지 질문을 해결할 수 있다.

- 기본 다각형[2)]을 어떻게 찾을 것인가?
- 기본 다각형을 어떻게 변형시켜야 평면을 채우는 기본 타일[3)]을 만들 수 있는가?

1) 페가수스

에셔의 작품 중에 에셔 번호(Escher number)가 부여되어 있는 것이 있다. 번호에 따른 작품들은 다음 사이트에서 확인할 수 있다.

http://www.mcescher.com/gallery/symmetry/ 또는 http://euler.slu.edu/escher/index.php/Regular_Division_of_the_Plane_Drawings

그의 105번 작품인 '페가수스(pegasus)'를 통하여 기본도형과 변형방법을 알아보도록 하자.

문제 3-7 에셔의 테셀레이션 작품 중 '페가수스'를 검색하여 감상하여라.

기본 다각형을 찾으려면 먼저 그림의 전체적인 특징을 살펴봐야 한다. 그림에서 나타날 수 있는 특징으로는 회전(rotation), 반사(reflection), 미끄럼반사(glide reflection)가 있는데, 이러한 특징이 관찰되지 않는다면 평행이동(translation)만 존재하게 된다.

2) 테셀레이션이 가능한 하나의 다각형(polygon)을 말하며, 이 다각형을 변형시켜 기본 타일을 만든다.

3) 테셀레이션이 가능하도록 기본 다각형(basic polygon)을 변형시켜 만든 하나의 모양(figure)을 기본 타일(basic tile, tessellating piece)이라고 한다.

페가수스에서는 평행이동 이외의 다른 특징이 관찰되지 않는다. 이렇게 평행이동만 존재하는 그림에서는 그림 내의 임의의 한 점으로부터 출발해 이웃한 타일들의 같은 지점들을 이음으로써 기본 다각형을 찾을 수 있다. 이때 이웃한 기본 타일들의 색깔이 달라도 두 타일이 포개어지기만 한다면 같은 타일로 생각한다.

위 그림에서처럼 페가수스의 앞발 끝을 이으면 기본 다각형이 되는 정사각형을 찾을 수 있다. 이 정사각형은 기본조각(fundamental region)과 일치하는데, 이 정사각형을 적절히 변형하면 페가수스 한 마리를 만들 수 있다. 변형방법은 정사각형의 네 변을 중심으로 모양이 어떻게 변했는지를 관찰해보면 되는데, 위 그림을 보면 위와 아래, 왼쪽과 오른쪽 변이 서로 쌍을 이루며 평행이동 하였음을 알 수 있다.

2) 도마뱀

에셔의 테셀레이션 104번 작품은 '도마뱀(lizard)'이다.

문제 3-8 에셔의 테셀레이션 작품 중 '도마뱀'을 검색하여 감상하여라.

이 작품에서는 흰 색과 검은 색 도마뱀들이 서로 뒤엉켜서 평면을 채우고 있는데, 얼핏 두 종류의 도마뱀처럼 보이는 흰 색과 검은 색 도마뱀은 모양과 크기가 각각 일치한다. 즉, 칠해진 색을 무시하면 도마뱀들은 모두 합동인 것이다. 이 그림에서 한 마리의 도마뱀이 어떻게 만들어지는지를 알아보려면 도마뱀으로 변형하기 전의 기본 다각형을 먼저 찾아야 한다.

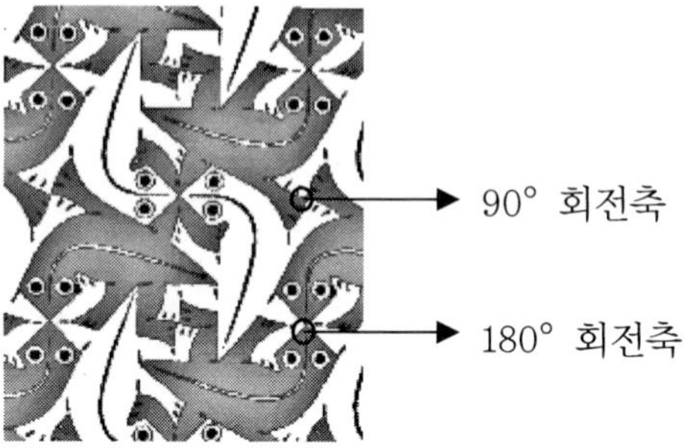

기본 다각형을 찾기 위해 이 그림의 전체적인 특징을 살펴보자. 이 그림에는 90° 회전과 180° 회전이라는 특징이 있다. 이렇게 회전이 있는 경우에 기본 다각형을 찾으려면 회전축들을 이용해야 한다. 다시 말해 90° 회전축과 180° 회전축들을 차례로 이은 최소 넓이의 정사각형이 바로 테셀레이션의 기본 다각형이 되는 것이다.

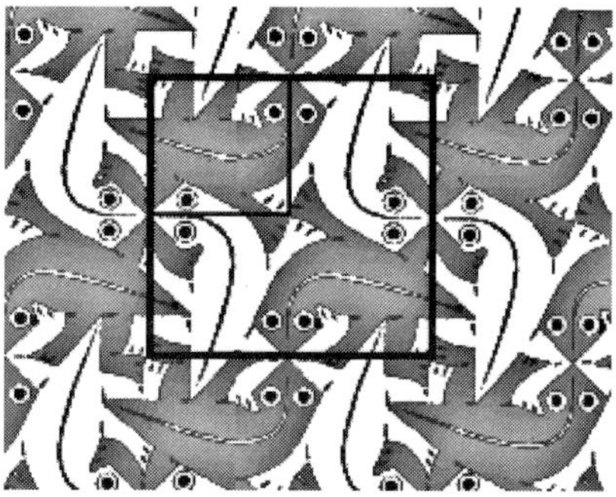

위 그림에서와 같이 도마뱀 한 마리의 넓이는 기본 다각형인 작은 정사각형의 넓이와 같고 기본 다각형의 넓이는 기본조각인 큰 정사각형 넓이의 1/4임을 확인할 수 있다. 이러한 관계는 앞으로 지켜볼 다른 예에서도 성립하는데, 일반적으로 기본 다각형의 넓이는 기본조각 넓이의 약수가 된다.

이 사실을 역으로 이용하면 기본 다각형을 좀 더 쉽게 찾을 수 있다. 즉 벽지에서의 기본조각을 먼저 찾고 기본조각의 넓이를 약수로 갖는 기본 다각형을 찾는 것이 더 쉽다.

3) 개

에셔의 테셀레이션 97번 작품은 '개(dog)'이다.

문제 3-9 에셔의 테셀레이션 작품 중 '개'를 검색하여 감상하여라.

이 작품에서 왼쪽을 바라보는 개와 오른쪽을 바라보는 개는 위 아래로 서로 엇갈려 있다. 이 그림 역시 두 종류의 개가 평면을 채우고 있는 것처럼 보이지만 도마뱀에서와 마찬가지로 색깔을 무시하면 모든 개의 모양과 크기는 같다. 그럼 한 마리의 개는 어떤 기본 다각형으로부터 만들어지는지 알아보자.

기본 다각형을 찾기 위해 이 그림의 특징을 살펴보자. 앞서 언급했듯이 왼쪽을 바라보는 개와 오른쪽을 바라보는 개는 위 아래로 서로 엇갈려 있는데 이는 미끄럼반사가 있음을 의미한다.

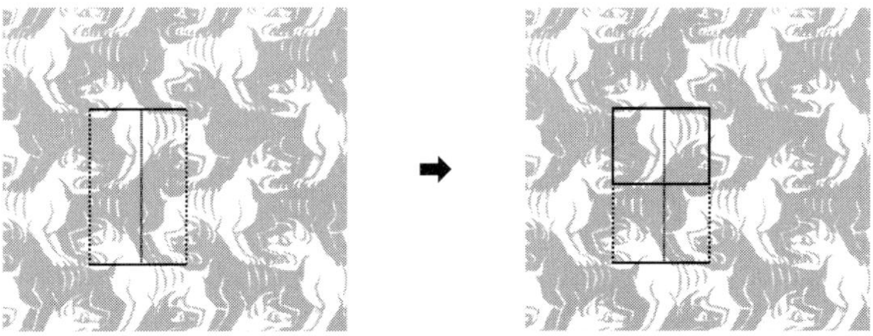

이제 미끄럼반사가 있는 경우엔 기본 다각형을 어떻게 찾을 수 있는지를 알아보자. 앞에서 살펴본 바와 같이 기본 다각형을 찾기 위해서는 기본조각을 먼저 찾는 것이 좋다. 그런데 이 그림과 같이 미끄럼반사가 있는 경우엔 미끄럼반사 축 위에서 서로 다른 타일들이 모두 교차하는 한 점을 잡고, 그 점과 같은 위치에 있는 이웃한 점들을 이어 기본조각을 찾는다. 왼쪽 그림에서 하나의 큰 직사각형이 기본조각이 되는데, 이 영역을 반으로 나누는 직사각형을 오른쪽 그림과 같이 그리면 그 직사각형이 바로 기본 다각형이 된다. 이 기본 다각형의 좌우 변을 평행이동 시키고, 상하 변을 미끄럼반사 시키면 기본 타일인 '개(dog)' 한 마리가 만들어진다.

4) 1번 작품

에셔의 테셀레이션에는 작품의 고유 번호가 부여되어 있으나 작품의 이름까지 쓰여 있는 것은 아니기 때문에 작품명을 알기 어려운 경우가 있다. 지금 제시하는 에셔의 테셀레이션 1번 작품 속의 동물도 허리가 긴 개의 형상을 하고는 있지만 명확한 작가의 의도는 알 수가 없다.

문제 3-10 에셔의 테셀레이션 1번 작품을 검색하여 감상하여라.

앞에서 본 그림들과는 다르게 이 그림에는 기본 다각형이 스케치로 남아 있다. 비스듬히 기울어져 있는 평행사변형이 바로 한 마리의 개를 만드는 기본 다각형이 되는 것이다. 그런데 만일 스케치가 남아 있지 않았다면 어떻게 기본조각과 기본 다각형을 찾을 수 있을까?

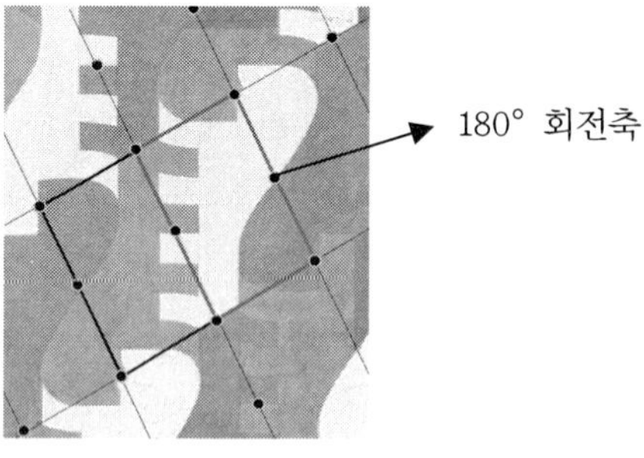

이 그림의 특징은 개들이 서로 180° 회전을 하며 만나고 있다는 것이다. 따라서 180° 회전축들을 표시한 후 같은 위치의 점들을 최소의 넓이가 되도록 이으면 기본조각(큰 평행사변형)을 찾을 수 있다. 또한 이 기본조각을 반으로 나누는 평행사변형이 기본 다각형이 됨을 확인할 수 있다.

이제 기본 다각형의 변형 방법을 알아보자. 평행사변형의 각 변을 중심으로 기본 타일의 모양을 살펴보면 개의 머리와 다리 부분은 변의 중점을 중심으로 180° 회전을 하였고, 나머지 한 쌍의 변은 평행이동에 의해 변형되었음을 알 수 있다.

지금까지 살펴본 정사각형, 직사각형, 평행사변형의 변형은 에셔의 다른 작품들에서도 어렵지 않게 찾아볼 수 있다. 변형방법 또한 위에서 제시한 네 가지 방법보다 훨씬 다양하며, 마름모나 연(kite)꼴의 변형을 이용해서도 테셀레이션이 가능하다는 것을 앞으로 알게 될 것이다.

나. 정삼각형의 변형

삼각형의 변형보다 사각형의 변형을 먼저 다룬 이유는 사각형의 변형이 직관적으로 더 쉽게 느껴지기 때문이다. 사각형의 경우엔 변의 개수가 네 개이기 때문에 길이가 같은 두 변씩을 짝지어 변형시키면 된다. 그러나 삼각형의 경우엔 변의 개수가 세 개이기 때문에 길이가 같은 두 변을 짝지은 후에 나머지 한 변을 어떻게 변형해야 하는지에 대한 문제가 생긴다. 그렇다면 이러한 문제를 어떻게 해결할 수 있는지 에셔의 테셀레이션 작품을 통해 알아보도록 하자.

1) 새

에셔의 테셀레이션 99번 작품은 '새'이다.

문제 3-11 에셔의 테셀레이션 작품 중 '새'를 검색하여 감상하여라.

색깔이 다른 두 종류의 새가 자유롭게 날아다니면서 평면을 채우는 듯 보이지만 이 그림에서 역시 새의 모양은 모두 같다. 즉, 같은 모양과 크기의 새 한 마리가 평면을 가득 채우고 있는 것이다. 이제 이 한 마리의 새를 어떻게 만들 수 있는지 알아보자.

사실 이 그림의 전체적인 수학적 구조를 모르는 상황에서 기본 다각형을 찾는 것은 쉬운 일이 아니다. 새의 모양으로 미루어 볼 때 막연히 기본 다각형이 삼각형이라는 추측을 할 수 있다. 그러나 기본 다각형이 되는 삼각형의 세 꼭짓점이 어디인지를 찾으려면 이 그림에 나타난 '회전'이라는 특징을 이용해야만 한다. 이 그림에서는 새의 오른쪽 날개 끝 지점 6개가 모인 60° 회전과 왼쪽 날개 끝 3개와 꼬리 3개가 모인 120° 회전이 함께 있다. 이 회전축들을 이용해 기본조각을 찾으면 이 그림의 전체적인 수학적 구조가 보인다.

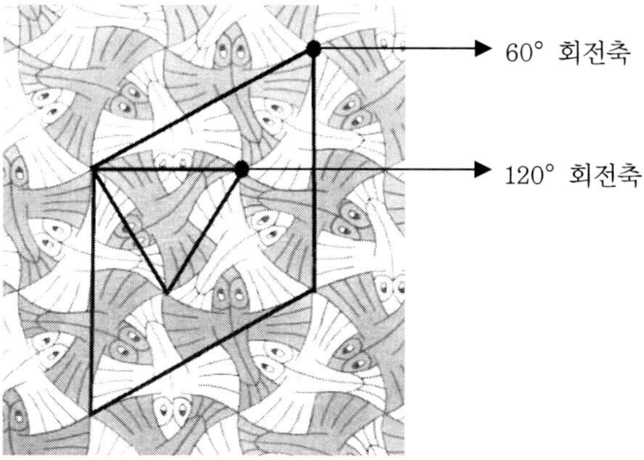

새 한 마리를 만드는 기본 다각형을 찾기 위해 먼저 기본조각을 찾아보자. 기본조각을 찾기 위해서는 회전수가 가장 큰 60° 회전축들을 최소 넓이가 되도록 이으면 된다. 그러면 기본조각인 평행사변형을 얻을 수 있는데, 이 평행사변형의 넓이는 새 6마리의 넓이와 같음을 알 수 있다. 따라서 기본조각 넓이의 1/6인 기본 다각형을 기본조각 안에서 찾을 수 있다. 이 기본 다각형을 찾기 위해서는 위 그림에서와 같이 60° 회전축 1개와 120° 회전축 2개를 최소 넓이가 되도록 이으면 된다. 위 그림에서 보이는 정삼각형이 바로 기본 다각형이다.

이제 기본 다각형인 정삼각형을 어떻게 변형시켜야 한 마리의 새를 만들 수 있는지 알아보자. 변형 방법을 알아보기 위해 정삼각형의 각 변과 변 사이의 관계에 주목해보자. 새의 머리가 있는 두 변은 60° 회전에 의해 만들어졌음을 알 수 있다. 그리고 나머지 한 변은 변을 반으로 나누어 180° 회전시켰음을 확인할 수 있다.

다. 정육각형의 변형

에셔의 테셀레이션 중 정육각형을 변형한 도마뱀 테셀레이션이 있다.

> **문제 3-12** 에셔의 테셀레이션 작품 중 '도마뱀 (25번)'을 검색하여 감상하여라.

이 테셀레이션에서 기본 다각형인 정육각형을 어떻게 찾을 수 있는지 알아보자.

이 그림에서는 도마뱀의 머리와 왼쪽 뒷다리, 오른쪽 뒷다리가 각각 세 개씩 모여 회전하는 특징이 있다. 이 중에 세 개의 머리(또는 세 개의 왼쪽

뒷다리 또는 오른쪽 뒷다리)가 모인 120° 회전축들을 최소 넓이가 되도록 같은 위치에 있는 네 점을 이으면 기본조각을 찾을 수 있고, 이 기본조각의 넓이는 도마뱀 세 마리의 넓이와 같으므로 기본조각 안에는 넓이의 1/3이 되는 기본 다각형이 포함되어 있다. 그런데 이 기본 다각형을 찾기 위해서는 120° 회전축들만을 이으면 안 된다. 120° 회전축들 사이에 세 마리의 도마뱀이 교차하는 지점을 추가로 이어 주어야 기본 다각형인 정육각형을 찾을 수 있다.

이제 이 정육각형을 도마뱀으로 변형시키는 방법을 살펴보자. 정육각형은 변이 여섯 개이므로 변 사이의 대응관계를 파악하는 것이 매우 중요하다. 변 사이의 대응관계를 알기 위해서는 각각의 변이 어떻게 변형되었는지를 살펴봐야 하는데, 도마뱀의 머리와 꼬리, 오른쪽 다리를 중심으로 관찰해보면 알 수 있다. 이런 방법으로 정육각형을 관찰해보면 120° 회전축들을 기준으로 이웃한 두 변이 서로 대응하며 변형되었음을 알 수 있다.

7. 원형 극한

앞서 살펴보았듯이, 유클리드 평면에서는 {3,6}, {4,4}, {6,3}-정규 테셀레이션만이 가능하다.

정삼각형을 이용하여 유클리드평면에 정규 테셀레이션을 하려면 한 꼭짓점에 정삼각형 6개가 모여야 하는데 이는 정삼각형의 한 내각의 크기가 60° 이기 때문이다. 다시 말해, 삼각형의 세 내각의 크기가 180° 이기 때문이다.

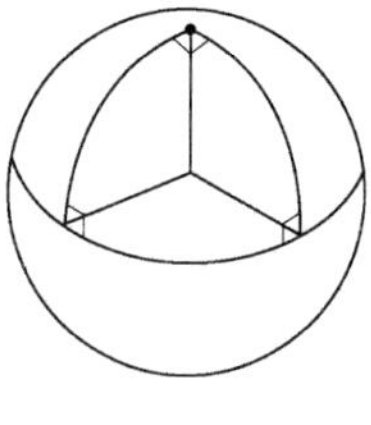

한편 유클리드 평면이 아닌 곡면에서는 삼각형의 세 내각의 크기가 항상 180°라고 할 수 없다. 예컨대 오른쪽 그림에서 구면위의 정삼각형의 세 내각의 크기의 합은 270° 로 180° 보다 크다.

위 정삼각형을 이용하면 한 꼭짓점에서 4개의 정삼각형을 모으면 구면 전체를 삼각형들이 포개지지 않으며 빈틈없이 구면 전체를 덮을 수 있다.

즉 {3,4}−정규 테셀레이션이 가능하다.

뿐만 아니라 구면위에서 삼각형의 세 내각의 크기의 합은 180° 보다 항상 작으며 삼각형에 크기(넓이)에 따라 변하므로 {3,4}−정규테셀레이션 이외에도 아래 그림과 같이 {3,3}, {3,5}, {4,3}, {5,3}−정규테셀레이션이 가능하다.

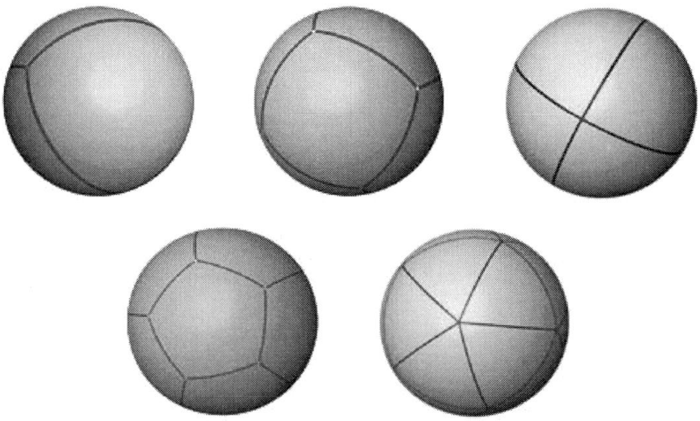

한편, 구면위에서 아래 왼쪽 그림과 같은 도형을 정2각형으로 보면 임의의 자연수 N $(N \geq 2)$에 대하여 {2, N}−정규 테셀레이션이 가능하다.

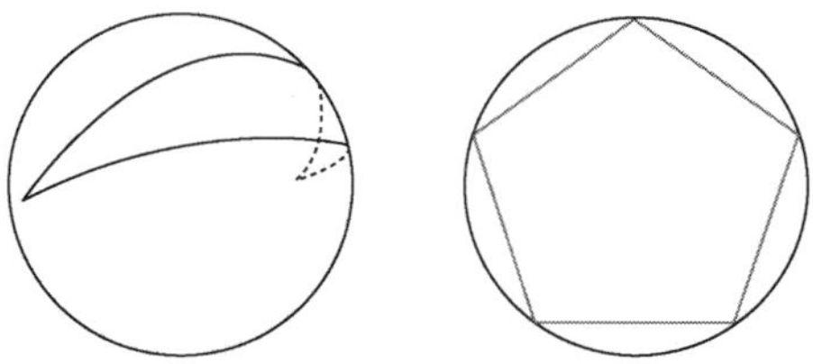

마찬가지로 위 오른쪽 그림과 같이 정N각형($N \geq 2$) 두 개로 구면 전체를 포개짐 없고 빈틈없이 덮을 수 있다. 이것을 {N, 2}−정규 테셀레이션이라고 한다.

아래 표는 유클리드 평면과 구면에서 가능한 정규 테셀레이션은 정리한 것이다.

q	⋮		⋮						
	7		T						
	6		T	E					
	5		T	S					
	4		T	S	E				
	3		T	S	S	S	E		
	2		T	T	T	T	T	T	…
	1								
		1	2	3	4	5	6	…	
		p							

여기서 E는 유클리드 평면에서의 정규 테셀레이션이고, S는 구면에서의 정규 테셀레이션이며, T는 구면에서 $p=2$ 또는 $q=2$인 경우의 정규 테셀레이션을 나타낸다.

이제, 위 표에 등장하지 않은 다른 정규 테셀레이션에 대하여 생각해보자. 예컨대 {3,7}-정규테셀레이션이 가능하려면 테셀레이션에 이용되는 정삼각형의 한 내각의 크기는 $\frac{360°}{7} < 60°$ 이어야 한다. 그러나 이러한 정삼각형은 유클리드 평면이나 구면이 아닌 다른 곡면 위에 있어야 한다. 여기서는 이 곡면을 유클리드 공간이 아닌 새로운 공간으로서 제시한다.

가. 상반평면 모델

임의의 복소수 $z=a+bi$에서 z의 실수부(real part) a를 $\mathrm{Re}(z)$로, 허수부(imaginary part) b를 $\mathrm{Im}(z)$로 나타낸다. 임의의 복소수 $z=a+ib$를 좌표평면 위의 한 점 (a, b)에 대응시켰을 때 이 좌표평면을 복소평면이라고 한다.

복소평면의 부분집합 $\mathbb{H}=\{z\in\mathbb{C} \mid \mathrm{Im}(z)>0\}$를 상반평면(upper half-plane)이라고 하고 연속적으로 미분할 수 있는(continuously differentiable) 함수[4] $\gamma:[a,b]\to\mathbb{H}\,(a<b)$가 모든 $t\in(a,b)$에 대하여 $\gamma'(t)\neq 0$를 만족시킬 때 γ를 상반평면 위의 매끄러운 곡선(smooth curve)이라고 하고 한다. 또한 함수 $\sigma:[0,1]\to\mathbb{H}$ 에 대하여 닫힌구간 $[0,1]$의 분할

$$0=t_0<t_1<\cdots<t_n=1$$

이 존재하고 모든 $k=1,2,\cdots,n$에 대하여 축소함수 $\sigma|_{[t_{k-1},t_k]}$가 매끄러운 곡선일 때 σ를 조각마다 매끄러운 곡선(piecewise smooth curve)이라고 한다. 앞으로, 특별한 언급이 없을 경우, 곡선은 조각마다 매끄러운 곡선을 의미한다.

상반평면 $\mathbb{H}$ 위의 곡선 σ의 길이를 다음과 같이 정의하자.

$$\text{length}_{\mathbb{H}}(\sigma)=\int_0^1\frac{|\sigma'(t)|}{\text{Im}(\sigma(t))}dt$$

이제 곡선의 길이의 정의를 이용하여 상반평면 위의 두 점 P,Q 사이의 거리를 다음과 같이 정의하자.

$$\text{dist}(\text{P},\text{Q})=\inf\{\text{length}_{\mathbb{H}}(\sigma)\,|\,\sigma\in\Gamma_{\text{P,Q}}\}$$

여기서, inf는 최대하계(infimum, greatest lower bound)을 나타내고, $\Gamma_{\text{P,Q}}$는 P,Q를 각각 처음점(initial point)과 끝점(terminal point)으로 가지는 모든 곡선들의 집합이다.

문제 3-13 위에서 정의한 거리는 임의의 점 $\text{P},\text{Q},\text{R}\in\mathbb{H}$ 에 대하여 다음을 만족시킴을 확인하여라.

- $\text{dist}(\text{P},\text{Q})\geq 0$
- $\text{dist}(\text{P},\text{Q})=\text{dist}(\text{Q},\text{P})$
- $\text{dist}(\text{P},\text{R})\leq\text{dist}(\text{P},\text{Q})+\text{dist}(\text{Q},\text{R})$
- $\text{P}=\text{Q}$이면 그리고 이때에만 $\text{dist}(\text{P},\text{Q})=0$이다.

---

4) 함수 $\gamma:[0,1]\to\mathbb{H}$ 가 $(0,1)$ 위에서 미분가능하고 γ'이 $[0,1]$에서 연속일 때 함수 γ는 연속적으로 미분가능하다고 한다.

1) 상반평면에서의 직선

유클리드 평면에서 두 점 P, Q가 주어지면 P, Q를 지나는 직선은 유일하게 존재하며 이 직선은 점 P에서 출발하여 점 Q에 도착하는 최단경로를 결정한다. 이를 일반화하여 상반평면에서의 직선을 정의하자.

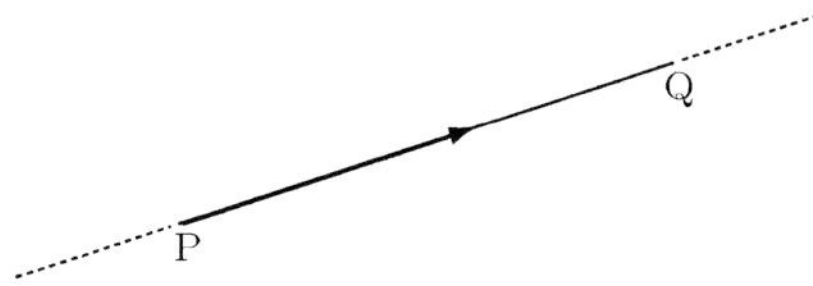

먼저, 상반평면에서 허수축 위의 두 점 ia, ib $(b > a > 0)$을 지나는 직선을 생각해보자. 상반평면에서의 곡선 $\sigma_0 : [0,1] \to \mathbb{H}$, $\sigma_0(t) = i\{(1-t)a + tb\}$의 길이는

$$\text{length}_{\mathbb{H}}(\sigma_0) = \int_0^1 \frac{b-a}{(1-t)a+tb}dt = \ln\frac{b}{a}$$

이며 ia, ib를 각각 처음점과 끝점으로 하는 임의의 곡선 $\sigma : [0,1] \to \mathbb{H}$,

$$\sigma(t) = x(t) + iy(t) \quad (x(t) = \text{Re}(\sigma(t)),\ y(t) = \text{Im}(\sigma(t)))$$

에 대하여

$$\begin{aligned}\text{length}_{\mathbb{H}}(\sigma) &= \int_0^1 \frac{|\sigma'(t)|}{\text{Im}(\sigma(t))}dt \\ &= \int_0^1 \frac{\sqrt{\{x'(t)\}^2 + \{y'(t)\}^2}}{y(t)}dt \\ &\geq \int_0^1 \frac{|y'(t)|}{y(t)}dt \geq \int_0^1 \frac{y'(t)}{y(t)}dt \\ &= \ln\frac{y(1)}{y(0)} = \ln\frac{b}{a}\end{aligned}$$

이므로 $\text{length}_{\mathbb{H}}(\sigma) \geq \text{length}_{\mathbb{H}}(\sigma_0)$, 즉 $\text{dist}(ia, ib) = \text{length}_{\mathbb{H}}(\sigma_0) = \ln\frac{b}{a}$가 성립한다. 다시 말해, 곡선 σ_0는 ia에서 출발하여 ib로 도착하는

최단경로이다. 따라서 반직선 $L=\{iy|y>0\}$은 L 위의 임의의 두 점 ia, ib에 대하여 ia, ib를 연결하는 최단경로를 결정하므로 L을 상반평면 $\mathbb{H}$에서의 직선이라고 할 수 있다.

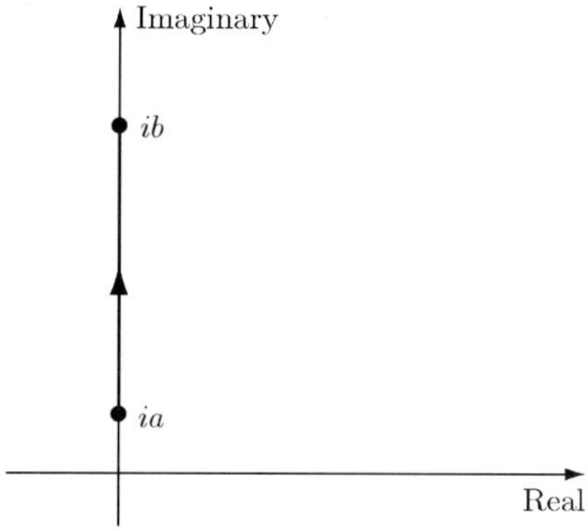

2) 뫼비우스 변환

상반평면 위의 임의의 두 점 P, Q가 주어졌을 때 P, Q를 연결하는 최단경로를 곡선의 길이의 정의를 이용하여 결정하는 것은 앞서 허수축 위의 두 점 ia, ib이 주어진 경우보다 복잡한 계산을 포함한다. 그러나 뫼비우스 변환을 이용하면 임의의 두 점 P, Q에 관한 문제를 허수축 위의 두 점 ia, ib의 문제로 바꿀 수 있다. 이를 위하여 여기서는 뫼비우스 변환에 관해 알아보자.

네 실수 a,b,c,d가 $ad-bc>0$을 만족시킬 때 변환 $\varphi:\mathbb{H}\to\mathbb{H}$,

$$\varphi(z)=\frac{az+b}{cz+d}$$

를 뫼비우스 변환(Möbius transformation)이라고 한다. 실수축 방향으로의 평행이동 $z\mapsto z+u\,(u\in\mathbb{R})$과 확장(dilation) $z\mapsto kz\ (k>0)$은 뫼비우스 변환의 대표적인 예이다.

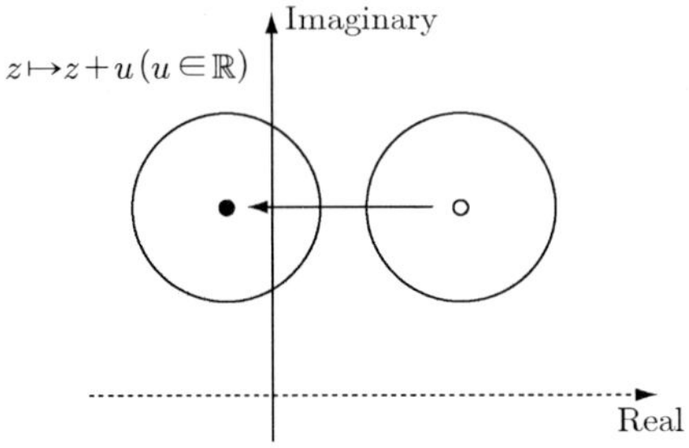

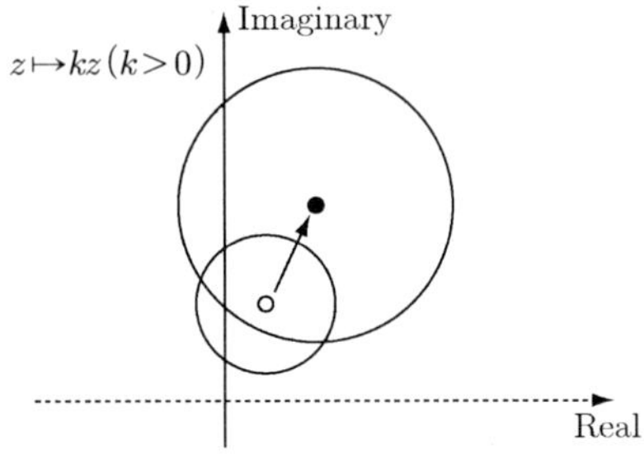

문제 3-14 다음을 확인하여라.
$ad-bc>0$을 만족시키는 네 실수 a,b,c,d와 임의의 $z \in \mathbb{H}$ 에 대하여

$$\mathrm{Im}\left(\frac{az+b}{cz+d}\right)>0, \quad 즉, \ \frac{az+b}{cz+d} \in \mathbb{H}$$

가 성립한다.

앞서 정의한 뫼비우스 변환이 잘 정의된(well-defined) 함수임을 알 수 있다.

문제 3-15 뫼비우스 변환 $\varphi : \mathbb{H} \to \mathbb{H}$,

$$\varphi(z) = \frac{az+b}{cz+d} \quad (a,b,c,d \in \mathbb{R}\,, \ ad-bc>0)$$

와 임의의 $z \in \mathbb{H}$ 에 대하여 다음이 성립함을 확인하여라.

$$|\varphi'(z)| = \frac{ad-bc}{|cz+d|^2}, \qquad \mathrm{Im}(\varphi(z)) = \frac{ad-bc}{|cz+d|^2}\mathrm{Im}(z)$$

이제, 뫼비우스 변환의 성질에 대하여 알아보자. 먼저 뫼비우스 변환 $\varphi : \mathbb{H} \to \mathbb{H}$,

$$\varphi(z) = \frac{az+b}{cz+d} \quad (a,b,c,d \in \mathbb{R}\,, \ ad-bc>0)$$

에 대하여 변환 $\psi : \mathbb{H} \to \mathbb{H}$,

$$\psi(z) = \frac{dz - b}{-cz + a}$$

를 생각해보자. 그러면 변환 ψ 역시 뫼비우스 변환이며 임의의 $z \in \mathbb{H}$ 에 대하여 다음이 성립함을 알 수 있다.

$$\begin{aligned}(\psi \circ \varphi)(z) &= \frac{d \cdot \dfrac{az+b}{cz+d} - b}{-c \cdot \dfrac{az+b}{cz+d} + a} = \frac{d(az+b) - b(cz+d)}{-c(az+b) + a(cz+d)} \\ &= \frac{(ad-bc)z}{ad-bc} = z,\end{aligned}$$

$$\begin{aligned}(\varphi \circ \psi)(z) &= \frac{a \cdot \dfrac{dz-b}{-cz+a} + b}{c \cdot \dfrac{dz-b}{-cz+a} + d} = \frac{a(dz-b) + b(-cz+a)}{c(dz-b) + d(-cz+a)} \\ &= \frac{(ad-bc)z}{ad-bc} = z\end{aligned}$$

따라서 뫼비우스 변환 φ는 일대일대응이며 $\varphi^{-1} = \psi$이다.

한편, 뫼비우스 변환 $\varphi : \mathbb{H} \to \mathbb{H}$,

$$\varphi(z) = \frac{az+b}{cz+d} \quad (a, b, c, d \in \mathbb{R},\ ad - bc > 0)$$

와 곡선 $\sigma : [0, 1] \to \mathbb{H}\ (\sigma(0) = \mathrm{P},\ \sigma(1) = \mathrm{Q})$에 관하여 변환 φ가 $\mathbb{H}$ 위에서 무한히 미분가능하고 임의의 $0 < t < 1$에 대하여

$$(\varphi \circ \sigma)'(t) = \varphi'(\sigma(t)) \cdot \sigma'(t) = \frac{ad-bc}{(c\sigma(t)+d)^2} \cdot \sigma'(t) \neq 0$$

이 성립하므로, 뫼비우스 변환 φ에 의한 곡선 σ의 상(image)

$$\varphi \circ \sigma : [0, 1] \to \mathbb{H}$$

는 $\varphi(\mathrm{P})$, $\varphi(\mathrm{Q})$를 각각 시작점과 끝점으로 하는 곡선이다. 다시 말해, 임의의 $\sigma \in \Gamma_{\mathrm{P,Q}}$에 대하여 $\varphi \circ \sigma \in \Gamma_{\varphi(\mathrm{P}), \varphi(\mathrm{Q})}$이다.

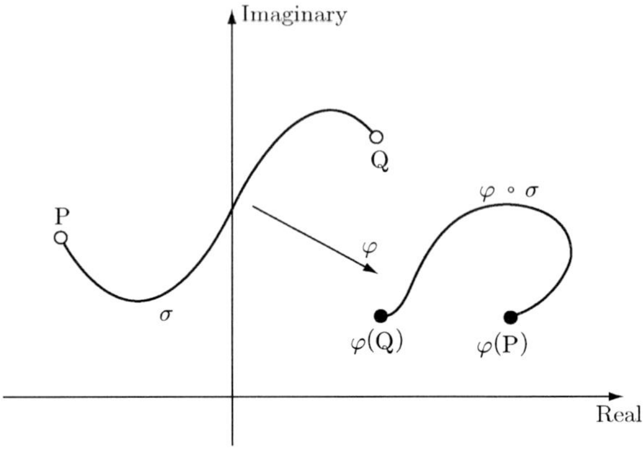

이제 뫼비우스 변환 φ로부터 두 집합 $\Gamma_{\mathrm{P,Q}}$와 $\Gamma_{\varphi(\mathrm{P}),\varphi(\mathrm{Q})}$ 사이의 일대일대응 $\Phi:\Gamma_{\mathrm{P,Q}}\to\Gamma_{\varphi(\mathrm{P}),\varphi(\mathrm{Q})}$, $\Phi(\sigma)=\varphi\circ\sigma$을 얻을 수 있다. 실제로 함수

$$\Psi:\Gamma_{\varphi(\mathrm{P}),\varphi(\mathrm{Q})}\to\Gamma_{\mathrm{P,Q}},\ \Psi(\sigma)=\varphi^{-1}\circ\sigma$$

에 대하여 $\Psi\circ\Phi=\mathrm{id}_{\Gamma_{\mathrm{P,Q}}}$이고 $\Phi\circ\Psi=\mathrm{id}_{\Gamma_{\varphi(\mathrm{P}),\varphi(\mathrm{Q})}}$이므로 Φ는 일대일대응이고 $\Phi^{-1}=\Psi$이다. 더욱이, 문제 3-13으로부터 다음이 성립함을 알 수 있다.

$$\begin{aligned}\mathrm{length}_{\mathbb{H}}(\varphi\circ\sigma)&=\int_0^1\frac{|(\varphi\circ\sigma)'(t)|}{\mathrm{Im}((\varphi\circ\sigma)(t))}dt\\&=\int_0^1\frac{|\varphi'(\sigma(t))||\sigma'(t)|}{\mathrm{Im}((\varphi\circ\sigma)(t))}dt\\&=\int_0^1\frac{\dfrac{ad-bc}{|c\sigma(t)+d|^2}|\sigma'(t)|}{\dfrac{ad-bc}{|c\sigma(t)+d|^2}\mathrm{Im}(\sigma(t))}dt\\&=\int_0^1\frac{|\sigma'(t)|}{\mathrm{Im}(\sigma(t))}dt=\mathrm{length}_{\mathbb{H}}(\sigma)\end{aligned}$$

즉, 뫼비우스 변환은 곡선의 길이를 보존시키는 등거리 함수(isometry)이다. 따라서 뫼비우스의 변환 φ와 상반평면 위의 두 점 P,Q에 대하여,

곡선 $\sigma:[0,1]\to\mathbb{H}$가 두 점 P, Q를 연결하는 최단경로일 때 그리고 이때에만 $\Phi(\sigma)=\varphi\circ\sigma:[0,1]\to\mathbb{H}$는 두 점 $\varphi(\mathrm{P})$, $\varphi(\mathrm{Q})$를 연결하는 최단경로가 된다.

3) 상반평면에서의 직선: 재 고찰

상반평면에서의 직선에 관하여 다시 알아보자. 뫼비우스 변환을 이용하여 상반평면위의 임의의 두 점 P, Q 사이의 거리, P, Q를 연결하는 최단경로와 이들을 지나는 직선을 생각해보자.

먼저 두 점 $\mathrm{P},\mathrm{Q}\in\mathbb{H}$가 각각 같은 실수부를 갖는 두 복소수 $p+ia$, $p+ib$라고 하자. 이 경우에 두 점 P, Q는 실수축에 수직인 한 직선 $\mathrm{Re}(z)=p$위의 두 점이다.

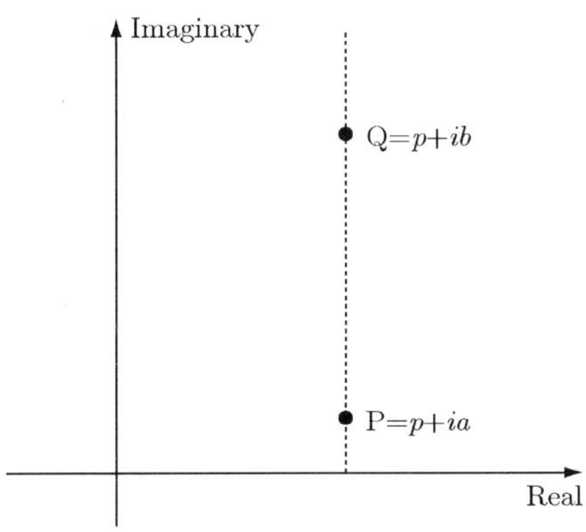

평행이동 $\varphi:z\mapsto z-p$은 뫼비우스 변환이고 φ는 두 점 P, Q를 각각 ia와 ib로 이동시킨다. 또한 ia와 ib를 연결하는 최단경로는

$$\sigma_0:[0,1]\to\mathbb{H},\ \sigma_0(t)=i\{(1-t)a+tb\}$$

이므로 점 P, Q를 연결하는 최단경로는 다음과 같다.

$$\Psi(\sigma_0)=\varphi^{-1}\circ\sigma_0:[0,1]\to\mathbb{H},\ \varphi^{-1}\circ\sigma_0(t)=p+i\{(1-t)a+tb\}$$

특히, 위 곡선은 반직선 $\mathrm{L}_p=\{p+iy\,|\,y>0\}$의 일부분이다.

반직선 $\mathrm{L}=\{iy \mid y>0\}$과 같이 실수축에 수직인 임의의 반직선

$$\mathrm{L}_p=\{p+iy \mid y>0\}$$

은 L_p위의 두 점 $p+ia$와 $p+ib$를 연결하는 최단경로를 결정하므로 L_p 역시 상반평면에서의 직선이라고 할 수 있다.

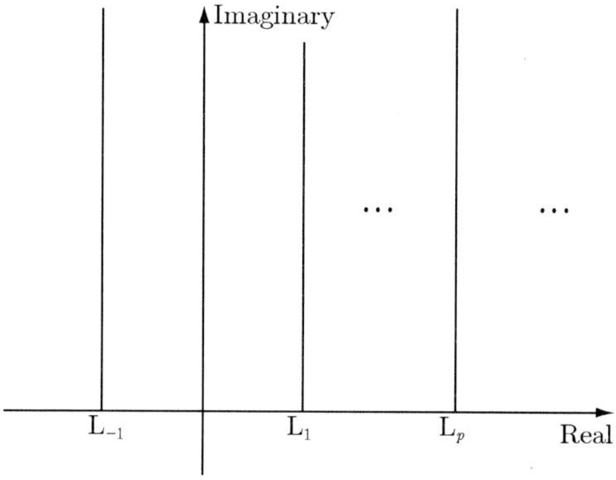

이제 두 점 $\mathrm{P}, \mathrm{Q} \in \mathbb{H}$가 각각 다른 실수부를 갖는 두 복소수라고 하자. 그러면 (유클리드 평면에서의) 선분 $\overline{\mathrm{PQ}}$의 수직이등분선과 실수축은 한 점에서 만나며 그 점을 M이라고 하면 $\overline{\mathrm{MP}}=\overline{\mathrm{MQ}}$이므로 점 C를 중심으로 가지고 두 점 P, Q를 지나는 (유클리드 평면에서의) 원 C가 존재한다.

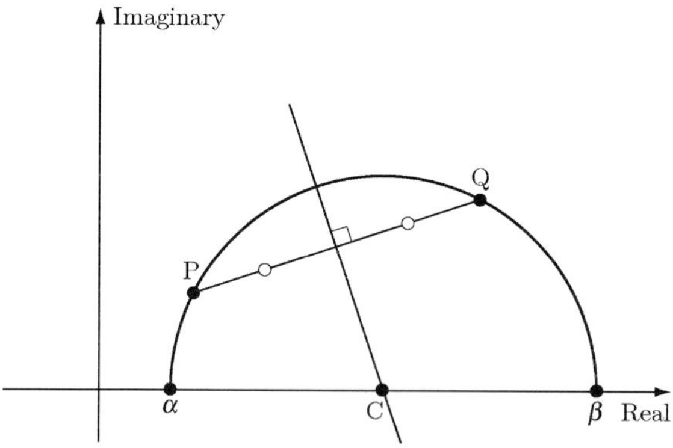

원 C와 실수축이 만나는 두 점을 A, B라 하고 이 두 점에 대응되는 복소수를 각각 α, β ($\mathrm{Re}(\alpha) < \mathrm{Re}(\beta)$)라고 하자. 뫼비우스 변환 $\varphi : \mathbb{H} \to \mathbb{H}$,

$$\varphi(z) = \frac{z-\beta}{z-\alpha}$$

을 생각하자. 다음 그림과 같이 반원 위의 임의의 점 R에 대응되는 복소수를 ω라 하고 θ_α와 θ_β를 각각 두 선분 $\overline{\mathrm{RA}}$, $\overline{\mathrm{RB}}$가 실수축의 양의 방향과 이루는 각의 크기라고 하자. 그러면 z는 다음과 같이 표현된다.

$$\omega = \alpha + |z-\alpha|(\cos\theta_\alpha + i\sin\theta_\alpha) = \beta + |z-\beta|(\cos\theta_\beta + i\sin\theta_\beta)$$

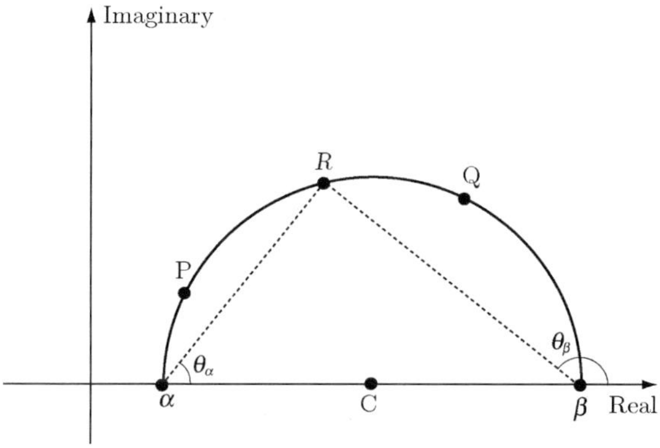

$\theta_\beta - \theta_\alpha = \angle \mathrm{BRA} = 90°$이므로 다음을 얻을 수 있다.

$$\begin{aligned}\varphi(\omega) &= \frac{\omega-\beta}{\omega-\alpha} = \frac{|\omega-\beta|(\cos\theta_\beta + i\sin\theta_\beta)}{|\omega-\alpha|(\cos\theta_\alpha + i\sin\theta_\alpha)} \\ &= \frac{|\omega-\beta|}{|\omega-\alpha|}(\cos(\theta_\beta-\theta_\alpha) + i\sin(\theta_\beta-\theta_\alpha)) \\ &= i\frac{|\omega-\beta|}{|\omega-\alpha|}\end{aligned}$$

즉 반원위의 임의의 점 ω의 뫼비우스 변환 φ에 의한 상은 양의 허수축(반직선 L) 위에 놓인다. 따라서 두 점 P, Q는 φ에 의하여 반직선 L위의 두 점 $\varphi(P)$, $\varphi(Q)$로 이동되고 반직선 L은 두 점 $\varphi(P)$, $\varphi(Q)$의 최단경로를 결정하므로 반원 역시 P, Q의 최단경로를 결정한다.

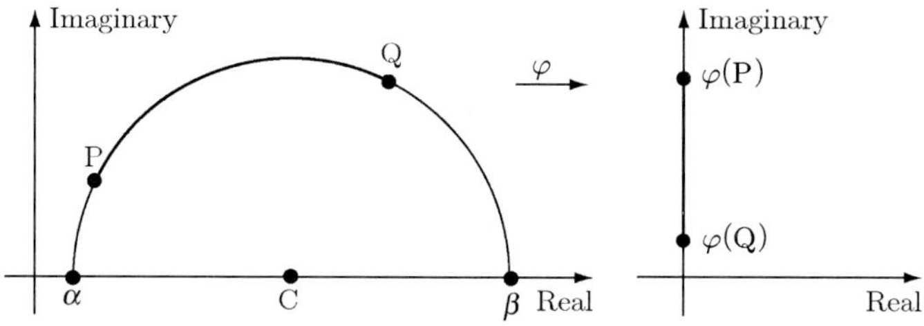

그러므로 상반평면에서의 직선은 실수축과 수직인 반직선들과 실수축에 중심이 존재하는 유클리드 공간의 반원들이다. 아래 그림은 상반평면 모델에서의 몇 가지 직선들을 표현한 것이다.

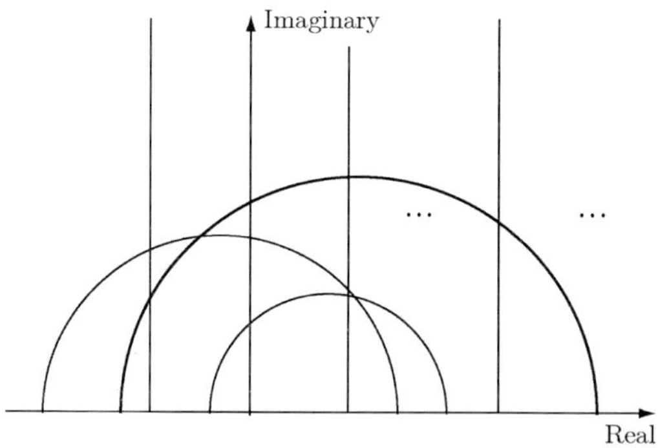

문제 3-16 아래 그림을 이용하여 상반평면 모델에서는 유클리드 제5공준이 성립하지 않음을 확인하여라.

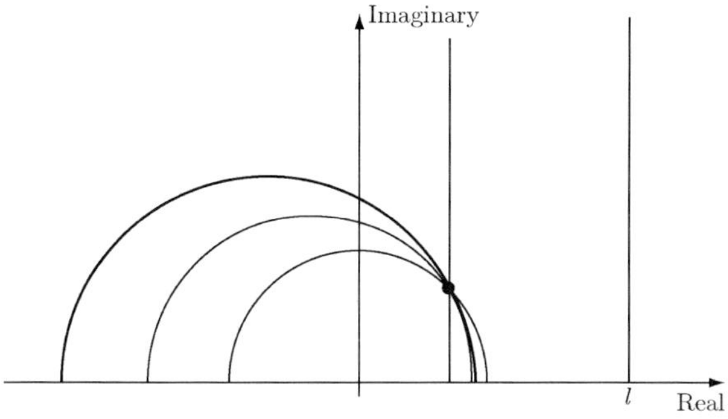

4) 상반평면에서의 다각형

상반평면에서의 직선은 실수축과 수직인 유클리드 평면에서의 반직선들과 실수축 위에 중심이 있는 유클리드 평면에서의 반원들이라는 사실에 대하여 알아보았다. 유클리드 평면에서와 마찬가지로 상반평면에서의 다각형은 상반평면에서의 세 개 이상의 선분(직선의 일부분)으로 둘러싸인 도형을 말한다. 특히 상반평면에서의 두 직선이 한 점에서 만날 때 두 직선이 이루는 각은 아래 그림과 같이 교점에서의 접선(tangent line)이 이루는 각으로 정의한다.

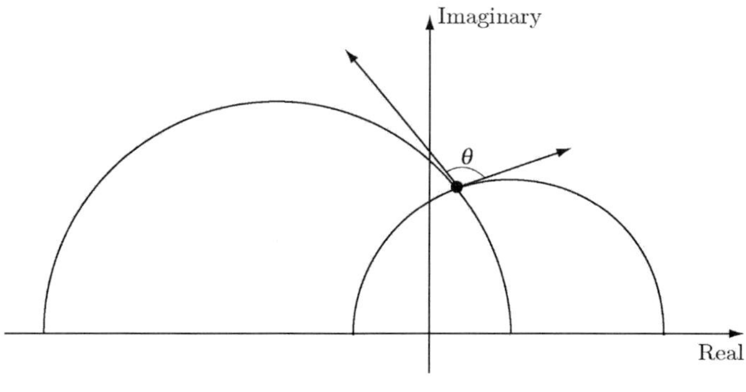

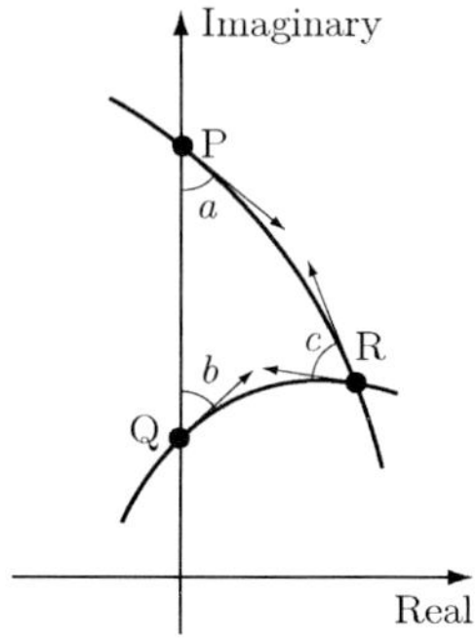

유클리드 평면에서와 달리 상반평면에서 삼각형의 세 내각의 크기의 합은 항상 180°보다 작다. 먼저 삼각형의 두 점 P,Q가 양의 허수축 위에 있는 삼각형 PQR을 생각해보자. 일반성을 잃지 않고 점 P에 대응되는 허수부가 점 Q에 대응되는 허수부보다 크다고 가정할 수 있다. 이 때 세 점 P,Q,R에 대응되는 각의 크기를 각각 a,b,c 라고 하자.

이제 아래 그림과 같이 선분(유클리드평면에서의 호) PR과 선분 QR을 결정하는 중심을 각각 C,C′이라고 하자.

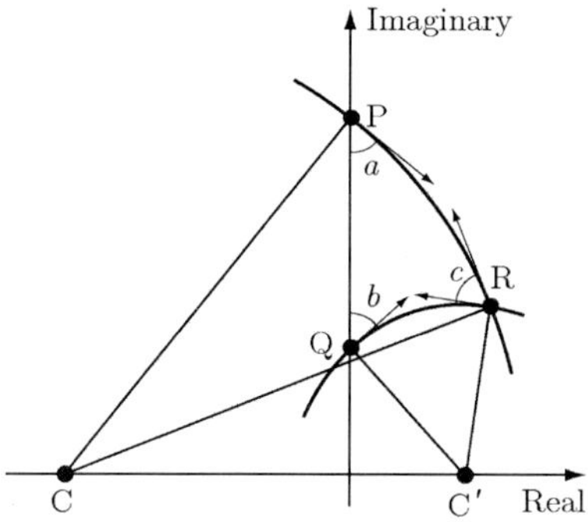

원 위의 임의의 한 점에서의 접선은 그 점과 중심을 이은 반지름과 수직이므로 다음을 얻을 수 있다.

$$\angle \mathrm{PCC'} = a,\ \ \angle \mathrm{QC'C} = b,\ \ \angle \mathrm{CRC'} = c$$

이제 점 R에 실수축에 의한 대칭점을 R′이라고 하자. 그러면 분명히

$$\angle \mathrm{PR'R} < \angle \mathrm{QR'R}$$

이고 원주각의 크기는 중심각의 크기의 반이므로

$$\angle \mathrm{PCC'} = 2\angle \mathrm{PR'R} < 2\angle \mathrm{QR'R} = \angle \mathrm{QC'R}$$

을 얻을 수 있다.

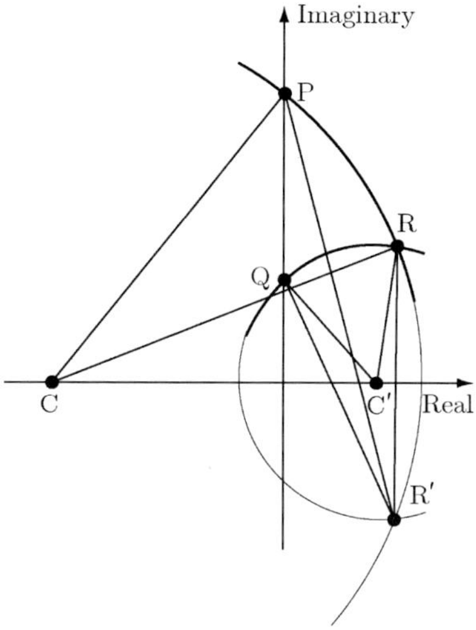

$\angle \mathrm{PCC'} = \angle \mathrm{PCR} + \angle \mathrm{RCC'}$이고 $\angle \mathrm{RCC'} + \angle \mathrm{QC'C} + \angle \mathrm{QC'R} + \angle \mathrm{CRC'} = 180^\circ$ 이므로 다음을 얻을 수 있다.

$$a+b+c = \angle \mathrm{PCR} + \angle \mathrm{RCC'} + \angle \mathrm{QC'C} + \angle \mathrm{CRC'} < \angle \mathrm{RCC'} + \angle \mathrm{QC'C} + \angle \mathrm{QC'R} + \angle \mathrm{CRC'} = 180^\circ$$

문제 3-17 다음을 확인하여라.

- $\Omega \subset \mathbb{C}$ 가 열린집합이고, 복소함수 $f: \Omega \to \mathbb{C}$ 가 Ω 위에서 미분가능하다고 하자. $z_0 \in \Omega$에 대하여 $f'(z_0) \neq 0$이면 f는 z_0에서의 각의 크기를 보존한다. 즉 z_0를 지나는 임의의 두 곡선 γ와 η에 대하여 $f \circ \gamma$와 $f \circ \eta$가 $f(z_0)$를 지나는 두 곡선이면, z_0에서 이루는 각의 크기는 두 곡선 $f \circ \gamma$와 $f \circ \eta$가 $f(z_0)$에서 이루는 각의 크기와 같다.
- 뫼비우스 변환은 상반평면위의 모든 점에서의 각의 크기를 보존한다. 즉, 뫼비우스 변환은 등각사상이다. 이 사실과 앞서 살펴 본 특별한 삼각형의 경우로부터 상반평면위의 모든 삼각형의 세 내각의 크기의 합은 180° 보다 작음을 확인할 수 있다.

따라서 상반평면에서는 앞서 유클리드 평면이나 구면에서는 불가능하였던 정규테셀레이션이 가능하다. 아래 그림은 상반평면에서의 {7, 3}-정규테셀레이션을 보여준다.

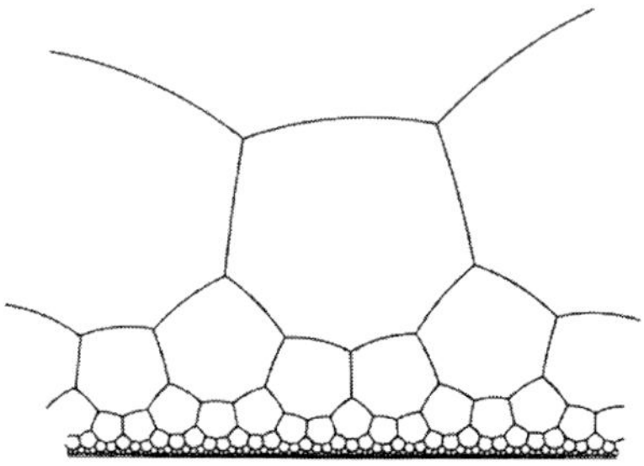

나. 포앙카레 디스크 모델

유클리드 평면과 구면에서 가능하지 않았던 다양한 정규테셀레이션을 상반평면위에 구현할 수 있다. 그러나 상반평면 $\mathbb{H}$ 는 유클리드평면과 마찬가지로 그 영역이 무한하기 때문에 상반평면 위에서의 테셀레이션을 시각적으로 표현하는 데 어려움이 있다. 이러한 관점에서 여기서는 유한한 영역 속에 테셀레이션을 시각적으로 표현할 수 있는 포앙카레 디스크 모델 $\mathbf{D}$ 에 대하여 알아보자. 이 모델은 뒤에 소개할 에셔의 작품 '원형극한'의 공간이다.

포앙카레 디스크(Poincaré Disc)는 복소평면 $\mathbb{C}$ 의 부분집합으로써 $\mathbf{D} = \{z \in \mathbb{C} \mid |z| < 1\}$ 으로 정의된다. 이제 변환 $\varphi : \mathbb{H} \rightarrow \mathbf{D}$,

$$\varphi(z) = \frac{z-i}{z+i}$$

를 생각해보자. 변환 $\psi : \mathbf{D} \rightarrow \mathbb{H}$,

$$\psi(z) = \frac{iz+i}{-z+1}$$

에 대하여 $\psi \circ \varphi = \mathrm{id}_{\mathbb{H}}$ 이고 $\varphi \circ \psi = \mathrm{id}_{\mathbf{D}}$ 이므로 φ는 일대일대응이고 $\varphi^{-1} = \psi$ 이다. 또한 포앙카레 디스크에서의 곡선 $\sigma : [a, b] \rightarrow \mathbf{D}$ 의 길이를 다음과 같이 정의하자.

$$\text{length}_{\mathrm{D}}(\sigma) = \text{length}_{\mathbb{H}}(\psi \circ \sigma)$$

그러면 뫼비우스 변환과 마찬가지로 변환 φ는 상반평면 위의 곡선 σ를 포앙카레 디스크 위의 곡선 $\varphi \circ \sigma$로 변환시킴을 알 수 있다. 더욱이 상반평면 위에 두 점 P, Q를 각각 시작점과 끝점으로 하는 곡선들은 포앙카레 디스크 위에 두 점 $\varphi(\mathrm{P})$, $\varphi(\mathrm{Q})$를 각각 시작점과 끝점으로 하는 곡선들과 일대일 대응된다.

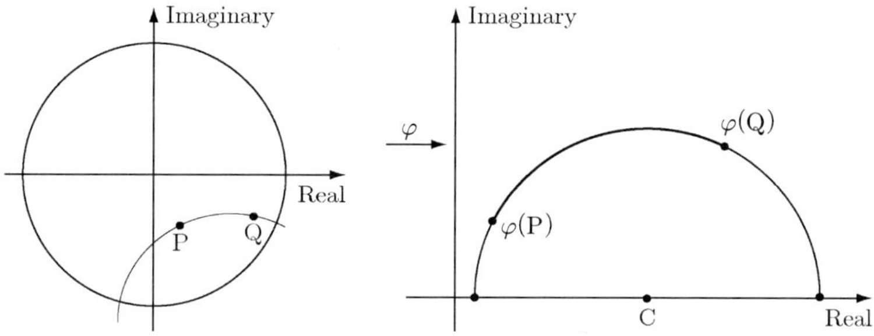

따라서, 포앙카레 디스크 위 두 점 사이의 거리의 정의에 의하여 포앙카레 디스크 모델에서의 직선들은 상반평면 모델에서의 쌍곡직선들의 φ에 의한 상이다.

문제 3-18 포앙카레 디스크에서의 직선은 다음 중 하나의 꼴임을 확인하여라.

- D의 중심을 지나는 지름
- D와 수직으로 만나는 원의 호

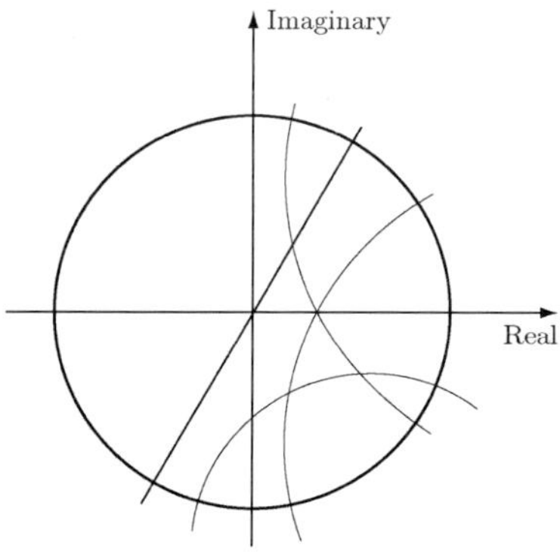

상반평면 $\mathbb{H}$ 에서와 마찬가지로 포앙카레 디스크 $\mathbf{D}$ 에서의 각의 크기 역시 접선을 이용하여 정의한다. 그러면 φ는 $\mathbb{H}$ 위에서 미분가능하며 모든 $z \in \mathbb{H}$ 에 대하여 $\varphi'(z) \neq 0$ 이므로 φ는 각을 보존하는 등각사상이다. 이 사실과 상반평면위의 모든 삼각형의 세 내각의 크기는 180° 보다 작다는 사실로부터 포앙카레 디스크에서의 삼각형의 세 내각의 크기의 합이 180° 보다 작음을 확인 할 수 있다.

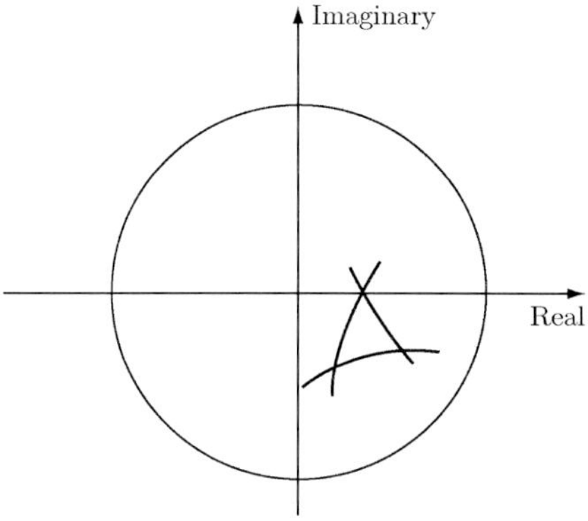

아래 그림은 앞서 본 상반평면에서의 {7,3}-정규테셀레이션을 φ에 의하여 변환하여 얻은 포앙카레 디스크에서의 {7,3}-정규테셀레이션이다.

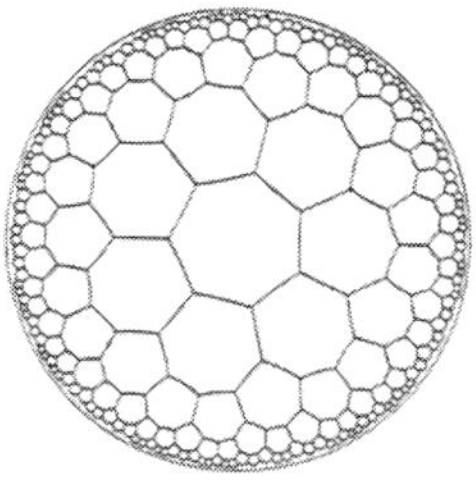

다. 에셔의 원형극한

먼저, 에셔의 원형극한 I을 포앙카레 디스크 모델을 이용하여 살펴보도록 하자. 아래 그림은 포앙카레 디스크 모델에서 30°-45°-90° 삼각형을 이용한 테셀레이션이다.

위 테셀레이션에서 빗변을 공유하는 삼각형들을 같은 색이 되도록 칠하면 아래와 같이 연모양을 얻을 수 있다.

이제, 위 그림에서 연을 이루는 변들 중 짧은 변에서 삼각형을 잘라내어 연의 긴 변에 붙이는 조작을 하고 이렇게 하여 얻은 그림에 눈과 뼈 등을 그려 넣으면 다음 그림의 오른쪽 같이 원형극한 I의 테셀레이션을 위한 기본 도형을 얻을 수 있다.

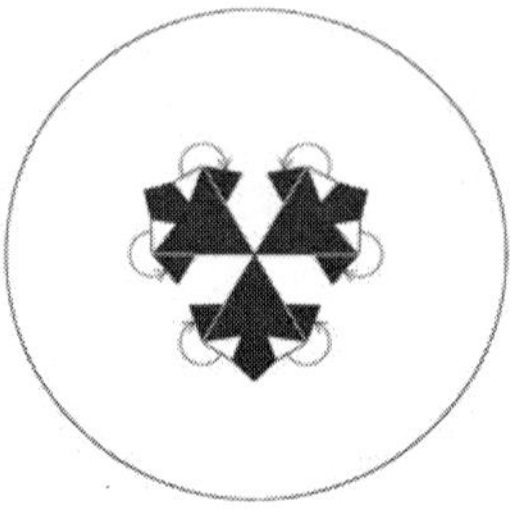

에셔는 자신의 원형극한 I에 대하여 스스로 다음과 같은 비평을 하였다.

- 실제 물고기의 윤곽이 곡선인데 반해 원형극한 I의 물고기의 윤곽은 직선으로 되어 있다.
- 물고기의 척추가 같은 직선 위에 있으면서 같은 색의 물고기들의 방향이 서로 반대 방향이다.

뿐만 아니라 에셔가 지적하지 않은 다음의 비평도 있다.

- 원형극한 I은 색상 대칭이 아니다. 즉, 흰 물고기와 검은 물고기가 합동이 아니다.

위 비평은 흰 물고기와 검은 물고기의 코의 각도가 각각 90°와 60°으로 다르다는 사실로부터 관찰될 수 있다.

앞서 살펴본 에셔의 원형극한 I에서의 문제점은 포앙카레 디스크에서의 정규테셀레이션을 통하여 대부분 해결이 가능하다.

다음의 그림에서 원형극한 II, III, IV를 분석해 보자.

원형극한 II

원형극한 III

원형극한 IV

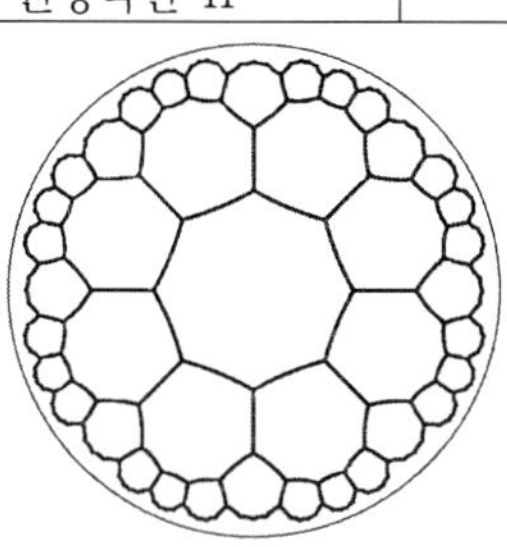

{8,3}−정규테셀레이션

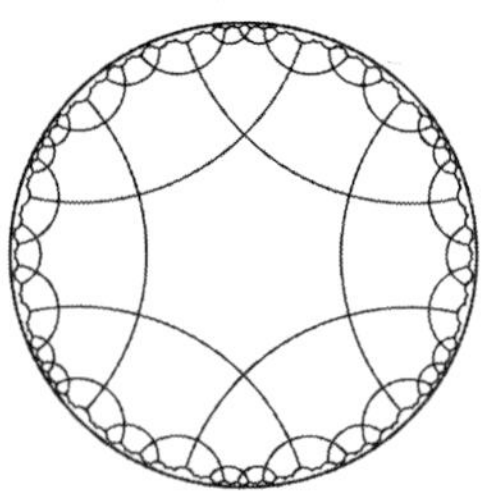

{6,4}−정규테셀레이션

원형극한 II를 살펴보면 중앙의 X표를 둘러싼 8개의 십자가 모양이 있는데 십자가의 두 선분이 교차하는 8개의 점을 이으면 정 8각형이 되고 각각 꼭짓점에서 세 직선이 교차하므로 정규 {8, 3}-테셀레이션을 기초로 한 작품임을 알 수 있다. 또한 에셔의 원형극한 III에서는 {8, 3}-정규테셀레이션을 이용하여 원형극한 I에서 나타난 문제점들이 모두 해결되었음을 확인할 수 있다. 마지막으로 원형극한 IV는 원형극한 I과 마찬가지로 정규 {6, 4}-테셀레이션을 기초로 한 작품임을 알 수 있다. 지금까지 살펴본 에셔의 원형극한에 나타난 패턴들을 종합하면 원형극한 I과 IV는 포앙카레 디스크 모델에서의 정규 {6, 4}-테셀레이션을 기초로 한 것이고, 원형극한 II와 III은 포앙카레 디스크 모델에서의 정규 {8, 3}-테셀레이션임을 기초로 한 것임을 알 수 있다.

문제 3-17 검색엔진에서 원형극한을 검색하여 감상하여라.

8. 띠와 벽지의 분류[5)]

대칭의 관점에서 띠는 7개, 벽지는 17개의 타입이 있다는 것을 앞에서 증명하였다. 여기에서는 orbifold 기호에 의한 접근을 통하여 이 사실을 간략히 살핀다. 이 방법은 여러 수학자에 의해 제안되고 구체화되었지만 여기에서는 콘웨이(Conway & Huson, 2002)에 의해 제안된 용어와 방법을 소개한다.

가. orbifold 기호

먼저, 유클리드 평면에서 사용되는 몇 가지 orbifold 기호에 대하여 살핀다.

---

5) 이 부분은 신현용, 나준영, 신실라(2014)의 일부이다.

1) 반사축

반사(reflection)축은 *로 나타내고, *의 앞과 뒤에 숫자들이 나열될 수 있다.

2) $*abcd$

반사축 위의 있는 회전축은 $*abcd$와 같은 형태로 표현된다. 예를 들어, *632는 반사축 위에 세 개의 회전축이 있으며 각각의 회전각도는 $\frac{360}{6}=60°$, $\frac{360}{3}=120°$, $\frac{360}{2}=180°$라는 뜻이다. 다음은 *632 타입의 벽지 문양이다.

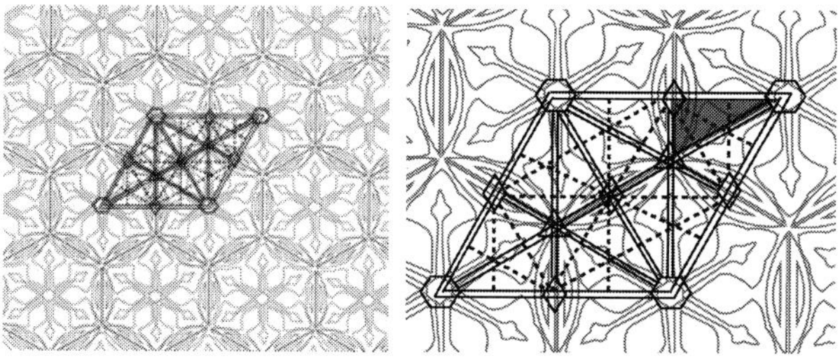

오른쪽 그림에서 음영으로 된 삼각형은 이 문양이 가지는 여러 대칭에 의해 문양 전체를 생성할 수 있는 최소 부분이다. 이 삼각형의 세 개의 꼭짓점은 모두 반사 축 위에 있는 회전축이며, 각각의 회전 각도는 60°, 120°, 180°이다. 반사축 위에 있는 회전축을 보통 'corner point'라고 한다.

3) $ABCD$

반사축 위에 있지 아니한 회전축은 $ABCD$와 같은 형태로 표현된다. 예를 들어, 632는 반사축 위에 있지 아니한 세 개의 회전축이 있음을 나타낸다. 각 점에서의 회전각도는 앞에서와 같이 계산된다. 다음은 632 타입의 벽지 문양이다.

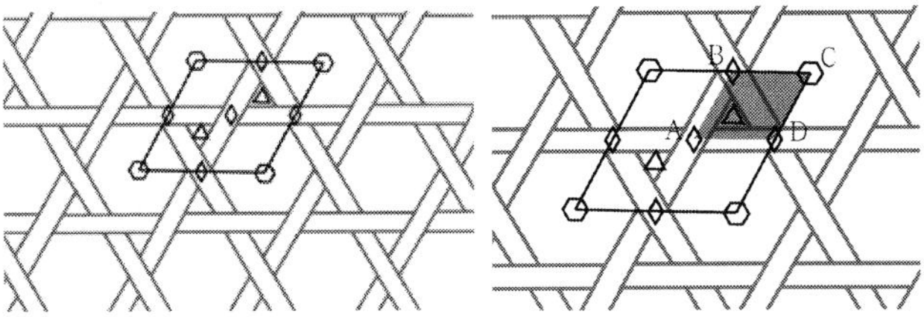

오른쪽 그림에서 음영으로 된 평행사변형은 이 문양이 가지는 여러 대칭에 의해 문양 전체를 생성할 수 있는 최소 부분이지만 점 D는, C를 축으로 하는 회전 대칭에 의해, 점 B로부터 얻어진다. 즉, 점 D는 점 B의 대칭 궤도(orbit)에 있다. 이제, 세 개의 점 A, B, C는 모두 반사 축 위에 있지 않은 회전축이며, 각각의 회전 각도는 60°, 120°, 180°이다. 반사축 위에 있지 않은 회전축을 보통 'cone point'라고 한다.

4) $ABCD^{*}abcd$

* 앞에 쓰인 숫자는 * 없이 쓰인 숫자와 마찬가지로 반사축 위에 있지 아니한 회전축의 회전 각도를 알게 한다. 예를 들어, 4*2는 반사축 위에 있지 아니한 90°회전축과 반사축 위에 있는 180°회전축이 있다는 뜻이다. 다음은 4*2 타입의 벽지 문양이다.

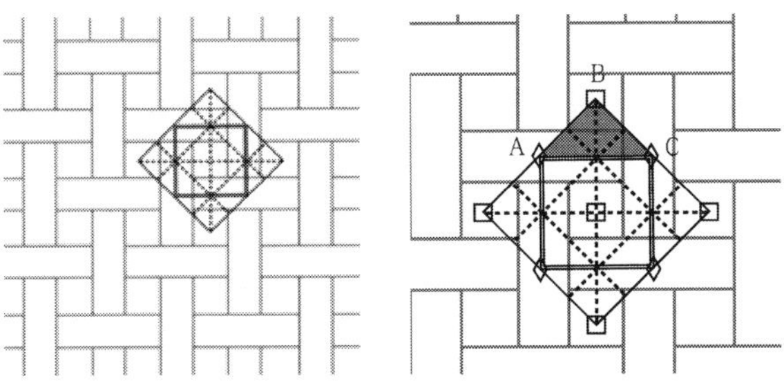

오른쪽 그림에서 음영으로 된 삼각형은 이 문양이 가지는 여러 대칭에 의해 문양 전체를 생성할 수 있는 최소 부분이지만, 점 C는, 점 B를 축으

로 하는 회전 대칭에 의해, 점 A로부터 얻어진다. 즉, 점 C 는 점 A의 대칭 궤도에 있다. 이제, 점 B는 반사 축 위에 있지 않은 회전축으로서 회전 각도는 90°이고, 점 A는 반사축 위에 있는 회전축으로서 회전 각도는 180° 이다.

5) 미끄럼반사

미끄럼반사축은 ×로 표시된다. 예를 들어, 22×는 반사축 위에 있지 아니한 두 개의 회전축(회전 각도 180°)이 있으며 미끄럼반사가 있다는 뜻이다. 다음은 22×타입의 벽지 문양이다.

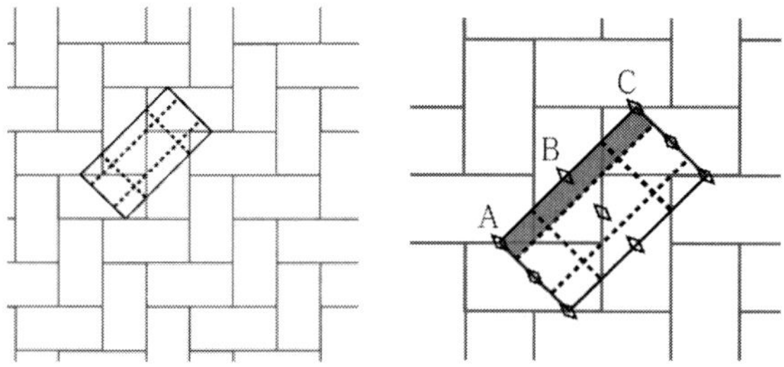

오른쪽 그림에서 음영으로 된 사각형은 이 문양이 가지는 여러 대칭에 의해 문양 전체를 생성할 수 있는 최소 부분이지만, 점 C는, 점 B를 축으로 하는 회전 대칭에 의해, 점 A로부터 얻어진다. 즉, 점 C는 점 A의 대칭 궤도에 있다. 이제, 두 점 A와 B는 모두 반사축 위에 있지 않은 회전축으로서 회전 각도는 모두 180°이다. 미끄럼반사축은 하나만 표시해도 충분하다.

6) 평행이동

평행이동 외의 아무런 대칭이 없을 때 ∘로 표현된다. 다음은 ∘타입의 벽지 문양이다.

아래 그림에서 음영으로 된 직사각형은 이 문양이 가지는 여러 대칭에 의해 문양 전체를 생성할 수 있는 최소 부분이다. 여기에는 아무런 대칭이 없다.

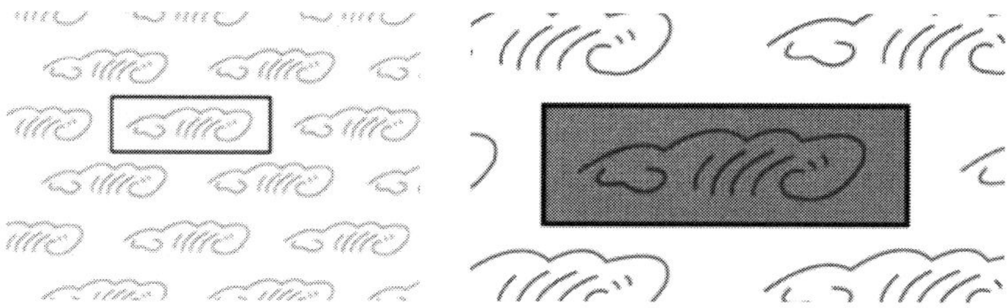

나. 구면위의 문양

유클리드 평면위의 문양에 사용되는 대칭과 기호는 구면 위의 문양에도 동일하게 사용된다. 먼저, 유클리드 평면위에서의 평행이동을 무한히 큰 구면 위에서의 회전으로 생각할 수 있으므로 유클리드 평면위에서 생각하는 미끄럼반사는 구면위에서는 '회전 후 반사'로 생각할 수 있다. 이때의 반사 축은 회전축과 직교한다. 구면 위에서의 이러한 대칭을 보통 '회전반사(rotatory reflection)'라고 하고, 기호는 미끄럼반사와 마찬가지로 × 이다. 콘웨이 등(Conway & Huson, 2002)은 이를 'mirrorless crossing'이라고 하며 보통 'miracle'이라고 한다. 또, 구면문양에서도 아무런 대칭이 없을 때 ∘로 표현하고, 'wonderful wandering'이라고 하며 보통 'wonder-ring'이라고 한다.

한편, 주어진 문양에 orbifold 기호를 부여하기 위해, 앞에서 '최소 부분'에 관하여 살펴보았다. 그러나 그 때의 최소부분은 평행이동과는 무관하고 반사축도 구면에서 자연스럽게 생각할 수 있으므로, 앞의 방법은 구면 문양의 orbifold 기호를 부여하는 경우에도 유효하다. 참고로, 구면 위에서의 대칭은 반사, 회전, 그리고 회전반사 중 하나이다. 이 사실의 구체적인 증명은 Conway, Burgiel, Goodman-Strauss(2008)에서 찾아볼 수 있다.

다. 마술정리

구면 위에 그려진 지도(map)에 대하여 $v-e+f=2$가 성립한다. 여기서 v는 꼭짓점의 개수, e는 모서리의 개수, 그리고 f는 면의 개수를 나타낸다. 정다면체의 표면도 구면 위에 그려진 지도로 볼 수 있기 때문에 동일한 관계식이 성립한다. 콘웨이는 이 오일러 정리를 사용하여 구면 위에 그려진 문양에 관하여 유용한 '마술정리(Magic Theorem)'를 증명하였다.

마술정리를 기술하기 위해 몇 가지를 주목한다.

1) 문양의 대칭성, 즉 문양의 타입을 다음과 같은 순서로 표현한다.

$$\circ \ldots \circ\ AB \ldots C * ab \ldots c \times \ldots \times$$

2) 각각의 대칭축은 다음과 자릿값을 가진다.

$\circ$	A	$*$	a	$\times$
2	$\frac{A-1}{A}$	1	$\frac{a-1}{2a}$	1

예를 들어, 4*2인 경우 자릿값의 총합은 $\frac{4-1}{4}+1+\frac{2-1}{2\times 2}=\frac{3}{4}+1+\frac{1}{4}=2$이다. 한편, A 또는 a가 무한(∞)인 경우에는 그 값이 각각 1 또는 $\frac{1}{2}$이다.

구면 위에 그려진 문양을 '구면문양(spherical pattern)'이라고 부른다.

구면문양 타입에 관한 마술정리는 다음과 같다.

구면문양 타입에서 자릿값의 총합은 $2-\frac{2}{g}$이다. 여기서 g는 그 문양에 존재하는 대칭의 총 개수이다.

대칭의 총 개수는 1 이상이므로 구면문양 타입에서 자릿값의 총합은 2 미만이다.

이제, 구면문양에 관한 마술정리로부터 구면문양의 가능한 타입을 모두 알 수 있다. 자릿값의 총합이 2 미만이므로 네 개 이상의 숫자는 가능하지 않다는 것은 분명하다.

가) 반사가 없는 경우

세 개의 숫자로 이루어진 타입에서, 두 개 이상의 숫자가 2인 경우에는 임의의 자연수 N에 대하여 $22N$인 타입이 가능하다. 또, 2가 하나인 경우는 332, 432, 532 등 세 가지 타입이 가능하다. 한편, 두 개의 숫자로 이루어진 경우는 MN과 같은 꼴이다. 곧 설명하겠지만, MN 타입은 NN 타입이어야 한다. 특히, 11 타입은 그냥 1로 표현되며 항등변환 외의 아무런 대칭이 없는 경우이고, 221 타입은 22 타입과 같다.

나) 반사가 있는 경우

앞의 결과로부터 $*22N$, $*332$, $*432$, $*532$, 그리고 $*MN$인 타입을 금방 얻을 수 있고, $*22N$, $*332$의 타입으로부터 $2*N$, $3*2$을 각각 얻을 수 있다. 또, $*MN$은 $*NN$이어야 하므로 $N*$ 타입을 얻을 수 있다. $*11$은 $1*$와 같고 이는 $*$와 같다.

다) 회전반사가 있는 경우

임의의 자연수 N에 대하여 $N\times$는 회전반사가 있는 구면문양의 타입이다.

라) $M=N$

MN이나 $*MN$인 타입에서는 $M=N$이어야 한다는 것을 다음과 같이 설명할 수 있다. $*MN$이고, $M\neq N$이라고 하자. 다음과 같은 초승달 꼴(lune)로부터 문양이 생성되어야 하는데, 이는 $M\neq N$인 상황에서는 가능하지 않다.

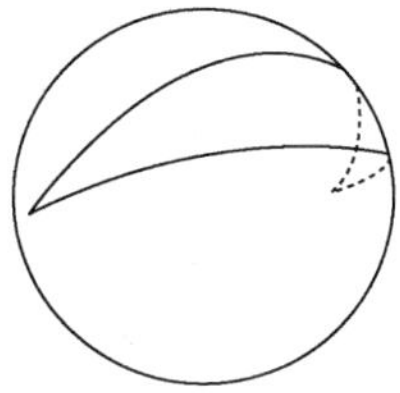

한편, MN이 가능하다면 $*MN$이 가능하여야 하므로 MN인 경우에서도 $M=N$이어야 한다.

이상을 종합하여 다음 정리를 얻을 수 있다.

정리 3.1 (구면문양의 타입)

구면문양의 타입은 다음과 같이 14개 존재한다.

$$
\begin{array}{ccccc}
*532, & *432, & *332, & *22N, & *NN \\
 & & 3*2, & 2*N, & N* \\
 & & & & N\times \\
532, & 432, & 332, & 22N, & NN
\end{array}
$$

앞에서 언급하였듯이, $N=1$인 경우의 NN 타입은 360° 외의 대칭이 없는 문양으로서 그 때의 자릿값의 총합은 0이다. 마찬가지로, *11이나 1*는 모두 *인 타입과 동일한 것으로서 반사 대칭만 있는 경우로서 이때의 자릿값의 총합은 1이다.

라. 띠 7

유클리드 평면 위에서의 띠 문양에서는 임의의 좌·우 평행이동이 가능하므로 무수히 많은 대칭이 존재한다. 앞에서 언급하였듯이, 좌·우 평행이동은 무한히 큰 구면 위에서의 회전으로 볼 수 있다. 따라서 위의 타입 중에서 $*22N$, $*NN$, $2*N$, $N*$, $N\times$, $22N$, NN이 이에 해당하며 이 때의 N은 ∞이다. 결국, 평면 위에서 띠 문양은 7개 존재하며 각각의 기호는 다음과 같다.

$$*22\infty,\ *\infty\infty,\ 2*\infty,\ \infty*,\ \infty\times,\ 22\infty,\ \infty\infty$$

띠의 7개 타입을 나타내는 기호는 orbifold 기호 외에도 있다. 아래 표 위에서 두 번째 기호는 가장 많이 사용되는 기호이다. 그러나 이는 띠문양을 벽지문양의 특별한 경우로 본 것으로서 여러 가지 문제를 야기할 수 있다. 이에 필자는 간편하고 뜻이 보다 분명한 새로운 기호를 아래의 표 맨 아래와 같이 소개하였다(신현용 & 신실라, 2014).

$\infty\infty$	$\infty*$	$*\infty\infty$	22∞	$*22\infty$	$\infty\times$	$2*\infty$
p1	p11m	p1m1	p2	p2mm	p11g	p2mg
f1	fx	fy	f2	fxy	fg	fyg

그밖에도 몇몇 표기법이 제안되었지만 띠 문양을 구면문양의 특별한 경우로 보는 orbifold 기호가 가장 합리적인 것으로 여겨진다.

마. 벽지 17

구면위에서의 마술정리로부터 평면위에서 벽지문양에 관한 마술정리를 얻을 수 있다. 사실, 평면위에서 벽지문양에는 무한개의 대칭이 존재하므로 다음을 알 수 있다.

평면위에 그려진 벽지문양 타입의 자릿값의 총합은 2이다.

이 사실을 이용하여 벽지문양은 타입은 17개 밖에 없음을 증명하자. 먼저, 반사는 없고 회전만 있는 경우를 생각하자. 다음 식이 성립한다.

$$\frac{N_1 - 1}{N_1} + \frac{N_2 - 1}{N_2} + \cdots + \frac{N_k - 1}{N_k} = 2$$

이제, $\frac{N_i - 1}{N_i}$의 값 중에서 가장 작은 것은 $\frac{1}{2}$이므로 $k \leq 4$이고, 각각의 k에 대하여 위 관계식을 성립시키도록 N_1, N_2, $\cdots$, N_k의 값을 구하면 632, 442, 333, 2222와 같은 경우를 얻을 수 있다. 이로부터 반사가 있는 경우로서 *632, *442, *333, *2222와 4*2, 3*3, 2*22, 22*를 얻을 수 있다. 한편, 이 외에도 22×, **, *×, ××, ∘ 와 같은 경우를 생각할 수 있으므로 모두 17개 경우가 존재한다. 즉, 벽지 문양의 타입은 많아야 17개이다. 그러나 각각의 경우에 해당하는 문양이 존재함을 쉽게 알 수 있으므로 벽지 문양은 다음과 같이 모두 17개 존재한다.

IUC	p1	pm	pg	cm	p2	pmm	pmg	pgg	cmm
orbifold	∘	**	××	*×	2222	*2222	22*	22×	2*22
IUC	p3	p3m1	p31m	p4	p4m	p4g	p6	p6m	
orbifold	333	*333	3*3	442	*442	4*2	632	*632	

위 표에서 IUC는 International Union of Crystallography의 약자로서 '국제결정학연맹'을 뜻한다. p1, pm 등은 IUC가 공식적으로 사용하는 기호인 것이다. 한편, 위의 각 타입에 해당하는 한국의 전통 벽지문양은 Shin, Kwon, Sheen, & Mun(2015)에 소개되어 있다.

바. 정다면체

구면문양 14개의 타입 중에서 다음은 정다면체 5개에 해당한다.

*532, *432, *332, 3*2, 532, 432, 332

실제로, 332는 정사면체의 대칭성을 나타내는 것으로서, 정사면체의 대칭군(symmetry group, group of symmetries)은 위수(order)가 12인 교대군(alternating group) A_4이다. 또, 432는 정육면체와 정팔면체의 대칭성을 나타내는 것이며 그들의 대칭군은 위수가 24인 대칭군(symmetric group) S_4이다. 한편, 532는 정십이면체와 정이십면체의 대칭성을 나타내는 것이며 대칭군은 위수가 60인 교대군 A_5이다. 여기서 정육면체와 정팔면체의 쌍대성(duality) 그리고 정십이면체와 정이십면체의 쌍대성을 기억할 필요가 있다.

한편, 다음을 주목할 필요가 있다. 즉, 정사면체의 대칭군은 반사를 고려하지 않으면 A_4이지만, 반사를 고려하면 S_4이다. 또, 정육면체와 정팔면체의 대칭군은 반사를 고려하지 않으면 S_4이지만, 반사를 고려하면 $S_4 \times \mathbb{Z}_2$이며, 정십이면체와 정이십면체의 대칭군은 반사를 고려하지 않으면 A_5이지만, 반사를 고려하면 $A_5 \times \mathbb{Z}_2$이다.

참고로, 정삼각형의 대칭군(symmetry group, group of symmetries) D_3는 세 개의 회전과 세 개의 반사로 이루어진다. 회전 대칭은 2차원 평면위에서 실행이 가능하지만, 반사 대칭은 2차원 평면위에서 실행이 가능하지 않고 3차원 공간에서 가능하다. 일반적으로 정n각형의 대칭군(symmetry group, group of symmetries)의 경우도 마찬가지이다. 정n각형의 대칭군(symmetry group, group of symmetries)을 보통 정이면체군(dihedral group)이라고 한다.

CHAPTER

04 수학교실에서의 디자인

1. 헤슈타일링

에셔의 테셀레이션을 연구했던 수학자 중 대표적인 인물로 독일의 수학자 하인리히 헤슈(Heesch, H.)를 들 수 있다. 그는 에셔의 테셀레이션 작품들을 각각의 기본 타일로 나누고 선의 성질을 분석해 기본 다각형을 찾았으며, 이 기본 다각형의 변형 가능한 방법들을 연구한 것으로 유명하다. 그의 연구에 의하면 반사를 사용하지 않는 평면 테셀레이션 방법은 모두 28가지가 있다. 이 28가지 테셀레이션에는 에셔의 그림에서 찾아보기 어려운 기본 다각형과 변형 방법들도 포함되어 있다.

이 장에서는 헤슈가 연구한 28가지 테셀레이션의 방법과 그 예를 함께 살펴보고자 한다. 그에 앞서 우리는 헤슈타일링에서 반사가 사용되지 않는 이유를 알아볼 것이다. 반사가 사용되지 않는 이유를 알아보는 것은 변의 변형 방법과 헤슈타일링을 이해하는데 핵심적인 역할을 하기 때문이다.

가. 반사가 사용되지 않는 이유

헤슈타일링은 평면 테셀레이션을 이루는 하나의 기본 타일에 초점을 맞춘다. 즉, '기본 다각형을 어떻게 변형시켜야 빈틈이나 포개짐 없이 평면을 가득 채우는 하나의 기본 타일을 만들 수 있는가'에 관심을 둔다는 것이다. 결국 헤슈타일링의 핵심은 '기본 다각형의 변형 방법'인데, 앞으로 우리는 이 과정을 '오려 붙이기(cut and paste)'로 이해하고자 한다. 오리고 붙이기란 '오려낸 부분은 절대로 버려져서는 안 되며 반드시 대응되는 변에 적절한 방법으로 붙여야 한다'는 것이다. 그러면 이렇게 오리고 붙여서 만들어진 하나의 기본 타일에서 반사가 사용되지 않는 이유를 알아보기 위해 다음 그림에 주목해보자.

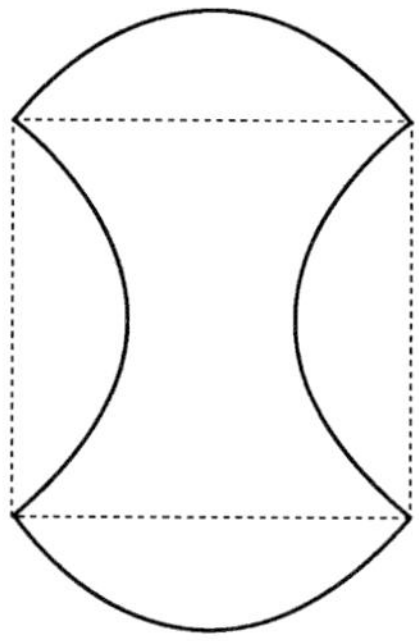
반사가 있는 기본 타일

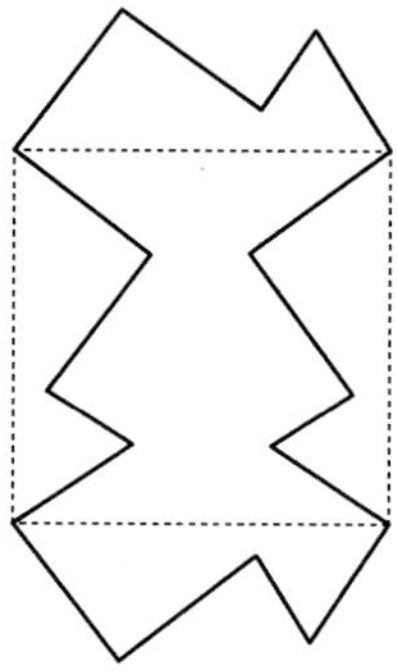
반사가 없는 기본 타일

위에 제시된 두 기본 타일은 모두 정사각형 모양의 기본 다각형을 변형시킨 것으로 테셀레이션이 가능하다. 그런데 왼쪽의 기본 타일은 상하좌우에 반사가 있는데 반해 오른쪽 기본 타일에는 반사가 없다. 엄밀히 말하면 오른쪽 기본 타일에서도 좌우 두 변만 본다면 좌우 반사가 있지만 오려진 조각을 위, 아래에 붙임으로 인해 반사의 성질이 깨진 것이다. 따라서 전체적으로 반사의 성질이 있는 기본 타일을 만들기 위해서는 좌우뿐만 아니라 상하에서도 반사가 생기도록 조각을 오리고 붙여야 하는 것이다. 따라서 반사가 있는 기본 타일을 만들기 위해서는 많은 제약이 따른다. 그런데 헤슈타일링에서는 보다 일반적인 경우의 변형을 다루기 때문에 반사가 있는 변형은 배제하며, 반사를 이용하는 경우는 다음 절(2절)에서 다룰 예정이다.

그렇다면 주어진 기본 다각형을 오리고 붙여 만든 기본 타일들은 언제나 테셀레이션이 가능한가? 어떻게 오리고 붙여야 평면 채우기가 가능할까? 이 궁금증을 해결하기에 앞서 테셀레이션이 가능한 기본 타일은 어떤 변형 방법을 통해 만들어지는지에 대해 알아보도록 하자.

나. 변의 변형방법

기본 다각형의 변을 오리고 붙이는 과정을 통해 기본 타일로 변형시킬 수 있는 방법은 크게 세 가지가 있다. 평행이동, 미끄럼반사, 회전이 그것인데, 미끄럼반사는 다시 대변으로의 미끄럼반사와 이웃한 변으로의 미끄럼반사로 나뉜다. 또 회전은 한 변의 중점을 중심으로 하는 회전(중점회전)과 한 꼭짓점을 중심으로 이웃한 변으로의 회전(꼭짓점회전)으로 나눌 수 있다.

1) 평행이동(T: Translation)

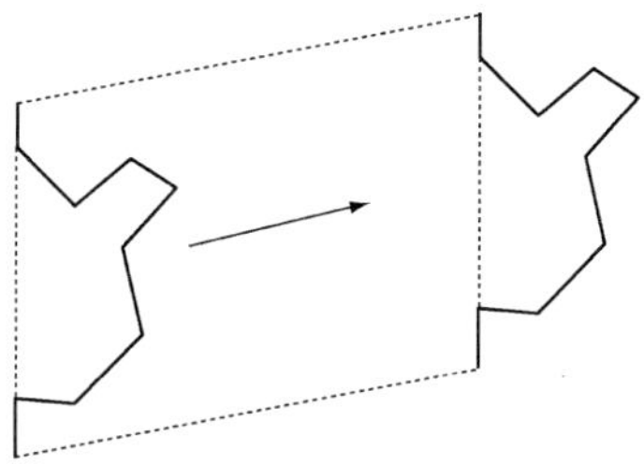

평행이동을 하기 위해서는 먼저 기본 다각형의 한 변을 선택하여 그 변을 따라 전체 또는 일부를 적절한 모양으로 오려내고 오려낸 조각을 마주보고 있는 변 즉, 대변으로 밀어서 붙이면 평행이동이 완성된다. 이때, 대변은 처음 선택된 변과 그 길이가 같고 평행해야 한다. 다시 말해, 기본 다각형에서 평행이동이 가능하려면 길이가 같으면서 서로 평행한 변들이 최소한 한 쌍은 존재해야 한다는 것이다.

이러한 조건을 사각형에 적용시키면 한 쌍의 대변이 서로 평행하고 그 길이가 같은 사각형이 될 것이다.

문제 4-1 다음 그림과 같이 한 쌍의 대변이 서로 평행하고 그 길이가 같은 사각형은 평행사변형임을 증명하여라.

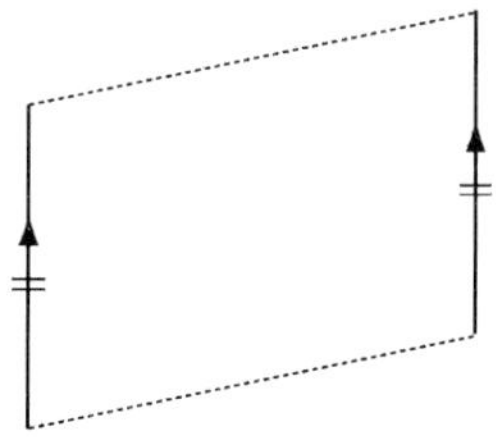

이번엔 삼각형의 경우에 대해 알아보자. 위에서와 같이 평행이동을 이용한 변형을 삼각형에서는 할 수 없다. 삼각형에는 평행한 변이 없기 때문이다.

그러나 육각형에서는 평행이동을 이용한 변형이 가능할 수 있다. 이때 '가능할 수 있다'는 것은 '불가능 할 수도 있다'는 것을 의미하는데, 육각형의 경우에 평행이동이 가능하려면 여섯 개의 변 중에 평행하면서도 길이가 같은 변이 최소한 한 쌍은 존재해야 한다.

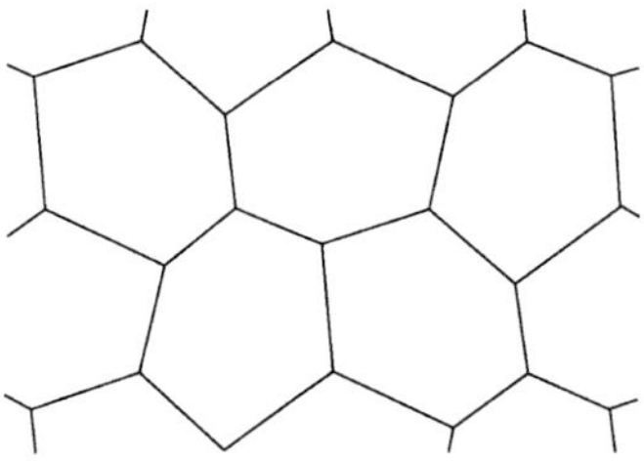

평행이동이 불가능한 경우

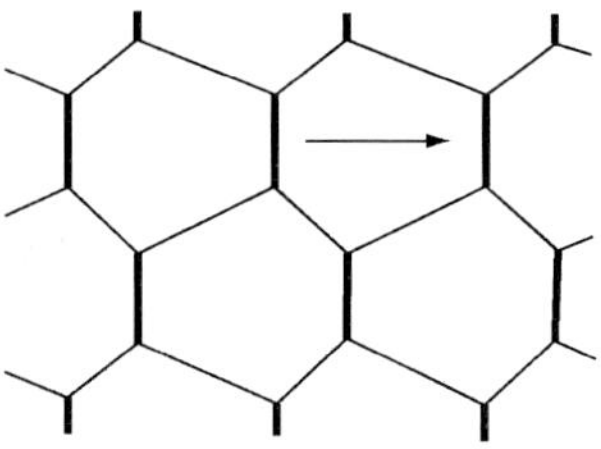

평행이동이 가능한 경우

2) 중점 회전(C: Center point rotation)

중점 회전은 다른 변형 방법들과 조금 다른 특징이 있다. 평행이동을 비롯해 앞으로 설명할 꼭짓점 회전이동과 미끄럼반사의 경우에는 대응하는 한 쌍의 변들 사이에서 변형이 일어나지만, 중점 회전은 한 변 내에서 모든 변형이 이루어지기 때문이다.

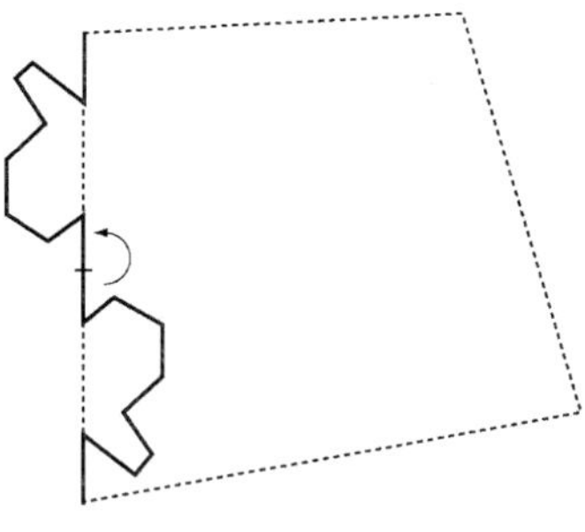

중점 회전을 하기 위해서는 먼저 기본 다각형에서 한 변을 선택해 중점을 찾아야 한다. 그런 다음 중점에 의해 나누어진 두 선분 중 한 쪽을 오려 다른 한 쪽에 180° 회전시켜 붙이면 된다.

중점 회전은 한 변 내에서 변형이 이루기 때문에 대응되는 변이 없어도 된다. 따라서 변의 길이가 서로 다른 임의의 삼각형이나 사각형을 변형시키고자 할 때는 바로 이 '중점 회전'을 이용한다.

3) 꼭짓점 회전(C_n: Corner rotation)

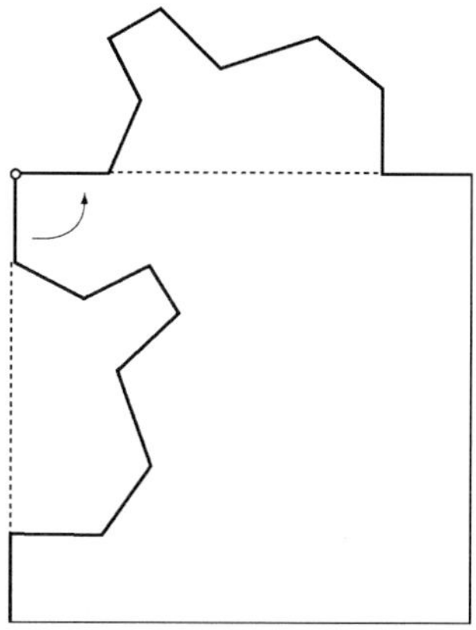

꼭짓점 회전은 한 꼭짓점을 중심으로 이웃한 두 변이 서로 대응되도록 회전하며 변형시키는 방법이다. 즉, 꼭짓점 회전을 하려면 기본 다각형의 한 변을 선택해 그 변을 따라 전체 또는 일부를 적절한 모양으로 오려낸 후 오려낸 조각을 이웃한 변으로 회전시켜 붙이면 된다는 것이다. 꼭짓점 회전 역시 이웃한 두 변의 길이가 같아야만 가능한 변형방법이다.

위 그림과 같이 기본 다각형이 정사각형이라면 꼭짓점 회전을 하기 위해 한 변을 변형한 후 90° 회전시켜 붙이면 된다. 이 경우 90° 회전이동이 된 두 변을 각각 'C_4'라고 표시하는데, 'C_4'에서 아래 첨자 '4'는 한 변이 360°/4=90° 만큼 회전되었음을 의미한다.

그렇다면 정삼각형과 정육각형의 경우는 어떠할까?

우리는 이미 에셔의 테셀레이션 작품들을 통해 정삼각형과 정육각형에서도 꼭짓점 회전을 이용한 기본 타일 제작과 평면 테셀레이션이 가능함을 살펴본 바 있다. 그러므로 정삼각형과 정육각형에서의 꼭짓점 회전도 'C_n'과 같은 표기법으로 표시할 수 있다. 이때 'C_n'에서의 아래 첨자 'n'은 정사각형에서와 마찬가지로 정삼각형과 정육각형에서의 최소 회전각을 알게 한다. 그런데 정삼각형과 정육각형에서의 최소 회전각은 각 도형의 한 내각의 크기와 같다. 즉, 정삼각형의 최소 회전각은 60°, 정육각형의 최소 회전각은 120°가 되는 것이다. 따라서 정삼각형에서 꼭짓점 회전이 된 두 변은 각각 C_6로 표기하고, 정육각형에서 꼭짓점 회전이 된 두 변은 각각 C_3로 표기한다.

4) 미끄럼반사(G ; Glide reflection)

미끄럼반사는 정해진 축에 따라 평행이동 한 후 평행이동 축과 동일한 축으로 반사시킨 변환이다.

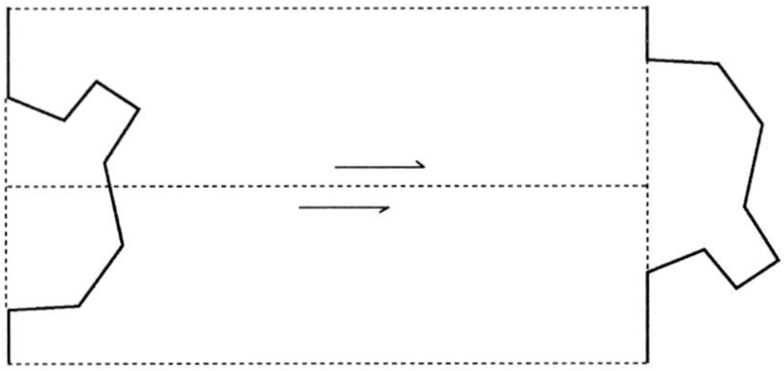

문제 4-2 제2장을 참고하여 다음을 확인하여라.
정해진 축에 따라 평행이동 한 후 평행이동 축과는 다른 축으로 반사시킨 변환은 반사이거나 미끄럼반사이다. 이 경우의 반사(또는 미끄럼반사)의 축은 원래의 평행이동 축과는 다르다.

이 책에서 사용하는 미끄럼반사에는 두 종류가 있다. 하나는 '대변으로의 미끄럼반사'이고, 또 하나는 '이웃한 변으로의 미끄럼반사'이다. 이 경우의 미끄럼반사는 원래의 변의 중점과 대변(또는 이웃한 변)의 중점을 연결하는 직선을 따라 평행이동 한 후 적절한 축(평행이동 축과 다를 수 있는)으로 반사시킴으로써 얻을 수 있다.

이제, 이해의 편의를 위해 먼저 대변으로의 미끄럼반사를 알아보도록 하자.

대변으로의 미끄럼반사를 하기 위해서는 평행이동에서와 마찬가지로 먼저 기본 다각형의 한 변을 선택해 그 변을 따라 전체 또는 일부를 적절한 모양으로 오려내고 오려낸 조각을 대변으로 평행이동시킨 후 반사시켜 붙이면 된다.

다음으로 이웃한 변으로의 미끄럼반사를 알아보자. 이웃한 변으로의 미끄럼반사를 하기 위해서는 역시 한 변을 선택해 그 변을 따라 전체 또는 일부를 적절히 오려내고 오려낸 조각을 이웃한 변으로 평행이동 후 반사시켜 붙이면 되는데, 이때 평행이동과 반사의 축은 두 변의 중점을 연결한 직선이다. 이 과정에서 알 수 있듯이 이웃한 변으로의 미끄럼반사가 가능하려면 이웃한 두 변의 길이는 서로 같아야 한다. 그렇다면 '평행이동 후 반사'의 순서를 바꾸어 '반사 후 평행이동'을 하면 그 결과가 어떻게 될까? 다음 정삼각형의 예를 보면서 생각해보자.

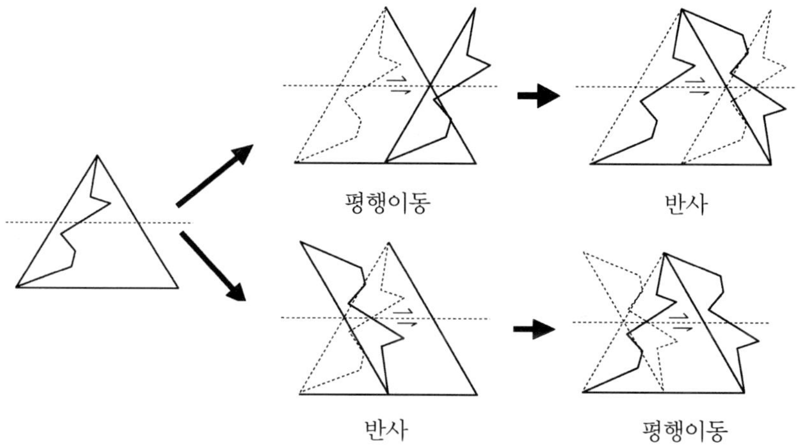

위 그림에서 볼 수 있듯이 평행이동 후 반사와 반사 후 평행이동은 그 결과가 같음을 알 수 있다.

문제 4-3 다음 그림을 보고 정육각형의 경우에는 '대변으로의 미끄럼반사'와 '이웃한 변으로의 미끄럼반사' 이외에도 '이웃하지도 않고 마주보지도 않는 변으로의 미끄럼반사'가 가능함을 확인해보아라.

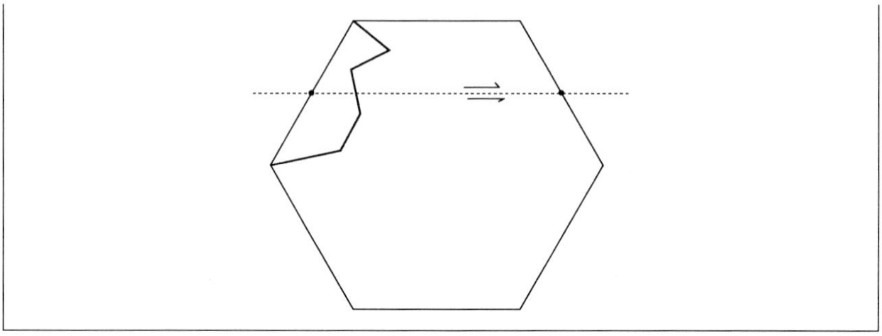

한편 다음 두 가지 경우에 대해 생각해보자.

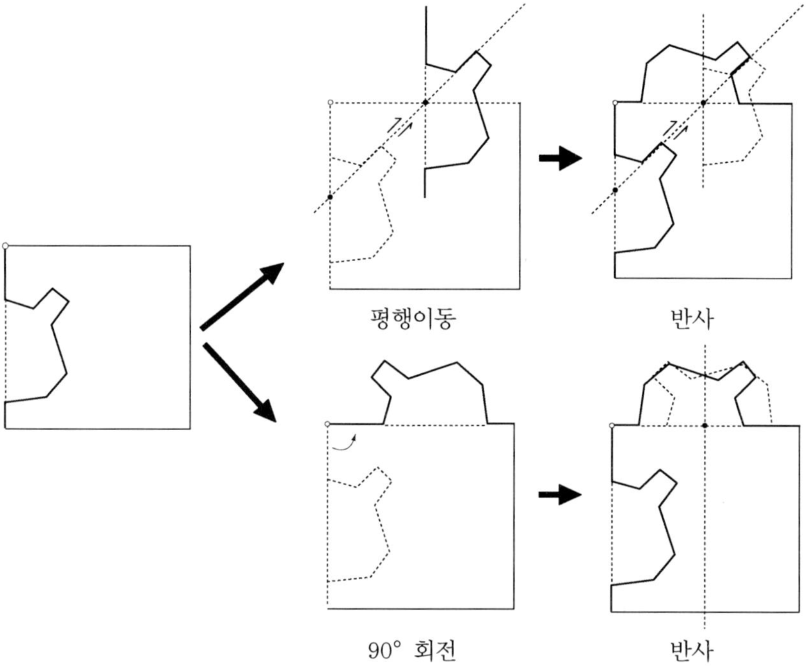

위 그림에서는 정사각형의 한 변을 따라 오린 조각을 이웃한 변으로 붙이기 위한 두 가지 방법을 제시하고 있다. 그 중에서 평행이동과 반사를 이용한 변형은 앞에서 설명한 이웃한 변으로의 미끄럼반사이다. 그리고 또 하나의 방법은 오려낸 조각을 90° 회전하고 회전된 변의 중점으로부터 수직인 직선을 축으로 반사시키는 변형이다. 그런데 이 두 변형의 결과는 같다. 다시 말해, '이웃한 변으로의 미끄럼반사'는 '회전을 한 후 회전된 변의 중점에서 그은 수선을 축으로 반사시킨 것'으로도 생각할 수 있다는 것이다. 이러한 방법은 이웃한 변으로의 미끄럼반사와는 달리 주어진 기본 다각형의 변들 내에서 변형이 이루어지기 때문에 직관적으로도 쉽게 느껴진다. 따라서 앞으로 이웃한 변으로의 미끄럼반사를 오리고 붙이는 과정으로 설명할 때에는 후자의 방법을 이용할 수도 있음을 기억하자. 일반적으로 미끄럼반사를 구현하는 것은 시각적으로 번거롭기 때문이다.

여기서 위 사실을 수학적으로 확인하고 넘어 가기 위해 다음 사실을 증명한다.

'이웃한 변으로의 미끄럼반사'는 '회전을 한 후 회전된 변의 중점에서 그은 수선을 축으로 반사'시킨 것과 같다.

앞에서 다음 두 정리를 증명하였다.

정리 4.1

점 $x=(e,f)$를 중심으로 하여 θ 만큼 회전(반시계방향) 이동시키는 변환은 다음 행렬로 표현된다.

$$\begin{bmatrix} \cos\theta & -\sin\theta & e(1-\cos\theta)+f(\sin\theta) \\ \sin\theta & \cos\theta & e(-\sin\theta)+f(1-\cos\theta) \\ 0 & 0 & 1 \end{bmatrix}$$

정리 4.2

점 $v=\begin{bmatrix} e \\ f \end{bmatrix}$을 지나고 x축과 $\frac{\theta}{2}$의 각을 이루는 직선을 축으로 하는 반사는 다음 행렬로 표현된다.

$$\begin{bmatrix} \cos\theta & \sin\theta & e(1-\cos\theta)+f(-\sin\theta) \\ \sin\theta & -\cos\theta & e(-\sin\theta)+f(1+\cos\theta) \\ 0 & 0 & 1 \end{bmatrix}$$

먼저, 정사각형의 경우를 생각한다. 아래의 미끄럼반사 변환은 왼쪽 위 꼭짓점을 축으로 하여 $\frac{\pi}{2}$ 만큼 반시계방향으로 회전한 후, 윗변의 중점을 지나고 윗변과 수직인 직선을 축으로 하는 반사와 같은 변환임을 보인다.

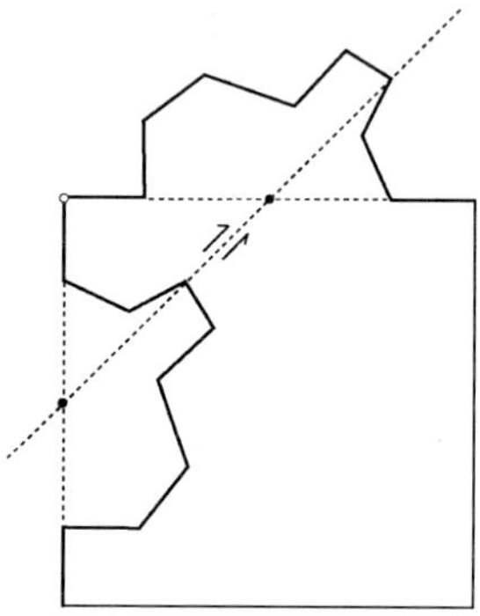

계산의 편의를 위해 좌표축을 다시 설정하였다.

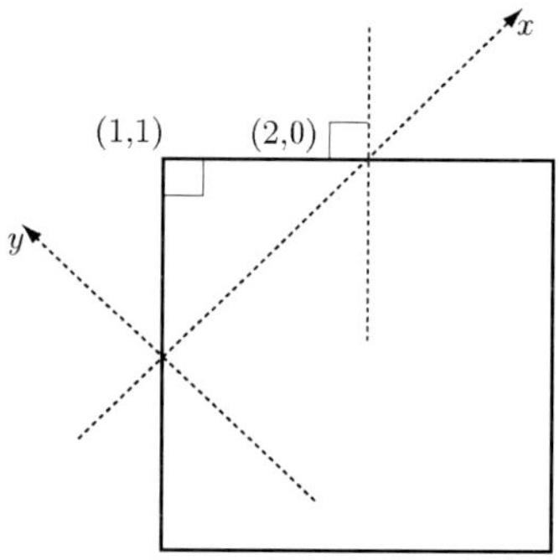

정리 4.1에 의하여 점 $(1,1)$을 중심으로 $\frac{\pi}{2}$ 만큼의 회전은 행렬 $\begin{bmatrix} 0 & -1 & 2 \\ 1 & 0 & 0 \\ 0 & 0 & 1 \end{bmatrix}$ 로 표현된다. 한편, 점 $(2,0)$을 지나고 x축과 $\frac{\pi}{4}$ 만큼의 각을 이루는 직선을 축으로 하는 반사는 행렬 $\begin{bmatrix} 0 & 1 & 2 \\ 1 & 0 & -2 \\ 0 & 0 & 1 \end{bmatrix}$ 로 표현된다. 다음을 확인할 수 있다.

$$\begin{bmatrix} 0 & 1 & 2 \\ 1 & 0 & -2 \\ 0 & 0 & 1 \end{bmatrix}\begin{bmatrix} 0 & -1 & 2 \\ 1 & 0 & 0 \\ 0 & 0 & 1 \end{bmatrix} = \begin{bmatrix} 1 & 0 & 2 \\ 0 & -1 & 0 \\ 0 & 0 & 1 \end{bmatrix} = \begin{bmatrix} 1 & 0 & 0 \\ 0 & -1 & 0 \\ 0 & 0 & 1 \end{bmatrix}\begin{bmatrix} 1 & 0 & 2 \\ 0 & 1 & 0 \\ 0 & 0 & 1 \end{bmatrix}$$

여기서 오른쪽 $\begin{bmatrix} 1 & 0 & 0 \\ 0 & -1 & 0 \\ 0 & 0 & 1 \end{bmatrix}\begin{bmatrix} 1 & 0 & 2 \\ 0 & 1 & 0 \\ 0 & 0 & 1 \end{bmatrix}$은 x축을 따라 2만큼 평행이동 후 반사시키는 변환을 나타낸다.

이제, 삼각형의 경우를 살펴보자.

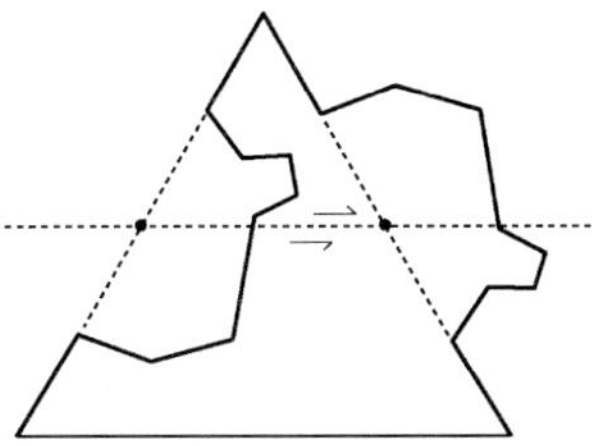

이때에도 편의를 위해 좌표축을 다시 설정한다.

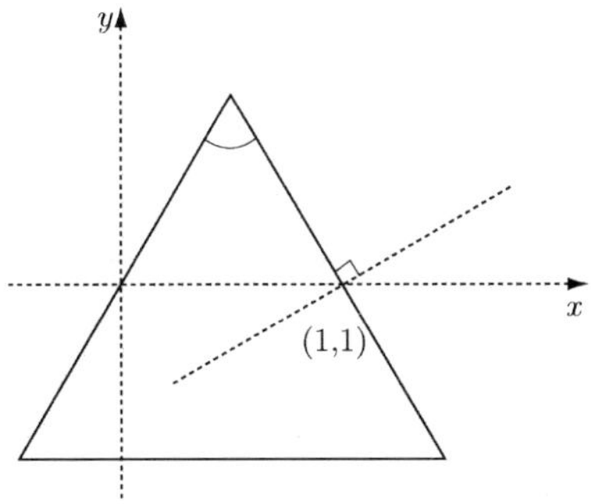

정리 4.1에 의하여 점 $(\frac{1}{2}, \frac{\sqrt{3}}{2})$을 중심으로 $\frac{\pi}{3}$만큼의 회전은 다음 행렬로 표현된다.

$$\begin{bmatrix} \frac{1}{2} & -\frac{\sqrt{3}}{2} & 1 \\ \frac{\sqrt{3}}{2} & \frac{1}{2} & 0 \\ 0 & 0 & 1 \end{bmatrix}$$

한편, 정리 4.2에 의하여 점 $(1,0)$을 지나고 x축과 $\frac{\pi}{6}$만큼의 각을 이루는 직선을 축으로 하는 반사는 다음 행렬로 표현된다.

$$\begin{bmatrix} \frac{1}{2} & \frac{\sqrt{3}}{2} & \frac{1}{2} \\ \frac{\sqrt{3}}{2} & \frac{-1}{2} & -\frac{\sqrt{3}}{2} \\ 0 & 0 & 1 \end{bmatrix}$$

다음을 확인할 수 있다.

$$\begin{bmatrix} \frac{1}{2} & \frac{\sqrt{3}}{2} & \frac{1}{2} \\ \frac{\sqrt{3}}{2} & \frac{-1}{2} & -\frac{\sqrt{3}}{2} \\ 0 & 0 & 1 \end{bmatrix} \begin{bmatrix} \frac{1}{2} & -\frac{\sqrt{3}}{2} & 1 \\ \frac{\sqrt{3}}{2} & \frac{1}{2} & 0 \\ 0 & 0 & 1 \end{bmatrix} =$$

$$\begin{bmatrix} 1 & 0 & 1 \\ 0 & -1 & 0 \\ 0 & 0 & 1 \end{bmatrix} = \begin{bmatrix} 1 & 0 & 0 \\ 0 & -1 & 0 \\ 0 & 0 & 1 \end{bmatrix} \begin{bmatrix} 1 & 0 & 1 \\ 0 & 1 & 0 \\ 0 & 0 & 1 \end{bmatrix}$$

여기서 오른쪽 $\begin{bmatrix} 1 & 0 & 0 \\ 0 & -1 & 0 \\ 0 & 0 & 1 \end{bmatrix} \begin{bmatrix} 1 & 0 & 1 \\ 0 & 1 & 0 \\ 0 & 0 & 1 \end{bmatrix}$은 x축을 따라 1만큼 평행이동 후 반사시키는 변환을 나타낸다.

이상으로부터 이웃하는 변으로의 미끄럼반사는 '평행이동과 반사'를 하는 대신 '회전과 반사'를 할 수 있음을 알 수 있다.

이제, $\theta \neq 0$인 일반적인 경우는 어떨까?

편의를 위해 좌표축을 다음과 같이 다시 설정한다.

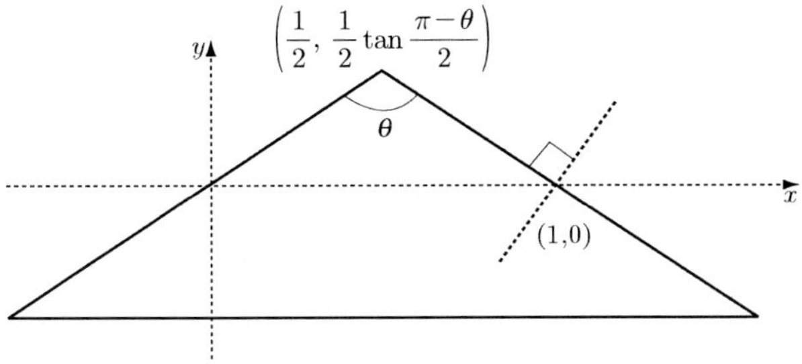

점 $(\frac{1}{2}, \frac{1}{2}\tan\frac{\pi-\theta}{2})$를 중심으로 하여 θ 만큼 회전(반시계방향) 이동시키는 변환은 다음 행렬로 표현된다.

$$\begin{bmatrix} \cos\theta & -\sin\theta & \frac{1}{2}(1-\cos\theta)+\frac{1}{2}\tan\frac{\pi-\theta}{2}(\sin\theta) \\ \sin\theta & \cos\theta & \frac{1}{2}(-\sin\theta)+\frac{1}{2}\tan\frac{\pi-\theta}{2}(1-\cos\theta) \\ 0 & 0 & 1 \end{bmatrix}$$

점 $(1,0)$을 지나고 x축과 $\frac{\theta}{2}$의 각을 이루는 직선을 축으로 하는 반사는 다음 행렬로 표현된다.

$$\begin{bmatrix} \cos\theta & \sin\theta & 1-\cos\theta \\ \sin\theta & -\cos\theta & -\sin\theta \\ 0 & 0 & 1 \end{bmatrix}$$

한편,

$$\begin{bmatrix} \cos\theta & \sin\theta & 1-\cos\theta \\ \sin\theta & -\cos\theta & -\sin\theta \\ 0 & 0 & 1 \end{bmatrix}$$
$$\begin{bmatrix} \cos\theta & -\sin\theta & \frac{1}{2}(1-\cos\theta)+\frac{1}{2}\tan\frac{\pi-\theta}{2}(\sin\theta) \\ \sin\theta & \cos\theta & \frac{1}{2}(-\sin\theta)+\frac{1}{2}\tan\frac{\pi-\theta}{2}(1-\cos\theta) \\ 0 & 0 & 1 \end{bmatrix}$$
$$= \begin{bmatrix} 1 & 0 & 1 \\ 0 & -1 & 0 \\ 0 & 0 & 1 \end{bmatrix}$$

이고 $\begin{bmatrix} 1 & 0 & 1 \\ 0 & -1 & 0 \\ 0 & 0 & 1 \end{bmatrix} = \begin{bmatrix} 1 & 0 & 0 \\ 0 & -1 & 0 \\ 0 & 0 & 1 \end{bmatrix}\begin{bmatrix} 1 & 0 & 1 \\ 0 & 1 & 0 \\ 0 & 0 & 1 \end{bmatrix}$ 이므로 $\begin{bmatrix} 1 & 0 & 1 \\ 0 & -1 & 0 \\ 0 & 0 & 1 \end{bmatrix}$ 은 x축을 따라 1만큼 평행이동 후 반사시키는 변환을 나타내는 행렬이다.

이상으로부터 '이웃한 변으로의 미끄럼반사'는 '회전을 한 후 회전된 변의 중점에서 그은 수선을 축으로 반사' 시킨 것과 같다는 것을 알 수 있다.

다. 헤슈 타입

헤슈 타입은 테셀레이션이 가능한 하나의 기본 타일에서의 변의 변형 방법을 기호로서 표시한 것이다. 이 기호는 각 변이 자기 자신 또는 다른 변과 어떤 대칭 관계를 갖고 있는지를 설명해준다. 헤슈 타입의 기호는 지금까지 살펴본 변의 변형 방법 즉, T(평행이동), C(중점 회전), C_n(꼭짓점 회전), G(미끄럼반사)를 이용한다. 예를 들어, 다음 그림과 같이 정사각형이 기본 다각형인 기본 타일에서 한 쌍의 대변이 평행이동, 다른 한 쌍의 대변이 미끄럼반사에 의해 변형되었다면 이 기본 타일의 헤슈 타입은 TGTG가 되는 것이다.

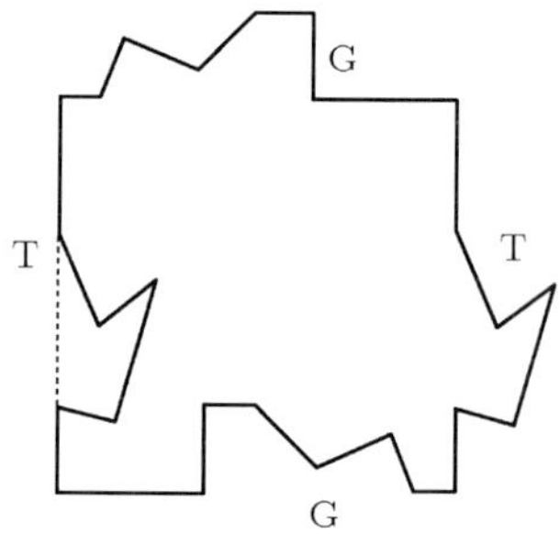

헤슈 타입에 기호를 붙일 때는 먼저 한 변을 선택한 후 시계방향으로 돌아가면서 변의 변형 방법을 나열하면 된다. 이때 어느 변을 먼저 선택하느냐는 그렇게 중요한 문제가 아니다. 다시 말해 TGTG는 GTGT와 같은 헤슈 타입이라는 것이다. 그러나 보통은 맨 먼저 선택하는 변에 다음과 같은 우선 순위를 둔다.

$$T - C - C_n - G - G_n$$

이때, 'G'에 아래 첨자를 붙인 'G_n'이란 기호는 미끄럼반사가 한 쌍보다 많을 때, 변과 변 사이의 대응관계를 구분하기 위해 쓴 것이다. 예를 들어, $G_1G_1G_2G_2$는 이웃한 두 변을 짝지어 미끄럼반사 시킨 것이고, $G_1G_2G_1G_2$는 마주보는 변 즉, 대변으로 미끄럼반사 시킨 것을 의미한다.

이제 28가지 헤슈 타입을 이용한 헤슈 타일링에 대해 알아보자.

헤슈 타입은 기본 다각형의 모양에 따라 크게 네 가지 종류로 나눌 수 있다. 삼각형과 사각형, 오각형, 육각형이 헤슈 타일링에 사용되는 기본 다각형인데, 각각의 기본 다각형을 어떤 방법으로 변형시키는지, 그리고 변형된 헤슈 타일링은 어떤 벽지 타입에 속하는지를 TESS 프로그램으로 그려진 각각의 예를 통해 알아볼 것이다.

라. 삼각형의 변형

헤슈 타입에서 삼각형은 세 개의 변형기호로 나타낼 수 있는 도형이다. 앞서 언급했던 것처럼 삼각형에서는 평행이동을 이용한 변형이 불가능하다. 그러므로 삼각형에서는 꼭짓점 회전과 중점 회전, 미끄럼반사를 이용한 변형만이 가능하다. 그러면 지금부터 세 개의 변형기호를 가진 삼각형의 변형 방법에 대해 알아보자.

1) CCC

헤슈 타입 CCC는 세 변 모두 변의 중점을 중심으로 180° 회전을 시키는 변형이다. 이 헤슈 타입은 삼각형의 모양과 상관없이 언제나 적용 가능한 변형 방법이다. 따라서 삼각형 모양을 임의로 바꾼 후 변을 변형시켜도 언제나 평면 채우기가 가능하다.

TESS에서 주어지는 CCC의 초기 조건은 정삼각형 모양이지만 평행이동의 축을 이용하면 삼각형의 모양을 임의대로 바꿀 수 있다. 다음 그림은 CCC 헤슈 타일링의 초기 조건을 임의의 삼각형이 되도록 변형시킨 기본 다각형과 이를 간단하게 변형한 모양이다. 그림에서 변의 중점과 꼭짓점에 표시된 기호는 '◊'으로써 180° 회전을 의미한다.

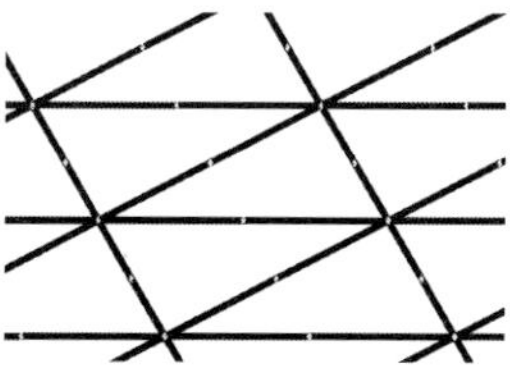

CCC 헤슈 타일링

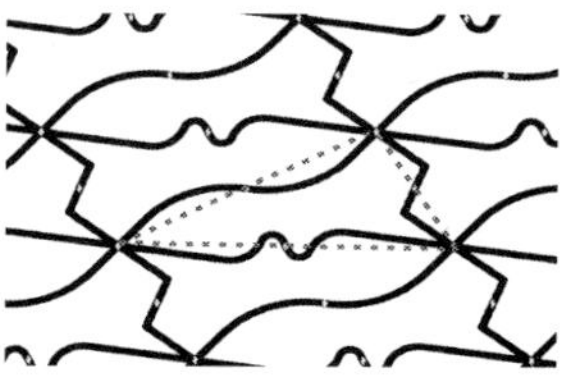

CCC의 간단한 변형

TESS에서는 초기 조건으로 주어지는 도형만으로 변 사이의 대응관계와 변형방법을 알기 어려운 경우들이 있다. 주어지는 기본 다각형의 변과 꼭짓점에서의 회전은 회전 기호로, 평행이동은 화살표로, 미끄럼반사는 반사축으로 표시가 되기는 하지만 간단한 변형을 통해 변과 변 사이의 대응관계 및 변형방법을 파악하는 것이 보다 효과적이다. 간단한 변형을 통해 헤슈 타입의 특성이 파악되었다면 보다 섬세한 작업을 통해 에셔꼴 테셀레이션을 만들어 볼 수 있다. 다음은 CCC 헤슈 타입을 이용해 만들어 본 에셔꼴 테셀레이션의 예이다.

이와 같이 만들어진 헤슈 타일링은 180° 회전변환에 의해 생성되는 벽지 타입 p2에 해당된다.

2) CC_6C_6

CCC 헤슈 타입이 임의의 삼각형에 적용되는 변형방법이라면, CC_6C_6는 정삼각형에서만 가능한 변형방법이다. CC_6C_6에서의 'C_6'가 60° 회전을 의미하기 때문이다. 기호에서 알 수 있듯이 정삼각형의 두 변은 60° 회전에 의한 변형이고, 나머지 한 변은 중점 회전이 된다. 다음 그림은 CC_6C_6 헤슈 타일링의 초기 조건과 이를 간단하게 변형한 모양이다. 이때 그림의 꼭짓점에 표시된 기호 '△'은 120° 회전을 '○'은 60° 회전을 의미한다.

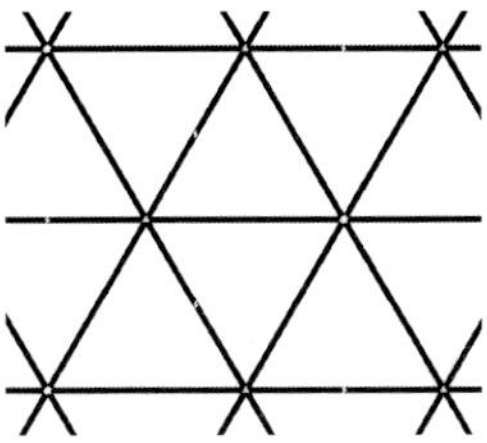

CC_6C_6 헤슈 타일링

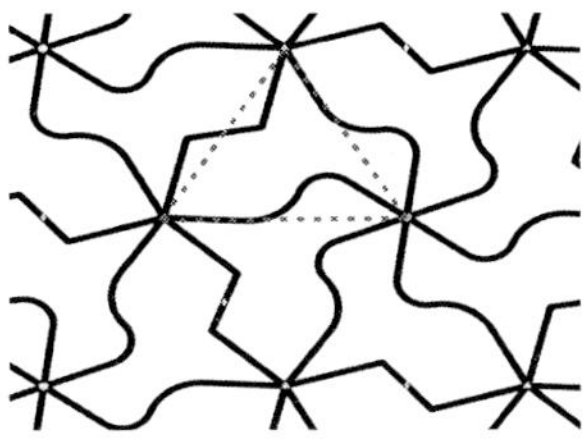

CC_6C_6의 간단한 변형

다음은 CC_6C_6 헤슈 타입을 이용해 그려본 에셔꼴 테셀레이션의 예이다.

이와 같이 만들어진 헤슈 타일링은 60° 회전과 120° 회전, 180° 회전변환에 의해 생성되는 벽지 타입인 p6에 해당된다.

3) CGG

중점 회전과 미끄럼반사를 이용해 CGG 헤슈 타입을 만들기 위해서는 삼각형의 세 변 중 두 변의 길이가 같아야 한다. 즉, CGG 헤슈 타입을 만들기 위한 삼각형은 이등변 삼각형이다. CCC 헤슈 타입과 마찬가지로 CGG 헤슈 타입의 초기 조건으로 주어지는 정삼각형은 평행이동의 축을 이용해 이등변 삼각형으로 변형이 가능하다. 다음은 CGG 헤슈 타입의 기본 다각형인 이등변 삼각형과 이를 간단하게 변형시킨 모양이다.

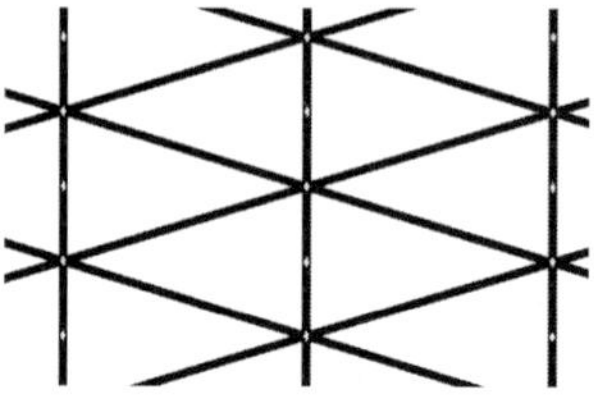

CGG 헤슈 타일링

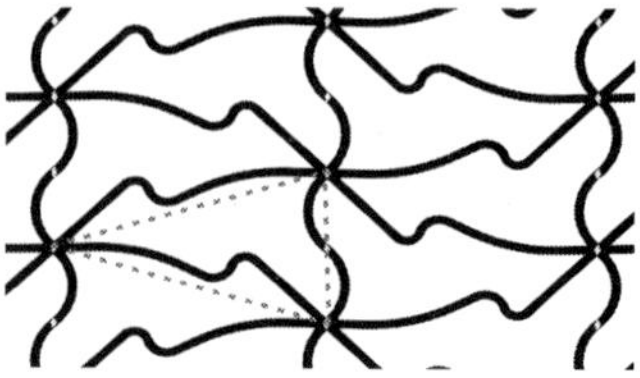

CGG의 간단한 변형

다음은 CGG 헤슈 타입을 이용해 그려본 에셔꼴 테셀레이션의 예이다.

이와 같이 만들어진 헤슈 타일링은 180° 회전과 x축, y축 미끄럼반사에 의해 생성되는 벽지 타입인 pgg에 해당된다.

4) CC_3C_3

중점 회전과 120° 회전을 이용해 CC_3C_3 헤슈 타입을 만들 수 있으려면 삼각형의 한 내각이 120° 이면서 그 각에 이웃한 두 변의 길이가 같아야 한다. 즉 CC_3C_3 헤슈 타입을 만드는 삼각형은 한 내각이 120°인 이등변 삼각형이다. 다음 그림을 통해 기본 다각형의 모양과 평면을 채우는 전체적인 구조를 살펴보자.

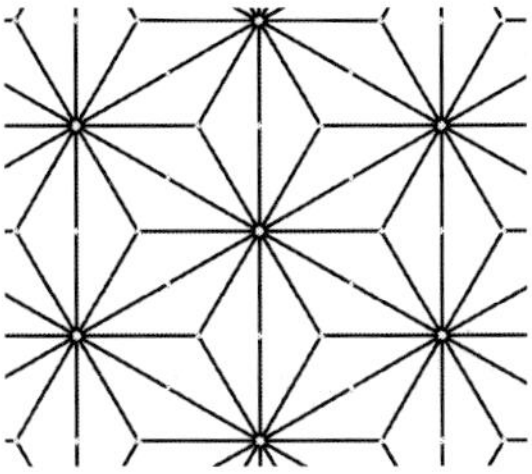

CC_3C_3 헤슈 타일링

CC_3C_3의 간단한 변형

CC_3C_3 헤슈 타일링의 전체적인 구조를 살펴보면 기본 다각형이 어떻게 생겨났는지 알 수 있다. CC_3C_3의 헤슈 타입의 기본 다각형은 결국 정삼각형으로 만든 CCC 헤슈 타입을 동일한 세 개의 이등변 삼각형으로 분할한 것이다. 그러면 CC_3C_3로는 다음과 같은 에셔꼴 테셀레이션을 만들 수 있다.

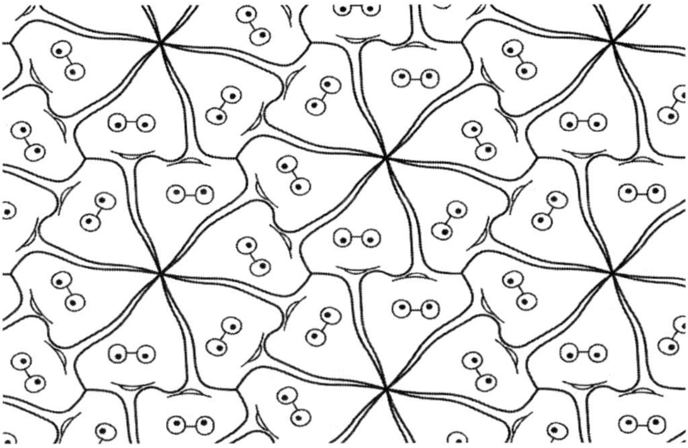

이와 같이 만들어진 헤슈 타일링은 60° 회전과 120° 회전, 180° 회전변환에 의해 생성되는 벽지 타입인 p6에 해당된다.

5) CC_4C_4

중점 회전과 90° 회전을 이용해 CC_4C_4 헤슈 타입을 만들 수 있으려면 기본다각형이 한 내각이 90°이면서 그 각에 이웃한 두 변의 길이가 같은 직각이등변삼각형이다. 다음 그림을 통해 기본 다각형의 모양과 평면을 채우는 전체적인 구조를 살펴보자. 이때 그림의 꼭짓점에 표시된 기호 '□' 은 90° 회전을 의미한다.

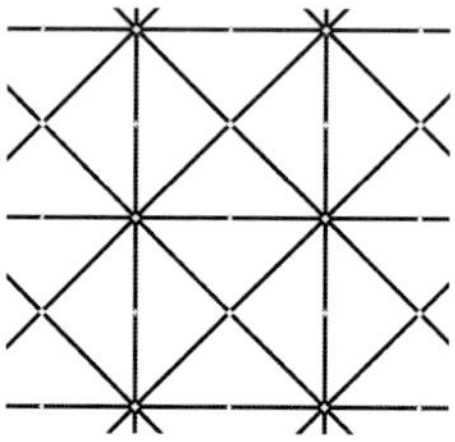

CC_4C_4 헤슈 타일링

CC_4C_4의 간단한 변형

CC_4C_4 헤슈 타일링의 전체적인 구조를 살펴보면 기본 다각형이 되는 직각이등변 삼각형이 어떻게 생겨났는지 알 수 있다. CC_4C_4의 헤슈 타입의 기본 다각형인 직각이등변 삼각형은 결국 정사각형을 하나의 대각선을 이용해 둘로 나눈 것이다. 그러면 헤슈 타입으로는 어떤 에셔꼴 테셀레이션을 만들 수 있는지 다음의 예를 통해 알아보자.

위와 같이 만들어진 헤슈 타일링은 90° 회전과 180° 회전변환에 의해 생성되는 벽지 타입인 p4에 해당된다.

마. 사각형의 변형

헤슈 타입에서 사각형은 네 개의 변형기호로 나타낼 수 있는 도형이다. 사각형에서는 삼각형에서 불가능하던 평행이동에 의한 변형이 가능하기 때문에 변형가능한 방법들이 삼각형에서보다 많아진다. 여기서는 사각형에서 가능한 헤슈 타입의 종류를 각각의 예와 함께 살펴보면서 벽지 타입으로도 분류해보고자 한다.

1) TTTT

사각형의 네 변을 각각 대변으로 평행이동시켜 변형하는 TTTT 헤슈 타입의 기본도형은 대변의 길이가 같고 서로 평행한 평행사변형이다. TESS에서 주어지는 TTTT 헤슈 타입의 초기 조건은 정사각형이다. 이 정사각형을 평행사변형으로 바꾸기 위해서는 평행 이동의 축의 방향과 사잇각을 조절해야 한다. 다음 그림은 TTTT 헤슈 타일링의 초기 조건을 평행사변형이 되도록 변형시킨 기본 다각형과 이를 간단하게 변형한 모양이다.

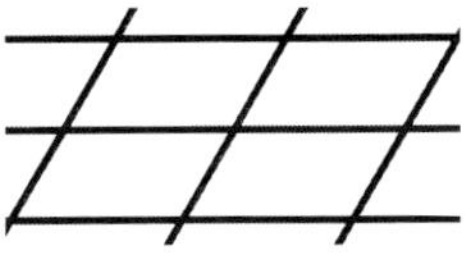

TTTT 헤슈 타일링

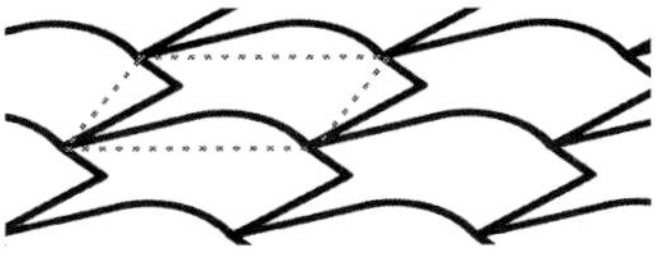

TTTT의 간단한 변형

다음은 TTTT 헤슈 타입을 이용해 그려본 에셔꼴 테셀레이션의 예이다.

이와 같이 만들어진 헤슈 타일링은 평행이동 변환에 의해 생성되는 벽지 타입인 p1에 해당된다.

2) CCCC

사각형의 네 변을 모두 중점 회전에 의해 변형시키는 CCCC 헤슈 타입은 변과 변 사이의 대응관계가 없기 때문에 길이가 모두 다른 임의의 사각형에서도 적용이 가능하다. TESS에서 주어지는 초기 기본 다각형은 정사각형인데 변을 지정해 끝점을 움직이면 사각형의 모양을 임의대로 변형시킬 수 있다. 다음은 CCCC 헤슈 타일링이 가능한 기본 다각형인 임의의 사각형과 간단한 변의 변형이다.

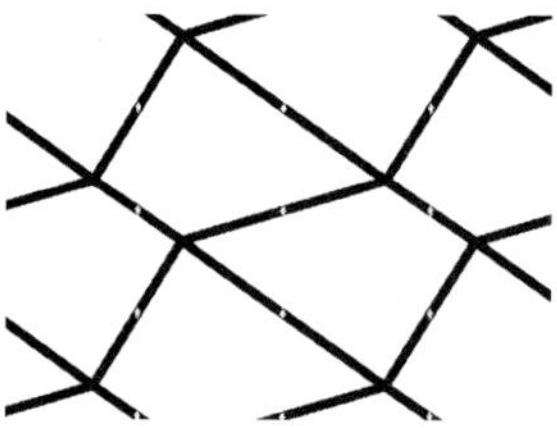
CCCC 헤슈 타일링

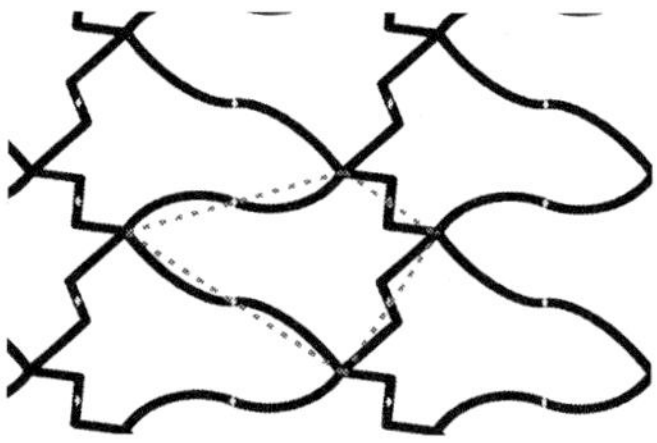
CCCC의 간단한 변형

다음은 CCCC 헤슈 타입을 이용해 그려본 에셔꼴 테셀레이션의 예이다.

이와 같이 만들어진 헤슈 타일링은 180° 회전변환에 의해 생성되는 벽지 타입 p2에 해당된다.

3) TCTC

한 쌍의 변을 평행이동시키고, 남은 한 쌍의 변을 중점 회전시키는 TCTC 헤슈 타입은 한 쌍의 대변의 길이가 같고 평행해야 한다는 조건이 필요하다. 즉, TCTC 헤슈 타입을 가능하게 하는 사각형은 평행사변형이 되어야 한다는 것이다. TESS에서 초기에 주어지는 기본 다각형은 정사각형인데, 평행이동의 축과 사잇각을 조절하면 TCTC의 기본 다각형인 평행사변형을 만들 수 있다. 다음은 TCTC 헤슈 타일링이 가능한 기본다각형과 이를 간단하게 변형시킨 모양이다.

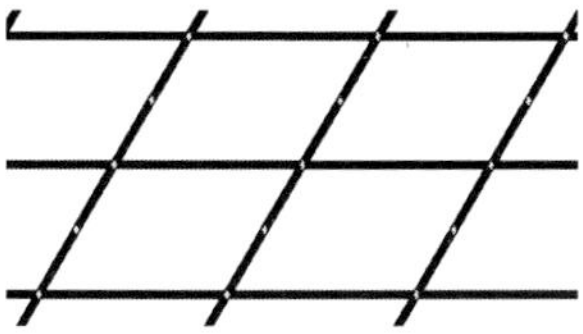

TCTC 헤슈 타일링

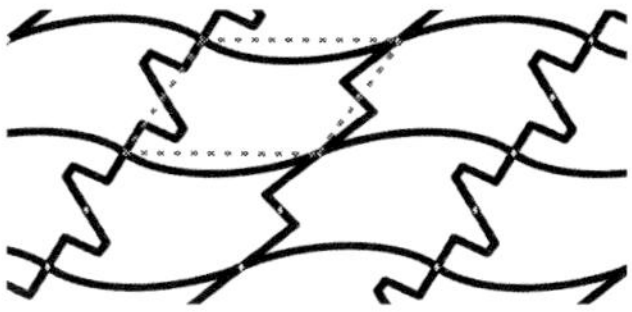

TCTC의 간단한 변형

다음은 TCTC 헤슈 타입을 이용해 그려본 에셔꼴 테셀레이션의 예이다.

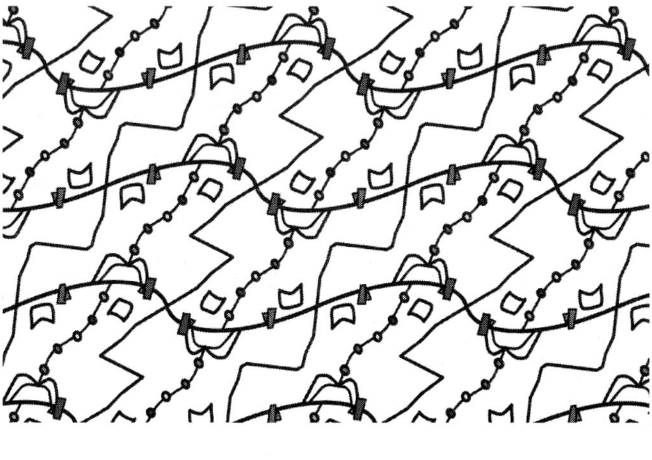

이와 같이 만들어진 헤슈 타일링은 180°의 회전변환에 의해 생성되는 벽지 타입 p2에 해당된다.

4) TGTG

한 쌍의 변은 평행이동을 이용하고 나머지 한 쌍의 변은 미끄럼반사를 이용해 변형시키는 TGTG 헤슈 타입은 한 쌍의 대변이 서로 평행하고 길이가 같아야 한다는 조건이 필요하므로 TGTG 헤슈 타입은 평행사변형에서 가능한데, 평행사변형의 배열은 앞에서 살펴보았던 TTTT나 TCTC와 다르다. 다음에서 주어진 TGTG의 기본 다각형과 배열에 주목하며 그 기본 다각형의 간단한 변형을 살펴보자.

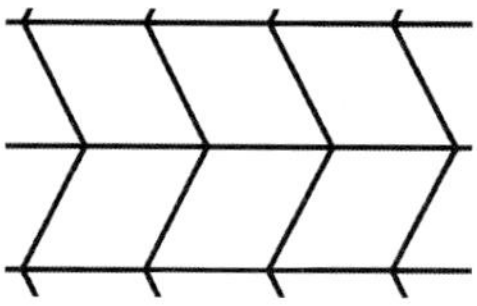
TGTG 헤슈 타일링

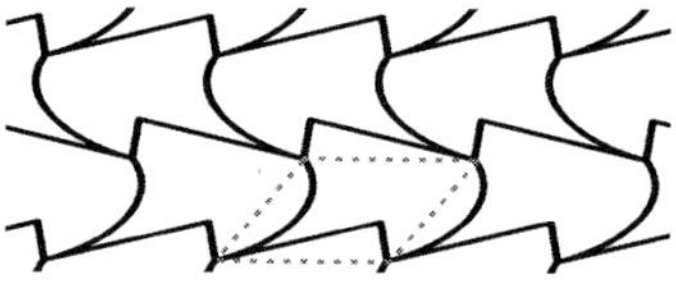
TGTG의 간단한 변형

다음은 TGTG 헤슈 타입을 이용해 그려본 에셔꼴 테셀레이션의 예이다.

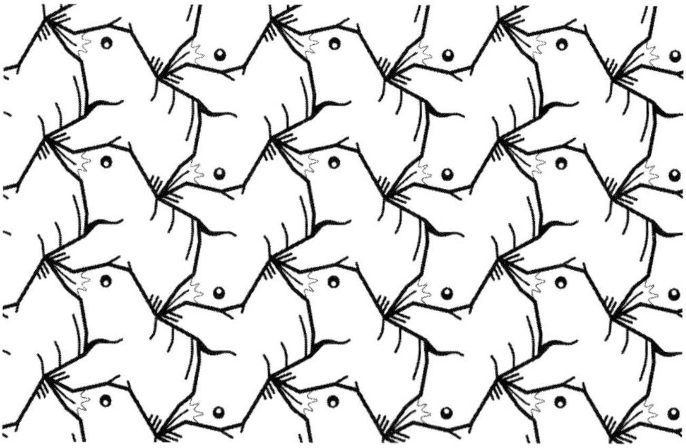

이와 같이 만들어진 헤슈 타일링은 y축(또는 x축)과 평행한 선에서 미끄럼반사에 의해 생성되는 벽지 타입인 pg에 해당된다.

5) CCGG

한 쌍의 이웃한 변을 미끄럼반사 시키고, 나머지 한 쌍의 이웃한 변을 각각 중점 회전시켜 만든 CCGG 헤슈 타입은 한 쌍의 이웃한 변의 길이가 같다는 조건이 필요하므로 CCGG 헤슈 타입은 이웃한 두 변의 길이가 같은 사각형에서는 언제나 가능하다. TESS에서 주어지는 초기 기본 다각형은 정사각형이지만 이 정사각형의 변을 선택해 그 끝을 움직이면 CCGG 헤슈 타입의 기본 다각형을 만들 수 있다. 다음은 CCGG 헤슈 타일링의 기본 다각형과 이를 간단하게 변형시킨 모양이다.

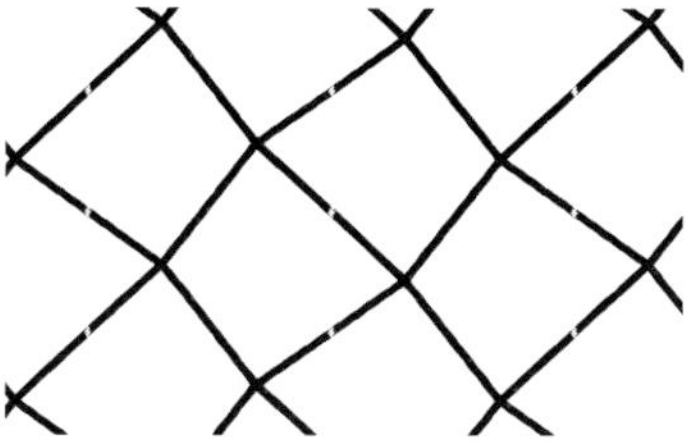

CCGG 헤슈 타일링

CCGG의 간단한 변형

다음은 CCGG 헤슈 타입을 이용해 그려본 에셔꼴 테셀레이션의 예이다.

이와 같이 만들어진 헤슈 타일링은 180° 회전과 x축, y축 미끄럼반사에 의해 생성되는 벽지 타입인 pgg에 해당된다.

6) CGCG

한 쌍의 대변은 미끄럼반사를 이용하고 나머지 한 쌍의 대변은 중점 회전을 이용해 변형시킨 CGCG 헤슈 타입은 마주보는 한 쌍의 대변의 길이가 같다는 조건이 필요하다. 따라서 한 쌍의 대변의 길이가 같은 사각형은 모두 CGCG 헤슈 타일링의 기본 다각형이 될 수 있다. 그런데 TESS에서 주어지는 초기 조건은 정사각형이므로 이 정사각형의 변을 선택해 끝 점을 움직이면 CGCG 헤슈 타일링의 기본 다각형을 만들 수 있다. 다음은 CGCG 헤슈 타일링의 기본 다각형과 이를 간단히 변형한 모양이다.

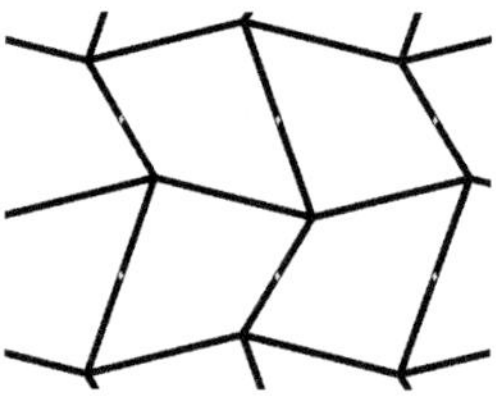

CGCG 헤슈 타일링

CGCG의 간단한 변형

다음은 CGCG 헤슈 타입을 이용해 그려본 에셔꼴 테셀레이션의 예이다.

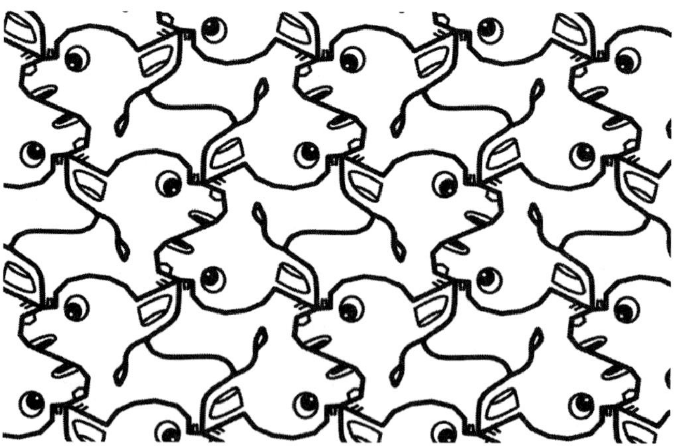

이와 같이 만들어진 헤슈 타일링은 180° 회전과 x축, y축 미끄럼반사에 의해 생성되는 벽지 타입인 pgg에 해당된다.

7) $C_4C_4C_4C_4$

네 변을 각각 이웃한 변으로 90° 회전이동시켜 변형한 $C_4C_4C_4C_4$ 헤슈 타입은 이웃한 변의 길이가 같고 직각이어야 한다. 이 조건을 만족시키는 사각형은 정사각형 뿐이므로 $C_4C_4C_4C_4$ 헤슈 타입의 기본 다각형은 정사각형이 된다. 다음은 $C_4C_4C_4C_4$ 헤슈 타일링의 기본 다각형과 이를 간단하게 변형한 모양이다.

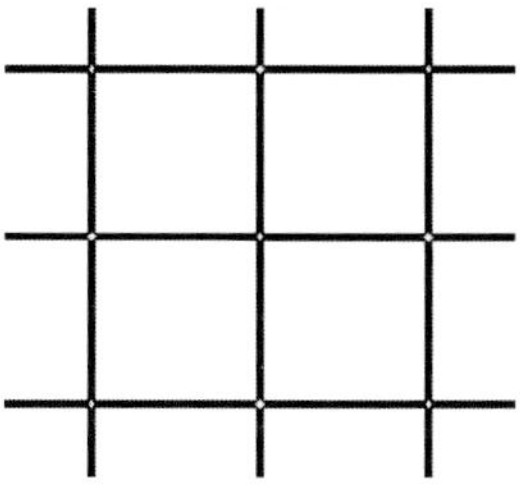

$C_4C_4C_4C_4$ 헤슈 타일링

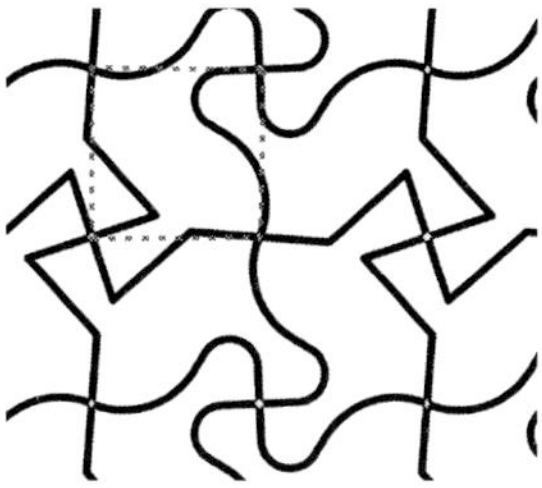

$C_4C_4C_4C_4$의 간단한 변형

다음은 $C_4C_4C_4C_4$ 헤슈 타입을 이용해 그려본 에셔꼴 테셀레이션의 예이다.

이와 같이 만들어진 헤슈 타일링은 90° 회전과 180° 회전변환에 의해 생성되는 벽지 타입인 p4에 해당된다.

8) $C_3C_3C_3C_3$

사각형의 네 변이 각각 120° 회전에 의해 변형된 $C_3C_3C_3C_3$ 헤슈 타입은 이웃한 두 쌍의 변의 길이가 서로 같고 사잇각이 120°여야 한다는 조건이 필요하다. 이 조건을 만족시키는 기본 다각형의 모양은 다음 그림에서 확인할 수 있는데, 전체적인 구조를 살펴보면 정육각형을 모양과 크기가 같은 세 개의 사각형으로 분할한 형태임을 알 수 있다. 이 $C_3C_3C_3C_3$ 헤슈 타입의 변형 방법을 알기 위해 간단하게 변형된 모양을 살펴보자.

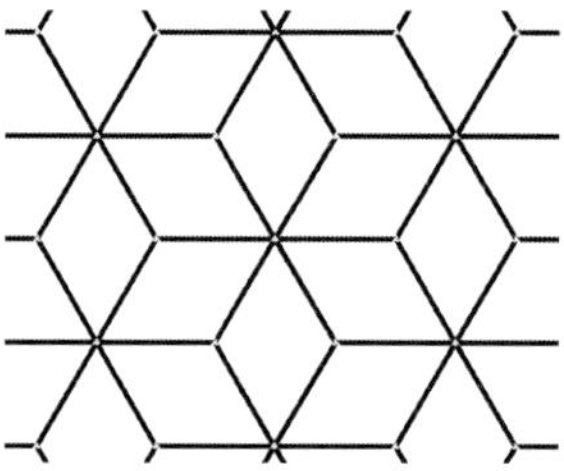

$C_3C_3C_3C_3$ 헤슈 타일링

$C_3C_3C_3C_3$의 간단한 변형

다음은 $C_3C_3C_3C_3$ 헤슈 타입을 이용해 그려본 에셔꼴 테셀레이션의 예이다.

이와 같이 만들어진 헤슈 타일링은 120° 회전변환에 의해 생성되는 벽지 타입인 p3에 해당된다.

9) $C_3C_3C_6C_6$

사각형의 이웃한 한 쌍의 변은 120° 회전을 하고 나머지 이웃한 한 쌍의 변은 60° 회전하여 변형된 $C_3C_3C_6C_6$ 헤슈 타입을 만들려면 120° 회전된 두 변과 60° 회전된 두 변의 길이가 각각 같아야 한다는 조건이 필요하다. 이 조건을 만족시키는 기본 다각형의 모양은 다음 그림에서 확인할 수 있는데, 전체적인 구조를 살펴보면 정육각형을 위 조건에 맞는 6개의 사각형으로 분할한 형태임을 알 수 있다. 이 $C_3C_3C_6C_6$ 헤슈 타입의 변형 방법을 알기 위해 간단하게 변형된 모양을 살펴보자.

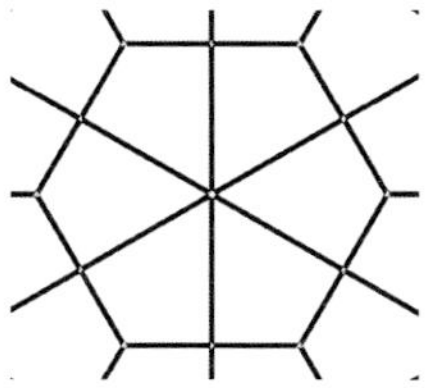

$C_3C_3C_6C_6$ 헤슈 타일링

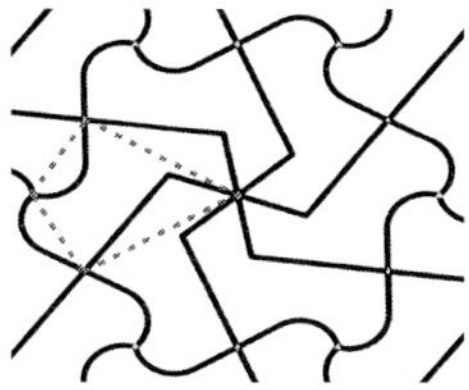

$C_3C_3C_6C_6$의 간단한 변형

다음은 $C_3C_3C_6C_6$ 헤슈 타입을 이용해 그려본 에셔꼴 테셀레이션의 예이다.

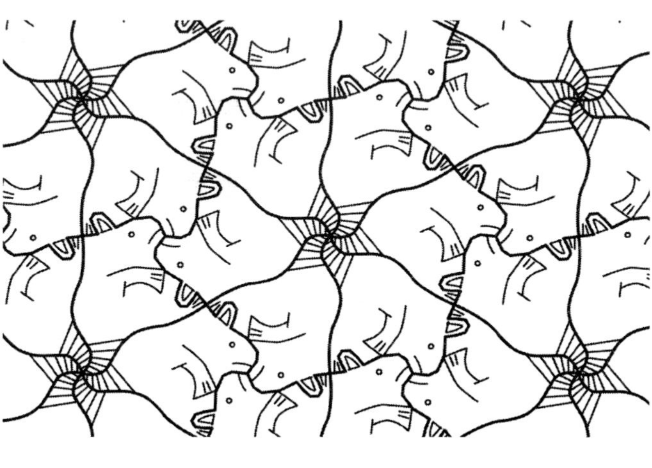

이와 같이 만들어진 헤슈 타일링은 60° 회전과 120° 회전, 180° 회전변환에 의해 생성되는 벽지 타입인 p6에 해당된다.

10) $G_1G_1G_2G_2$

사각형의 이웃한 두 쌍의 변들을 각각 미끄럼반사 시켜 만든 $G_1G_1G_2G_2$ 헤슈 타입은 대응되는 변끼리 길이가 같아야 한다는 조건이 필요하다. 즉, $G_1G_1G_2G_2$ 헤슈 타입을 만드는 기본 다각형은 이웃한 두 쌍의 변의 길이가 각각 같은 사각형이어야 한다는 것이다. 그런데 특이하게도 TESS에서 이 $G_1G_1G_2G_2$ 헤슈 타입의 초기 조건으로 주어지는 기본 다각형이 정삼각형이다. 다시 말해 정삼각형의 세 개의 변 중 한 변을 중점으로 나눈 뒤 이 잘라진 두 변 사이에 미끄럼반사를 준 것이다. 초기 조건은 정삼각형이지만 변형되는 변의 개수가 네 개이기 때문에 이 기본 다각형은 사각형으로 분류해야 한다. 또한 변을 지정해 끝점을 움직이면 이 정삼각형을 $G_1G_1G_2G_2$ 헤슈 타입의 기본 다각형인 사각형으로 변형시킬 수 있다.

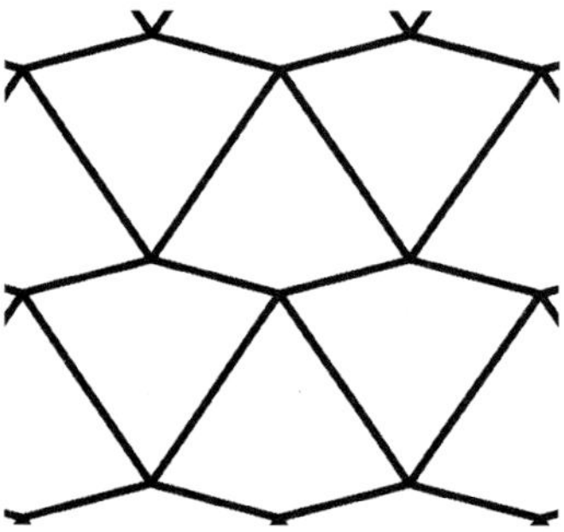

$G_1G_1G_2G_2$ 헤슈 타일링

$G_1G_1G_2G_2$의 간단한 변형

다음은 $G_1G_1G_2G_2$ 헤슈 타입을 이용해 그려본 에셔꼴 테셀레이션의 예이다.

이와 같이 만들어진 헤슈 타일링은 y축(또는 x축)과 평행한 선에서 미끄럼반사에 의해 생성되는 벽지 타입인 pg에 해당된다.

11) $G_1G_2G_1G_2$

사각형의 두 쌍의 대변을 각각 미끄럼반사에 의해 변형시킨 $G_1G_2G_1G_2$ 헤슈 타입은 마주보는 두 변의 길이가 같아야 한다는 조건이 필요하다. 그러면 $G_1G_2G_1G_2$ 헤슈 타입의 기본 다각형은 평행사변형이라고 생각할 수 있는데 오른쪽 그림을 보면 평행사변형에서 $G_1G_2G_1G_2$ 헤슈 타일링이 불가능한 이유를 알 수 있다.

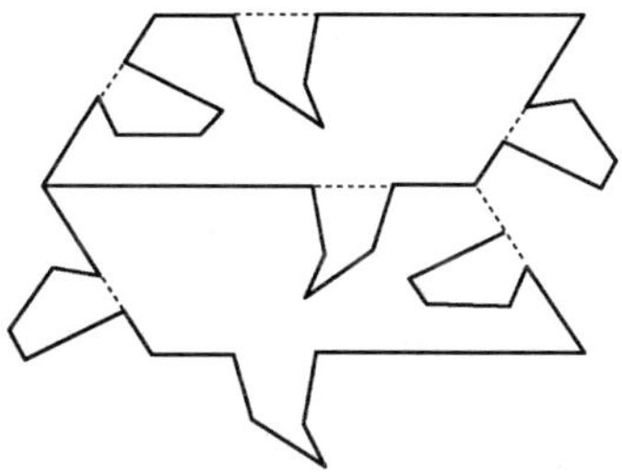

따라서 $G_1G_2G_1G_2$ 헤슈 타일링이 가능한 기본 다각형은 직사각형이다. TESS에서는 초기 조건의 기본 다각형을 정사각형으로 주고 있으나 평행이동의 축을 이용해 다음과 같이 직사각형으로 변형할 수 있다. $G_1G_2G_1G_2$ 헤슈 타일링의 변형 방법을 알아보기 위해 간단히 변형한 모양을 살펴보도록 하자.

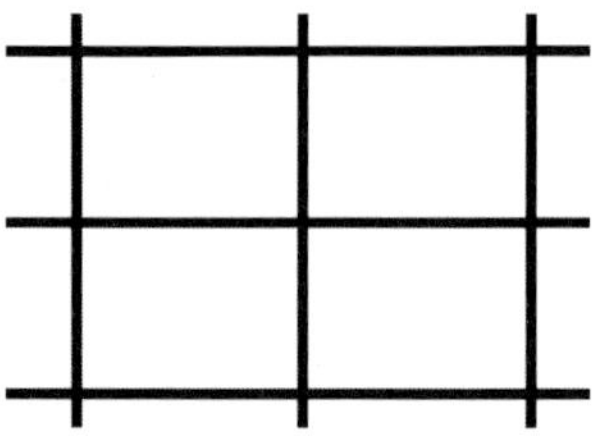

$G_1G_2G_1G_2$ 헤슈 타일링

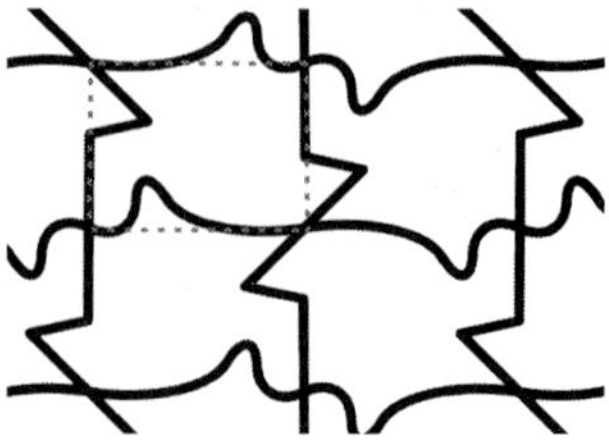

$G_1G_2G_1G_2$의 간단한 변형

다음은 $G_1G_2G_1G_2$ 헤슈 타입을 이용해 그려본 에셔꼴 테셀레이션의 예이다.

이와 같이 만들어진 헤슈 타일링은 180° 회전과 x축, y축 미끄럼반사에 의해 생성되는 벽지 타입인 pgg에 해당된다.

바. 오각형의 변형

헤슈 타입에서 오각형은 다섯 개의 변형 기호로 나타낼 수 있는 도형이다. 삼각형을 네 개의 변으로 나누고 네 개의 변형 기호를 사용해 나타낼 수 있으면 사각형으로 생각하였듯이 오각형에서도 마찬가지이다. 즉, 사각형을 다섯 개의 변으로 나누고 다섯 개의 변형 기호를 사용하여 나타낼 수 있으면 오각형으로 분류한다. 여기서는 오각형에서 가능한 헤슈 타입의 종류를 각각의 예와 함께 살펴보고 벽지 타입으로도 분류해보고자 한다.

1) TCTCC

TCTCC 헤슈 타입에서는 오각형의 다섯 개의 변 중 평행이동에 의해 변형되는 한 쌍의 대변을 제외한 나머지 모든 변을 중점 회전에 의해 변형시킨다. 즉, 평행이동에 의해 변형되는 한 쌍의 대변만 평행하고 길이가 같으면 된다는 것이다. 이 조건을 만족시키는 오각형의 모양은 매우 다양한데, TESS에서 주어지는 TCTCC 헤슈 타입의 초기 조건은 5개의 변으로 나누어진 정사각형이다. 이 정사각형에서 변의 끝점을 움직이면 TCTCC 헤슈 타입의 기본 다각형인 오각형을 만들 수 있다. 다음 그림은 기본 다각형으로 이루어진 TCTCC 헤슈 타일링과 이를 간단하게 변형한 모양이다.

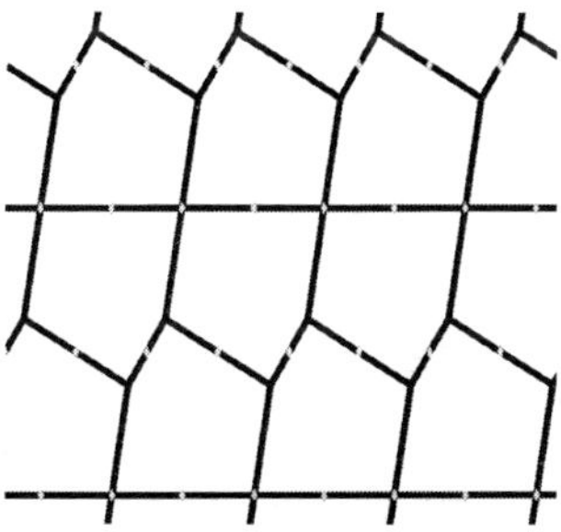

TCTCC 헤슈 타일링

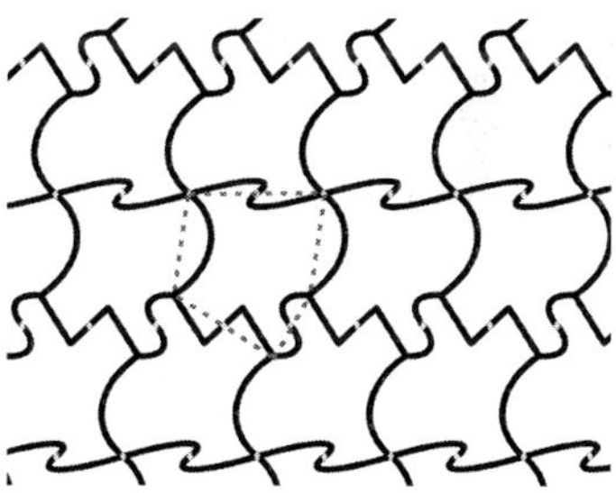

TCTCC의 간단한 변형

다음은 TCTCC 헤슈 타입을 이용해 그려본 에셔꼴 테셀레이션의 예이다.

이와 같이 만들어진 헤슈 타일링은 180° 회전변환에 의해 생성되는 벽지 타입인 p2에 해당된다.

2) TCTGG

TCTGG 헤슈 타입은 오각형의 다섯 개의 변 중 한 쌍의 대변은 평행이동을, 남은 세 변 중 이웃한 한 쌍의 변은 미끄럼반사를, 그리고 남은 한 변은 중점 회전을 이용해 변형시킨 것이다. 이러한 변형이 가능하려면 오각형에서 한 쌍의 대변은 서로 평행하면서 길이가 같아야 하고, 남은 세 변 중 이웃한 두 변은 그 길이가 같아야 한다. TESS에서 주어지는 TCTGG 헤슈 타입의 초기 조건은 역시 5개의 변으로 나누어진 정사각형이다. 마찬가지로 이 정사각형에서 변의 끝점을 움직이면 TCTGG 헤슈 타입의 기본 다각형인 오각형을 만들 수 있다. 다음 그림은 기본 다각형으로 이루어진 TCTGG 헤슈 타일링과 이를 간단하게 변형한 모양이다.

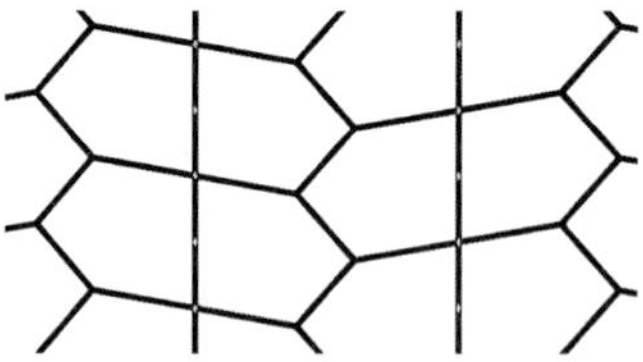

TCTGG 헤슈 타일링

TCTGG의 간단한 변형

다음은 TCTGG 헤슈 타입을 이용해 그려본 에셔꼴 테셀레이션의 예이다.

이와 같이 만들어진 헤슈 타일링은 180° 회전과 x축, y축 미끄럼반사에 의해 생성되는 벽지 타입인 pgg에 해당된다.

3) $CC_4C_4C_4C_4$

$CC_4C_4C_4C_4$ 헤슈 타입은 오각형의 다섯 개의 변 중에 서로 이웃한 두 쌍의 변을 90° 회전이동을 이용해 변형시키고 남은 한 변은 중점 회전을 이용해 변형시킨 것이다. 90° 회전 이동을 통해 변을 변형시키기 위해서는 대응되는 변들의 길이가 같고 직각을 이뤄야한다. TESS에서 주어지는 $CC_4C_4C_4C_4$ 헤슈 타입의 초기 조건은 변이 5개로 나누어진 직사각형이다. 이 직사각형에서 변의 끝점을 움직이면 $CC_4C_4C_4C_4$ 헤슈 타입의 기본 다각형인 오각형을 만들 수 있다. 다음 그림은 기본 다각형으로 이루어진 $CC_4C_4C_4C_4$ 헤슈 타일링과 이를 간단하게 변형한 모양이다.

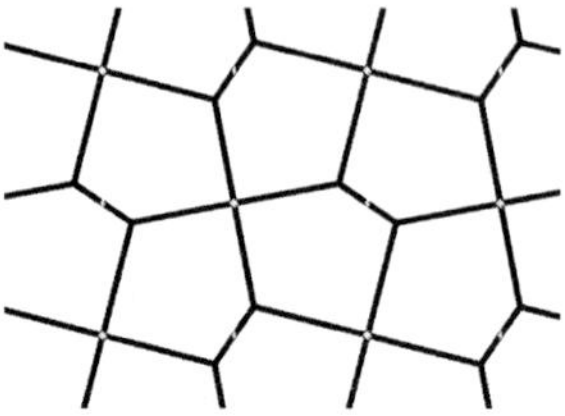

$CC_4C_4C_4C_4$ 헤슈 타일링

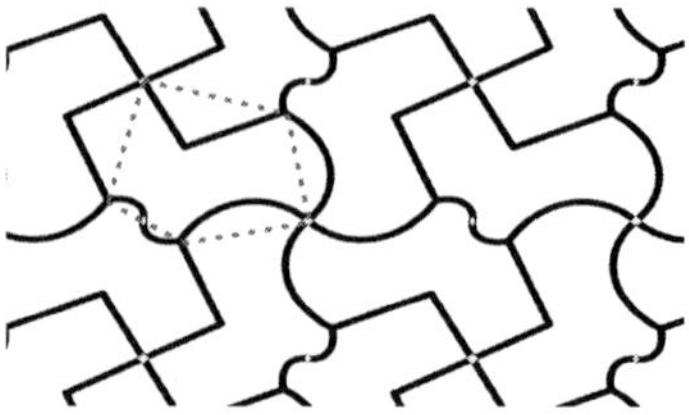

$CC_4C_4C_4C_4$의 간단한 변형

다음은 $CC_4C_4C_4C_4$ 헤슈 타입을 이용해 그려본 에셔꼴 테셀레이션의 예이다.

이와 같이 만들어진 헤슈 타일링은 90° 회전변환에 의해 생성되는 벽지 타입인 p4에 해당된다.

4) $CC_3C_3C_6C_6$ ($CC_6C_6C_3C_3$)

$CC_3C_3C_6C_6$ 헤슈 타입은 오각형의 다섯 개의 변 중에 이웃한 한 쌍의 변은 120° 회전 이동을, 다른 이웃한 한 쌍의 변은 60° 회전 이동, 나머지 한 변은 중점 회전을 이용해 변을 변형시킨 것이다. TESS에서 주어진 $CC_3C_3C_6C_6$ 헤슈 타입의 초기 조건은 5개의 변으로 나눈 직사각형이다.

그런데 이 직사각형의 변의 끝점을 움직이면 $CC_3C_3C_6C_6$ 헤슈 타입의 기본 다각형인 오각형을 만들 수 있다. 다음 그림은 기본 다각형으로 이루어진 $CC_3C_3C_6C_6$ 헤슈 타일링과 이를 간단하게 변형한 모양이다.

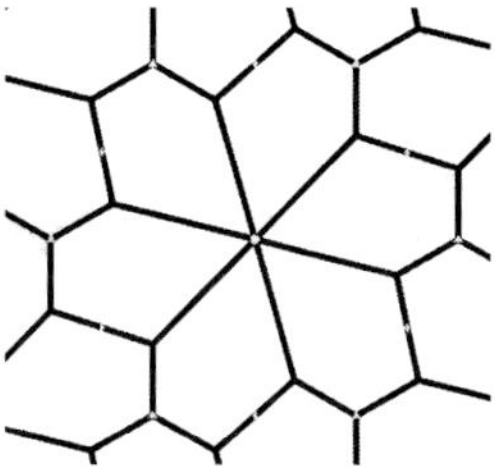

$CC_3C_3C_6C_6$ 헤슈 타일링

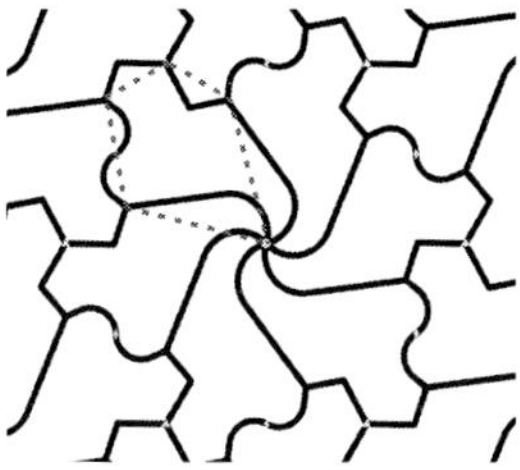

$CC_3C_3C_6C_6$의 간단한 변형

다음은 $CC_3C_3C_6C_6$ 헤슈 타입을 이용해 그려본 에셔꼴 테셀레이션의 예이다.

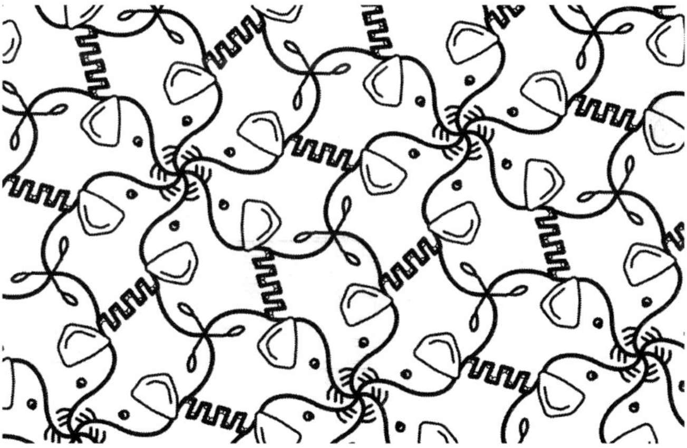

이와 같이 만들어진 헤슈 타일링은 60° 회전과 120° 회전, 180° 회전변환에 의해 생성되는 벽지 타입인 p6에 해당된다.

5) $CG_1G_2G_1G_2$

오각형 변형의 마지막인 $CG_1G_2G_1G_2$ 헤슈 타입은 중점 회전을 이용해 변형시킨 한 변을 제외하고 나머지 네 변 중 마주보는 두 쌍의 대변을 미끄럼반사 시켜 변형한 것이다. 따라서 미끄럼반사에 의해 변형되는 두 쌍의 대변은 각각 그 길이가 같아야 한다. TESS에서 주어진 $CG_1G_2G_1G_2$ 헤슈 타입의 초기 조건은 5개의 변으로 나눈 직사각형이다. 그런데 이 직사각형의 변의 끝점을 움직이면 $CG_1G_2G_1G_2$ 헤슈 타입의 기본 다각형인 오각형을 만들 수 있다. 다음 그림은 기본 다각형으로 이루어진 $CG_1G_2G_1G_2$ 헤슈 타일링과 이를 간단하게 변형한 모양이다.

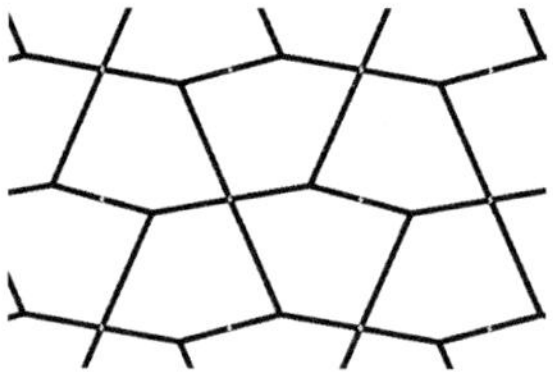

$CG_1G_2G_1G_2$ 헤슈 타일링

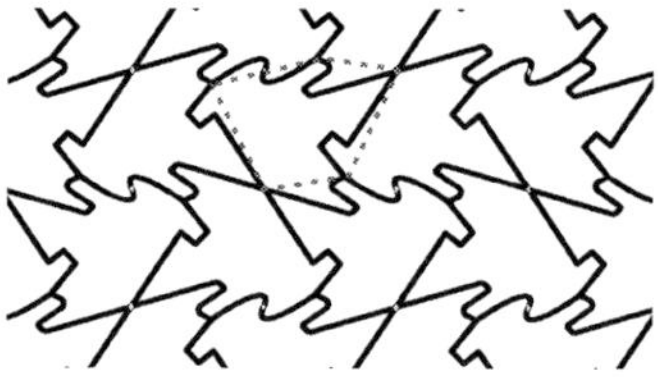

$CG_1G_2G_1G_2$의 간단한 변형

다음은 $CG_1G_2G_1G_2$ 헤슈 타입을 이용해 그려본 에셔꼴 테셀레이션의 예이다.

이와 같이 만들어진 헤슈 타일링은 180° 회전과 x축, y축 미끄럼반사에 의해 생성되는 벽지 타입인 pgg에 해당된다.

사. 육각형의 변형

헤슈 타입에서 육각형은 여섯 개의 변형 기호로 나타낼 수 있는 도형이다. 사각형과 오각형의 변형에서 이미 살펴보았듯이 TESS에서 맨 처음 주어지는 기본 다각형은 육각형이 아닐 수도 있다. 그러나 기본적으로 변형 기호가 여섯 개이기 때문에 항상 육각형으로 변형할 수 있다. 여기서는 육각형에서 가능한 헤슈 타입의 종류를 각각의 예와 함께 살펴보면서 벽지 타입으로도 분류해보고자 한다.

1) TTTTTT

TTTTTT 헤슈 타입은 육각형의 여섯 개의 변 중 서로 마주보는 변끼리 평행이동을 이용해 변형시킨 것이다. 따라서 육각형의 세 쌍의 대변이 서로 평행하고 길이가 각각 같다는 조건이 필요하다. TESS에서 주어진 TTTTTT 헤슈 타입의 초기 조건은 정육각형이지만 변의 끝을 움직이면 조건을 만족시키는 육각형으로의 변형이 가능하다. 다음 그림은 기본 다각형으로 이루어진 TTTTTT 헤슈 타일링과 이를 간단하게 변형한 모양이다.

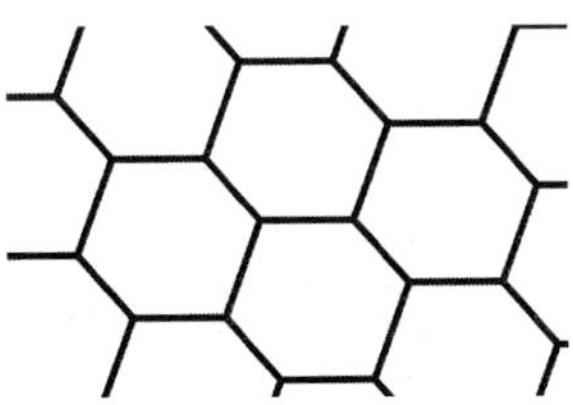
TTTTTT 헤슈 타일링

TTTTTT의 간단한 변형

다음은 TTTTTT 헤슈 타입을 이용해 그려본 에셔꼴 테셀레이션의 예이다.

이와 같이 만들어진 헤슈 타일링은 평행이동에 의해 생성되는 벽지 타입인 p1에 해당된다.

2) TCCTCC

TCCTCC 헤슈 타입은 육각형의 마주보는 한 쌍의 대변을 제외한 나머지 변을 각각 중점 회전을 이용해 변형시킨 것이다. 따라서 TCCTCC 헤슈 타입이 가능한 육각형은 한 쌍의 대변이 서로 평행하고 길이가 같으면 된다. TESS에서 주어진 TCCTCC 헤슈 타입의 초기 조건은 정육각형이지만 변의 끝을 움직이면 조건을 만족시키는 육각형으로의 변형이 가능하다. 다음 그림은 기본 다각형으로 이루어진 TCCTCC 헤슈 타일링과 이를 간단하게 변형한 모양이다.

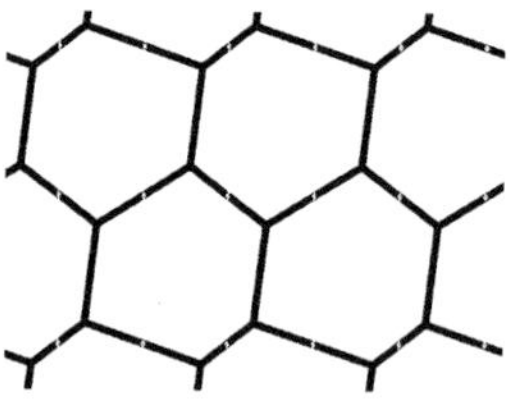

TCCTCC 헤슈 타일링

TCCTCC의 간단한 변형

다음은 TCCTCC 헤슈 타입을 이용해 그려본 에셔꼴 테셀레이션의 예이다.

이와 같이 만들어진 헤슈 타일링은 180° 회전변환에 의해 생성되는 벽지 타입 p2에 해당된다.

3) TCCTGG

TCCTGG 헤슈 타입은 육각형의 마주보는 한 쌍의 대변은 평행이동, 나머지 네 변 중 이웃한 한 쌍의 변은 미끄럼반사, 그리고 마지막 두 변은 각각 중점 회전을 이용해 변형시킨 것이다. 따라서 TCCTGG 헤슈 타입이 가능한 육각형은 한 쌍의 대변이 서로 평행하고 길이가 같으며, 미끄럼반사에 의해 대응되는 두 변의 길이가 같으면 된다는 조건이 필요하다. TESS에서 주어진 TCCTGG 헤슈 타입의 초기 조건은 여섯 개의 변으로 나눈 정사각형이지만 변의 끝을 움직이면 조건을 만족시키는 육각형으로 변형할 수 있다. 다음 그림은 기본 다각형으로 이루어진 TCCTGG 헤슈 타일링과 이를 간단하게 변형한 모양이다.

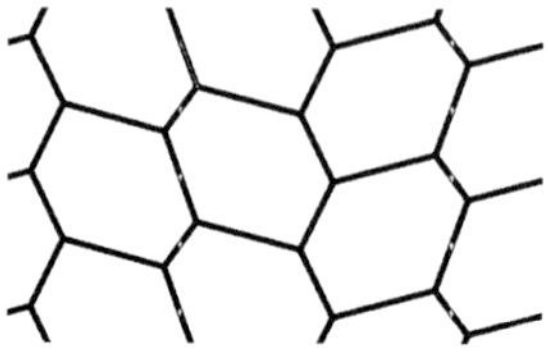

TCCTGG 헤슈 타일링

TCCTGG의 간단한 변형

다음은 TCCTGG 헤슈 타입을 이용해 그려본 에셔꼴 테셀레이션의 예이다.

이와 같이 만들어진 헤슈 타일링은 180° 회전과 x축, y축 미끄럼반사에 의해 생성되는 벽지 타입인 pgg에 해당된다.

4) $C_3C_3C_3C_3C_3C_3$

$C_3C_3C_3C_3C_3C_3$ 헤슈 타입은 육각형에서 이웃한 세 쌍의 변을 120° 회전 이동에 의해 변형시킨 것이다. 따라서 이 헤슈 타입의 기본다각형은 120° 회전 이동에 의해 변형된 세 쌍의 변들의 길이가 각각 같으면 된다. TESS에서 주어진 $C_3C_3C_3C_3C_3C_3$ 헤슈 타입의 초기 조건은 정육각형이지만 변의 끝을 움직이면 조건을 만족시키는 육각형으로 변형할 수 있다. 다음 그림은 기본 다각형으로 이루어진 $C_3C_3C_3C_3C_3C_3$ 헤슈 타일링과 이를 간단하게 변형한 모양이다.

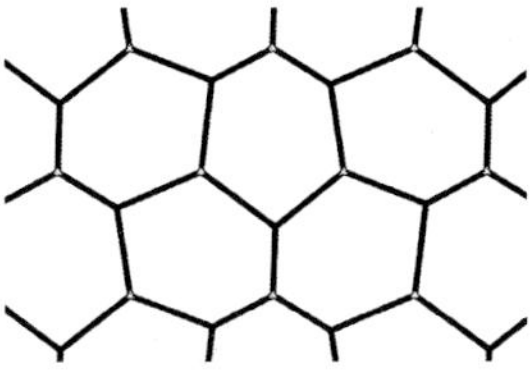

$C_3C_3C_3C_3C_3C_3$ 헤슈 타일링

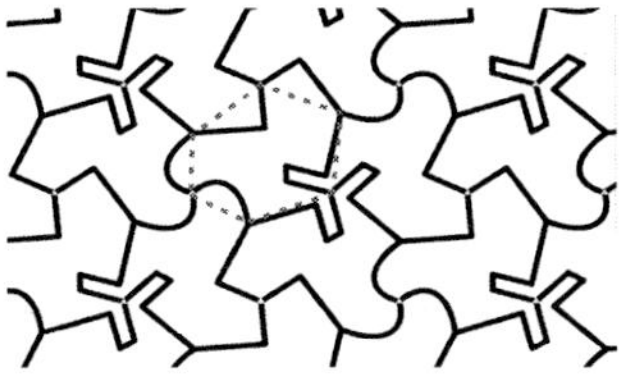

$C_3C_3C_3C_3C_3C_3$의 간단한 변형

다음은 $C_3C_3C_3C_3C_3C_3$ 헤슈 타입을 이용해 에셔의 도마뱀을 그린 것이다.

이와 같이 만들어진 헤슈 타일링은 120° 회전변환에 의해 생성되는 벽지 타입인 p3에 해당된다.

5) $TG_1G_1TG_2G_2$

$TG_1G_1TG_2G_2$ 헤슈 타입은 육각형의 한 쌍의 대변을 평행이동으로 변형시키고, 남은 네 개의 변을 이웃한 변끼리 미끄럼반사 시켜 변형시킨 것이다. 이 헤슈 타입이 가능하려면 육각형의 한 쌍의 대변이 서로 평행하면서 길이가 같아야 하며, 남은 네 개의 변들은 서로 이웃한 변들끼리 길이가 각각 같아야 한다. TESS에서 주어진 $TG_1G_1TG_2G_2$ 헤슈 타입의 초기 조건은 여섯 개의 변으로 나누어진 정사각형이지만 변의 끝을 움직이면 조

건을 만족시키는 육각형으로 변형할 수 있다. 다음 그림은 기본 다각형으로 이루어진 $TG_1G_1TG_2G_2$ 헤슈 타일링과 이를 간단하게 변형한 모양이다.

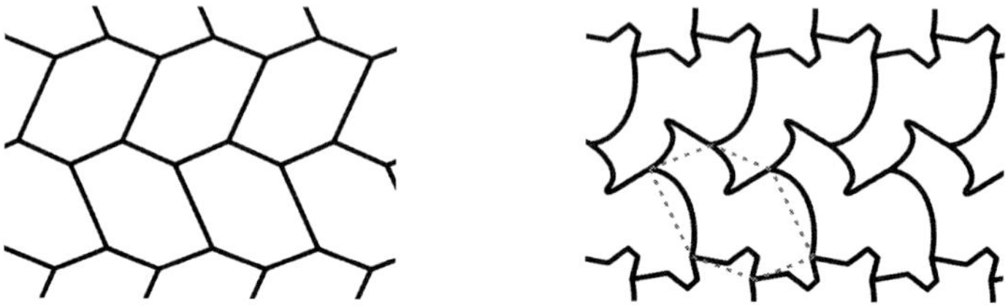

$TG_1G_1TG_2G_2$ 헤슈 타일링 $TG_1G_1TG_2G_2$의 간단한 변형

다음은 $TG_1G_1TG_2G_2$ 헤슈 타입을 이용해 그려본 에셔꼴 테셀레이션의 예이다.

이와 같이 만들어진 헤슈 타일링은 y축(또는 x축)과 평행한 직선에 대한 미끄럼반사에 의해 생성되는 벽지 타입인 pg에 해당된다.

6) $TG_1G_2TG_2G_1$

$TG_1G_2TG_2G_1$ 헤슈 타입은 육각형의 한 쌍의 대변을 평행이동으로 변형시키고, 남은 네 개의 변을 평행이동에 의해 변형된 변을 기준으로 이웃한 변들끼리 미끄럼반사 시켜 변형시킨 것이다. 이 헤슈 타입이 가능하려면 육

각형의 한 쌍의 대변이 서로 평행하면서 길이가 같아야 하며, 미끄럼반사에 의해 대응되는 변들끼리는 그 길이가 같아야 한다. TESS에서 주어진 $TG_1G_2TG_2G_1$ 헤슈 타입의 초기 조건은 정육각형이지만 변의 끝을 움직이면 조건을 만족시키는 육각형으로 변형할 수 있다. 다음 그림은 기본 다각형으로 이루어진 $TG_1G_2TG_2G_1$ 헤슈 타일링과 이를 간단하게 변형한 모양이다.

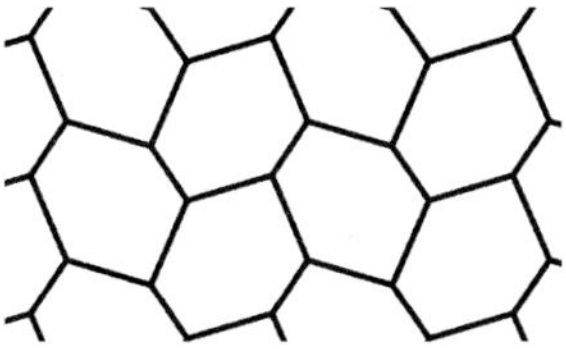

$TG_1G_2TG_2G_1$ 헤슈 타일링

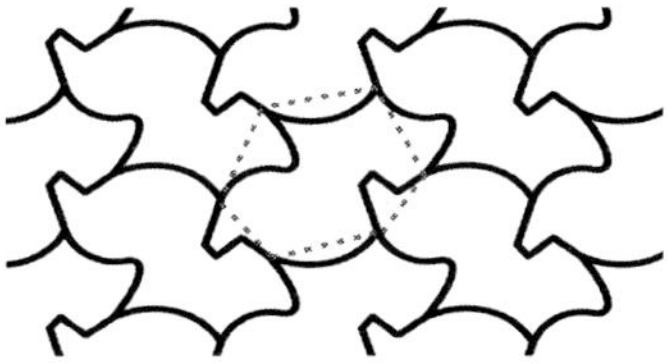

$TG_1G_2TG_2G_1$의 간단한 변형

다음은 $TG_1G_2TG_2G_1$ 헤슈 타입을 이용해 그려본 에셔꼴 테셀레이션의 예이다.

이와 같이 만들어진 헤슈 타일링은 y축(또는 x축)과 평행한 직선에 대한 미끄럼반사에 의해 생성되는 벽지 타입인 pg에 해당된다.

7) $CG_1CG_2G_1G_2$

$CG_1CG_2G_1G_2$ 헤슈 타입은 마주 보는 한 쌍의 변을 미끄럼반사에 의해 변형

(G_1)하고, 이 변들 중 한 변을 중심으로 이웃한 두 변은 미끄럼반사(G_2), 나머지 한 변에 이웃한 두 변은 중점 회전에 의해 변형시킨 것이다. 이 헤슈 타입은 미끄럼반사에 의해 변형되는 두 쌍의 변들이 서로 길이가 같으면 된다. TESS에서 주어진 $CG_1CG_2G_1G_2$ 헤슈 타입의 초기 조건은 정육각형이지만 변의 끝을 움직이면 조건을 만족시키는 육각형으로 변형할 수 있다. 다음 그림은 기본 다각형으로 이루어진 $CG_1CG_2G_1G_2$ 헤슈 타일링과 이를 간단하게 변형한 모양이다.

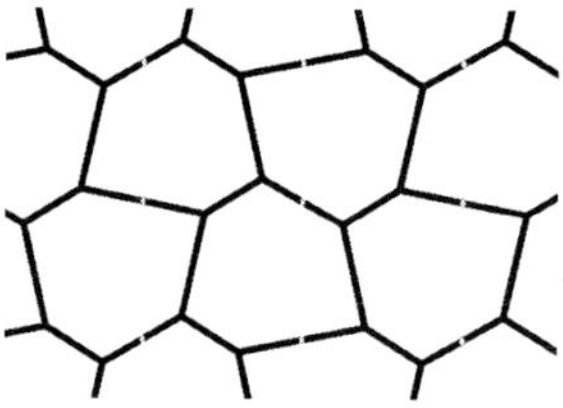

$CG_1CG_2G_1G_2$ 헤슈 타일링

$CG_1CG_2G_1G_2$의 간단한 변형

다음은 $CG_1CG_2G_1G_2$ 헤슈 타입을 이용해 그려본 에셔꼴 테셀레이션의 예이다.

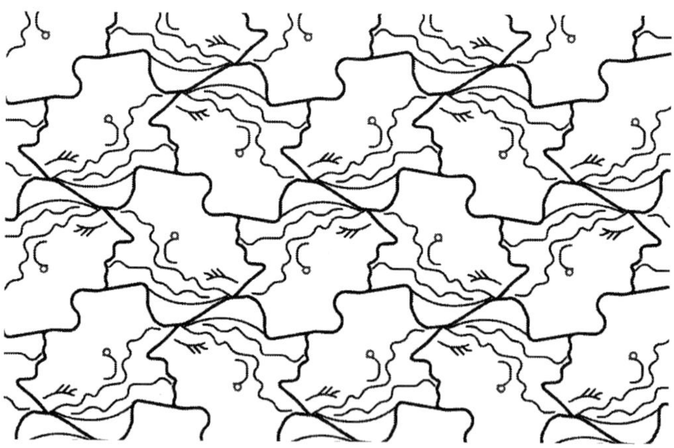

이와 같이 만들어진 헤슈 타일링은 180° 회전과 x축, y축 미끄럼반사에 의해 생성되는 벽지 타입인 pgg에 해당된다.

아. 28가지 헤슈 타일링과 벽지 타입

지금까지 살펴본 28가지 헤슈 타일링을 기본 다각형에 따라 분류해보면 다음의 표와 같다.

기본 다각형	삼각형	사각형	오각형	육각형
헤슈 타입	1. CCC 2. CC_6C_6 3. CGG 4. CC_3C_3 5. CC_4C_4	6. TTTT 7. CCCC 8. TCTC 9. TGTG 10. CCGG 11. CGCG 12. $C_4C_4C_4C_4$ 13. $C_3C_3C_3C_3$ 14. $C_3C_3C_6C_6$ 15. $G_1G_1G_2G_2$ 16. $G_1G_2G_1G_2$	17. TCTCC 18. TCTGG 19. $CC_4C_4C_4C_4$ 20. $CC_3C_3C_6C_6$ $(CC_6C_6C_3C_3)$ 21. $CG_1G_2G_1G_2$	22. TTTTTT 23. TCCTCC 24. TCCTGG 25. $C_3C_3C_3C_3C_3C_3$ 26. $TG_1G_1TG_2G_2$ 27. $TG_1G_2TG_2G_1$ 28. $CG_1CG_2G_1G_2$
경우의 수	5가지	11가지	5가지	7가지

또한 헤슈 타일링을 벽지 타입에 의해 분류해보면 다음의 표와 같다.

	삼각형	사각형	오각형	육각형
p1		TTTT		TTTTTT
p2	CCC	CCCC, TCTC	TCTCC	TCCTCC
p3		$C_3C_3C_3C_3$		$C_3C_3C_3C_3C_3C_3$
p4	CC_4C_4	$C_4C_4C_4C_4$	$CC_4C_4C_4C_4$	
p6	CC_6C_6, CC_3C_3	$C_3C_3C_6C_6$	$CC_3C_3C_6C_6$, $CC_6C_6C_3C_3$	
pg		$G_1G_1G_2G_2$ TGTG		$TG_1G_1TG_2G_2$ $TG_1G_2TG_2G_1$
pgg	CGG	CCGG CGCG $G_1G_2G_1G_2$	TCTGG $CG_1G_2G_1G_2$	TCCTGG $CG_1CG_2G_1G_2$

위 표에서 알 수 있듯이 28가지 헤슈 타일링으로는 17개 벽지 타입 중 7가지만 그릴 수 있다. 이는 헤슈 타입을 만드는 과정에서 반사를 배제하기 때문이다. 그렇다면 반사가 있는 나머지 10개의 벽지 타입을 에셔꼴 테셀레이션으로 그리려면 어떻게 해야 하는지 알아보자.

2. 반사가 있는 벽지 타입 그리기

28가지 헤슈 타일링을 이용해 그릴 수 있는 벽지 타입은 반사가 없는 p1, p2, p3, p4, p6, pg, pgg 의 7가지임을 앞에서 살펴보았다. 헤슈 타일링의 방법이 28가지나 됨에도 불구하고 7가지 벽지 타입 밖에 그리지 못하는 이유는 헤슈 타입을 만들 때 반사의 성질을 배제하기 때문이다. 17가지 벽지 타입 중 반사가 있는 pm, cm, pmm, pmg, cmm, p31m, p3m1, p4m, p4g, p6m 의 10가지를 만들기 위해서는 보다 제한된 형태로의 변형을 통해 반사가 있도록 해야 한다. 그러면 반사가 있는 10가지 벽지 타입은 어떤 기본 다각형을 어떻게 변형시켜야 만들 수 있는지 살펴보도록 하자.

가. pm(p1m1)

다음은 회전 없이 y축 반사의 성질만을 가지고 있는 pm 타입의 테셀레이션이다.

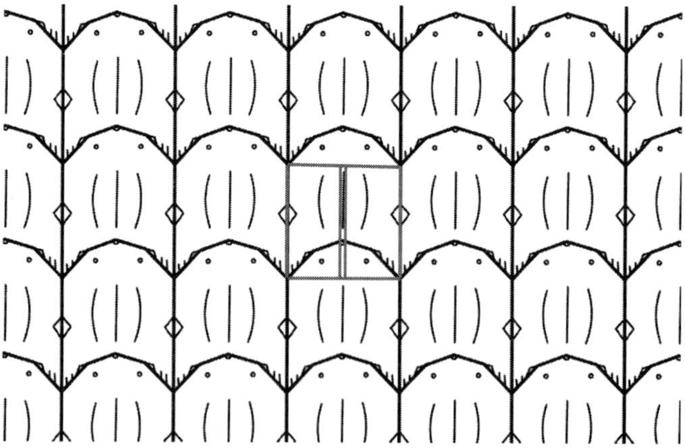

위 그림은 정사각형을 기본 다각형으로 하여 만들어진 것이다. 헤슈 타입으로는 정사각형 TTTT에 해당하는 이 기본 다각형을 변형시켜 y축 반사의 성질을 갖게 하려면 한 쌍의 대변은 변형시키지 않은 채 그대로 두어야 한다. 또한 나머지 한 쌍의 변을 평행이동시켜 변형해야 하는데, 이때 두 대변의 중점을 이은 선을 기준으로 좌우가 대칭인 형태로 변형시켜야 y축 반사를 가질 수 있다.

나. cm(c1m1)

cm 벽지 타입의 기본조각은 마름모꼴이다. 그런데 cm 벽지 타입에서도 pm 벽지 타입에서와 마찬가지로 회전이 없다. 이는 변을 변형시킬 때 회전을 이용할 수 없다는 것을 의미한다. 변을 변형시켜 기본 타일을 만드는 과정에서 회전을 이용하면 그림 전체에도 회전의 성질이 나타나기 때문이다. 그러면 cm 벽지 타입에 있는 y축 반사와 미끄럼반사의 성질은 어떤 변형에 의해 생겨나는지 다음 cm 벽지 타입의 그림을 보면서 생각해보자.

위와 같은 그림을 그리기 위해 헤슈 타입 중 정사각형 TTTT를 마름모 모양으로 변형시켜 사용하였다. 이 기본 다각형을 변형시켜 y축 반사와 미끄럼반사가 나타나게 하려면 마름모의 y축 대각선을 중심으로 이웃한

두 변이 반사의 형태가 되도록 변형시키는 것이 중요하다. 이렇게 반사의 형태가 되도록 모양을 변형시키면 자연스럽게 미끄럼 반사가 나타나게 된다.

문제 4-4 다음 cm 타입 그림은 어떤 기본 다각형으로 그려졌는가? 또, 그 기본 다각형을 어떻게 변형한 것인지도 설명해보아라.

다. pmm(p2mm)

180° 회전과 x축, y축 반사에 의해 생성되는 pmm 타입은 직사각형을 기본조각으로 한다. 에셔의 테셀레이션 작품들 중에 pmm 벽지 타입의 성질을 갖고 있는 예는 그리 많지 않은데, 이는 반사의 성질을 갖고 있는 여러 종류의 모양들을 서로 결합해 평면을 채우는 것이 쉽지 않기 때문일 것이다. pmm 벽지 타입의 성질을 갖는 에셔꼴 테셀레이션은 어떻게 만들어지는지 그 원리를 알아보자.

위와 같은 그림을 그리기 위해서 헤슈 타입 중 정사각형 TCTC를 이용하였다. 이 헤슈 타입을 이용해 pmm 벽지 타입을 만들 때에는 변형된 변의 모양과 반사된 문양을 변의 반대쪽에 그려 넣어주는 것이 중요하다. 이렇게 반사된 문양을 그려줌으로써 여러 종류의 타일을 이용해 평면을 가득 채운 것 같은 효과를 얻을 수 있다.

문제 4-5 pmm 벽지 타입의 그림을 그리기 위해서 정사각형 TCTC 이외에 어떤 헤슈 타입을 이용할 수 있을까? 그리고 그 헤슈 타입을 어떻게 변형해야 pmm 벽지 타입의 성질이 나타날지도 함께 생각하여라.

라. pmg(p2mg)

180° 회전과 함께 y축 반사, x축 미끄럼 반사에 의해 생성되는 벽지 타입 pmg는 직사각형을 기본조각으로 한다. 따라서 pmg 벽지 타입을 그리기 위해서는 직사각형 모양의 기본 다각형을 이용한다. pmg도 역시 y축 반사의 성질이 있기 때문에 좌우 반사의 모양이 되도록 모양을 디자인해야 한다.

위와 같은 그림을 그리기 위해서 헤슈 타입 중 정사각형 TCTC를 이용하였다. 평행이동으로 변형되는 한 쌍의 변은 변의 중심축을 기준으로 좌우 반사의 모양이 되도록 변형시켰다. 또한, 변의 중점 회전이 되는 나머지 한 쌍의 변들도 좌우 반사의 모양이 되도록 변형시켜야 한다. 그러면 변의 중점 회전(C)에 의해 180° 회전이 나타나고, x축으로의 미끄럼 반사도 나타나게 된다.

마. cmm(c2mm)

cmm 벽지 타입은 180° 회전과 x축, y축으로의 반사, x축, y축과 평행한 축으로의 미끄럼 반사에 의해 생성된다. cmm 벽지 타입은 cm과 마찬

가지로 마름모꼴을 기본조각으로 한다. 따라서 cmm 벽지 타입을 그리기 위해서는 마름모 모양의 기본 다각형을 사용한다.

위와 같은 그림을 그리기 위해 헤슈 타입 중 정사각형 TCTC를 마름모 모양으로 변형시켜 사용한다. 이때 cmm은 x축, y축으로의 반사, x축, y축과 평행한 축으로의 미끄럼 반사가 있어야 한다. 따라서 네 변이 모두 중점을 중심으로 회전된 모양이어야 하고, x축, y축을 중심으로 상하, 좌우로 반사된 모양이 되어야 한다. 이렇게 변을 변형시키면 변의 중점 회전(C)에 의한 180° 회전과 미끄럼 반사의 성질이 모두 나타나게 된다.

> **문제 4-6** 위에 제시된 cmm을 그리기 위해서 정사각형 TCTC 이외에 어떤 헤슈 타입을 이용할 수 있을지 생각해보아라.

바. p31m

p31m은 120° 회전이 있는 벽지 타입으로서 같은 위치에 있는 120° 회전축들을 최소의 넓이가 되도록 이은 마름모를 기본조각으로 갖는다. 기본조각이 되는 마름모는 정삼각형 두 개를 결합한 형태로 볼 수 있는데, 두 정삼각형의 공통인 변들을 중심으로 한 반사의 성질이 p31m 벽지 타입의 가장 큰 특징이다. 그러면 이러한 특징을 가진 그림을 만들려면 어떤 과정을 거쳐야 하는지를 알아보기 위해 먼저 p31m 벽지 타입에 해당하는 에셔의 테셀레이션 작품을 감상해보자.

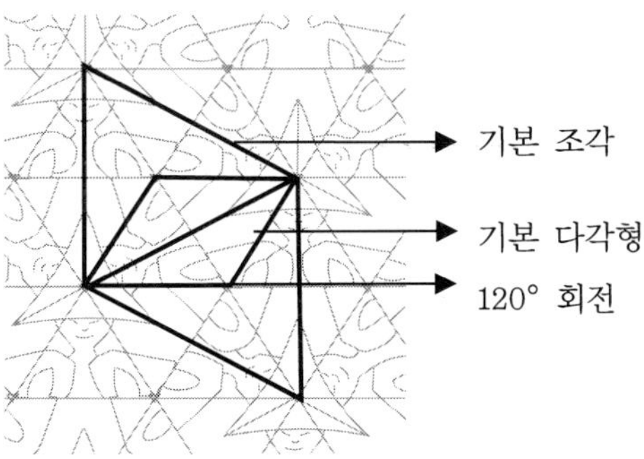

이 그림에서는 기본조각을 구성하고 있는 두 삼각형의 공통인 변들을 중심으로 반사의 성질이 있음을 확인할 수 있다. 따라서 이 그림은 p31m 벽지 타입으로 분류할 수 있다. 그런데 이 그림은 한 가지 모양 즉, 하나의 기본 타일로만 이루어져 있다. 따라서 위와 같은 테셀레이션 작품을 만들기 위해서는 평면을 채우고 있는 하나의 기본 타일(갓을 쓴 사람)만 만들면 된다.

기본 다각형을 찾기 위해 기본조각 안에 120° 회전축들을 최소의 넓이가 되도록 이어보자. 그러면 변의 길이가 모두 같고 대각의 크기가 각각 120°, 60°인 마름모를 얻을 수 있다. 이 마름모가 바로 하나의 기본 타일을 만드는 기본 다각형이 된다. 또한 이 마름모의 네 변을 중심으로 변의 변형된 모양을 관찰해보면, 120°를 이루는 두 변이 서로 회전을 이용해 변형되었음을 확인할 수 있다.

그러면 지금까지 살펴본 내용을 바탕으로 에셔꼴 테셀레이션을 그려보자.

위와 같은 p31m 벽지 타입의 그림을 그리기 위해 헤슈 타입 중 마름모 $C_3C_3C_3C_3$를 이용하였다. 그리는 과정에서 기본 다각형인 마름모의 장축

대각선을 중심으로 반사의 성질이 나타나도록 변을 변형시키는 것이 중요하다. 또한 전체적인 그림이 에셔의 작품처럼 보이기 위해 적절히 그림을 그려 넣어주는 것도 필요하다. 에셔와 같이 하나의 기본 타일만을 이용해 p31m 벽지 타입을 만드는 것은 쉬운 일이 아니기 때문이다.

사. p3m1

p3m1도 p31m과 마찬가지로 120° 회전이 있는 벽지 타입으로서 같은 위치에 있는 120° 회전축들을 최소의 넓이가 되도록 이은 마름모를 기본조각으로 갖는다. 또한 기본조각이 되는 마름모는 정삼각형 두 개를 결합한 형태로 볼 수 있다. 그러나 p3m1 벽지 타입은 p31m 벽지 타입과 달리 두 정삼각형의 공통인 변들을 중심으로 한 반사가 나타나지 않는다. 대신 두 정삼각형의 각 꼭짓점으로부터 대변에 내린 수선들을 중심으로 한 반사가 나타나는 것이 두드러진 특징이다. 그러면 이러한 특징을 가진 p3m1 벽지 타입 그림을 만들려면 어떤 과정을 거쳐야 하는지를 알아보기 위해 먼저 다음 에셔의 테셀레이션 작품을 감상해보자.

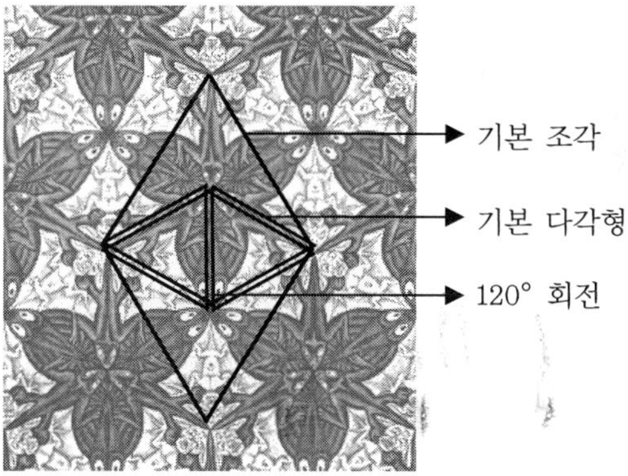

이 그림에서는 기본조각을 구성하고 있는 두 삼각형의 수선들을 중심으로 반사가 있음을 확인할 수 있다. 따라서 이 그림은 p3m1 벽지 타입으로 분류할 수 있는데, 세 종류의 모양으로 테셀레이션을 한 것이 특징이다.

그렇다면 이 그림의 기본 다각형은 어떻게 찾을 수 있을까 생각해보자.

이 그림에서 기본 다각형을 찾는 방법은 p31m에서와 동일하다. 즉, 기본조각 안에 120° 회전축들을 최소의 넓이가 되도록 이은 마름모가 기본 다각형이 되는 것이다. 또한 변을 변형시킬 때에도 120°를 사이에 둔 두 변을 서로 회전시켜 변형한다. 다만 p31m 벽지 타입에서와는 다르게 기본 다각형인 마름모의 각 변과 단축 대각선을 중심으로 모두 반사의 성질이 나타나도록 변형시켜야 하며, 문양도 그려야 한다.

그러면 지금까지 살펴본 내용을 바탕으로 에셔꼴 테셀레이션을 그려보자.

위와 같은 p3m1 벽지 타입의 그림을 그리기 위해 p31m 벽지 타입에서와 마찬가지로 헤슈 타입 중 마름모 $C_3C_3C_3C_3$를 이용했다. 그리는 과정에서 기본 다각형인 마름모의 네 변과 단축 대각선을 중심으로 반사가 나타나도록 변을 변형시키는 것이 중요하다. 또한 전체적인 그림이 에셔의 작품처럼 되게 하기 위해 적절히 그림을 그려 넣어주는 것 역시 필요하다.

문제 4-7 다음 사이트에서 에셔의 테셀레이션 작품들 중에 p3m1 벽지 타입에 해당하는 다른 그림을 찾아보자.
http://www.mcescher.com/gallery/symmetry/ 또는 http://euler.slu.edu/escher/index.php/Regular_Division_of_the_Plane_ Drawings

아. p4m(p4mm)

90° 회전과 x축, y축 반사에 의해 생성되는 p4m 벽지 타입은 정사각형을 기본조각으로 한다. 따라서 p4m 벽지 타입을 그리기 위해서는 정사각형을 기본 다각형으로 사용한다.

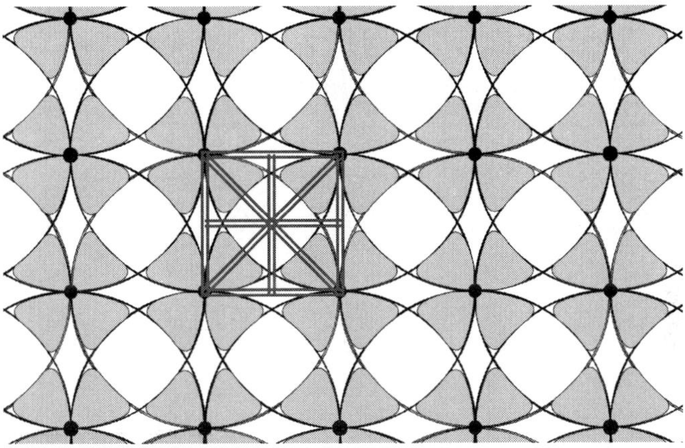

위와 같은 그림을 그리기 위해 헤슈 타입 중 정사각형 CCCC를 사용하였다. 그런데 p4m에서는 x축, y축과 대각선 모두에서 반사의 성질이 나타나야 하기 때문에 그리는 과정에서의 제약이 많다. 따라서 정사각형 CCCC로 p4m 벽지 타입을 그리기 위해서는 모든 변에서 반사의 모양이 나타나도록 변을 변형시키고 문양을 그려 넣어 주어야 한다. 또한 90° 회전이 나타나야 하기 때문에 모든 변의 모양이 같아야 한다. 이와 같이 만들어진 p4m 벽지 타입에서는 미끄럼 반사도 자연스럽게 나타난다.

자. p4g(p4gm)

90° 회전과 y축(또는 x축) 미끄럼 반사에 의해 생성되는 p4g 벽지 타입도 p4m 벽지 타입과 마찬가지로 정사각형을 기본조각으로 한다. 그러므로 p4g 벽지 타입을 그리기 위해서는 정사각형을 기본 다각형으로 사용해야한다.

위와 같은 그림을 그리기 위해 헤슈 타입 중 정사각형 $C_4C_4C_4C_4$를 사용하였다. 위 그림에서 기본 다각형은 기본조각 넓이의 1/4에 해당하는 작은 정사각형이다. 이 정사각형은 기본조각에서 90° 회전축과 180° 회전축을 번갈아가며 연결한 최소 넓이의 사각형이다. 변의 변형 방법을 알기 위해서는 p4g 벽지 타입의 성질에 주목해야 한다. p4g 벽지 타입의 기본 다각형에서는 한 대각선을 중심으로 반사의 성질을 갖고 있어야 한다. 따라서 정사각형의 한 대각선을 중심으로 반사의 성질이 나타나도록 변을 변형시켜야 한다.

> **문제 4-8** 에셔의 '천사와 악마'을 검색하여 이 그림이 어떤 벽지 타입에 속하는지 확인하여라.

차. p6m(p6mm)

60° 회전과 반사에 의해 생성되는 p6m 벽지 타입은 같은 위치에 있는 60° 회전축들을 최소 넓이가 되도록 이은 마름모를 기본조각으로 갖는다. 기본조각이 되는 이 마름모는 정삼각형 두 개를 결합한 형태로 볼 수 있는데, 그 중에 하나의 정삼각형을 기본 다각형으로 선택할 수 있다. 다시 말해 p6m 벽지 타입에서의 기본 다각형은 60° 회전축 세 개를 최소의 넓이가 되도록 이은 하나의 정삼각형이라고 볼 수 있는 것이다.

위와 같은 그림을 그리기 위해 헤슈 타입 중 정삼각형 CCC를 사용하였다. 그런데 p6m 벽지 타입에서는 기본 다각형이 되는 정삼각형의 모든 변과 모든 수선에서 반사의 성질을 갖고 있어야 한다. 따라서 모든 변을 중점 회전시켜 변형을 하되 각 변을 중심으로 반사가 나타나도록 문양을 그려 넣어야 한다. 또한 60° 회전에 의해 모든 변이 포개어져야 하므로 모든 변의 모양이 같아야 한다.

이 장에서 우리는 반사의 성질이 있는 10가지 벽지 타입들의 특징을 분석해 그리는 방법을 생각해 보았으며, 실제로 이 10가지 벽지 타입들을 모두 그려보았다. 이러한 과정을 통해 우리는 반사가 나타나도록 벽지 타입을 그리는 것이 가능하긴 하지만 반사가 없는 벽지 타입을 그리는 것보다 더 많은 제약이 있다는 사실도 알게 되었다.

우리는 지금까지 28가지 헤슈 타일링과 반사가 있는 10가지 벽지 타입들을 모두 에셔꼴 테셀레이션으로 그려보았다. 다음 장에서는 일상생활 속에서 쉽게 구할 수 있는 재료들을 이용해 에셔꼴 테셀레이션을 만들 것이다.

3. 손으로 만들기

TESS 프로그램에서 사용할 수 있는 기본 다각형의 종류는 무수히 많다고 볼 수 있다. 초기 조건으로 주어지는 기본 다각형에서 변의 길이, 변과 변 사이의 각도 등을 임의로 조절할 수 있기 때문이다. 그러나 손으로 기본 다각형을 만들 경우엔 TESS 프로그램과 같이 무수히 많은 경우를 만들어 보기는 어렵다. 그러므로 이번 장에서는 정규 테셀레이션이 가능한 세 가지 도형 즉, 정삼각형, 정사각형, 정육각형의 변형만을 다룰 예정이다.

가. 준비 및 만들기 과정

에셔꼴 테셀레이션 만들기는 두꺼운 종이로 만든 하나의 기본 다각형을 이용해 기본 타일을 만들고, 이 기본 타일을 반복적으로 연결해 나가며 A4(또는 A5) 용지를 채우는 활동이다. 지금부터 이 활동에 필요한 준비물과 활동의 진행 방법에 대해 살펴보도록 하자.

(준비물)
두꺼운 종이로 만든 정삼각형, 정사각형, 정육각형 도형본들, 자, 가위, 스카치 테잎, 사인펜, 색연필, A4(또는 A5) 용지, 연필, 지우개

수업에 앞서 가장 먼저 준비해야 할 것이 정다각형 도형본이다. 이 정다각형 도형본들을 만들기 위해서는 두꺼운 종이를 준비해야 한다. 이 종이는 오려내고 붙이는 과정과 연필로 테두리를 따라 여러 차례 그리는 과정을 버텨낼 수 있을 정도의 두께면 충분하다. 두꺼운 종이가 준비되었다면 이 종이의 한쪽 면에 정다각형을 작도해서 오려낸다. 만일 정다각형이 작도된 파일이 있다면 인쇄한 후 오려내면 된다. 이때, 정다각형의 크기는 너무 작지도 크지도 않게 만드는 것이 좋다. 정다각형의 크기가 너무 작으면 오리고 붙이는 과정과 따라 그리는 과정이 힘들어질 수 있고, 반대로 정다각형 도형본이 너무 크면 완성된 작품의 정교함이 다소 떨어지기 때문이다. 또한, 정다각형 도형본들을 준비할 때에는 아이들이 연습의 과정을 거칠 수 있도록 매수를 넉넉히 하여 준비하는 것이 좋다.

이제 정다각형 도형본과 나머지 물품들이 준비되었다면 다음의 과정을 거쳐 에셔꼴 테셀레이션 만들기 수업에 도전해보자.

① 에셔와 테셀레이션에 대한 소개를 함으로써 앞으로 할 활동이 무엇인지 알게 한다.
이때, 에셔의 테셀레이션 작품들을 눈으로 보고 느낄 수 있게 프리젠테이션을 준비하는 것이 좋다. 그리고 에셔의 테셀레이션 작품들 속에 숨겨진 수학적 원리들을 함께 관찰해 보면서 아이들의 호기심과 동기를 자극해보자.

② 선생님이 만들었던 작품들을 예시로 보여준다.
선생님이 만들었던 작품들의 완성도는 그리 중요하지 않다. 아이들이 예술가의 작품을 보며 호기심을 느꼈다면 선생님의 작품을 보면

서 '나도 할 수 있겠구나'라는 자신감을 얻을 수 있기 때문이다.

③ 정다각형의 모양에 따른 변의 변형 방법을 설명한다. 즉, 정다각형별로 테셀레이션이 가능하려면 어떻게 변을 변형해야 하는지를 알려주어야 한다. 이때 선생님이 만들었던 작품을 변의 변형 방법과 연결시켜 보여주면 이해에 도움이 된다.

④ 아이들을 4명이 한 조가 되게 앉힌 후 준비물을 가져가게 한다. 이때 가져갈 준비물은 개인별로 정다각형 도형본, 가위 등이며 연필과 지우개는 각자 준비한다. 또한 조별로 사인펜과 색연필, 스카치 테잎을 가져간다.

⑤ 각자 자신이 만들고 싶은 기본 타일을 생각하며 도형본에 연필로 밑그림을 그린다. 밑그림을 따라 가위로 오린 후 변의 변형 방법에 맞게 다른 변에 스카치 테잎을 이용해 붙인다. 이때, 대응되는 변의 위치를 정확히 찾기 위해 자를 이용할 수 있다.

⑥ 오리고 붙이는 과정을 통해 기본 타일을 만들었으면 A4(또는 A5) 용지를 받아다가 타일의 테두리를 따라 그린다. 이때 시작하는 지점은 어디든 상관없으나 되도록 가운데에서 출발하는 것이 좋다. 또한 그리는 도구는 연필을 사용하는 것이 좋은데, 따라 그리는 과정이 여러 차례 반복될수록 타일 사이에 오차가 커지기 때문이다.

⑦ 연필로 테셀레이션 그리기가 완성되었으면 사인펜으로 다시 따라 그린 후 연필의 흔적을 지운다. 또한, 테두리 안쪽에 여러 가지 문양을 그려 넣어 그림에 생기를 불어넣어 주도록 한다.

⑧ 마지막으로 색연필을 이용해 예쁘게 색칠을 한다.

위와 같이 에셔꼴 테셀레이션 만들기를 하는 과정에서 가장 중요한 단계는 '③ 정다각형의 모양에 따른 변의 변형 방법을 설명한다'이다. 그러면 정규 테셀레이션이 가능한 정삼각형, 정사각형, 정육각형에서 변을 어떻게 변형시켜야 테셀레이션이 가능할까? 지금부터 '기본 다각형으로부터 기본 타일을 만드는 방법'에 대해 하나씩 살펴보도록 하자.

나. 정사각형의 변형

정규 테셀레이션이 가능한 세 가지 정다각형 중 정사각형을 가장 먼저 설명하는 이유는 변을 변형시키는 과정에서 정사각형이 다른 도형에 비해 직관적으로 받아들이기가 쉽기 때문이다. 정삼각형은 변의 개수가 세 개이기 때문에 변과 변을 대응시키는 것이 어렵다고 느껴질 수 있고, 정육각형은 변의 개수가 여섯 개이기 때문에 변과 변을 대응시켜 변형시킬 수 있는 모든 경우의 수를 생각하는 것이 어려울 수 있다. 이에 비해 정사각형은 변의 개수가 네 개이기 때문에 변과 변을 대응시켜 변형을 주는 일이 비교적 수월하게 느껴진다. 그러면 정사각형의 변을 변형시켜 에셔꼴 테셀레이션을 만들 수 있는 경우에는 어떤 것들이 있는지 알아보자.

1) TTTT

헤슈 타일링에서 설명한 바와 같이 'T'는 평행이동(Translation)을 의미한다. 따라서 TTTT는 정사각형의 네 변을 모두 평행이동에 의해 변형시켜야 한다.

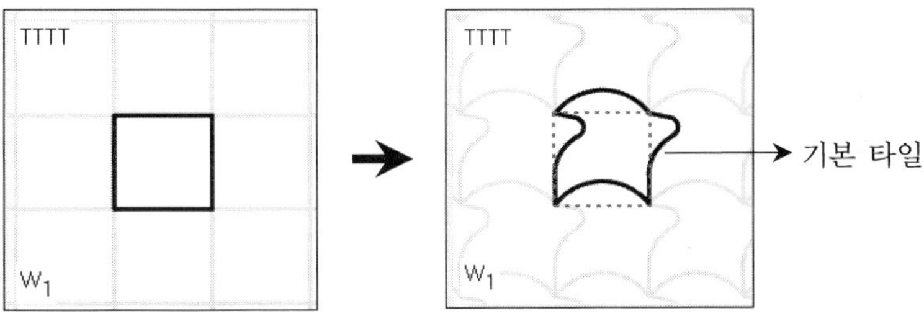

오른쪽 그림의 기본 타일은 정사각형을 TTTT에 의해 변형시킨 것이다. 즉, 정사각형의 한 변을 따라 오린 조각을 대변으로 밀어서 테이프로 붙이는 과정을 통해 만들 수 있다. 이와 같이 만들어진 기본 타일을 위와 아래, 왼쪽과 오른쪽으로 차례로 밀면서 테두리를 따라 그리면 테셀레이션이 완성된다.

그런데 위 그림의 아랫부분을 보면 'W_1'라는 기호가 보인다. 이 기호는 TESS 프로그램에서 사용되는 Fejes Toth 기호로서 각각의 헤슈 타일링이 속하는 벽지 타입을 나타낸다. Fejes Toth 기호는 'W_n^p' 형태로 쓰이는데, IUC(International Union of Crystallography, 국제결정학연맹)가 공식적으로 사용하는 벽지 기호(제Ⅱ장, 제Ⅲ장)와의 관계는 다음과 같다.

IUC 기호	p1	cm	pm	pg	p2	cmm	pmm	pmg	pgg
TESS 기호	W_1	W_1^1	W_1^2	W_1^3	W_2	W_2^1	W_2^2	W_2^3	W_2^4
IUC 기호	p3	p3m1	p31m	p4	p4m	p4g	p6	p6m	−
TESS 기호	W_3	W_3^1	W_3^2	W_4	W_4^1	W_4^2	W_6	W_6^1	

2) CCCC

'C'는 변의 중점을 중심으로 한 회전(Center point rotation)을 의미한다. 따라서 CCCC는 정사각형의 네 변을 모두 변의 중점을 중심으로 회전시켜 변형해야 한다.

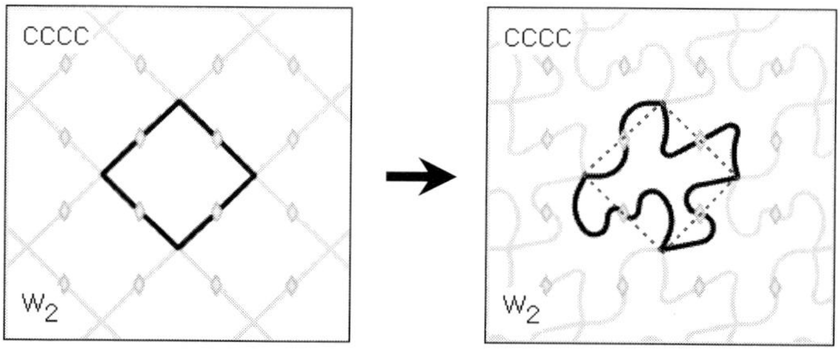

오른쪽 그림의 기본 타일은 정사각형을 CCCC에 의해 변형시킨 것이다. 즉, 정사각형의 모든 변들은 각 변의 중점을 중심으로 나누어진 두 선분 중 한 선분을 오려서 다른 변으로 180° 회전시켜 붙인 것이다. 이때, 한 변에서 중점으로 나누어진 두 선분 중 오려야 하는 선분과 붙여야 하는 선분이 정해진 것은 아니므로 임의로 선택해 오리고 붙이고를 반복할 수 있다. 이와 같이 만들어진 기본 타일을 각 변에서 회전을 반복하면서 테두리를 따라 그리면 테셀레이션이 완성된다.

3) $C_4C_4C_4C_4$

'C_4'는 꼭짓점을 중심으로 한 90° 회전이동(Corner rotation)을 의미한다. 따라서 $C_4C_4C_4C_4$는 정사각형의 네 변을 모두 90° 회전이동에 의해 변형시켜야 한다.

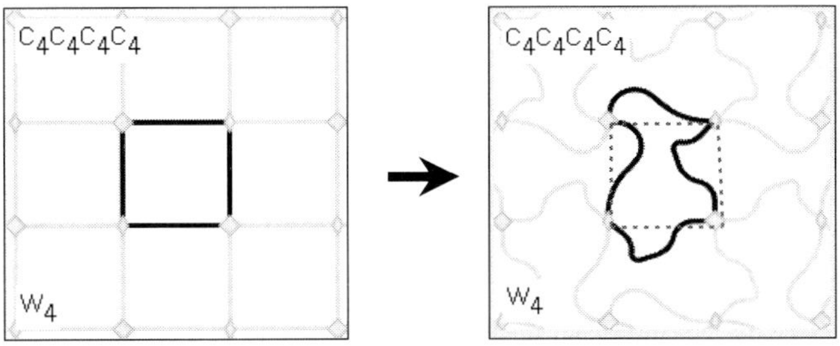

오른쪽 그림의 기본 타일은 정사각형을 $C_4C_4C_4C_4$에 의해 변형시킨 것이다. 즉, 정사각형의 한 변을 따라 오린 조각을 이웃한 변으로 90° 회전시켜 테이프로 붙이고, 나머지 한 쌍의 이웃한 변에서도 마찬가지 방법을 적용하면 된다. 이때, 이웃한 두 변 중 오려야 하는 변과 붙여야 하는 변이 정해진 것은 아니므로 임의로 한 변을 선택해 오린 후 이웃한 변에 회전시켜 붙이면 된다. 이와 같이 만들어진 기본 타일은 각 꼭짓점을 중심으로 90° 회전을 반복하면서 테두리를 따라 그리면 테셀레이션이 완성된다.

4) $G_1G_1G_2G_2$

'G'는 미끄럼반사(Glide reflection)를 의미하며, 아래첨자 1, 2는 대응되는 변을 구분하기 위해 사용한 것이다. 따라서 $G_1G_1G_2G_2$는 이웃한 두 쌍의 변들을 미끄럼반사에 의해 변형시키면 된다. 그런데 TESS 프로그램에서 맨 처음 주어진 $G_1G_1G_2G_2$의 기본 다각형은 정삼각형이다. 이 정삼각형의 한 변의 끝 점과 평행이동 축을 움직이면 다음 그림과 같이 정사각형 모양으로 변형시킬 수 있다. 다시 말해 기본 다각형이 정사각형일 때 $G_1G_1G_2G_2$ 변형이 가능한 것이다.

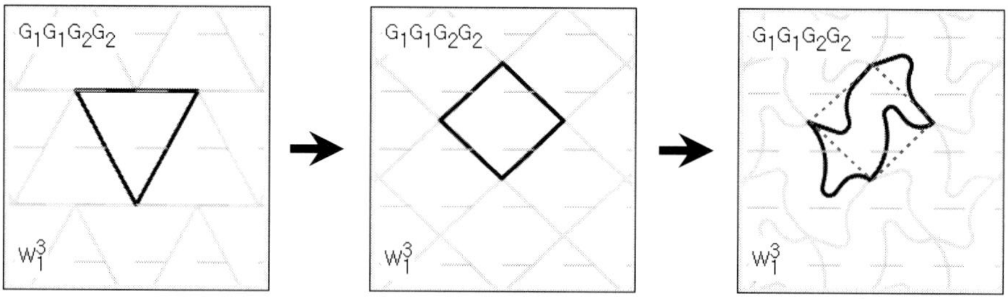

오른쪽 그림의 기본 타일은 정사각형을 $G_1G_1G_2G_2$에 의해 변형시킨 것이다. 이때 변 사이의 대응관계는 변형된 변의 모양을 관찰하는 것이 가장 쉬운데, 위 그림에 나타난 미끄럼 반사축(— —)과 함께 살펴보면 유용하다. 이와 같이 만들어진 기본 타일은 대응되는 변과 그 모양이 일치하도록 타일을 배치한 후 테두리를 따라 그리면 된다. 그런데 모양이 일치하도록 타일을 배치하는 과정에서 미끄럼 반사에 의한 모양을 그릴 경우에는 기본 타일을 뒤집어야 한다.

5) $G_1G_2G_1G_2$

$G_1G_2G_1G_2$는 $G_1G_1G_2G_2$와는 달리 마주보는 변으로 미끄럼 반사를 적용시켜 변을 변형한다.

오른쪽 그림의 기본 타일은 정사각형을 $G_1G_2G_1G_2$에 의해 변형시킨 것이다. 이렇게 미끄럼 반사를 대변으로 적용시킨 경우에는 x축과 y축 모두에서 반사축이 나타나게 된다.

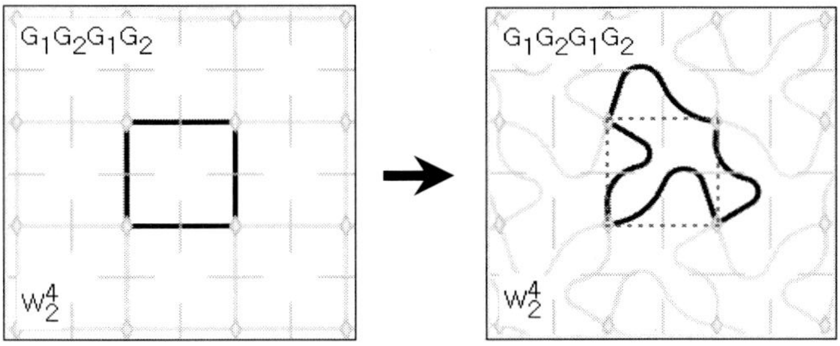

따라서 대응하는 변을 찾아 모양이 일치하도록 타일을 배치하고 테두리를 따라 그리는 과정에서 기본 타일을 뒤집어야 하는 경우가 더 빈번하게 일어남을 알 수 있다.

6)) TCTC

TCTC는 한 쌍의 대변을 평행이동에 의해 변형시킨 후, 나머지 두 변은 모두 중점 회전에 의해 변형시킨 것이다.

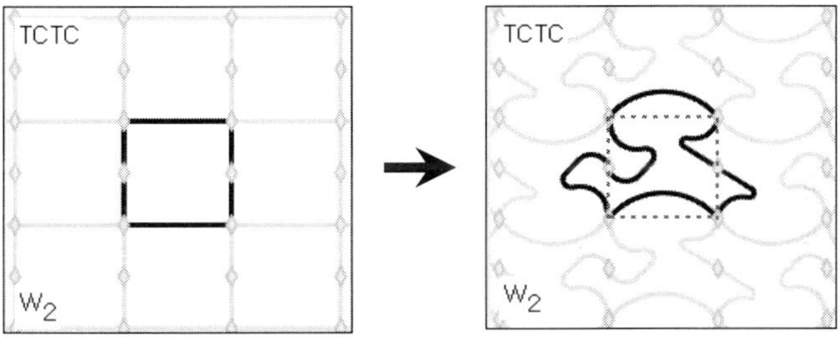

위의 오른쪽 그림의 기본 타일은 정사각형을 TCTC에 의해 변형시킨 것이다. 이와 같이 만들어진 기본 타일에서 평행이동에 의해 변형된 변들은 평행이동을 이용해 타일을 움직이고, 중점 회전을 이용한 변들은 180° 회전을 시키며 타일을 움직인다. 이런 방식으로 기본 타일을 움직이며 테두리를 따라 그리면 테셀레이션이 완성된다.

7) TGTG

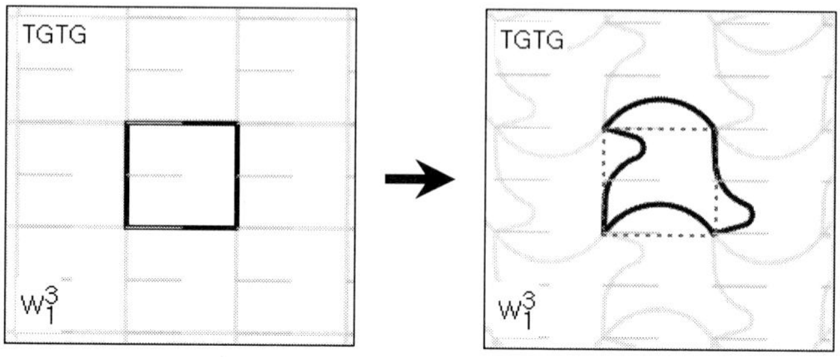

오른쪽 그림의 기본 타일은 정사각형을 TGTG에 의해 변형시킨 것이다. 이 기본 타일에는 평행이동과 미끄럼 반사가 있기 때문에 밀기와 뒤집기를 이용해 타일을 움직인다. 이렇게 기본 타일을 움직이며 테두리를 따라 그리면 테셀레이션이 완성된다.

8) CGCG

CGCG는 한 쌍의 대변을 미끄럼 반사에 의해 변형시킨 후 나머지 두 변은 중점 회전에 의해 변형시킨 것이다.

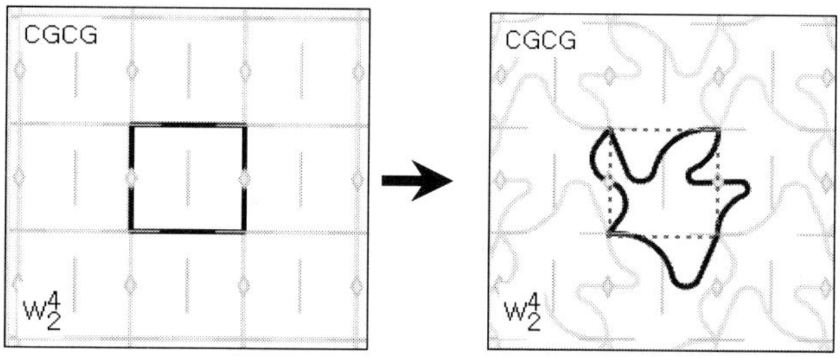

오른쪽 그림의 기본 타일은 정사각형을 CGCG에 의해 변형시킨 것이다. 이 기본 타일에서 중점 회전이 있는 변들은 자기 자신과 180° 회전을 시키고, 미끄럼 반사가 있는 변들은 타일을 뒤집어 움직인다. 이렇게 기본 타일을 움직이면서 테두리를 따라 그리면 테셀레이션이 완성된다.

9) CCGG

CCGG는 한 쌍의 이웃한 변을 미끄럼 반사에 의해 변형시킨 후 나머지 두 변은 중점 회전에 의해 변형시킨 것이다.

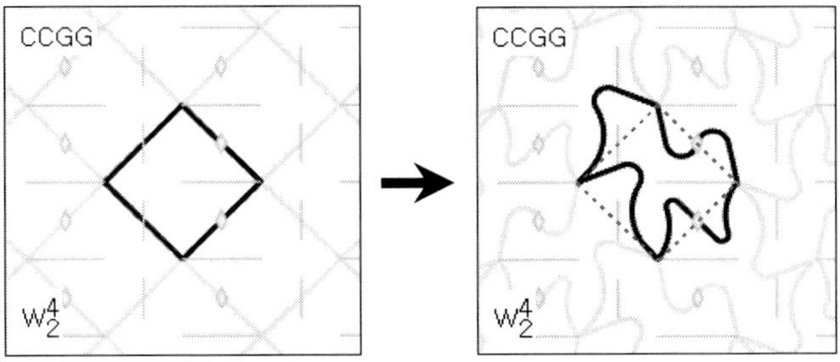

오른쪽 그림의 기본 타일은 정사각형을 CCGG에 의해 변형시킨 것이다. 마찬가지로 중점 회전에 의해 변형된 변은 180° 회전을, 미끄럼 반사에 의해 변형된 변은 타일 뒤집기를 이용해 변들을 이어나간다.

문제 4-9 다음은 오각형과 육각형 헤슈 타입의 일부이다. 만일 아래 그림의 기본 다각형을 오각형이나 육각형으로 변형시키지 않는다면 기본 다각형의 모양을 정사각형으로 볼 수도 있다. 그렇다면 각각의 경우 정사각형을 어떻게 변형시킬 수 있는지 생각해보아라.

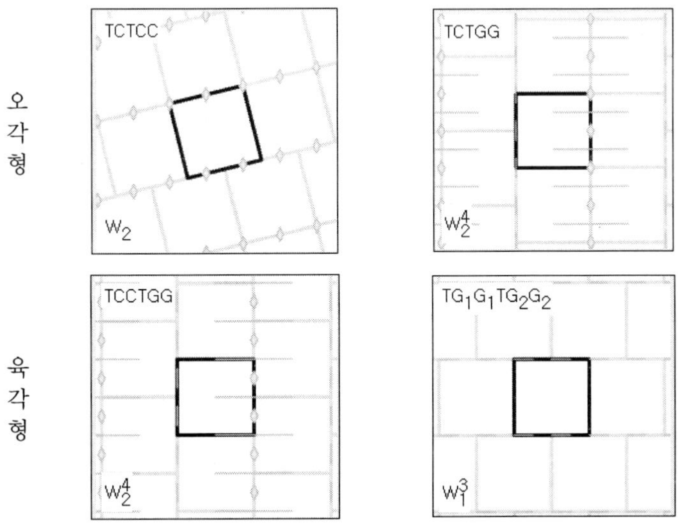

다. 정삼각형의 변형

정삼각형은 변의 개수가 세 개이기 때문에 한 쌍의 변을 대응시킨 후 남는 한 변을 어떻게 변형해야 하는가가 중요하다. 이때, 사용할 수 있는 방법 중 하나가 바로 중점 회전(C)이다. 정사각형의 변형에서 이미 이 변형을 살펴보았기 때문에 큰 어려움 없이 정삼각형의 변형을 생각할 수 있다.

1) CC_6C_6

'C_6'는 꼭짓점을 중심으로 한 60° 회전이동을 의미한다. 따라서 CC_6C_6는 정삼각형의 두 변을 60° 회전시켜 변형한 후 나머지 한 변은 중점 회전을 이용해 변형해야 한다.

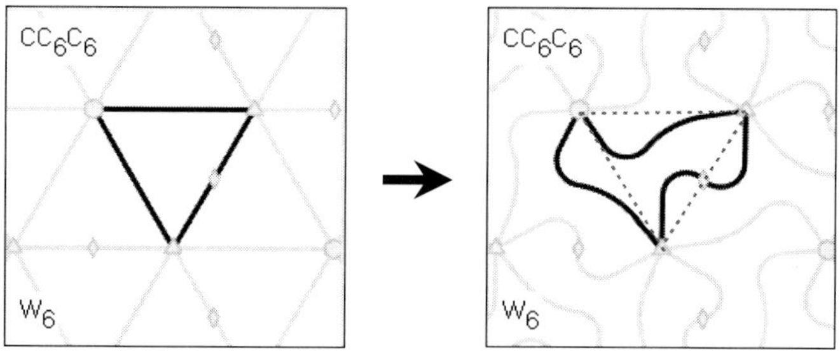

오른쪽 그림의 기본 타일은 정삼각형을 CC_6C_6에 의해 변형시킨 것이다. 이렇게 변형된 기본 타일은 60° 회전축을 중심으로 회전을 반복해 테두리를 그려준다. 이때 동일한 6개의 모양이 60° 회전축을 중심으로 회전하며 나타남을 알 수 있다. 또한 중점 회전된 나머지 변에서는 180° 회전을 하여 테두리를 그려주는데, 이 중점 회전된 변의 양 끝 꼭짓점에서는 120° 회전이 나타남을 확인할 수 있다.

2) CGG

CGG는 정삼각형의 두 변을 미끄럼 반사에 의해 변형시킨 후 나머지 한 변은 중점 회전을 이용해 변형시켜야 한다.

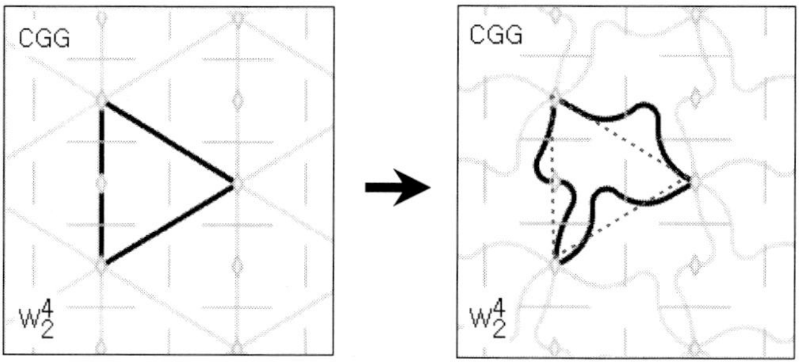

오른쪽 그림의 기본 타일은 정삼각형을 CGG에 의해 변형시킨 것이다. 이 기본 타일에서 미끄럼 반사에 의해 변형된 변들은 두 변 사이의 꼭짓점을 중심으로 뒤집고 회전하기를 반복하면서 테두리를 따라 그려야 한다. 또한 중점 회전된 나머지 변은 180° 회전을 하면서 테두리를 그려주는데, 이 경우 모든 꼭짓점에서 180° 회전이 나타남을 확인할 수 있다.

3) CCC

CCC에서는 정삼각형의 세 변을 모두 중점 회전에 의해 변형시킨다.

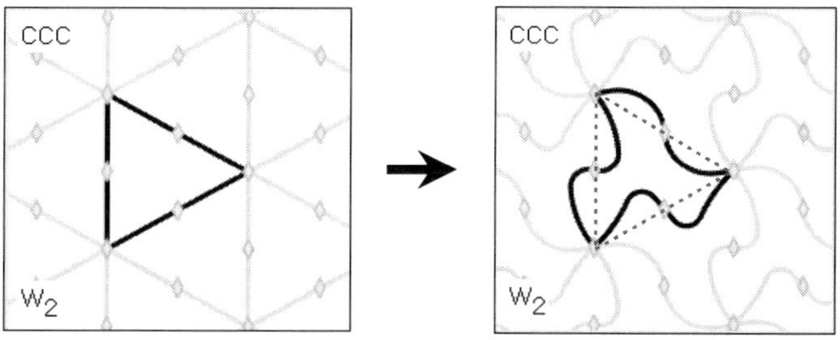

오른쪽 그림의 기본 타일은 정삼각형을 CCC에 의해 변형시킨 것이다. 이 기본 타일은 모든 변들이 중점 회전에 의해 변형되었기 때문에 변들을 자기 자신과 180° 회전시키며 테두리를 그려 나간다. 이렇게 그려진 테셀레이션은 모든 꼭짓점에서 180° 회전이 나타남을 확인할 수 있다.

4) $G_1G_1G_2G_2$

헤슈 타입에서 사각형으로 분류되는 $G_1G_1G_2G_2$는 정삼각형의 변형에도 적용시킬 수 있다. TESS 프로그램에서 $G_1G_1G_2G_2$의 초기 기본 다각형이 정삼각형으로 주어져 있기 때문에 사각형으로 변형시키지 않고 그대로 사용한다면 정삼각형에서의 변형으로도 볼 수 있기 때문이다. 아래 그림에서처럼 $G_1G_1G_2G_2$는 정삼각형의 두 변을 미끄럼 반사를 이용해 변형시킨 후 남은 한 변도 중점을 중심으로 미끄럼 반사를 이용해 변형시킨 것이다.

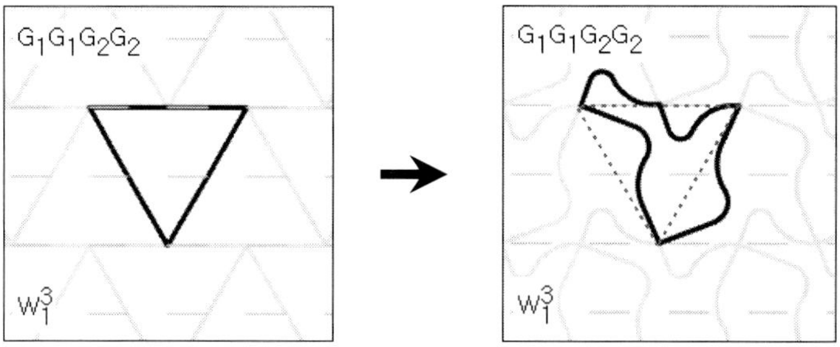

오른쪽 그림의 기본 타일은 정삼각형을 $G_1G_1G_2G_2$에 의해 변형시킨 것이다. 이 기본 타일은 미끄럼 반사의 성질에 의해 뒤집기를 반복하면서 테두리를 따라 그리면 된다.

라. 정육각형의 변형

정육각형은 변의 수가 여섯 개나 되기 때문에 평행이동, 회전, 미끄럼 반사를 이용한 변의 변형 방법과 테셀레이션 가능 여부를 모두 따져보기가 쉽지 않다. 하여 우리는 앞서 살펴보았던 헤슈 타일링 방법을 이용해 기본 타일을 만들어 보고자 한다.

1) TTTTTT

정육각형의 여섯 개의 변을 모두 대변으로 평행이동시켜 변형하는 방법이다.

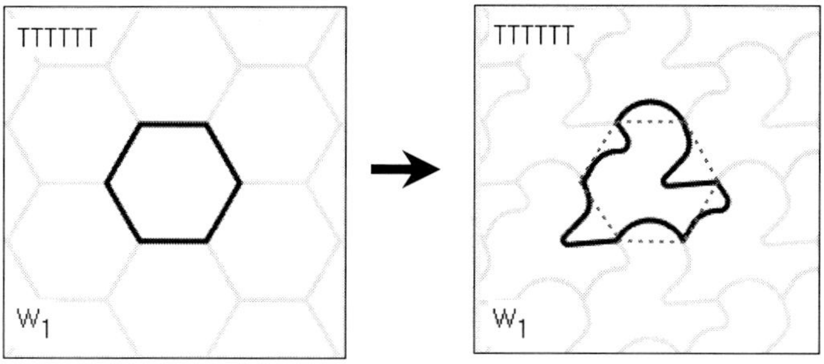

오른쪽 그림의 기본 타일은 정육각형을 TTTTTT에 의해 변형시킨 것이다. 이 기본 타일은 모든 변이 평행이동에 의해서만 변형되었기 때문에 대응되는 변들의 진행 방향에 맞게 밀면서 테두리를 따라 그리면 된다. 이와 같이 만들어진 테셀레이션에서는 평행이동만 나타난다.

2) $C_3C_3C_3C_3C_3C_3$

'C_3'는 꼭짓점을 중심으로 한 120° 회전이동을 의미한다. 따라서 $C_3C_3C_3C_3C_3C_3$는 정육각형의 서로 이웃하지 않는 세 꼭짓점을 중심으로 이웃한 두 변을 회전시키며 변형해야 한다.

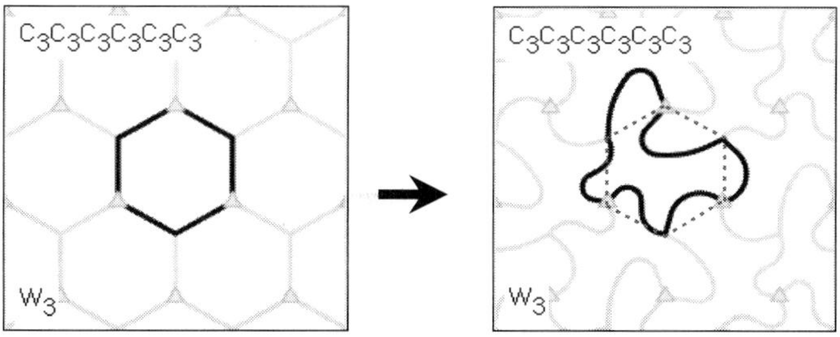

오른쪽 그림의 기본 타일은 정육각형을 $C_3C_3C_3C_3C_3C_3$에 의해 변형시킨 것이다. 이렇게 변형된 기본 타일은 대응되는 변을 찾아 서로 연결해 가면서 테두리를 그려주어야 한다. 그러면 정육각형의 120° 회전축들을 중심으로 동일한 세 개의 모양이 회전하며 만나는 것을 확인할 수 있다.

문제 4-10 다음에서 주어진 정육각형의 세 가지 변형 방법(TCCTCC, $TG_1G_2TG_2G_1$, $CG_1CG_2G_1G_2$)을 이용하면 어떤 기본 타일을 만들 수 있을까? 아래에 주어진 기본 타일과 바르게 연결해보자.

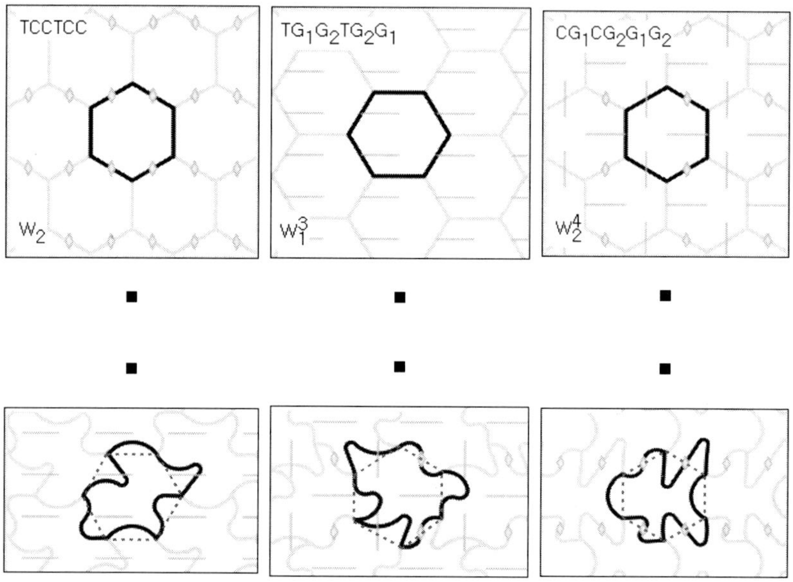

지금까지 우리는 정삼각형, 정사각형, 정육각형의 변을 변형하는 방법과 변형된 기본 타일을 이용해 에셔꼴 테셀레이션을 만드는 방법에 대해 알아보았다. 간단한 도형을 변형시켜 아름다운 나만의 작품을 만들어내는 활동은 아이들의 창의성과 미적 감각을 자극하고 발전시키기에 충분하다. 또한 완성된 작품들을 감상해 보면서 그 안에 숨어 있는 수학적인 성질들을 함께 생각해보고 이야기해보는 과정은 예술 작품 속에서 수학을 찾아낼 수 있는 안목을 키워줄 것이다.

CHAPTER 05 프랙탈과 차원

1. 예술로서의 프랙탈

프랙탈(fractal)의 개념이 정확히 무엇인지 몰라도 대부분의 사람들은 컴퓨터로 그려진 만델브로집합(Mandelbrot set)을 본 적이 있을 것이다. 심지어 대표적인 프랙탈 도형인 만델브로집합은 컴퓨터 프로그램이나 스마트폰의 어플(또는 앱)로도 개발되어 누구나 원하는 부분을 마음대로 확대해 가면서 만델브로집합의 특징과 아름다움을 탐구해 볼 수 있게 되었다.

우리는 지금까지 디자인에 스며있는 수학을 살펴보았다. 프랙탈은 그 자체로서 하나의 수학이지만, 그 수학이 시각적으로 표현되어야 그 진가를 알 수 있다.

다음 그림은 컴퓨터를 이용하여 구현한 만델브로집합이다. 그림에서 어두운 부분이 만델브로집합에 해당된다.

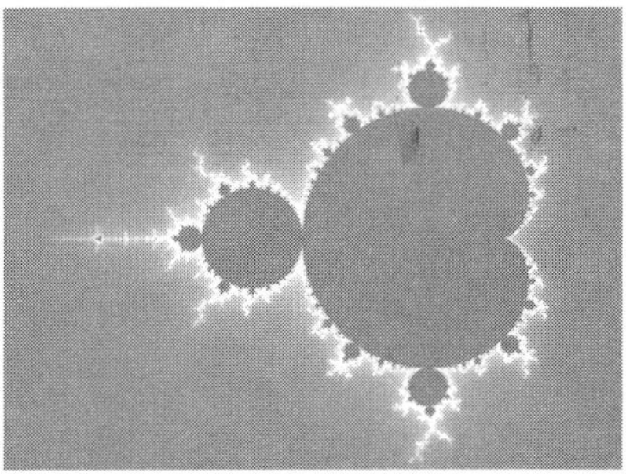

사람마다 견해 차이가 있겠지만 이 집합을 보면 대부분의 사람들은 어떤 특별한 느낌을 가질 것이다. 이 집합은 복소평면에 표현된 집합이므로 직관적으로 실수축에 대하여 반사(reflection)대칭이며 자기유사성(self similarity)을 나타내고 있다.

자기유사성이란 전체의 모양이 전체의 일부에서 반복적으로 나타나는 것을 의미한다. 자기유사성도 축소 또는 확대 변환에 대하여 불변이라는 측면에서 보면 대칭의 개념으로 볼 수도 있다. 자기 유사성은 자연에서도 쉽게 발견할 수 있는데, 브로콜리, 고사리, 나무의 줄기 등에서 쉽게 찾아볼 수 있다.

이러한 대칭성은 아름다움을 구성하는 중요한 요인이라고 할 수 있을 것이다. 우리 인간은 기하학적으로 대칭적인 도형이나 디자인을 보면 아름다움을 느낀다. 이것은 같은 크기의 두 도형이 있고 그 중 하나가 대칭적인 요소를 지니고 있으면 대칭적인 요소를 지닌 도형이 그렇지 않은 도형에 비해서 훨씬 적은 정보량을 지니므로 인간의 두뇌가 이를 인지하는데 더 편하게 느끼는 데서 기인한다는 주장이 있다.

자기 유사성을 갖는 프랙탈 도형은 전통적인 예술처럼 손으로 그려서 구현하기는 매우 어려운 측면이 있다. 컴퓨터의 발달로 컴퓨터 그래픽을 이용하여 프랙탈 도형을 비교적 쉽게 그릴 수 있는데 이러한 컴퓨터 그래픽을 프랙탈 예술(fractal art)이라고 한다. 요즈음에는 디자인에서도 프랙탈이 자주 활용되는데 이러한 디자인을 프랙탈 디자인(fractal design)이라고 한다.

문제 5-1 '프랙탈 디자인'을 검색하여 예를 찾아보아라.

이제 프랙탈 이론에서 매우 중요한 집합인 줄리아 집합과 만델브로집합에 대하여 알아본다. 이 두 집합은 2차 이상의 임의의 복소다항식에 관하여 생각할 수 있지만 이 책에서는 2차 다항식의 경우만을 살핀다. 한편, 줄리아 집합과 만델브로집합은 이론적으로 밀접하게 연관되어 있다.

2. 줄리아 집합

대표적인 프랙탈 도형인 만델브로집합은 만델브로(Mandelbrot, B. 1924-2010)에 의해 컴퓨터로 그려진 도형이다. 실제로, '프랙탈'이라는 용어도 만델브로에 의해 처음 소개되었다. 그러나 프랙탈 개념의 최초 창안자는 프랑스의 수학자 줄리아(G. Julia, 1893~1978)라고 할 수 있다. 줄리아는 프랙탈 도형의 여러 가지 특이한 성질을 인지하였지만, 그의 이론을 설명하는 도형을 볼 수 없었다. 당시 컴퓨터의 기능이 충분하지 않았기 때문이다.

가. 줄리아 집합

복소수 z와 차수가 2이상인 복소다항식 $f(z)$에 대하여

$$z_1 = f^1(z) = f(z),\ z_2 = f^2(z) = f(f(z)),\ \cdots,$$
$$z_n = f^n(z) = f(f^{n-1}(z))$$

와 같이 정의되는 수열 $\{z_n\}$을 다항식 f에 대한 z의 '궤도(orbit)'라고 한다.

예를 들어, $f(z) = z^2 + 1$에 대하여 $z_0 = 1$의 궤도는 다음과 같다.

$$z_0 = 1,\ z_1 = f(z_0) = 2,\ z_2 = f(z_1) = 5,\ z_3 = f(z_2) = 26,\ \cdots$$

이제, 양의 실수 ε과 복소수 w에 대하여 w의 ε-근방(ε-neighborhood) $\mathrm{N}_\varepsilon(w)$을 다음과 같은 집합으로 정의하자.

$$\mathrm{N}_\varepsilon(w) = \{z \in \mathbb{C} \mid |z - w| < \epsilon\}$$

모든 자연수 n에 대하여 $f^n(z) \in \mathrm{N}_R(0)$인 양의 실수 R가 존재할 때, z의 궤도는 유계(bounded)라고 한다.

예를 들어, $f(z) = z^2 - 1$에 대하여 0의 궤도는 $0,\ -1,\ 0,\ -1,\ \cdots$이므로 0은 주기가 2인 주기점이다. 또, $z_0 = \dfrac{1+\sqrt{5}}{2}$의 궤도는 $z_0, z_0, z_0, \cdots$이므로 z_0는 고정점이고 z_0의 궤도는 유계이다. 한편, i의 궤도는 $i, -2, 3, 8, 63, \cdots$ 이므로 i의 궤도는 유계가 아니다.

이와 같이 하나의 다항식에 대하여 주어지는 복소수에 따라 그 복소수의 궤도는 다양하게 행동한다는 것을 알 수 있다.

≪정의 5.1≫

복소다항식 $f: \mathbb{C} \to \mathbb{C}$, $f(z) = z^2 + c$에 대하여 채워진 줄리아 집합(filled-in Julia set) F_f는

$$F_f = \{z \in \mathbb{C} \mid f\text{에 대한 } z\text{의 궤도가 유계이다.}\}$$

로 정의된다.

예를 들어, $f(z) = z^2 - 1$에 대하여 $0 \in F_f$, $\frac{1+\sqrt{5}}{2} \in F_f$, $i \notin F_f$, $-3 \notin F_f$이다.

줄리아 집합(Julia set) J_f는 채워진 줄리아 집합 F_f의 경계(boundary)를 의미한다. 즉 줄리아 집합은 복소다항식 $f(z) = z^2 + c$에 대하여 z의 궤도가 유계인 점들과 유계가 아닌 점들의 경계이다.

정리 5.2

복소다항식 $f(z) = z^2 + c$에 대하여 $R = \frac{1+\sqrt{1+4|c|}}{2}$라고 하자. 어떤 자연수 n에 대하여 $|f^n(z_0)| > R$이면 $\lim_{n \to \infty} |f^n(z_0)| = \infty$이고 따라서 $z_0 \notin F_f$이다.

증명 먼저 $|z| > R$이면 $|f(z)| > |z|$임을 보이자.

$|f(z)| = |z^2 + c| \geq |z^2| - |c|$이므로 $|z|^2 - |c| > |z|$이면 $|f(z)| > |z|$이다. 이차함수 $g(x) = x^2 - x - |c|$를 생각하자. $g(x)$는 아래로 볼록이고 R는 $g(x) = 0$의 실근 중에서 오른쪽에 위치하는 근이므로 $x > R$

이면 $g(x)>0$이다. $|z|>R$이면 $g(|z|)>0$이므로 $|z|^2-|z|-|c|>0$이고 $|f(z)|>|z|$이다. 따라서 $|z|>R$이면 $|f^n(z)|$는 계속 증가한다.

이제 $|f^n(z_0)|>R$이면 $\lim_{n\to\infty}|f^n(z_0)|=\infty$임을 보이기 위해 $|f^n(z_0)|$이 어떤 실수 r에 수렴한다고 하자. $|f^n(z_0)|$은 증가하므로 $r>R$이고 $|z_0|=r$를 만족시키는 임의의 복소수 z_0에 대하여 $|f(z_0)|>|z_0|=r$이다. $f(z)$가 연속이므로 $|\omega|$가 r에 가까우면 $|f(\omega)|(>r)$도 r에 가까운 값이다. $|f^n(z_0)|$이 r에 수렴하므로 충분히 큰 자연수 N에 대하여 $|f^N(z_0)|$이 r에 충분히 가깝게 할 수 있다. $|f^N(z_0)|=\omega$라고 하면 $|f(w)|=|f^{N+1}(z_0)|>r$이다. 이것은 r의 정의에 모순이므로 $|f^n(z_0)|$는 발산한다.

위 정리로부터 채워진 줄리아 집합과 줄리아 집합은 유계임을 알 수 있다.

나. 줄리아 집합의 대칭성

복소다항식 $f:\mathbb{C}\to\mathbb{C}$, $f(z)=z^2+c$에 대하여 채워진 줄리아 집합에는 원점을 축으로 180° 회전대칭이 있음을 알 수 있다. 실제로 c가 실수이면 더 많은 대칭이 있다. 즉, 임의의 실수 r에 대하여 복소다항식 $f:\mathbb{C}\to\mathbb{C}$, $f(z)=z^2+r$에 대한 채워진 줄리아 집합에는 실수축(x축) 반사 대칭, 허수축(y축) 반사 대칭, 그리고 원점을 축으로 하는 180° 회전대칭이 있다. 이를 설명하기 위해서는 복소평면의 실수축에 관한 반사 대칭이 있다는 것만 보이면 된다. 180° 회전대칭과 실수축 반사 대칭이 있으면 허수축 반사 대칭은 자동적으로 있기 때문이다. 복소수 $z_0=a+bi$가 $f(z)=z^2+r$에 대한 채워진 줄리아 집합의 원소라고 하자. $f^2(z_0)=a^2-b^2+r+2abi$이고 $\overline{z_0}=a-bi$에 대하여 $f^2(\overline{z_0})=a^2-b^2+r-2abi$이다. 마찬가지로, 임의의 자연수 n에 대하여 $f^n(z_0)=\alpha+\beta i$이면 $f^n(\overline{z_0})=\alpha$

$-\beta i$이다. 따라서 z_0가 $f(z)=z^2+r$에 대한 채워진 줄리아 집합의 원소이면 $\overline{z_0}$도 $f(z)=z^2+r$에 대한 채워진 줄리아 집합의 원소이다.

문제 5-2 채워진 줄리아 집합에 허수축 반사 대칭이 있으면 그 집합에는 허수축 반사 대칭, 실수축 반사 대칭, 그리고 원점을 축으로 하는 180° 회전대칭이 있음을 설명하여라.

다. 알고리즘

줄리아 집합에는 일반적으로 여러 색의 물결 모양이 나타난다. 이는 채워진 줄리아 집합을 찾아가는 과정으로서 다음과 같이 얻어진다.

- $|z|>R$이면 $|f(z)|>|z|$를 만족시키는 R를 구한다. 즉 $f(z)=z^2+c$이면 $R=\dfrac{1+\sqrt{1+4|c|}}{2}$이다.
- 양의 정수 N을 하나 선택한다. 이 양의 정수 N은 각각의 복소수 z의 궤도를 계산하는 횟수를 결정한다. 따라서 이 수가 크면 프로그램의 수행 속도는 느려진다.
- 창 W를 선택하되 일반적으로 $\mathrm{W}=\{z=x+yi \mid a\le x\le b,\ c\le y\le d\}$의 꼴을 택한다. 채워진 줄리아 집합 F_f의 전체 그림을 얻기 위해서는 $\mathrm{N}_R(0)\subset \mathrm{W}$가 되도록 해야 한다.
- 서로 다른 색 $c_0, c_1, c_2, \cdots, c_N, c_\infty$을 선택하는데 일반적으로 c_∞는 검정색으로 정한다. 여기에 선택된 점들은 모니터의 특정 픽셀의 색을 정하는데 사용된다.
- 창에 있는 한 점 $z\in \mathrm{W}$를 잡아 $|z|>R$이면 점의 색을 c_0로 표시하고, $|z|\le R$이고 $|f(z)|>R$이면 점의 색을 c_1으로 하며, $|z|\le R$ 이고 $|f(z)|\le R$ 인데 $|f^2(z)|>R$이면 점의 색을 c_2로 표시한다. 이 과정을 계속하여 $0\le n\le N$인 모든 정수 n에 대하여 $c_0, c_1, \cdots, c_N$을

표시한다. 이때까지 색으로 표시되지 않은 점은 c_∞, 즉 검정색으로 표시하면 F_f에 속하는 점은 검정색으로 채색되어 줄리아 집합을 얻을 수 있다. 편의상, $c_0 = c_1 = \cdots = c_N$을 모두 흰색으로 표시하고 c_∞를 검정색으로 표시하면 F_f에 속하는 점은 검정색으로 채색되어 채워진 줄리아 집합을 얻을 수 있다.

위의 과정을 통하여 얻어진 채워진 줄리아 집합은 반복횟수가 유한 번이므로 이론상의 이미지와는 다를 수 있다. 사실, 이론상의 이미지를 얻는 것은 가능하지 않다. 무한이 개입되기 때문이다. 그러나 동일한 함수를 활용하는 채워진 줄리아 집합이 여러 경우, 즉 다양한 N의 값에 대하여 그려져도 동일한 모습을 가지는 것으로 보아 위의 알고리즘에 의해 얻은 채워진 줄리아 집합은 이론적 채워진 줄리아 집합과 같다고 보아도 된다.

라. 자기유사성

줄리아집합의 중요한 특징은 자기유사성(self-similarity)이다. 줄리아 집합의 자기유사성을 살펴보기 전에 복소평면 위에서의 변환 $f: \mathbb{C} \to \mathbb{C}$, $f(z) = z^2 + c$에 대하여 알아보자. 앞서 Ⅲ장에서 살펴본 뫼비우스 변환과는 다르게 변환 f는 일대일대응이 아니다. 실제로 임의의 복소수 z에 대하여 $f(z) = f(-z)$이 성립한다. 이러한 성질은 복소평면 위에서의 변환 f를 시각적으로 표현하는데 어려움을 야기한다. 그러나 변환 f의 정의역을 복소평면의 네 개의 사분면 중 하나로 제한하면 제한된 변환은 일대일 함수이므로 이 문제를 해결할 수 있다. 다시 말하여, 변환 f의 정의역을 네 개의 사분면으로 제한하여 이들을 각각 시각적으로 표현함으로써 변환 f를 이해할 수 있다.

변환 f의 정의역을 아래와 같이 1사분면으로 제한하자. 그러면 실수축에 평행한 반직선 $\{x + id \in \mathbb{C} \mid x > 0\}$ $(d > 0)$의 f에 의한 상은

$$\{(x^2 - d^2 + \mathrm{Re}(c)) + i(2xd + \mathrm{Im}(c)) \in \mathbb{C} \mid x > 0\}$$

이다. 즉 포물선

$$(y-\mathrm{Im}(c))^2 = 4d^2(x+d^2-\mathrm{Re}(c))$$

의 절반($y>\mathrm{Im}(z)$)이다. 또한 허수축에 평행한 반직선 $\{e+iy \in \mathbb{C} \mid y>0\}$ ($e>0$)의 f의 의한 상은 포물선

$$(y-\mathrm{Im}(c))^2 = -4e^2(x-e^2-\mathrm{Re}(c))$$

의 절반($y>\mathrm{Im}(z)$)이다. 아래 그림은 위에서 살펴본 반직선들의 상을 나타낸 것이다.

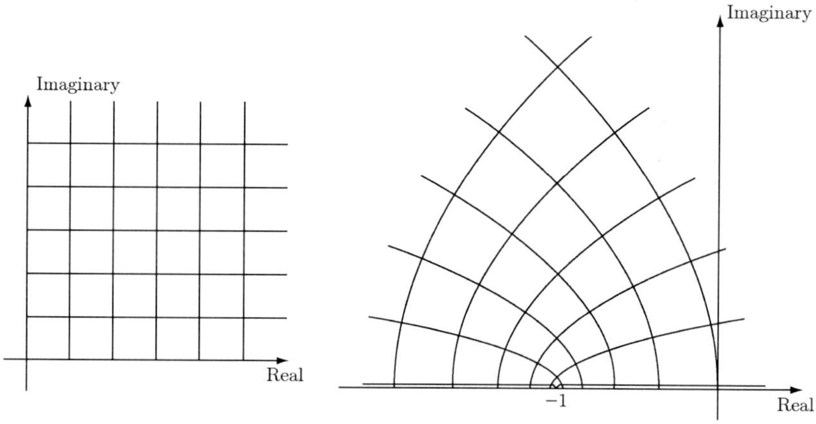

$z \neq 0$인 복소수 z에 대하여 $f'(z) \neq 0$이므로 문제 3–15에 의하여 변환 f는 $z \neq 0$인 모든 복소수 z에서의 각을 보존한다. 따라서 위 그림에서 각 포물선들은 모두 직교함을 알 수 있다. 또한, 변환 f는 네 개의 반직선으로 이루어진 정사각형 영역을 네 개의 포물선으로 둘러싸인 영역으로 각을 보존하며 이동시킴을 알 수 있다.

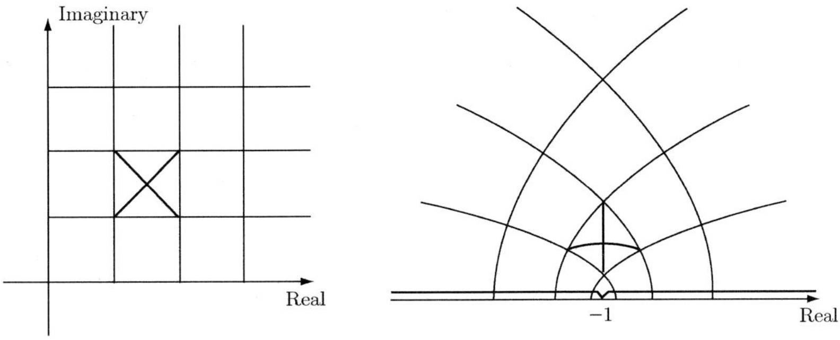

이제 복소수 z_0가 채워진 줄리아 집합 F_f의 한 점이라고 하자. 즉, f에 대한 z_0의 궤도가 유계라고 하자. 그러면 $z_1 = f(z_0)$의 궤도 역시 유계이다. 실제로 z_1의 궤도는 z_0의 궤도의 (첫째항이 빠진) 부분수열이므로 유계이다. 따라서 z_0가 채워진 줄리아 집합 F_f의 한 점이면 z_0의 변환 f에 의한 상 역시 채워진 줄리아 집합 F_f의 한 점이 된다. 같은 이유로 점 z_0에 변환 f를 연속적으로 적용하여 얻은 점들 모두 채워진 줄리아 집합 F_f의 점들이다. 이러한 성질은 채워진 줄리아 집합의 자기유사성을 야기한다.

예를들어, 복소평면의 부분집합 S가 다음의 조건을 만족시킨다고 하자.

(i) $z \in S$ 이면 $z^2+1 \in S$ 이다.

(ii) 집합 $T = \{x+ix \mid 0.1 \le x \le 0.2\} \cup \{x+i(0.3-x) \mid 0.1 \le x \le 0.2\}$이 S에 포함된다.

그러면 조건 (i)에 의하여 아래 그림에서 '×'꼴인 도형 T가 무한히 복제되어 부분집합 S 에 나타난다. 아래 그림은 도형 T 에 변환 $z \mapsto z^2+1$을 세 번 연속적으로 적용하여 얻은 상이다.

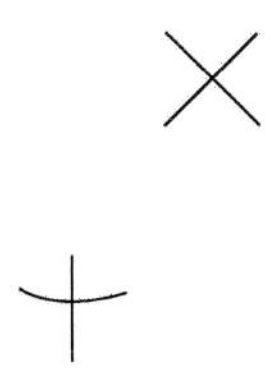

마. Excel 2010을 이용하여 채워진 줄리아 집합 그리기

이제 Excel 2010을 이용하여 채워진 줄리아 집합을 복소평면 위에 나타내보자. 이를 위해서 Excel의 하나의 셀을 복소평면 위의 하나의 점으로 간주하자. 여기서는 다항함수 $f(z)=z^2-1$의 채워진 줄리아 집합 F_f을 그려보자.

먼저 채워진 줄리아 집합을 그릴 창과 좌표를 설정하자. $f(z)=z^2-1$의 경우 앞서 살펴보았듯이 근방 $\mathrm{N}_R(0)$ $\left(R=\dfrac{1+\sqrt{5}}{2}\right)$를 포함하는 창을 선택하면 채워진 줄리아 집합 전체를 얻을 수 있다. 여기서는 창을

$$\{x+iy \mid -2.2 \le x \le 2.2,\ -2.2 \le y \le 2.2\}$$

로 택한다. 이를 위해 B1에 '-2.2'를 입력하고 0.01을 기본단위로 하여 PZ1셀에 '2.2'까지 입력한다. 이 때 B1과 C1에 각각 '-2.2'와 '-2.19'를 입력하고 두 셀을 동시에 선택한 뒤 자동 채우기 기능을 이용하면 편리하다. 마찬가지로 A2에 '2.2'를 입력하고 0.01을 기본단위로 하여 A442셀에 '-2.2'까지 입력한다. 입력된 값은 각각 실수부분과 허수부분을 의미한다. 예컨대 E8셀은 복소수 $-2.17+i2.14$에 대응된다. 다루는 셀이 많으므로 화면을 이동시키더라도 첫째행(실수부분 좌표)과 첫째열(허수부분 좌표)을 고정되게 하면 편리하다. 이를 위해서는 B2셀의 선택하고 [보기]-[틀고정]을 선택하면 된다.

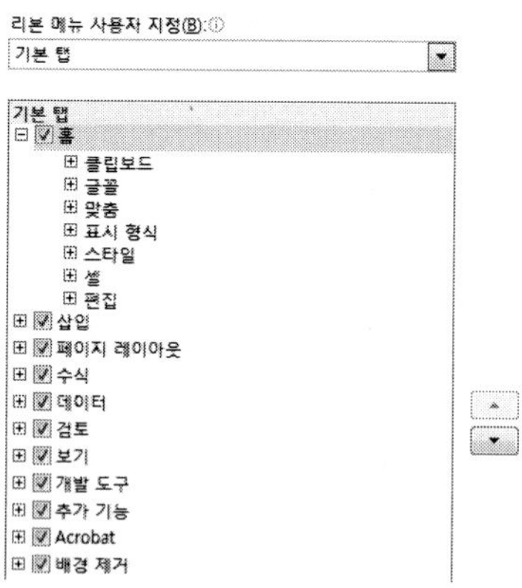

이제 창에 속하는 복소수들이 각각 채워진 줄리아 집합 F_f에 속하는지 판단하는 함수를 정의하자. 먼저 Excel 2010을 실행시키고 [파일]–[옵션]–[리본 사용자 지정]에 개발 도구를 체크한다.

그러면 메뉴에 [개발도구]가 추가 된 것을 확인할 수 있다.

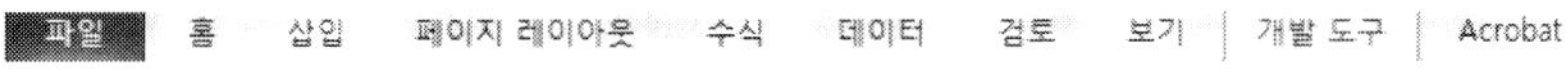

[개발도구]–[비주얼 베이직]을 선택하면 다음의 창이 생긴다.

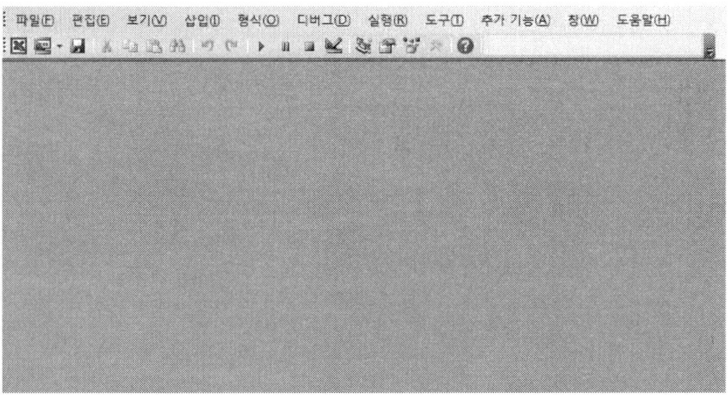

[삽입]–[모듈]을 선택하면 아래와 같이 입력창이 생기는 것을 확인할 수 있다.

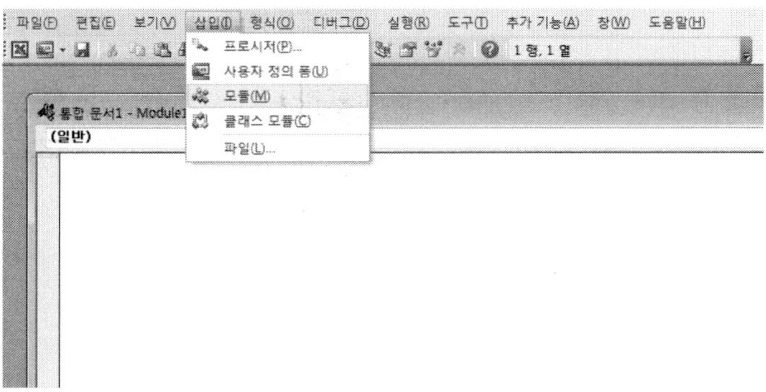

이제 창에 다음과 같이 입력하여 새로운 함수를 정의하자.

```
Public Function Julia(a As Double, b As Double) As Integer

    Dim temp As Double
    Dim Re As Double
    Dim Im As Double

    temp = 0
    Re = a
    Im = b

    Dim i As Integer

    For i = 1 To 50
        temp = Re * Re - Im * Im - 1
        Im = 2 * Re * Im
        Re = temp

        If Re * Re + Im * Im > ((1 + Sqr(5)) / 2) * ((1 + Sqr(5)) / 2) Then
            Julia = i
            Exit Function
        End If

    Next i

    Julia = -1

End Function
```

위 입력 내용은 http://teacheredu.co.kr/논문 및 교수학습 자료' 또는 오른쪽에 제시된 QR-코드를 인식함으로써 전문을 얻을 수 있다.

```
(일반)                         Julia

Public Function Julia(a As Double, b As Double) As Integer
'함수 Julia 정의: 이 함수는 두 개의 변수 a와 b를 택하고 정수를 결과값으로 한다.
'따라서 이 함수는 "=Julia(숫자, 숫자)"의 형태로 사용된다.

    Dim temp As Double
    Dim Re As Double
    Dim Im As Double

'변수 temp, Re, Im의 선언 (Double은 이 변수들이 실수값을 취함을 의미한다.)

    temp = 0
    Re = a
    Im = b

'변수 temp, Re,Im에 각각 0, a, b를 대입한다.

    Dim i As Integer
'변수 i의 선언 (Integer는 이 변수들이 정수값을 취함을 의미한다.)

    For i = 1 To 50
        temp = Re * Re - Im * Im - 1
        Im = 2 * Re * Im
        Re = temp

        If Re * Re + Im * Im > ((1 + Sqr(5)) / 2) * ((1 + Sqr(5)) / 2) Then
            Julia = i
            Exit Function
        End If
    Next i

    Julia = -1

End Function
```

여기서 작은 따옴표 ' '는 작은 따옴표로 시작하는 문장이 주석임을 의미한다. 즉 이는 명령과는 무관하다.

이는 앞서 살펴본 알고리즘을 visual basic의 언어로 구현한 것이다. 즉 주어진 복소수 $a+ib$의 궤도를 귀납적으로 구해 나가면서 궤도의 몇 번째 항에서 처음으로 절댓값이 $\frac{1+\sqrt{5}}{2}$보다 큰 항이 나타나는 지를 구하는 것이다. 특히, 조건문

```
If Re * Re + Im * Im > ((1 + Sqr(5)) / 2) * ((1 + Sqr(5)) / 2) Then
        Julia = i
        Exit Function
End If
```

은 i번째 항의 절댓값이 $\frac{1+\sqrt{5}}{2}$보다 크면 정의한 Julia 함수의 값을 i로 출력하라는 것을 의미한다. 조건문은 "If (조건) Then (조건을 만족시켰을 때 수행할 명령문) End If"로 작성됨에 주목하자.

아래는 이 알고리즘의 순서도이다.

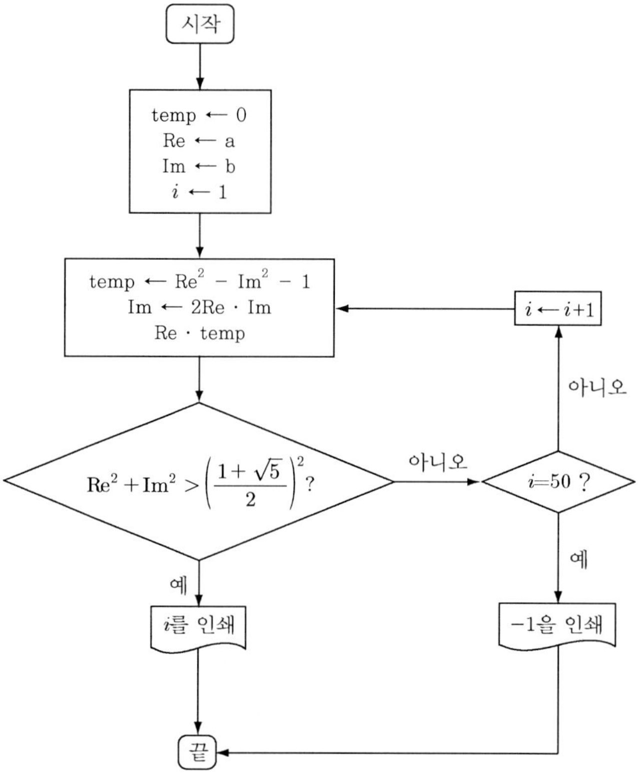

이제 다시 작업한 Sheet로 돌아와 각각의 복소수가 채워진 줄리아 집합 F_f에 포함되는지 판정하자. 셀 B2에 "=Julia(B$1, $A2)"를 입력하고 행과 열 방향으로 각각 자동 채우기를 이용하여 PZ442까지 복사한다. 이때 B$1은 자동 채우기를 이용하였을 때 1행을 고정시킨다는 것을 의미하고 마찬가지로 $A2는 자동 채우기를 이용하였을 때 A열을 고정시킨다는 것을 의

미한다.

그러면 각각의 셀에 -1과 50 사이의 정수가 입력된다.

	A	BU	BV	BW	BX	BY	BZ	CA	CB	CC	CD	CE	CF
1		-1.49	-1.48	-1.47	-1.46	-1.45	-1.44	-1.43	-1.42	-1.41	-1.4	-1.39	-1.38
189	0.33	2	2	2	2	2	2	2	2	2	2	2	2
190	0.32	2	2	2	2	2	2	2	2	2	2	2	2
191	0.31	2	2	2	2	2	2	2	2	2	2	2	2
192	0.3	2	2	2	2	2	2	2	2	2	2	2	2
193	0.29	2	2	2	2	2	2	2	2	2	2	2	2
194	0.28	2	2	2	2	2	2	2	2	2	3	3	3
195	0.27	2	2	2	2	2	2	2	3	3	3	3	3
196	0.26	2	2	2	2	2	3	3	3	3	3	3	3
197	0.25	2	2	2	3	3	3	3	3	3	3	3	3
198	0.24	2	2	3	3	3	3	3	3	3	3	3	3
199	0.23	3	3	3	3	3	3	3	3	3	3	3	3
200	0.22	3	3	3	3	3	3	3	3	3	3	3	3
201	0.21	3	3	3	3	3	3	3	3	3	3	3	3
202	0.2	3	3	3	3	3	3	3	3	3	3	3	3

여기서 셀에 표현된 -1은 그 셀에 대응되는 복소수의 궤도의 처음 50번째 항까지 절댓값의 크기가 $\frac{1+\sqrt{5}}{2}$을 넘지 않은 것을 의미하고 그 이외의 정수는 그 셀에 대응되는 복소수는 채워진 줄리아 집합에 속하지 않는 것을 의미하므로 [조건부 서식]을 이용하여 각각 셀의 배경을 검정색과 흰색으로 설정하자. 이를 위해서 셀 B2부터 셀 PG442까지 선택하고 [조건부 서식]-[규칙 관리]을 클릭한다. [새 규칙]을 클릭하여 다음과 같이 입력한 뒤 [서식]을 클릭하여 글꼴 색과 채우기 색을 모두 흰색으로 선택한다.

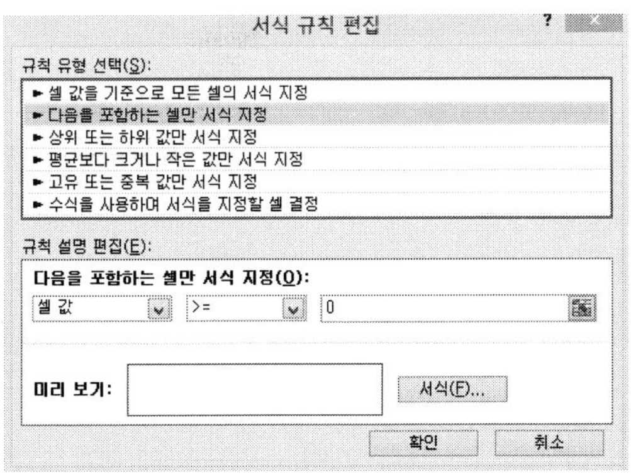

다시 한 번 [새 규칙]을 클릭하여 이번엔 다음과 같이 입력한 뒤 [서식]에서 채우기 색을 검정색으로 선택한다.

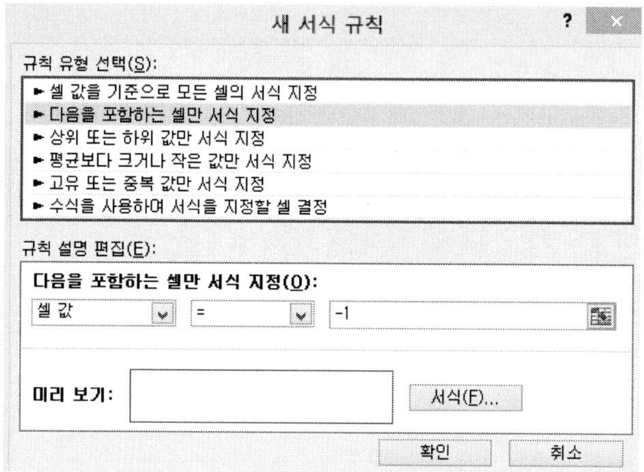

다음 화면과 같이 설정한 뒤 [확인]을 클릭하면, 앞서 설명한 대로 셀의 흰색과 검은색이 채색된 것을 확인할 수 있다.

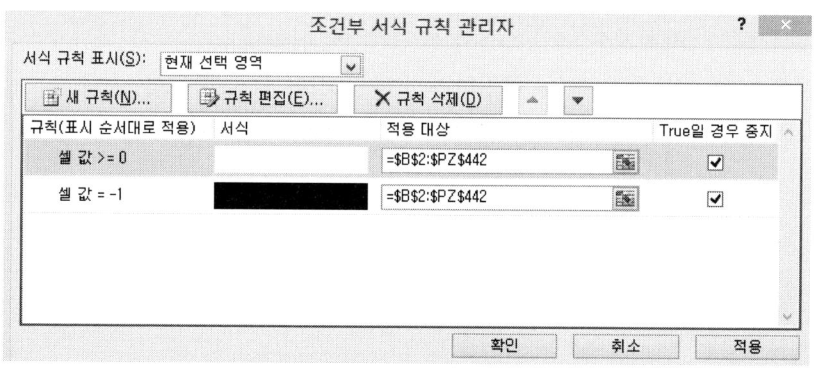

이제 각각의 셀의 모양이 정사각형에 가깝게 되도록 모든 셀의 열 너비를 2로 설정하고 화면비율을 축소하면 아래와 같이 채워진 줄리아 집합을 얻을 수 있다.

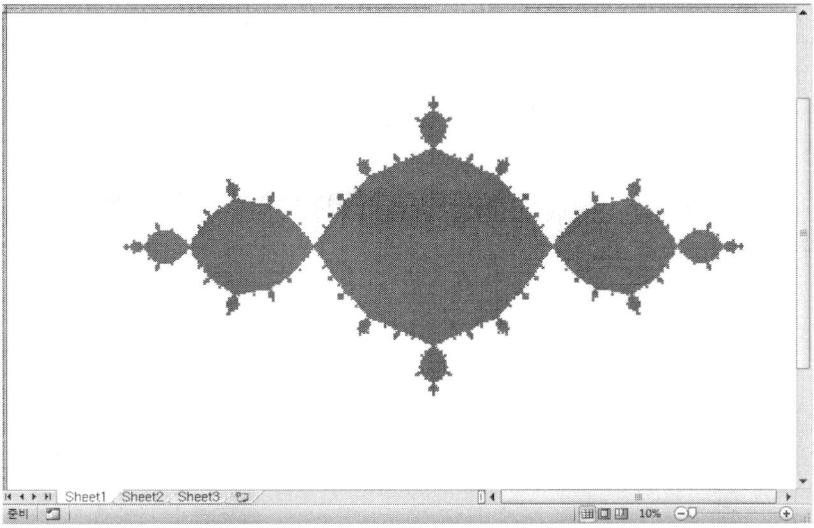

문제 5-3 Excel 2010을 이용하여 다항함수 $f(z) = z^2 - 0.123 + i0.754$의 채워진 줄리아 집합이 아래와 같음을 확인하여라.

한편 엑셀을 이용하지 않고 스마트폰의 앱을 이용하여 쉽게 줄리아 집합을 그릴 수도 있다. 위와 동일한 절차에 따라 줄리아 집합을 iphone의 Wolfram fractals reference 앱을 이용하여 그려보자. 먼저 이 앱을 실행하면 아래 그림의 맨 왼쪽 그림과 같은 화면이 나타나고 여기에서 만델브로와 줄리아 집합을 선택하면 가운데 그림과 같은 화면이 나타난다. 여기에서 줄리아 집합을 선택하면 아래의 맨 오른쪽 그림과 같은 화면이 나타나고 여기에서 $f(z)=z^2+c$에서 복소수 c의 실수부분 $\mathrm{Re}(c)$와 허수부분 $\mathrm{Im}(c)$의 값을 입력하고 Done버튼을 누르면 해당하는 줄리아 집합이 출력된다.

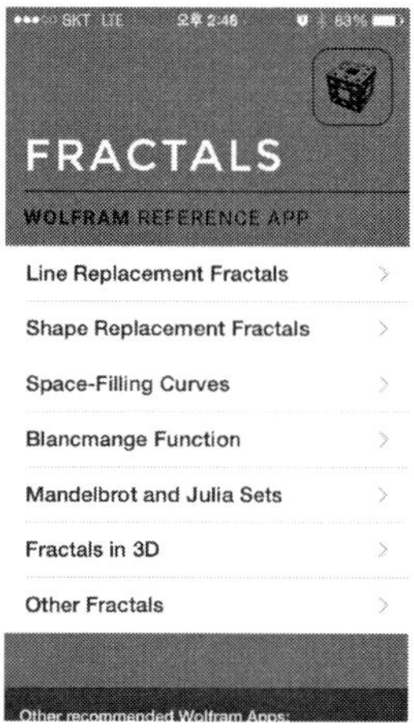

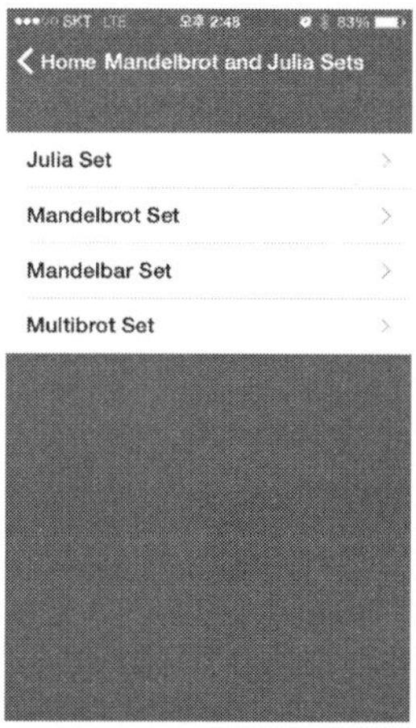

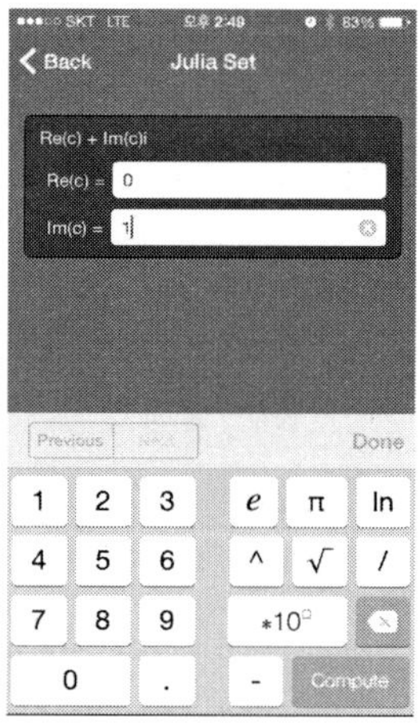

다음 그림은 위의 절차에 따라 $f_1(z)=z^2-1$과 $f_2(z)=z^2-0.123+0.754i$에 대한 줄리아 집합을 앞에서 언급한 앱을 이용하여 그린 것이다.

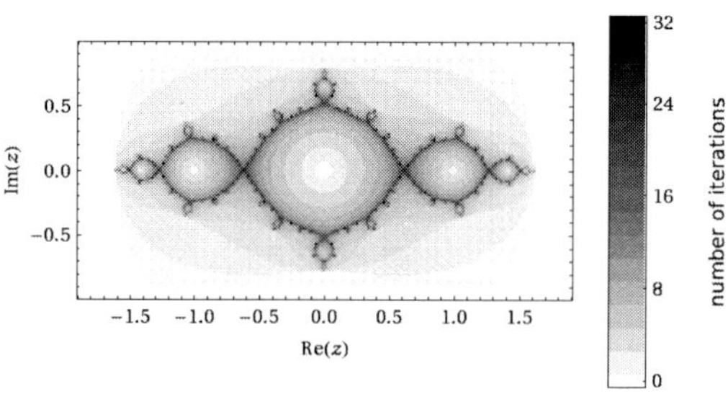

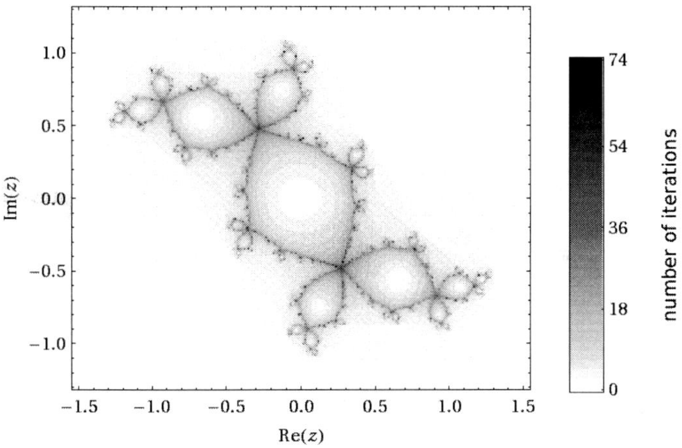

위의 각각의 두 그림의 오른쪽 부분에서 흰색부터 검은색까지 변하면서 숫자가 나타나 있는데 이것은 위 절차에 따른 것이다.

3. 만델브로집합

가. 정의

만델브로집합은 복소평면의 부분집합으로써 다음과 같이 정의된다.

$\mathbf{M} = \left\{ c \in \mathbb{C} \mid z_{n+1} = z_n^2 + c,\ z_0 = 0 \text{일 때 수열 } \{|z_n|\} \text{이 유계이다.} \right\}$

즉 복소수 c가 만델브로집합 $\mathbf{M}$에 속하기 위한 필요충분조건은

$$\begin{cases} z_{n+1} = z_n^2 + c \\ z_0 = 0 \end{cases}$$

일 때 적당한 양수 R이 존재하여 모든 자연수 n에 대하여 $|z_n| < R$을 만족시킨다.

예를 들어, $c = 0$인 경우에는 다음과 같은 복소수열 $\{z_n\}$을 얻을 수 있다.

$$
\begin{array}{ll}
 & z_0 = 0 \\
z_1 = z_0^2 + 0 = 0^2 + 0 = 0 & z_1 = 0 \\
z_2 = z_1^2 + 0 = 0^2 + 0 = 0 & z_2 = 0 \\
z_3 = z_2^2 + 0 = 0^2 + 0 = 0 & z_3 = 0 \\
\vdots & \vdots
\end{array}
$$

$$\{z_n\}: \quad 0,\ 0, 0,\ 0,\ \cdots$$

따라서 0은 만델브로집합 M에 속한다.

또한, 복소수 $c = i$의 경우에는 다음과 같은 수열에 대응된다.

$$
\begin{array}{lll}
 & z_0 = 0 & |z_0| = 0 \\
z_1 = z_0^2 + i = 0^2 + i = i & z_1 = i & |z_1| = 1 \\
z_2 = z_1^2 + i = i^2 + i = -1 + i & z_2 = -1 + i & |z_2| = \sqrt{2} \\
z_3 = z_2^2 + i = (-1 + i)^2 + i = -i & z_3 = -i & |z_3| = 1 \\
z_4 = z_3^2 + i = (-i)^2 + i = -1 + i & z_4 = -1 + i & |z_4| = \sqrt{2} \\
\vdots & \vdots & \vdots
\end{array}
$$

이 때 모든 자연수 n에 대하여 $|z_n|$은 1 또는 $\sqrt{2}$ 이므로 i 역시 만델브로집합 M에 속한다.

반면 $c = 1$인 경우 복소수 c에 대응되는 수열은

$$\{z_n\}: \ 0,\ 1,\ 2,\ 5,\ 26,\ \cdots$$

이므로 1은 만델브로집합 M에 속하지 않는다.

문제 5-4 $c = 0.25$와 $c = -0.75$ 각각의 경우는 만델브로집합의 어느 부분에 위치하는지 조사하여라.

알고리즘을 구성하는 데 있어 다음의 결과는 중요하다.

정리 5.3

$f(z)=z^2+c$에 대하여 $|c|>2$이면 $c \not\in \mathbf{M}$이다.

증명 $|f(0)|=|c|$이므로 $|c|>\dfrac{1+\sqrt{1+4|c|}}{2}$임을 보이면 되는데, 이 사실은 다음으로부터 알 수 있다.

$$\begin{aligned} |c|>\frac{1+\sqrt{1+4|c|}}{2} &\Leftrightarrow 2|c|>1+\sqrt{1+4|c|} \\ &\Leftrightarrow 2|c|-1>\sqrt{1+4|c|} \\ &\Leftrightarrow (2|c|-1)^2>1+4|c| \\ &\Leftrightarrow 4|c|^2-4|c|+1>1+4|c| \\ &\Leftrightarrow 4|c|^2-8|c|>0 \\ &\Leftrightarrow 4|c|(|c|-2)>0 \Leftrightarrow |c|>2 \end{aligned}$$

위 정리로부터 만델브로집합은 유계임을 알 수 있다.

문제 5-5 정리 5.2에서 $|c|=2$이면 $R=\dfrac{1+\sqrt{1+4|c|}}{2}=2$임을 확인하여라.

나. 대칭성

만델브로집합에는 실수축(x축)에 관한 반사대칭이 있다. 이를 설명하기 위해 복소수 $c=a+bi$가 만델브로집합의 원소라고 하자. $f_c(z)=z^2+c$라고 나타내면 $f_c(0)=a+bi$이고 $f_c^2(0)=(a^2-b^2+a)+(b+2ab)i$이다. 이제 $\bar{c}=a-bi$에 대하여 $f_{\bar{c}}(z)=z^2+\bar{c}$라고 나타내면 $f_{\bar{c}}(0)=a-bi$이고 $f_{\bar{c}}^2(0)=(a^2-b^2+a)-(b+2ab)i$이다. 마찬가지로, 임의의 자연수 n에 대하여 $f_c^n(0)=\alpha+\beta i$이면 $f_{\bar{c}}^n(0)=\alpha-\beta i$이다. 따라서 c가 만델브로집합의 원소이면 $\bar{c}$도 만델브로집합의 원소이다.

다. 줄리아 집합과의 관계

≪정의 5.4≫
복소평면의 부분집합 A가 불연결(disconnected) 집합이라는 것은 다음 조건을 만족시키는 두 집합 U, V가 존재하는 것이다.

$$\mathrm{A} \subset \mathrm{U} \cup \mathrm{V},\ \mathrm{A} \cap \mathrm{U} \neq \varnothing,\ \mathrm{A} \cap \mathrm{V} \neq \varnothing,$$
$$U \cap V = \varnothing,\ U \neq \varnothing,\ V \neq \varnothing$$

집합 A가 불연결 집합이 아닐 때, A를 연결(connected) 집합이라고 한다. 다음 두 정리는 잘 알려진 사실이지만 이 책에서는 자세한 증명을 생략한다.

정리 5.5

$f(z) = z^2 + c$에 대한 채워진 줄리아 집합 F_f가 연결 집합이기위한 필요충분조건은 $0 \in F_f$인 것이다.

정리 5.6

만델브로집합은 연결집합이다.

정리 5.5는 만델브로집합과 줄리아 집합의 관계를 말하는 것으로서 만델브로집합 M을 다음과 같이 정의할 수 있다는 것을 알게 한다.

$$M = \{c \in \mathbb{C} \mid z^2 + c\text{의 채워진 줄리아 집합이 연결 집합이다.}\}$$

문제 5-6 다음을 확인하여라.

줄리아 집합은 고정된 복소수 c에 대하여 $f(z) = z^2 + c$에 의한 복소평면의 복소수들의 궤도를 계산하여 궤도가 유계인 것과 유계가 아닌 것의 경계이고 만델브로집합은 주어진 복소수 c에 대하여 $z = 0$의 궤도를 계산하여 그 궤도가 수렴하는 c들의 집합이다.

한편, 만델브로 집합이 연결집합이라는 것은 잘 알려진 사실이다.

4. Excel 2010을 이용하여 만델브로집합 그려보기

지금까지 만델브로집합의 정의에 대하여 알아보았다. 여기서는 Microsoft 사의 Excel 2010을 활용하여 만델브로집합을 구성하는 방법에 대하여 살펴볼 것이다.

앞서 Excel 2010을 이용하여 채워진 줄리아 집합을 시각적으로 표현한 것처럼 만델브로 집합을 나타내기 전에 Excel 2010을 이용하여 주어진 복소수 c가 만델브로집합 $\mathbf{M}$에 속하는지 아닌지 시각적으로 살펴보도록 하자.

가. 메뉴표시줄에 [개발도구]를 생성하기 위하여 Excel 2010을 실행시키고 [파일]-[옵션]-[리본 사용자 지정]에 개발 도구를 체크한다.

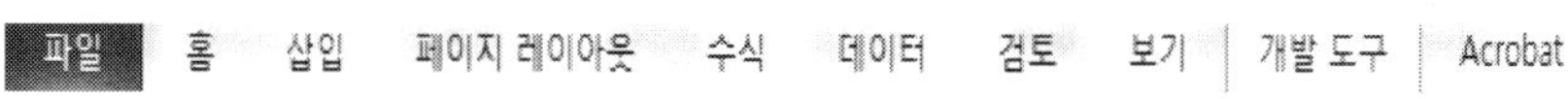

나. [개발도구]-[삽입]을 누르고 [스크롤 막대(양식 컨트롤)] 2개를 삽입한다.

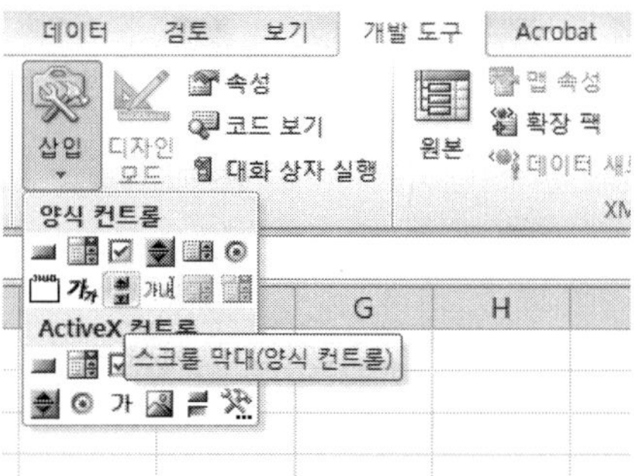

다. 스크롤 막대를 마우스 우클릭 하여 [컨트롤 서식]을 선택하고 첫 번째 스크롤 막대의 셀 연결을 A3셀로 하고 두 번째 스크롤 막대의 셀

연결을 B3셀로 하고 두 스크롤 막대의 최댓값에 모두 4000을 입력한다.

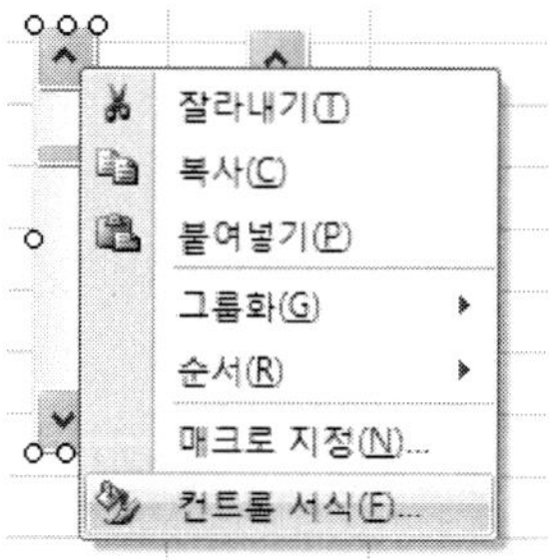

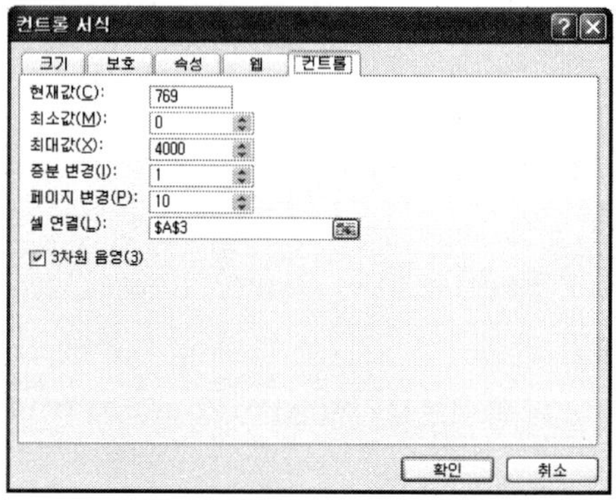

라. 지금까지의 과정을 마치면 다음과 같이 두 개의 슬라이드를 움직여서 0부터 4000까지의 수의 범위를 A3와 B3 셀에 입력가능하다. A3와 B3 셀에 있는 수를 이용하여 우리는 복소수 c의 실수부분과 허수부분을 생성할 것이다.

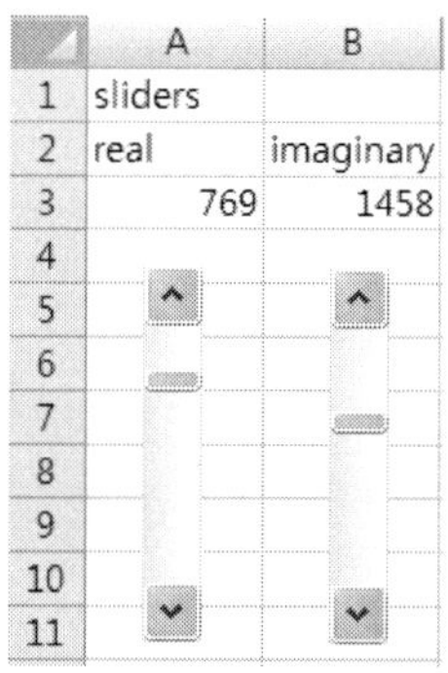

마. 여기서는 실수부와 허수부가 각가 -2에서 2사이의 값을 갖는 복소수로 제한하기 위해 D3 셀에 "=(A3−2000)/1000", E3 셀에 "=(B3−2000)/1000"을 입력한다. 이렇게 함으로써 만델브로집합에 포함

되는가를 판정할 대상이 되는 복소수 c를 스크롤 막대를 움직임으로써 얻을 수 있다.

바. 이제 복소수 c에 대응되는 수열 $\{z_n\}$을 계산하기 위해 D4 셀과 E4 셀에 각각 "=D3^2 - E3^2 + D$3"와 "=2*D3*E3 + E$3"을 입력한다.

여기서 모든 자연수 n에 대하여

$$\begin{aligned} z_{n+1} = z_n^2 + c &= \{\mathrm{Re}(z_n) + i\mathrm{Im}(z_n)\}^2 + \{\mathrm{Re}(c) + i\mathrm{Im}(c)\} \\ &= \{\mathrm{Re}(z_n)^2 - \mathrm{Im}(z_n)^2 + \mathrm{Re}(c)\} \\ &\quad + i\{2\mathrm{Re}(z_n)\mathrm{Im}(z_n) + \mathrm{Im}(c))\}, \end{aligned}$$

즉,

$$\mathrm{Re}(z_{n+1}) = \mathrm{Re}(z_n)^2 - \mathrm{Im}(z_n)^2 + \mathrm{Re}(c),$$
$$\mathrm{Im}(z_{n+1}) = 2\mathrm{Re}(z_n)\mathrm{Im}(z_n) + \mathrm{Im}(c)$$

임에 주목하자.

사. 마우스 끌기로 D4 셀과 E4 셀의 식을 복사하는데 아래로 50개의 행에 복사되도록 하면 다음과 같은 결과를 얻는다.
D3 셀과 E3 셀은 각각 복소수 c의 실수부와 허수부이므로 이 두 결과로부터 복소수 $-0.426-0.542i$는 만델브로집합 $\mathbf{M}$에 포함되고 $-1.259-0.542i$는 만델브로집합 $\mathbf{M}$에 포함되지 않음을 알 수 있다.

($\{|z_n|\}$이 유계인 경우)

2	real	imaginary	real	imaginary
3	1574	1458	-0.426	-0.542
4			-0.53829	-0.08022
5			-0.14268	-0.45564
6			-0.61325	-0.41198
7			-0.21965	-0.03671
8			-0.3791	-0.52587
9			-0.55883	-0.14328
10			-0.13424	-0.38186
11			-0.5538	-0.43947
12			-0.31245	-0.05524
13			-0.33143	-0.50748
14			-0.57369	-0.20561
15			-0.13915	-0.30608
16			-0.50032	-0.45681
17			-0.38436	-0.08489
18			-0.28548	-0.47674
19			-0.57179	-0.2698
20			-0.17185	-0.23346
21			-0.45097	-0.46176

($\{|z_n|\}$이 유계가 아닌 경우)

2	real	imaginary	real	imaginary
3	741	1458	-1.259	-0.542
4			0.032317	0.822756
5			-1.93488	-0.48882
6			2.245825	1.349627
7			1.96324	5.520052
8			-27.8757	21.13237
9			329.2167	-1178.7
10			-1280951	-776096
11			1.04E+12	1.99E+12
12			-2.9E+24	4.13E+24
13			-8.8E+48	-2.4E+49
14			-4.9E+98	4.17E+98
15			6.2E+196	-4E+197
16			#NUM!	#NUM!
17			#NUM!	#NUM!
18			#NUM!	#NUM!
19			#NUM!	#NUM!
20			#NUM!	#NUM!
21			#NUM!	#NUM!

아. 시각적으로 복소수열 $\{z_n\}$을 나타내기 위해 D4 셀부터 E54 셀까지 영역을 선택하고 [삽입]-[분산형]-[직선 및 표식이 있는 분산형]을 선택한다.

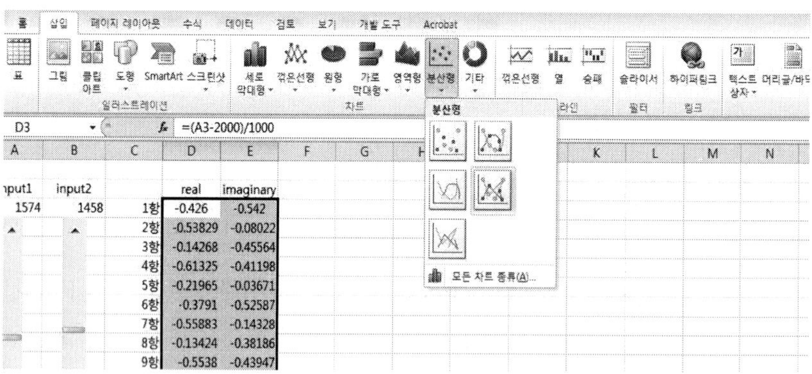

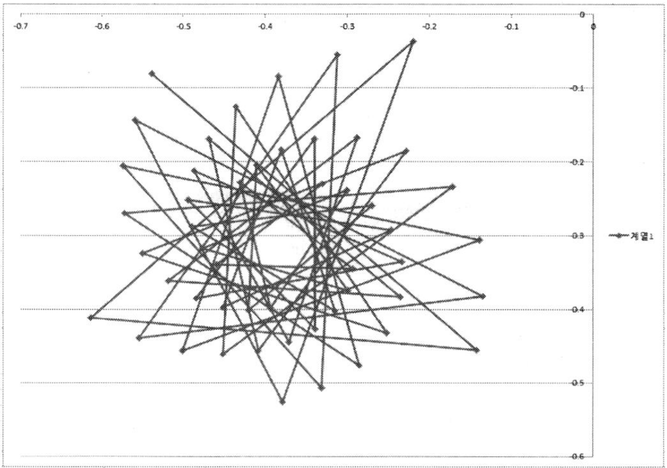

자. 이제 스크롤 막대를 조정하면 복수소가 만델브로집합에 포함되는 경우와 그렇지 않은 경우에 따라 다양한 차트 모양을 얻을 수 있다.

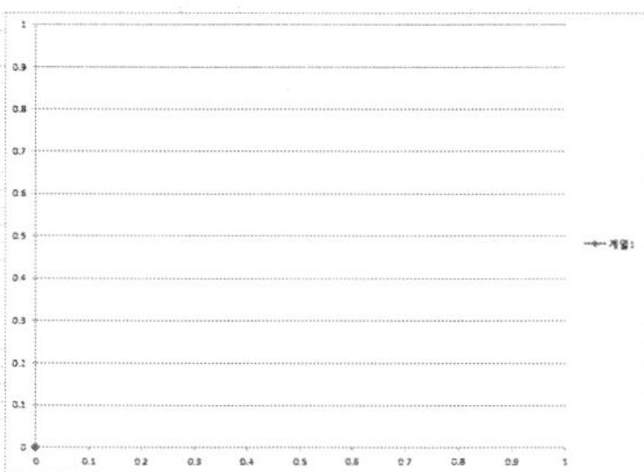

$c=0$인 경우 ($c\in\mathbf{M}$)

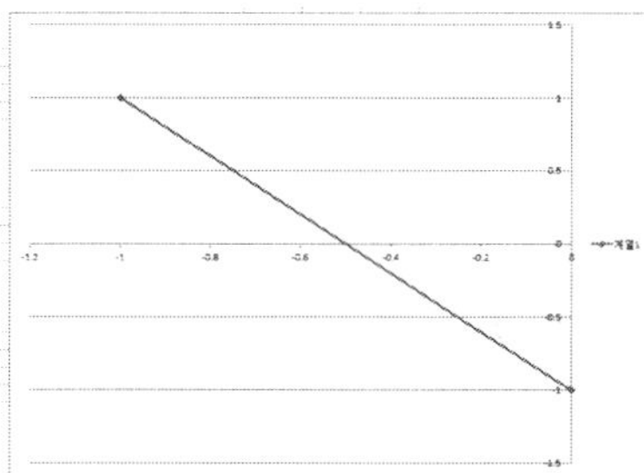

$c=i$인 경우 ($c\in\mathbf{M}$)

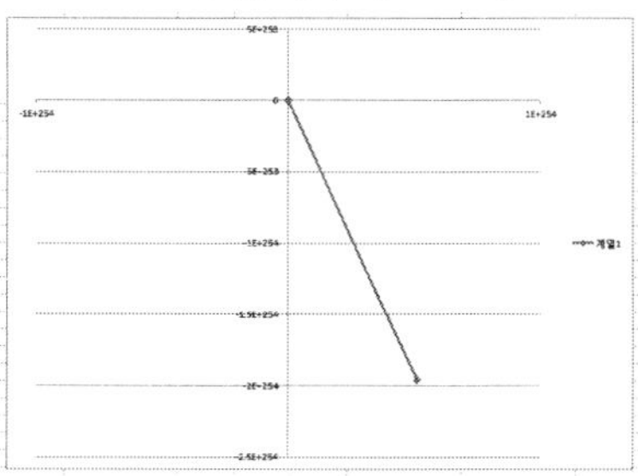

$c=1$인 경우 ($c\not\in\mathbf{M}$)

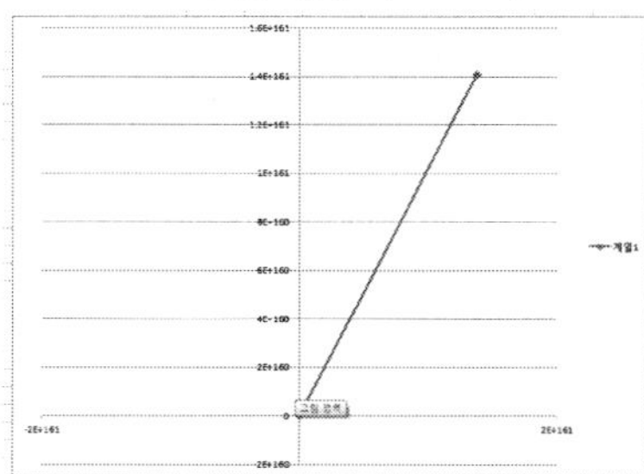

$c=-1.259-0.542i$인 경우 ($c\not\in\mathbf{M}$)

위와 같이 엑셀 프로그램을 이용하여 간단히 주어진 복소수 c에 대하여 c에 대응되는 수열 $\{|z_n|\}$이 유계성을 시각적으로 확인이 가능하다.

이제 만델브로 집합을 복소평면 위에 표현해보자. 앞서 채워진 줄리아 집합을 표현한 방법과 구조적으로 매우 유사하다.

아래 그림과 같이 B1셀에 "−2"를 입력하고 0.01을 기본단위로 하여 OL1셀에 "2"까지 입력한다. 또한 A2셀에 "2"를 입력하고 0.01을 기본단위로 하여 A402셀에 "−2"까지 입력한다. 즉 창을

$$W=\{x+iy|-2 \le x \le 2, -2 \le y \le 2\}$$

으로 한다. 정리 5.3에 의하여 이 창 안에 만델브로 집합 전체가 표현된다.

[개발도구]-[비주얼 베이직]을 선택하고 메뉴에서 [삽입]-[모듈]을 선택한 뒤 창에 다음과 같이 입력하여 함수 Mandelbrot를 정의하자.

```
Public Function Mandelbrot(a As Double, b As Double) As Integer

    Dim temp As Double
    Dim Re As Double
    Dim Im As Double

    temp = 0
    Re = a
    Im = b

    Dim i As Integer

    For i = 1 To 50
        temp = Re * Re - Im * Im + a
        Im = 2 * Re * Im + b
        Re = temp

        If Re * Re + Im * Im > 4 Then
            Mandelbrot = i
```

```
            Exit Function
        End If

    Next i

    Mandelbrot = -1

End Function
```

위 입력 내용은 앞서 QR-코드를 얻은 전문을 약간 바꾸면 된다.

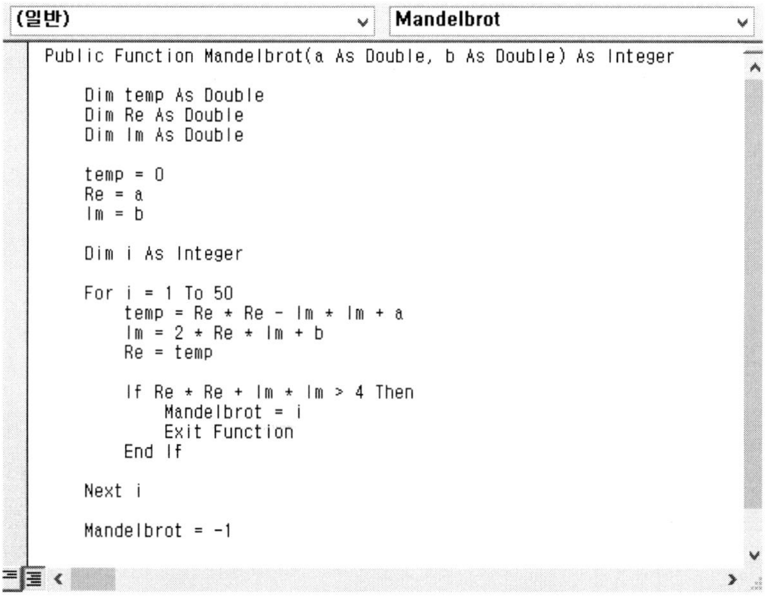


```
Public Function Mandelbrot(a As Double, b As Double) As Integer

    Dim temp As Double
    Dim Re As Double
    Dim Im As Double

    temp = 0
    Re = a
    Im = b

    Dim i As Integer

    For i = 1 To 50
        temp = Re * Re - Im * Im + a
        Im = 2 * Re * Im + b
        Re = temp

        If Re * Re + Im * Im > 4 Then
            Mandelbrot = i
            Exit Function
        End If

    Next i

    Mandelbrot = -1
```

다음은 위 알고리즘의 순서도이다.

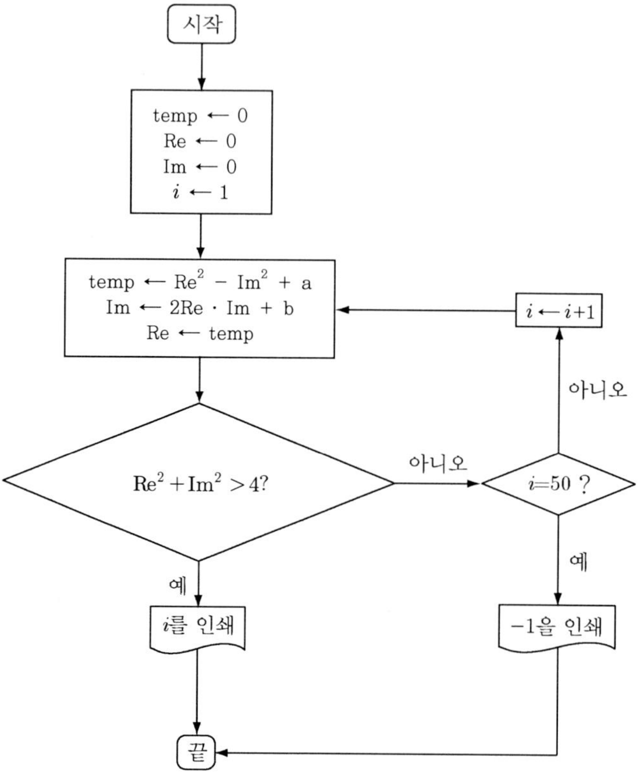

이제 B2셀에 "=Mandelbrot(B$1, $A2)"를 입력하고 자동 채우기를 이용하여 OL402셀까지 복사한다.

여기서 셀에 표현된 −1은 그 셀에 대응되는 복소수에 의한 함수 $f(z)=z^2+c$에 대한 0의 궤도의 처음 50번째 항까지 절댓값의 크기가 2을 넘지 않은 것을 의미하고 그 이외의 정수는 그 셀에 대응되는 복소수는 만델브로 집합에 속하지 않는 것을 의미하므로 채색된 줄리아 집합을 얻었을 때와 마찬가지로 아래와같이 [조건부 서식]을 설정하자.

B1셀부터 OL402셀까지 범위를 지정한 뒤 [조건부 서식]−[규칙 관리]을 클릭한다. [새 규칙]을 클릭하여 다음과 같이 입력한 뒤 [서식]을 클릭하여 글꼴 색과 채우기 색을 모두 흰색으로 선택한다.

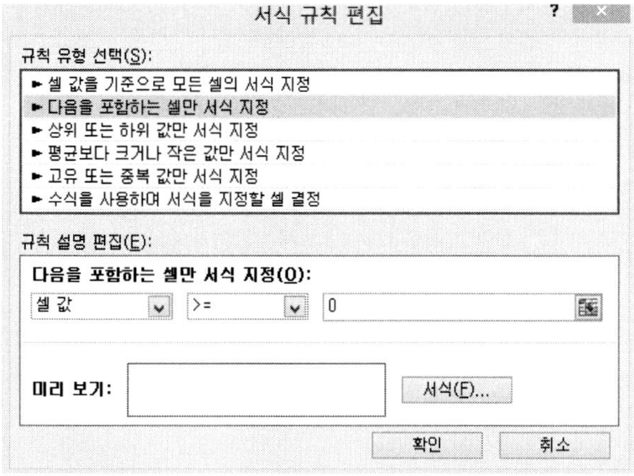

다시 한 번 [새 규칙]을 클릭하여 이번엔 다음과 같이 입력한 뒤 [서식]에서 채우기 색을 검정색으로 선택한다.

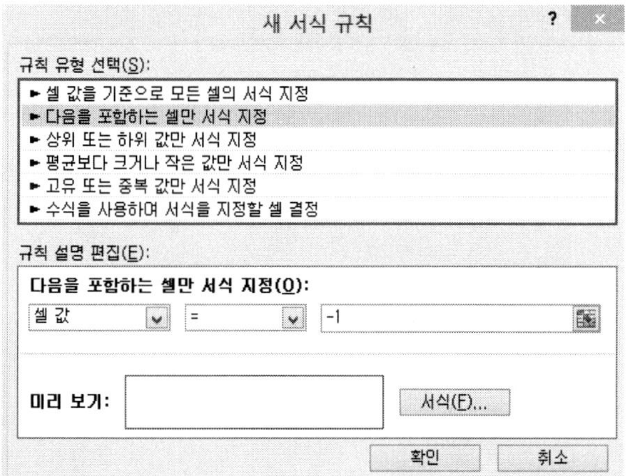

이제 모든 셀의 열 너비를 2로 설정하고 화면비율을 축소하면 아래와 같이 만델브로집합을 얻을 수 있다.

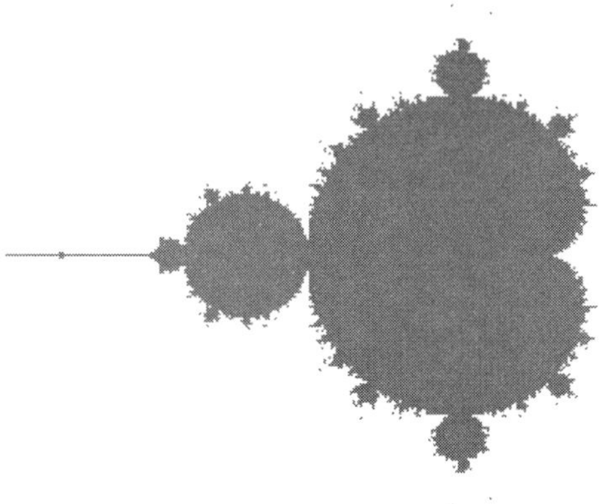

아래 그림에서 만델브로 집합 위에 표시된 흰 점은 GY242셀인데 이는 $0.05-0.4i$가 만델브로집합 $\mathbf{M}$에 포함되는 것을 포함한다.

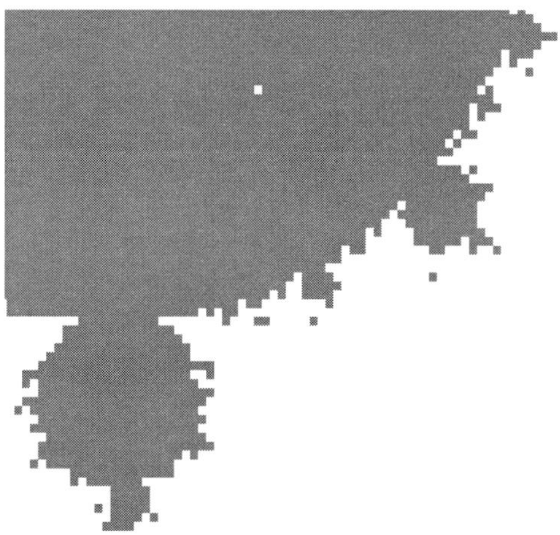

$c=0.05-0.4i$일 때 앞에서 살펴본 분산형 차트는 다음과 같다.

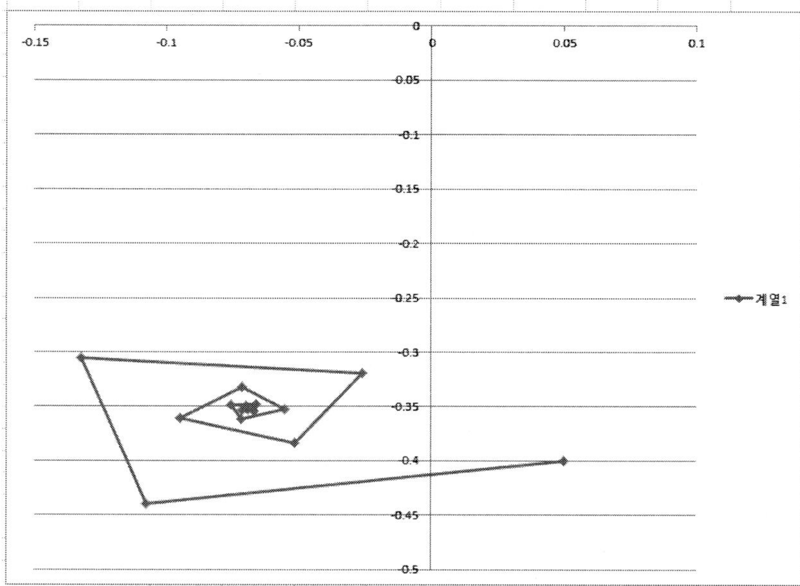

5. L-system

L-system은 린덴매이어(A. Lindenmayer)에 의해 고안된 알고리즘으로 식물의 성장 프로세스를 기초로 하여 식물과 같은 자연물의 구조를 기술하거나 표현할 수 있다. 특히 주목할 만한 것은 자연물뿐만 아니라 자기 유사성을 갖는 프랙탈 집합을 표현하는데 유용하다. L-system에서 중요한 두 가지 요소는 공리(axiom)와 생산규칙이다. 공리는 하나의 문자 또는 문자열이고 생산규칙은 공리가 F라 가정했을 때 F의 치환규칙이고 이것을 기호로 다음과 같이 표현된다.

F -> F+F--F+F

즉 F를 공리로 하고 위의 생산규칙을 L-system으로 하는 것은 F를 계속 F+F--F+F로 치환하는 것을 반복하는 것을 의미한다. 위의 치환규칙을 한번 수행한 오른쪽에 다시 치환규칙을 적용하면

F+F--F+F+F+F--F+F--F+F--F+F+F+F--F+F

을 얻고 또 한번 치환규칙을 적용하면 다음을 얻는다.

F+F--F+F+F+F--F+F--F+F--F+F+F+F--

F+F+F+F--F+F+F+F--F+F--F+F--

F+F+F+F—F+F-- F+F--F+F+F+F--

F+F—F+F--F+F+F+F--F+F+F+F—

F+F+F+F--F+F--F+F--F+F+F+F--F+F

위의 L-system을 기하학적으로 표현하면 프랙탈 도형을 얻을 수 있는데 F를 선분으로 +기호는 일정한 각만큼 시계 반대방향으로의 회전, -기호는 일정한 각만큼 시계방향으로의 회전으로 대체하면 된다.

위의 L-system에서 F를 선분 +를 시계반대 방향으로 60도 회전, -를 시계방향으로 60도 회전으로 대체하면 첫 번째 치환규칙을 실행한 것을 그림으로 나타내면

을 얻고 치환규칙을 두 번 실행한 것을 그림으로 나타내면

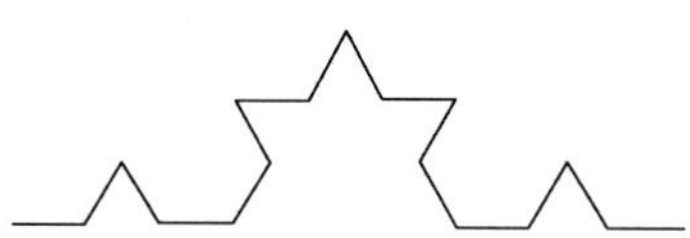

을 얻고 치환규칙을 세 번 실행한 것을 그림으로 나타내면

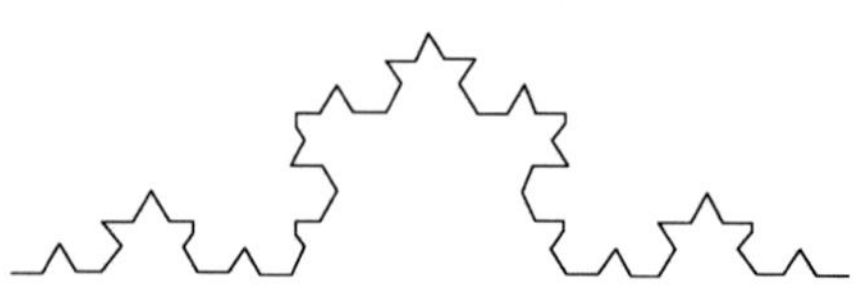

을 얻을 수 있는데 이를 계속 반복하면 코흐 곡선을 얻을 수 있음을 알 수 있다.

다른 예를 들어보자. 집합 (0, 1)과 집합 (0, 1)×(0, 1)가 일대일 대응이 된다는 것을 시각화한 힐베르트곡선(Hilbert curve)

은 F를 공리로 하고 생산규칙을 L -> +RF-LFL-FR+, R -> -LF+RFR+FL-로 하는 L-system으로부터 얻어진 것이다.

지금까지 살펴본 예를 통해 알 수 있듯이 L-system과 LOGO 프로그래밍 언어를 적절히 사용하면 다양한 형태의 프랙탈 도형을 얻을 수 있음을 알 수 있다. 지금까지 언급한 여러 가지 프랙탈 도형을 쉽게 컴퓨터를 이용하여 그릴 수 있는 공개 소프트웨어로는 fractint가 있다. 이 프로그램은

http://www.nahee.com/spanky/www/fractint/getting.html

에서 무료로 다운 받을 수 있으며 줄리아 집합, 만델브로집합, 다양한 L-system을 적용한 프랙탈 도형을 쉽게 그려 볼 수 있다.

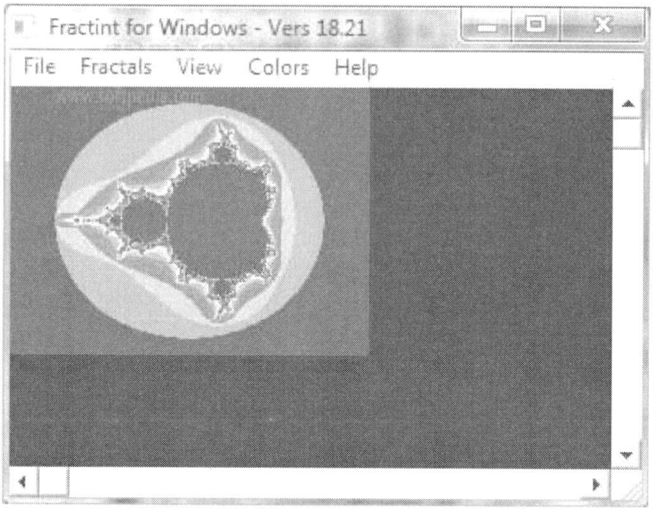

위의 그림은 fractint를 처음 실행했을 때 나타나는 화면이다. 이 화면에 기본으로 나타난 것은 만델브로집합임을 알 수 있다. 메뉴의 fractals에서 하위 메뉴인 fractal formula를 선택하면 다양한 프랙탈 집합을 그리거나 그려진 프랙탈 집합의 일부를 계속 확대해볼 수 있다. 그 이외에도 다양한 기능이 있으므로 다운받아서 여러 프랙탈 도형의 아름다움을 직접 경험해 보길 권한다.

특히 처음 실행했을 때 나타나는 만델브로집합에서 마우스 우클릭을 하면 그 점에 대응하는 줄리아 집합이 보인다. 참고로 이 소프트웨어는 무료이며 최신 버전은 ver 20.4.9이며 windows 7까지에서만 작동한다. 즉 windows 8에서는 실행이 안 됨을 확인하였다.

문제 5-7 fractint를 실행시켜서 위의 만델브로집합의 여러 부분을 확대해 보고 만델브로집합에 포함되는 점 또는 포함되지 않는 점들에서 마우스 우클릭을 하여 나타난 줄리아 집합들의 차이를 알아보아라.

6. 띠와 벽지

채워진 줄리아 집합, 줄리아 집합, 만델브로집합, 또는 적절한 프랙탈 도형이나 그 일부를 모티브 또는 기본조각(fundamental region)으로 하여 제Ⅱ장 1에서와 같이 띠의 문양을 만들어 보자. 여기에서 사용하는 띠의 기호는 제Ⅱ장에 소개한 것과 제Ⅲ장에서 소개한 orbifold 기호이며, 문양은 신현용 · 나준영(2015)에 소개된 것이다.

가. $f1(\infty\infty)$

함수 $f(z) = z^2 - 0.74543 + 0.11301i$의 채워진 줄리아 집합 에서 왼쪽 윗부분에 있는 반쪽을 기본조각으로 하면 다음과 같다.

이 기본조각을 좌 · 우로 평행이동 시킴으로써 $f1(\infty\infty)$ 타입의 띠를 다음과 같이 얻을 수 있다.

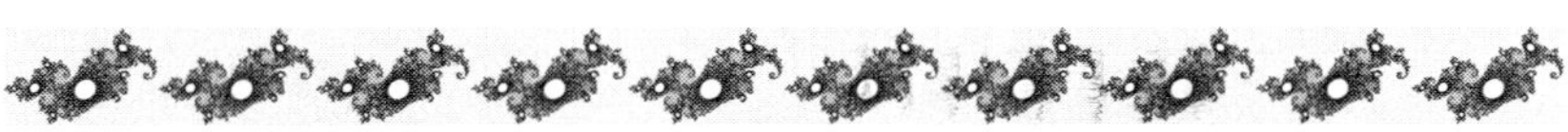

나. $fx(\infty *)$

만델브로집합 복소평면의 실수축에 관하여 반사대칭이므로 이를 기본조각으로 하여 좌· 우로 평행이동 시킴으로써 $fx(\infty *)$ 타입의 띠를 얻을 수 있다.

다. $fy(*\infty\infty)$

$f1(\infty\infty)$ 타입에서의 문양 을 좌·우 반사시킴으로써 을 얻고, 이 문양을 기본조각으로 하여 좌우로 평행이동 시킴으로써 $fy(*\infty\infty)$ 타입의 띠를 얻을 수 있다.

한편, 잘 알려진 코흐 곡선의 일부인 을 기본조각으로 하고, 이를 좌·우로 평행이동 시킴으로써 $fy(*\infty\infty)$ 타입의 띠를 얻을 수도 있다.

라. $f2(22\infty)$

앞에서 살핀 바와 같이, 채워진 줄리아 집합은 항상 원점을 축으로 180° 회전대칭이 있으므로 $f2(22\infty)$ 타입의 띠 문양을 얻는 것은 쉽다. 예를 들어, 함수 $f(z) = z^2 - 0.123 + 0.754i$의 줄리아 집합 을 기본조각으로 하고, 이를 좌우로 평행이동 시킴으로써 $f2(22\infty)$ 타입의 띠를 얻을 수 있다.

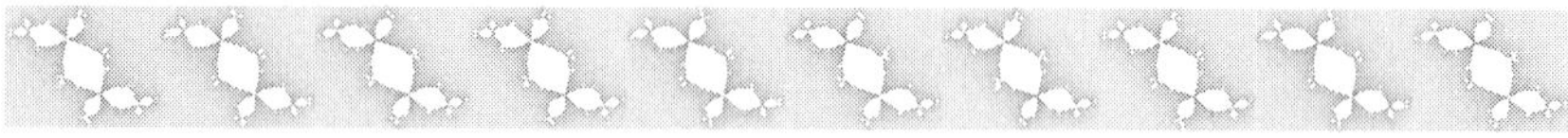

마. $fxy(*22\infty)$

앞에서 살핀 바와 같이, 임의의 실수 r에 대하여 복소다항식

$f: \mathbb{C} \to \mathbb{C}$, $f(z) = z^2 + r$에 대한 채워진 줄리아 집합에는 실수축(x축)에 관한 반사 대칭, 허수축(y축)에 관한 반사 대칭, 그리고 원점을 축으로 180° 회전대칭이 있다. 예를 들어, 함수 $f(z) = z^2 - 1$의 줄리아 집합 을 기본조각으로 하고, 이를 좌우로 평행이동 시킴으로 $fxy(*22\infty)$ 타입의 띠를 얻을 수 있다.

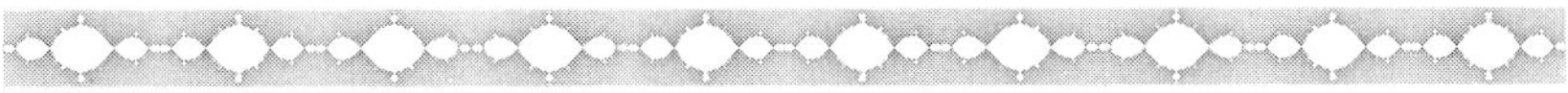

바. $fg(\infty \times)$

앞에서 $f1(\infty\infty)$에서 문양 으로부터 미끄럼반사가 있는 기본조각을 만들면 다음과 같다.

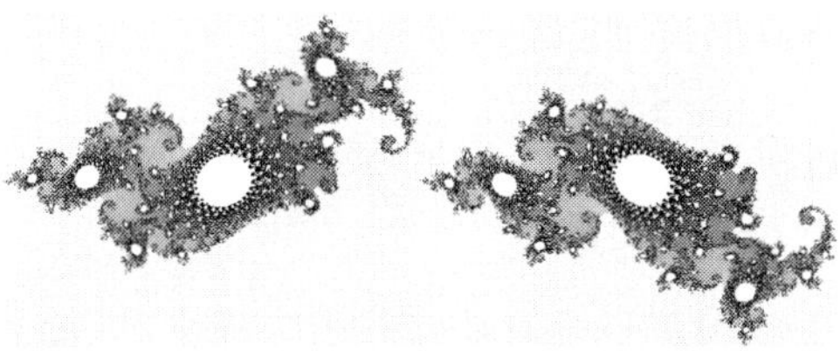

이 기본조각을 좌우로 평행이동 시킴으로써 $fg(\infty \times)$ 타입의 띠를 다음과 같이 얻을 수 있다.

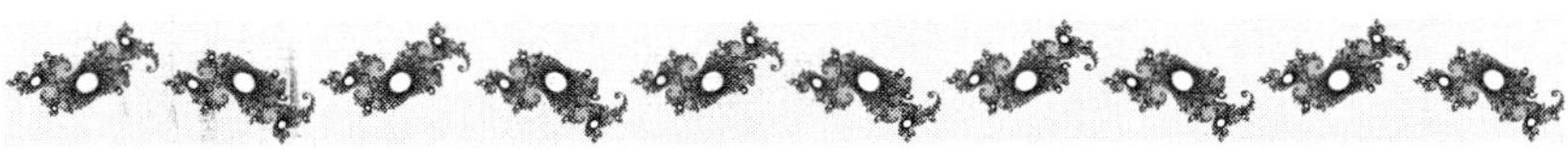

사. $fyg(2*\infty)$

$f1(\infty\infty)$ 타입에서의 문양 을 좌·우 반사시킴으로써 을 얻고, 이로부터 미끄럼 반사를 가지는 기본조각을 다음과 같이 얻을 수 있다.

이 기본조각을 좌우로 평행이동 시킴으로써 $fyg(2^*\infty)$ 타입의 띠를 얻을 수 있다

한편, 코흐 곡선의 일부인 은 y축 반사 대칭을 가진다. 이제 이 부분을 모티브로 하여 미끄럼반사가 있는 기본조각을 만들면 다음과 같다.

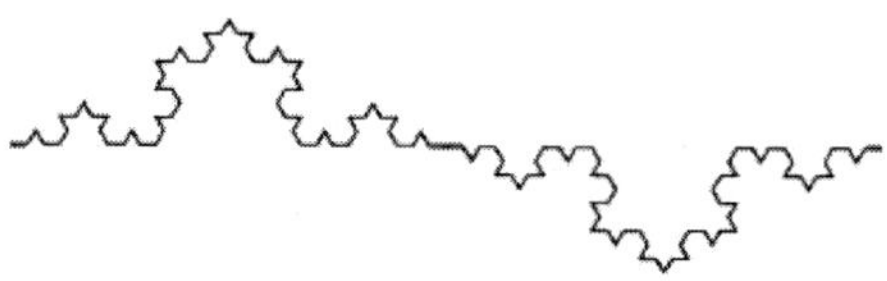

이 기본조각을 좌우로 평행이동 시킴으로써 $fyg(2^*\infty)$ 타입의 띠를 얻을 수 있다.

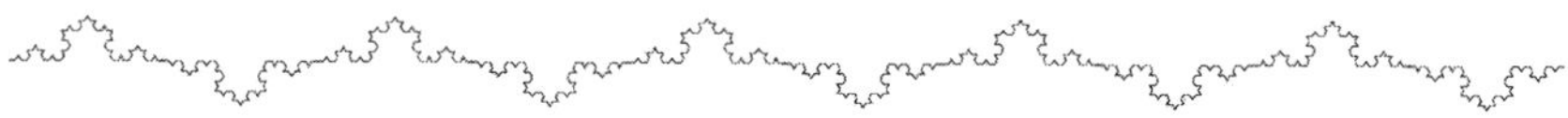

> **문제 5-8** 적절한 프랙탈 문양을 모티브로 기본조각을 만들고, 이로부터 다양한 벽지 문양을 만들어 보아라.

7. 차원

칸토어는 $(0,\ 1)$와 $(0,\ 1)\times(0,1)$가 대등함을 증명하고 '증명은 하겠는데 믿을 수는 없다. I see it, but I don't believe it.'라고 하였다. 그 두 집합의 대등함을 머리로는 이해하나 마음으로는(정서적으로는, 상식적으로는) 수용하기 어려웠던 것이다.

일차원인 선과 이차원인 면이 어떻게 대등(equipotent)할 수 있는가? 넓이가 없는 선(線)이 어떻게 넓이가 있는 면(面)과 대등할 수 있는가? 상식적으로 수용하기 어려웠을 것이다.

페아노(Peano)는 $(0,\ 1)$와 $(0,\ 1)\times(0,\ 1)$ 사이에 위로의(onto, surjective) 연속함수가 존재함을 보였다. 이 함수는 '공간채움곡선(space-filling curve)'이라고 불리며, $(0,\ 1)$와 $(0,\ 1)\times(0,\ 1)$ 두 공간이 위상적으로도 비슷한 면이 있다는 것을 말한다.

우리는 일상생활에서 '차원'이라는 용어를 자주 사용한다. 그러나 그 개념을 여러 상황에서도 적용이 가능하도록 정교화 하기는 결코 용이하지 않다.

이 장에서는 보편적으로 인식되는 벡터공간의 차원 개념과 함께 다소 다른 각도에서의 차원 개념을 살핀다.

가. 프랙탈 차원

차원에 관한 가장 보편적인 정의는 선형대수학에서 한다. 벡터공간의 차원[6]은 다음과 같이 정의된다.

벡터공간 V의 부분 집합 $\{\vec{v}_1, \cdots, \vec{v}_n\}$가 다음 조건을 만족시킬 때 $\{\vec{v}_1, \cdots, \vec{v}_n\}$를 V의 기저(basis)라고 한다.

- $\{\vec{v}_1, \cdots, \vec{v}_n\}$는 일차 독립이다.
- V는 $\{\vec{v}_1, \cdots, \vec{v}_n\}$에 의하여 생성된다.

6) 보통 유한차원만을 생각한다.

이제, $S=\{\vec{v}_1, \cdots, \vec{v}_n\}$와 $T=\{\vec{w}_1, \cdots, \vec{w}_m\}$가 V의 기저이면, $n=m$ 임을 증명할 수 있고, $\{\vec{v}_1, \cdots, \vec{v}_n\}$가 V의 기저일 때, n을 V의 차원(dimension)이라고 한다.

이러한 선형대수학(linear algebra)적인 정의에 의하면 수직선은 1차원, 좌표평면은 2차원, 그리고 좌표공간은 3차원임을 쉽게 알 수 있다. 이제, 다음과 같은 문제를 생각하여 보자.

- 칸토어 집합(Cantor set)을 수직선 전체에서 생각한다면, 그 집합의 차원은 얼마일까?
  측도가 0으로서 0차원인 유리수 전체 집합과 비슷한 성질이 있으나, 농도는 $\aleph_1$으로서 1 차원인 수직선과 비슷한 성질도 있다.

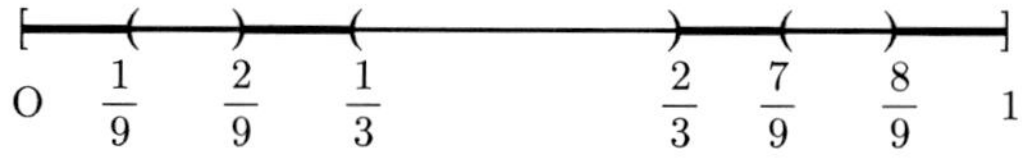

- 시어핀스키 개스켓(Sierpinski gasket)을 좌표평면 전체에서 생각한다면, 그 집합의 차원은 얼마일까? 넓이가 0 으로서 1 차원인 선과 비슷한 성질이 있으나, 둘레가 무한으로서 좌표평면 전체와 비슷한 성질도 있다. 코흐 눈송이는 유한한 넓이에 무한의 둘레 길이를 가지는 도형이다.

문제 5-9 앞에서 소개한 wolfram alpha의 fractal app을 이용하여 시어핀스키 개스킷을 생성해 보아라.

- 멩거 스폰지(Menger sponge)를 좌표공간 전체에서 생각한다면, 그 집합의 차원은 얼마일까? 부피가 0으로서 2 차원인 면의 성질과 비슷한 성질이 있으나, 겉넓이가 무한으로서 좌표공간 전체와 비슷한 성질도 있다.

위에서 알 수 있듯이 벡터공간의 차원 개념은 특수한 집합의 경우에는 그렇게 민감하지 않음을 알 수 있다.

전통적인 벡터 공간의 정의로는 프랙탈 도형의 특징을 충분히 설명하기 어렵다. 프랙탈 도형에 차원 개념을 도입하기 위하여 다음에 주목하자.

주어진 선분을 $\frac{1}{2}$로 자르면 자기 모양과 닮은 형태의 모양 2 조각이 된다. 마찬가지로, 주어진 선분을 $\frac{1}{3}$, $\frac{1}{4}$, $\frac{1}{5}$로 자르면 각각 3, 4, 5조각으로 나누어진다. 한편, 면의 경우에서 한 변의 길이를 $\frac{1}{2}$로 자른 경우 모두 4조각의 닮은 형태를 얻을 수 있다.

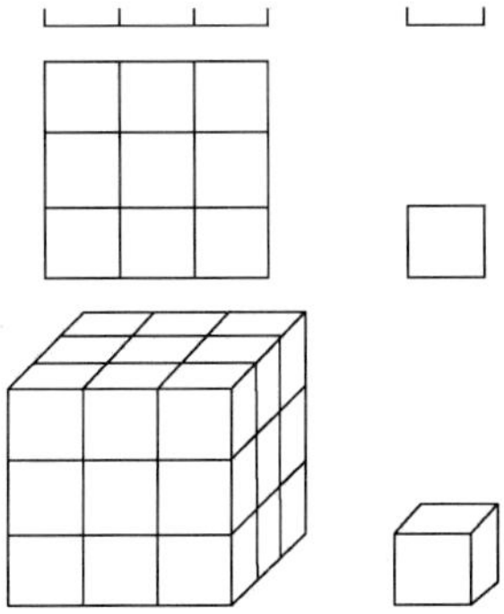

이제, 코흐 곡선의 경우를 살펴보자. 1단계에서 2단계로의 경우를 살펴보면, 길이는 $\frac{1}{3}$로 줄어들지만, 모두 4개의 1단계와 닮은 형태의 조각들이 생긴다. 다음 1단계에서 3단계로의 경우를 보면, 길이는 $\frac{1}{9}$로 줄어들지만, 모두 16개의 1단계와 닮은 형태의 조각들이 생긴다. 이 사실을 정리하면 다음과 같다.

조각의 개수	축소율
4	$\frac{1}{3}$
16	$\frac{1}{9}$
⋮	⋮
4^k	$\frac{1}{3^k}$

프랙탈의 자기유사차원(self-similarilty dimension)을 정의하기 위해, 축소율 S에 대한 조각의 개수를 P라고 할 때의 관계식 $P=\frac{1}{S^D}$을 생각하자.

선분, 정사각형, 정육면체의 각각의 경우에는 $D=1$, $D=2$, $D=3$임을 알 수 있다. 이 값은 우리가 알고 있는 각각의 도형의 차원과 일치한다.

코흐 곡선의 경우에는 다음과 같다.

$$4=\frac{1}{\left(\frac{1}{3}\right)^D}=3^D$$

$$\log 4=D\log 3$$

$$D=\frac{\log 4}{\log 3}$$

이로부터, 코흐 곡선의 자기유사차원은 1차원과 2차원 사이임을 알 수 있다. 한편, 칸토어 집합의 자기유사차원은 $D=\frac{\log 2}{\log 3}$으로서 0과 1 사이이므로 점과 선분 사이의 도형으로 이해할 수 있다. 시어핀스키 삼각형의 자기유사차원은 $D = \dfrac{\log 3}{\log 2}$ 으로서 1과 2사이이다. 멩거 스펀지의 자기유사차원은 $D = \dfrac{\log 20}{\log 3}$ 으로서 2와 3사이임을 알 수 있다.

> **문제 5-10** 앞에서 소개한 wolfram alpha의 fractal app을 이용하여 멩거 스폰지를 생성해 보아라.

나. 위상적 차원

차원의 개념을 위상수학적(topological)으로도 논의할 수 있다.

위상공간 X의 부분집합의 집합 $\mathcal{E}$가 다음 조건을 만족시킬 때, $\mathcal{E}$의 위수(order)는 $m+1$이라고 한다.

X 의 어떤 점이 $\mathcal{E}$에 속하는 $m+1$개의 원소에 속하지만, X의 어느 점도 $m+2$개 또는 그 이상의 원소에는 속하지 않는다.

위상공간 X에 대하여 다음이 성립하는 정수 m이 존재할 때, X를 유한차원(finite-dimensional) 위상공간이라고 한다.

X의 임의의 열린 덮개(open covering) $\mathcal{E}$에 대하여 위수가 최대 $m+1$인 열린 덮개인 세분(refinement) $\mathfrak{R}$가 존재한다.

여기서, $\mathfrak{R}$가 $\mathcal{E}$의 세분이라는 말은, $\mathfrak{R}$의 모든 원소가 $\mathcal{E}$의 적어도 한 원소에 포함되는 것을 뜻한다.

이제, 위상공간 X에 대하여 위의 조건을 만족시키는 최소 정수를 위상공간 X의 위상차원(topological dimension)이라고 한다.

이 정의에 의하면 수직선, 좌표평면, 좌표공간을 위상공간으로 볼 때, 그들의 위상 차원은 각각 1, 2, 3으로서 벡터공간의 차원과 일치한다.

다. 무한등비급수

앞에서 칸토어 집합의 측도는 0이고, 시어핀스키 개스켓의 넓이는 0 이지만 그 둘레의 길이는 무한이며, 멩거 스폰지의 부피가 0 이지만 겉넓이는 무한임을 언급하였다. 이러한 사실들은 무한등비급수의 성질을 이용하면 쉽게 알 수 있다.

> **문제 5-11** 삼진법과 대각선논법(diagonal method)를 이용하여 칸토어 집합은 비가부번(non-denumerable) 집합으로서 그 농도가 $\aleph_1$(aleph one) 임을 설명하여라.

다음은 모의 대학수학능력시험에 출제되었던 문제이다.

그림과 같이 길이가 6인 선분 AB를 지름으로 하는 원을 그리고, 선분 AB의 3등분점을 각각 P_1, P_2라 하고 선분 AP_1을 지름으로 하는 원의 아래쪽 반원, 선분 AP_2를 지름으로 하는 원의 위쪽 반원, 선분 P_1B를 지름으로 하는 원의 위쪽 반원을 경계로 하여 만든 모양의 도형에 색칠하여 얻은 그림을 R_1이라고 하자. 그림 R_1에서 선분 AB 위의 색칠되지 않은 두 선분 AP_1, P_2B를 각각 지름으로 하는 두 원을 그리고, 이 두 원 안에 각각 그림 R_1을 얻는 것과 같은 방법으로 만들어지는 두 모양의 도형에 색칠하여 얻은 그림을 R_2라 하자. 그림 R_2에서 두 선분 AP_1, P_2B 위의 색칠되지 않은 네 선분을 각각 지름으로 하는 네 원을 그리고, 이 네 원 안에 각각 그림 R_1을 얻는 것과 같은 방법으로 만들어지는 네 모양의 도형에 색칠하여 얻은 그림을 R_3이라고 하자. 이와 같은 과정을 계속하여 n번째 얻은 그림 R_n에 색칠되어 있는 모든 모양의 도형의 넓이의 합을 S_n이라고 할 때, $\lim_{n\to\infty} S_n$의 값은?

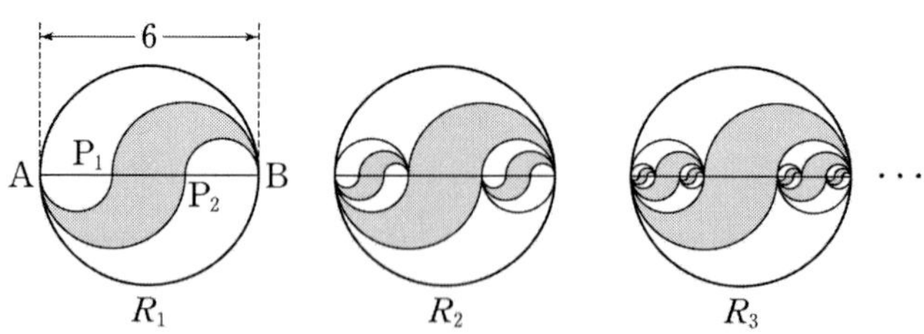

이러한 문제들을 논의하기 위해 다음을 정의하자.

≪정의 5.7≫

어떤 프랙탈 도형 F의 부분집합 S에 대하여 1보다 작은 양의 실수 k에 대하여 F의 k배 닮은 변환이 S와 합동일 때, S를 F의 프랙탈 가지(fractal branch)라 하자. 특히 프랙탈 가지 중에서 k가 최대인 프랙탈 가지를 최대 k-프랙탈 가지라 하자. 또한 F에서 모든 최대 k-프랙탈 가지를 제거한 도형을 프랙탈 도형 F의 기본뿌리라고 하자.

이 문제의 그림을 살펴보면 처음 주어진 원의 중심을 원점이라고 가정하면 기본조각 R_1을 $\frac{1}{3}$ 축소변환과 x축의 양의방향과 음의 방향으로의 평행이동은 조합하여 R_2, R_3 등을 얻고

$$R = \lim_{n \to \infty} R_n$$

라 하면 R은 자기 유사성을 갖는 도형이므로 프랙탈 도형이라고 할 수 있다.

이러한 형태의 프랙탈 도형과 관련한 문항의 해결은 무한급수의 관점에서 문제를 해결할 수도 있고 만들어진 도형이 프랙탈 도형임을 이용하여 구할 수도 있다. 즉 위의 문제에서 $\lim_{n \to \infty} S_n$의 값을 구하는 데 R의 전체 영역의 넓이를 L이라고 하면 R에서 왼쪽으로 분기되는 최대 프랙탈 가지와 오른쪽으로 분기되는 최대 프랙탈 가지는 모두 처음 프랙탈 도형 R을 $\frac{1}{3}$씩 축소한 것이고 기본뿌리 R_1의 넓이가 3π이므로

$$L - \frac{2}{9}L = 3\pi$$

에서 $L = \frac{27}{7}\pi$를 쉽게 얻을 수도 있다.

위와 같은 형태의 도형들을 최대 프랙탈 가지의 개수에 의해 분류해 볼 수 있다.

1) 최대 프랙탈 가지가 1인 경우의 문제에 사용된 그림들

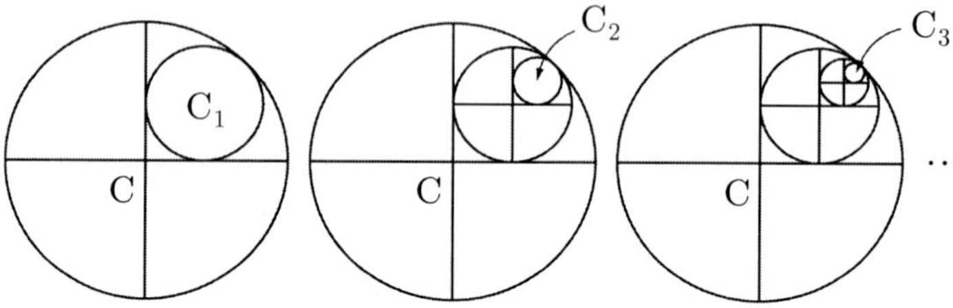

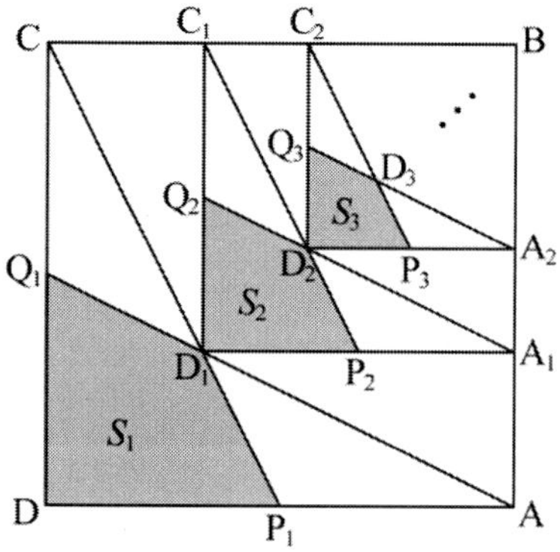

2) 최대 프랙탈 가지가 2인 경우의 문제에 사용된 그림들

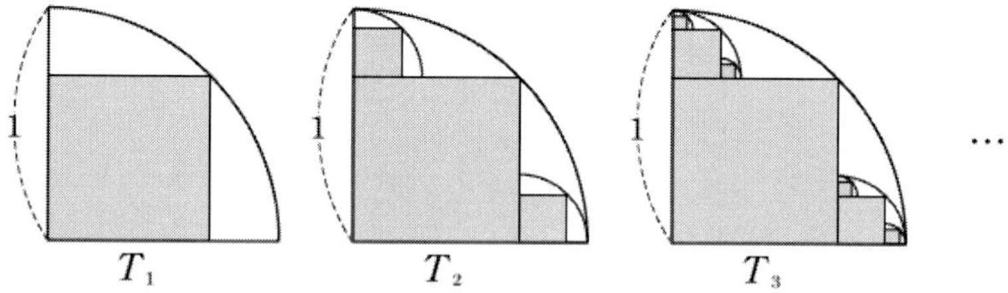

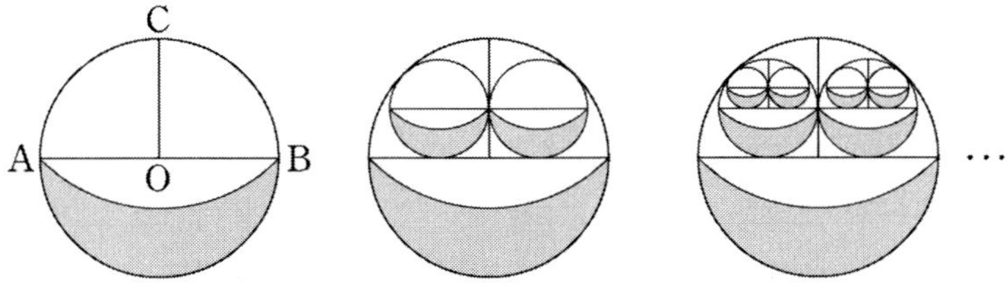

R_1 R_2 R_3 ⋯

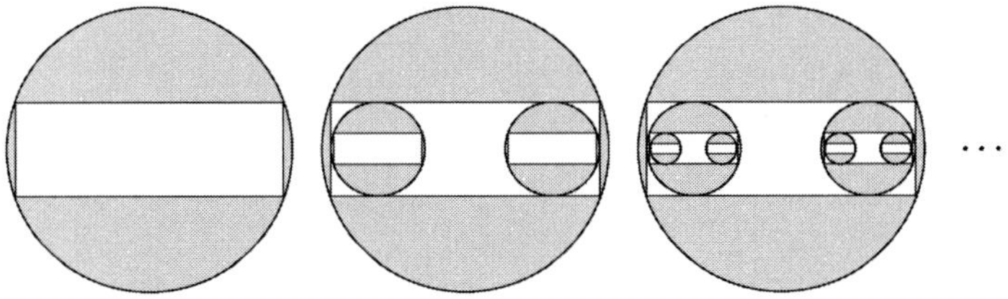

R_1 R_2 R_3 ⋯

3) 최대 프랙탈 가지가 4인 경우의 문제에 사용된 그림들

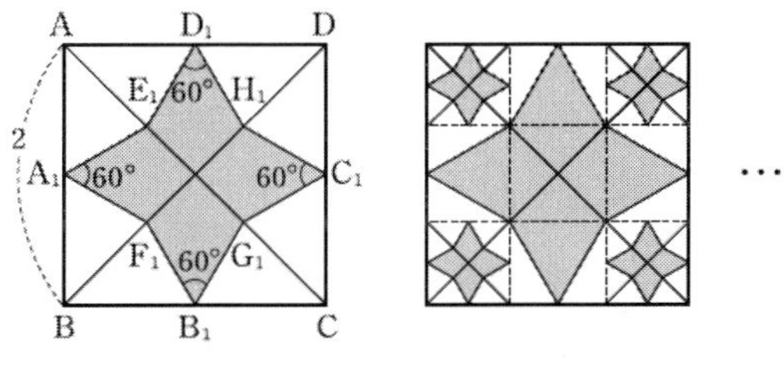

[그림 R_1] [그림 R_2]

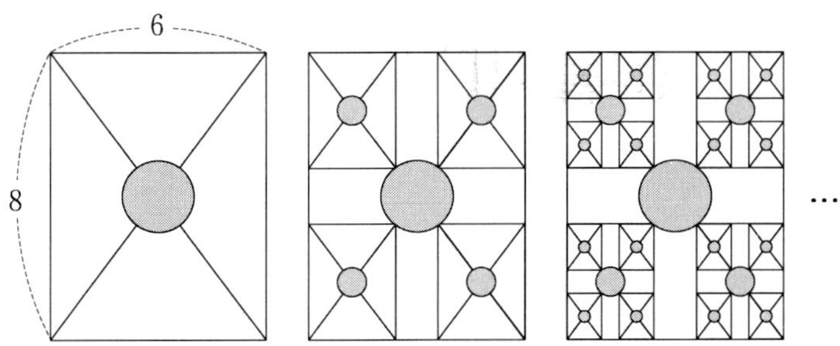

R_1 R_2 R_3 ⋯

이제 이러한 유형의 문제의 일반화를 생각해 보자. 어떤 프랙탈 도형의 최대 k-프랙탈 가지의 수가 m이라고 하고 이 m개의 최대 프랙탈 가지를 최대 k_1-프랙탈 가지, 최대 k_2-프랙탈 가지, $\cdots$, 최대 k_m-프랙탈 가지라 하고 주어진 프랙탈 도형의 넓이를 S, 기본영역의 넓이를 A라 하자.

이제 다음이 성립한다.

$$S-\left(k_1^2S+k_2^2S+\cdots+k_m^2S\right)=A$$

이것을 정리하면 $S\left(1-\sum_{i=1}^{m}k_i^2\right)=A$이고 따라서 $S=\dfrac{A}{1-\sum_{i=1}^{m}k_i^2}$가 성립한다.

한 가지 예를 들어보자.

다음 그림은 피타고라스 트리로 알려진 프랙탈 도형이다. 맨 밑의 정사각형과 빗변을 공유하는 삼각형의 세변의 길이가 $3, 4, 5$라 가정하면 피타고라스 트리는 최대 $\frac{3}{5}$-프랙탈 가지와 최대 $\frac{4}{5}$-프랙탈 가지를 가지며 기본영역은 한변의 길이가 5인 정사각형과 세변의 길이가 $3, 4, 5$인 직각삼각형이다.

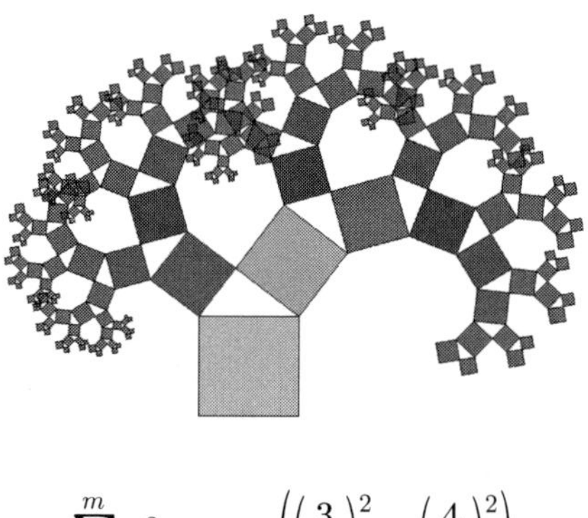

이 예의 경우에 $1-\sum_{k=1}^{m}k_i^2=1-\left(\left(\frac{3}{5}\right)^2+\left(\frac{4}{5}\right)^2\right)=0$이므로 피타고라스 트리를 구성하는 모든 정사각형과 직각삼각형이 차지하는 영역의 넓이의 합은 무한대임을 알 수 있다.

8. 초입방체

가. 육면체의 생성

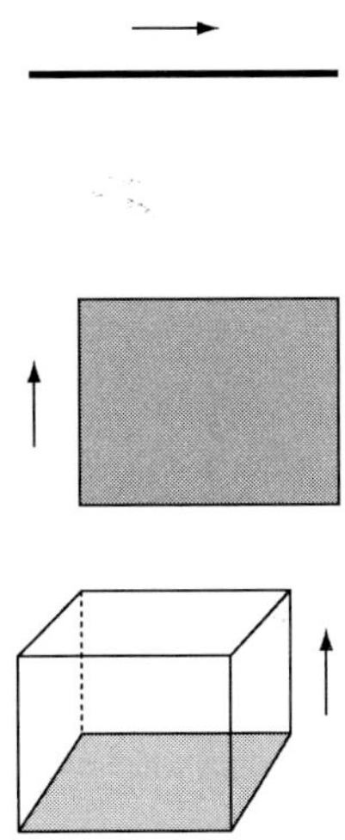

점은 0차원이다. 0차원 공간에 점이 있다고 하자. 한 개의 차원이 더 존재한다면 점이 그 새로운 차원을 따라 단위 길이만큼 평행이동하면 1차원 도형인 선분을 얻는다.

이제, 1차원 공간에 선분이 있다. 한 개의 차원이 더 존재한다면 선분이 그 새로운 차원을 따라 단위 길이만큼 평행이동하면 2차원 도형인 사각형을 얻는다.

이제, 2차원 공간에 사각형이 있다. 한 개의 차원이 더 존재한다면 사각형이 그 새로운 차원을 따라 단위 길이만큼 평행이동하면 3차원 도형인 육면체를 얻는다.

보통의 인간은 여기까지를 인식한다.

나. 초입방체

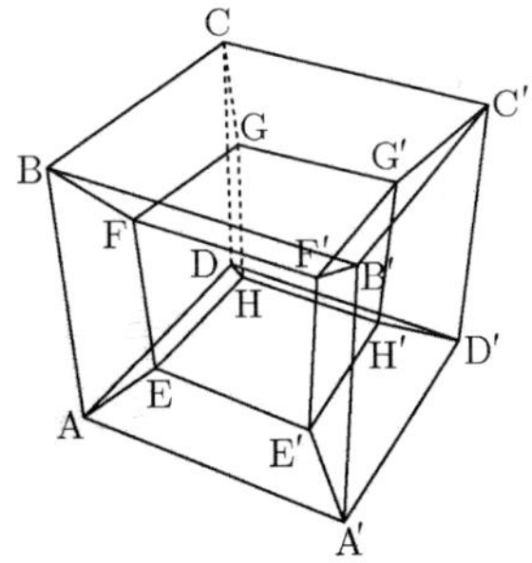

지금까지의 경험에서 규칙을 찾아 동일한 과정을 한 번 더 생각하자.

3차원 공간에 육면체가 있다. 한 개의 차원이 더 존재한다면 육면체를 그 새로운 차원을 따라 단위 길이만큼 평행이동시키면, 무슨 도형인지 그림이 그려지지 않지만, 새로운 도형을 얻을 것이다. 얻어지는 이 도형을 '초입방체(hypercube)'라고 하자.

이 도형을 그림으로 그리기는 용이하지 않지만, 삼차원 도형을 입체감 있게 그릴 수 있으므로 다음과 같은 시도를 할 수 있다.

육면체 ABCDEFGH를 새로운 차원으로 육면체 A′B′C′D′E′F′G′H′까지 평행이동시킨 것이다. 이 그림에서 이동하는 차원의 축은 나타낼 수 없으나 지금까지의 과정을 통하여 사차원 도형에 관한 몇 가지 정보를 추출하자.

일차원 단위 선분은 모서리 하나와 꼭짓점 둘로 이루어진다. 이차원과 삼차원에서는 각각 다음 표와 같다.

차원	꼭짓점의 개수	모서리의 개수
1	2	1
2	4	4
3	8	12

같은 방법으로 4차원의 경우를 생각하면, 꼭짓점과 모서리의 개수는 16, 32 이다. 사실, 위 공식에 의하면 d차원에서 모서리 개수는 $d2^{d-1}$ 이다. 이제, 위 과정에 의하면 $d+1$ 차원에서 모서리 개수는 d 차원에서 모서리 개수의 2 배에 d차원에서 꼭짓점의 개수를 곱한 값 즉, $2 \times d2^{d-1} + 2^d$임을 알 수 있다. 이 값은 위 모서리 개수 공식에서 $d+1$ 차원에서 모서리 개수와 일치한다. 비슷한 논증에 의해 다음과 같은 표를 얻을 수 있다.

차원	꼭짓점의 개수	모서리의 개수	면의 개수	입체의 개수
1	2	1	0	0
2	4	4	1	0
3	8	12	6	1
4	16	32	24	8

삼차원 이상의 공간을 '초공간(hyperspace)'이라고 부르자. 예술가는 초공간을 어떻게 나타낼까? 프랑스 파리에 있는 신개선문(La Grande

Arche)의 작가는 사차원 초입방체(hypercube)의 겨냥도를 삼차원 공간에 제시한 것으로 이해할 수 있다.

문제 5-12

- '신개선문'를 검색하여 감상하여라.
- 이탈리아 조각가 d'Attilio Pierelli의 조각품 'Ipercubo'를 검색하여 감상하여라.

다. 전개도

사차원 도형을 삼차원 공간에서 엿볼 수 있는 다른 한 가지 방법은 전개도를 그리는 것이다.

이차원 도형인 사각형(왼쪽)의 전개도는 오른쪽 그림과 같다.

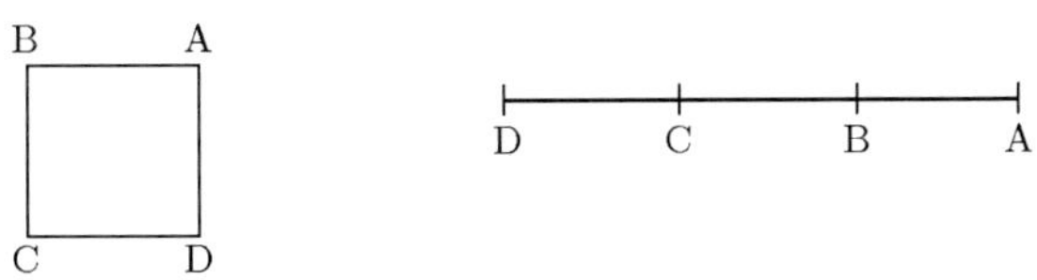

일차원 도형인 각 선분은 두 개의 다른 선분과 0차원 도형인 점을 경계로 이웃한다.

삼차원 도형인 정육면체(아래 왼쪽)의 전개도는 아래 오른쪽과 같다.

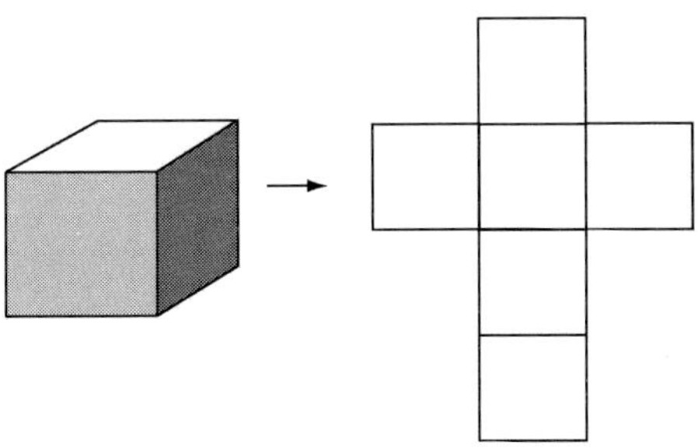

이차원 도형인 각 면은 네 개의 다른 면과 일차원 도형인 선분을 경계로 이웃한다.

문제 5-13 위의 전개도로부터 육면체를 얻으려면 이웃하는 면들을 붙여야 한다. 아래 그림에서 같은 영어 글자는 붙이는 선을 나타낸다. 붙여야 할 부분은 몇 개인가?

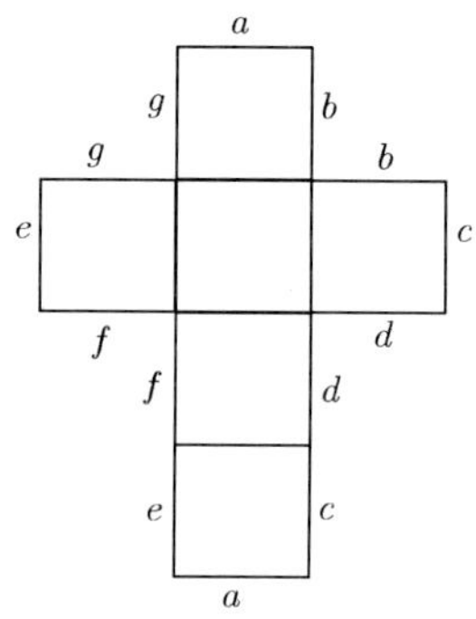

사차원 도형인 초입방체의 전개도는 다음과 같다.

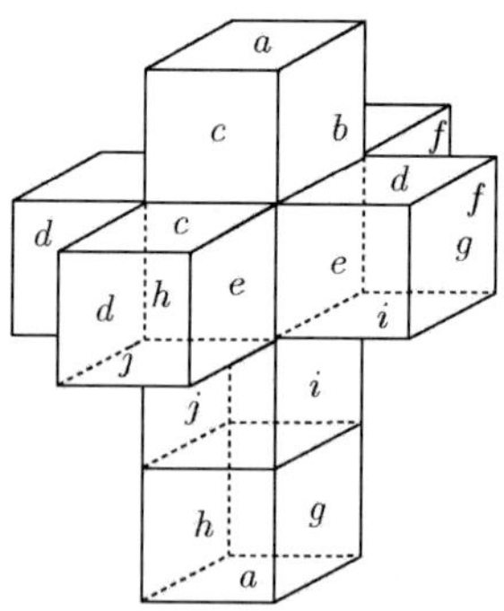

삼차원 도형인 각 육면체는 여섯 개의 다른 삼차원 입체와 이차원 도형인 면을 경계로 이웃한다.

이 전개도는 앞에서 언급한 으로부터 어렵지 않게 얻을 수 있다.

문제 5-14 위의 전개도로부터 초입방체를 얻으려면 이웃하는 입체들을 붙여야 하는데 위의 전개도에서 붙여야 할 부분은 몇 개인가?

라. 달리와 에셔

스페인의 초현실주의 화가인 달리(S. Dali, 1904-1989)는 초현실적인 상황을 그리곤 했다. 작품 'Crucifixion(Corpus Hypercubus)'에서 그는 초현실세계인 사차원에서 초입방체의 전개도가 십자가와 비슷한 것을 아는 초현실주의자 달리는 초현실의 대상인 예수의 초현실 사건인 '십자가 못박힘'을 상상하지 않을 수 없었을 것이다. 즉, 달리는 초공간(예를 들어, 사차원)의 종교적 중요성을 암시한 것이다.

문제 5-15

- 달리의 'Crucifixion (Corpus Hypercubus)'를 검색하여 감상하여라.
- 달리의 '성만찬(Sacrament of the Last Supper)'을 검색하여 감상하고 다음을 확인하여라(Atalay, 2006).

열 두 제자들의 모습이 좌·우 대칭적이다.
예수의 그림자는 없다.
정12면체 틀에 결부시켰다. 플라톤은 정12면체를 신이 우주를 구성하는데 이용하였다고 설명한다.

한편, 에셔의 그림 '폭포(Water Fall)'는 전체적(globally)으로는 모순이지만 부분적(locally)으로 보아서는 어느 부분도 모순이 아니다.

문제 5-15 에셔의 '폭포'를 검색하여 감상하여라.

아래의 왼쪽 모형은 시중에서 구할 수 있는 것이다. 아래 오른쪽 그림은 왼쪽 모형을 특별한 시각에서 찍은 사진이다. 삼차원에서 아무런 지적 갈등을 유발하지 않는 왼쪽 도형을 특별한 시각에서 2차원으로 본 오른쪽 모형은 인지적 갈등을 유발시킨다.

문제 5-16

- 에셔의 다음 그림 '상승하강(Ascending and Descending)'을 검색하여 감상하여라.
- 호주(Australia) 서부에 있는 도시 East Perth에 세워진 어떤 조형물은 특정한 시각에서 보면 '펜로즈삼각형'과 같은 모습이다. 'East Perth, Penrose Triangle'을 검색하여 그 조형물을 감상하여라.
- 네덜란드의 화가 브루헐(Bruegel, P. 1525–1569)의 그림 '교수대 위의 까치(Magpie on the Gallows)'에서 '펜로즈삼각형'과 같은 모습을 관찰하여라.

CHAPTER

06 수학에 스민 디자인

1. 창조와 작도

'영웅전(The Lives of the Noble Grecians and Romans)'으로 잘 알려진 그리스의 전기 작가 플루타르크(Plutarch)는 그의 작품 전집 'Symposiacs (Table Talk)'에서 '플라톤이 신은 항상 기하를 하신다고 말한 의도는 무엇인가'를 논의한다. 플라톤은 '신은 항상 기하를 하신다. God always geometrizes.'는 인식을 가지고 있었던 것 같다.

신의 천지창조에 관한 그림 중에는 신, 즉 창조주가 컴퍼스(compass) 또는 자(ruler)와 컴퍼스를 들고 있는 경우가 있다.

영국의 화가 블래이크(W. Blake)의 '태초에(The Ancient of Days)'라는 그림이 있다. 그 그림은 창조주가 컴퍼스를 들고 천지를 창조하는 모습을 그린 것이다.

문제 6-1 블래이크의 '태초에(The Ancient of Days)'를 검색하여 감상하여라.

고대 중국의 그림으로서 '복희(伏犧)와 여와(女媧)도'가 있다. 중국의 설화는 그들이 세상을 창조하였다고 하는데 그들이 각각 들고 있는 것은 자와 컴퍼스이다.

문제 6-2 '복희(伏犧)와 여와(女媧)도'를 검색하여 감상하여라.

독일의 화가 뒤러(A. Albrecht Dürer, 1471~1528)의 작품 중에 '멜랑꼴리아1'가 있다. 그 그림에는 천칭, 모래시계, 마방진, 막대자 등이 그려져 있고, 앉아 있는 사람은 컴퍼스를 들고 우주의 비밀을 헤아리려는 듯 호기심 어린 표정을 하고 있다.

문제 6-3 뒤러의 '멜랑꼴리아1'를 검색하여 감상하여라.

교회에서 사용하는 성경 중에는 정경(正經, Canon)과 외경(外經, Apocrypha)이 있다. 외경 중 '지혜서(The Book of Wisdom)' 11장 20절에는 '그러나 주님은 모든 것을 잘 재고, 헤아리고, 달아서 처리하신다. But no, you ordered all things by measure, number, weight.'라고 기록되어 있다.

2. 문양과 작도

문양이나 디자인에서 직선, 원, 평행선, 수직선 등의 도형을 발견할 수 있다. 이러한 도형은 아무런 도구를 사용하지 않고 개략적으로 그려질 수 있겠지만, 섬세한 문양을 그리고자 하는 경우에는 자와 컴퍼스를 사용한다. 작도에서 사용하는 자에는 눈금이 필요 없다.

아래는 이슬람 문양의 한 예이다(Sarhangi, 2013).

이 문양의 기본 조각(fundamental region) 을 다음과 같이 간단한 작도를 통하여 그릴 수 있다. 즉, 정사각형 두 개가 그림과 같이 교차하도록 작도하여 을 얻는 것이다. 이제, 다른 방법을 생각하여 보자.

도형 에서와 같이 정사각형의 각 변의 중점을 이어 검은 십자가를 만들고 이러한 도형 네 개를 붙이면 와 같이 가운데에 16각형을 얻을 수 있다. 그러나 이렇게 얻은 16각형의 각 변의 길이는 같지 않다.

간단한 작도를 통하여 각 변의 길이를 같게 할 수 있다. 즉, 기본조각을 이루는 십육각형의 모든 변의 길이가 같도록 문양을 개선할 수 있는 것이다.

먼저, 의 검은 십자가에서 다음과 같이 왼쪽 $\frac{1}{4}$ 만큼을 생각하자.

선분 AF의 길이와 선분 FG의 길이를 같게 작도하기 위해 선분 AF의 길이를 a, 선분 FB의 길이를 b라고 하고 $a+b=1$이라고 하면 다음이 성립하여야 한다.

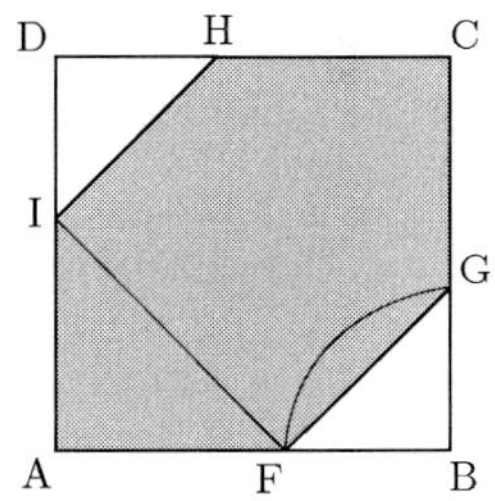

$$\begin{cases} a+b=1 \\ a^2=2b^2 \end{cases}$$

위 관계로부터 $b=\sqrt{2}-1$임을 알 수 있으므로 다음과 같이 작도할 수 있다.

대각선 AC의 길이는 $\sqrt{2}$이다. 선분 AE의 길이를 $\sqrt{2}$로 하면, 선분 BE의 길이는 $\sqrt{2}-1$이고 이것이 b이다. 이제, 선분 FB와 선분 BG의 길이를 b로 하면 선분 AF의 길이와 선분 FG의 길이는 같게 된다.

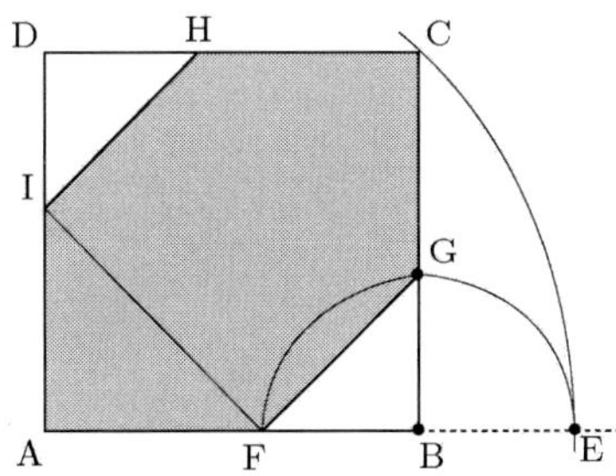

3. 기본 작도

작도의 문제는 수학, 수학사, 수리철학, 그리고 수학교육 등 수학의 여러 측면에서 중요하다. 작도는 우리나라 중학교 수학에서도 간략히 다루어진다. 몇 가지 기본적인 작도에 대하여 알아보자.

• 각의 이등분

임의로 주어진 각의 이등분선을 작도할 수 있다. 즉, 아래 그림에서 각 BAC를 이등분할 수 있다. 이를 위해, 먼저, A를 중심으로 하는 원호를 그려 반직선 AB와 반직선 AC 각각과 만나는 점을 D, E 라고 하자. 점 D와 E 각각에서 반지름의 길이가 동일한 두 원을 만나도록 그려 두 원이 만나는 두 점 중 하나를 F라고 하면, 삼각형 ADF와 AEF는 합동이 되어 선분 AF는 각BAC를 이등분한다.

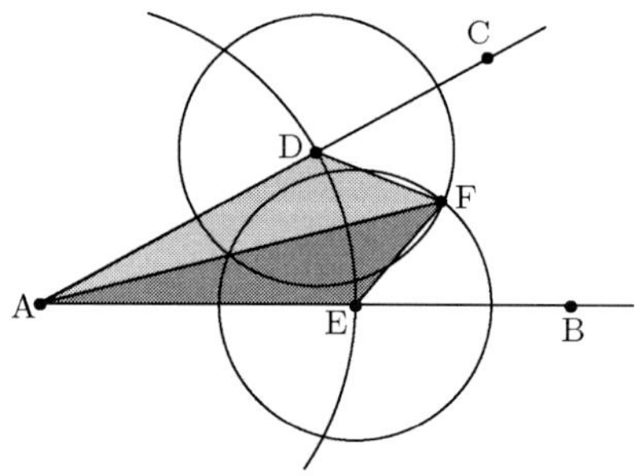

문제 6-4 각의 이등분선을 작도하지 않고 주어진 각을 이등분한 각을 구할 수 있는 방법을 생각해 보아라.

• 수선의 발

직선 AB 위에 있지 않은 점 C에서 수선의 발을 내리기 위해 이등변삼각형 CDE을 작도하고 선분 DE를 점 M에서 수직이등분하면 M은 점 C 에서 직선 AB 에 내린 수선의 발이다.

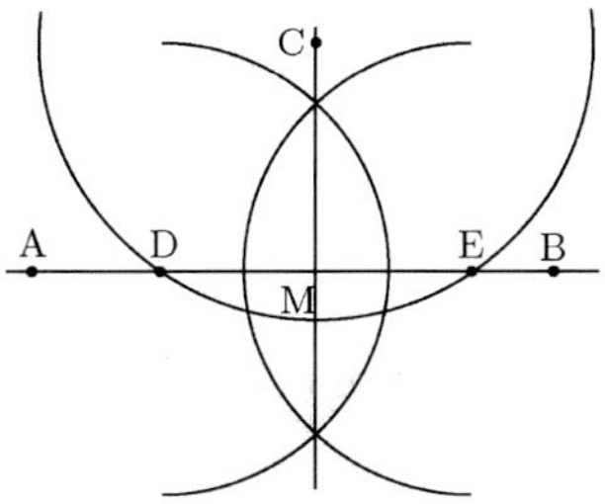

이제 선분 AB위의 한 점 M에서 선분 AB에 수직인 선분을 작도해보자. 점 M을 중심으로 하는 원을 그리고 그 원이 선분 AB와 만나는 점을 C, D라고 하고, 위에서의 방법으로 선분 CD의 수직이등분선을 작도하면 된다.

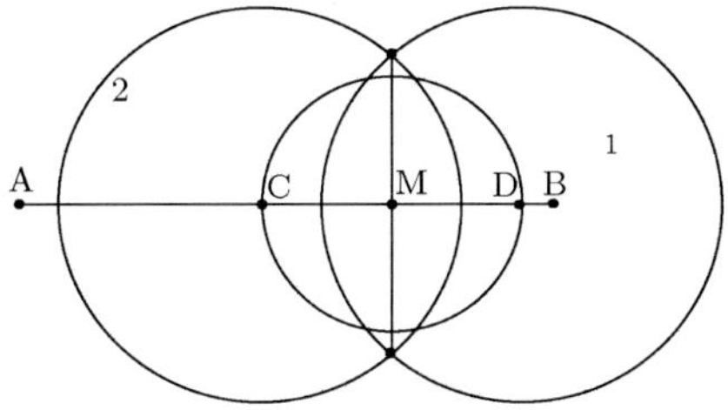

• 선분의 삼등분

삼각형의 닮음을 이용하여 작도한다. 주어진 선분 AB와 만나는 반직선 AL을 그린 후 적당한 길이를 잡아 반직선 위에 세 번 옮긴다. 옮겨진 점을 각각 C, D, E라 하자. E와 B를 이은 후 선분 EB와 평행한 선분 DF, 선분 CG를 작도 한다. 이때 그려진 삼각형 AGC, AFD, ABE는 닮음비가 1:2:3이다. 따라서 선분 AB를 삼등분하게 된다.

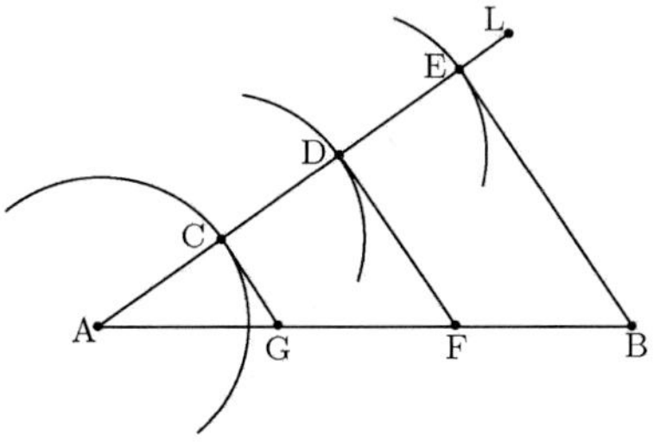

위의 방법을 활용하면 주어진 선분을 이등분, 사등분, 오등분 등을 할 수 있다.

• 정삼각형

선분 AB를 한 변으로 하는 정삼각형을 작도한다. 선분 AB를 반지름으로 하는 원을 점 A와 점 B에서 서로 만나도록 그리고 그 교점을 C라고 하면 삼각형 ABC는 정삼각형이다.

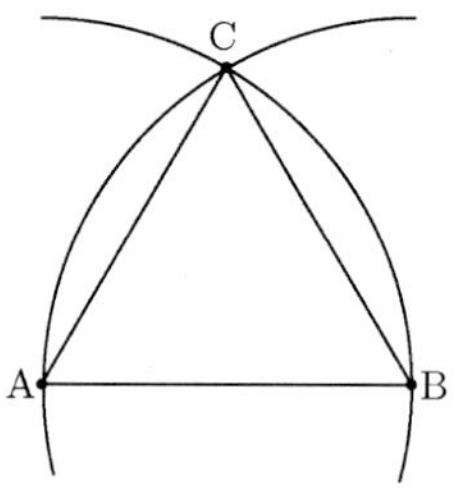

이상으로부터 많은 도형을 작도할 수 있다는 것을 알 수 있다. 실제로, 다음을 작도할 수 있다는 것은 쉽게 알 수 있다.

- 선분의 중점
- 평행선
- 정사각형
- 90°, 60°, 45°, 30°, 15°
- 직각의 삼등분

정오각형은 작도 가능할까? 앞에서 소개한 작도보다 다소 복잡하지만 작도가능하다. 이 작도는 유클리드 원론에도 소개되어 있다. 그만큼 약간의 난이도가 있고 또 중요하다는 뜻이다. 실제로, 정오각형의 작도는 황금비의 작도를 뜻하는 등 여러 가지 수학적 가치를 가진다.

문제 6-5 정오각형의 작도는 유클리드 원론(Euclid, 1956, Vol. Ⅰ, p. 403; Vol. Ⅱ. p. 96, 100 등)에 소개되어 있음을 확인하여라.

• 정오각형의 작도

수직인 두 직선의 교점을 중점으로 하는 원에 내접하는 정오각형을 작도한다. 왼쪽 반원에 있는 가로축의 중점 M을 작도한다. 세로축과 위쪽 반원과의 교점을 B라고 하고 선분 BM과 같은 길이가 되게 가로축에 점 C를 작도한다. 이때 $\overline{AC} \times \overline{AO} = \overline{OC}^2$이다. 원 위에 점 D를 작도하되 선분 OC와 선분 AD가 같은 길이가 되게 한다. $\overline{AC} \times \overline{AO} = \overline{OC}^2 = \overline{AD}^2$이므로 선분 AD는 세 점 O, C, D를 지나는 원에 접한다. 이때 $\angle DOA = \angle ADC$이다. 삼각형 ODA는 이등변삼각형이고 $\angle ODA = \angle DCA$이므로 삼각형 DAC 역시 이등변삼각형이다. $\overline{OC} = \overline{CD} = \overline{DA}$이므로 $\angle DOA = \angle ODC = \angle ADC$이다. 이제 이등변삼각형 ODA의 두 밑각은 꼭지각의 크기의 두 배가 되어 꼭지각의 크기는 36°가 된다. 72°는 36°의 두 배이므로 작도 가능하고 오각형을 작도할 수 있게 된다.

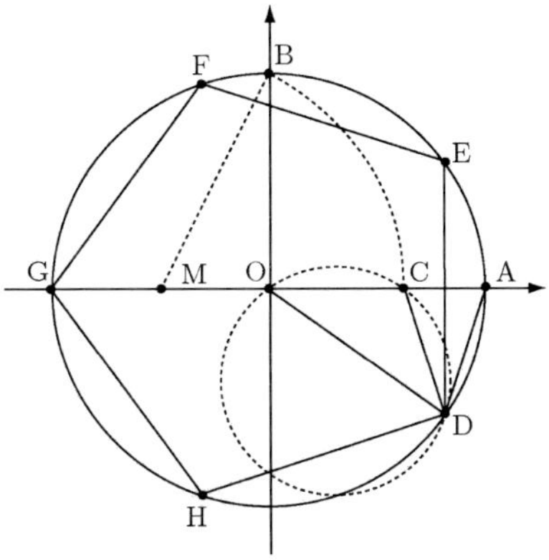

정오각형을 작도하면 36°를 작도한 것이다. 30°는 작도 가능하므로 6°가 작도 가능하고 이는 3°가 작도 가능하다는 것을 뜻한다. 따라서 3의 배수인 자연수 각은 모두 작도가능하게 된다.

3의 배수, 즉 $3k$(k는 자연수) 꼴인 자연수는 모두 작도가능한데 $3k+1$(k는 자연수) $3k+2$(k는 자연수) 꼴인 자연수는 작도가능할까? 이에 관한 답은 뒤에서 한다.

> **문제 6-6** 다음을 설명하여라.
> 정오각형의 한 변의 길이와 대각선의 길이의 비는 황금비 $\phi=\dfrac{1+\sqrt{5}}{2}$ 이다. 따라서 정오각형을 작도하면 황금비를 작도한 것이다.

4. 기하를 대수로

정삼각형, 정사각형, 정오각형이 작도가능하다는 것을 알았다. 정육각형이 작도가능하다는 것은 쉽게 알 수 있다. 정칠각형은 작도가 가능한가? 일반적으로 임의의 자연수 $n(n\geq 3)$에 대하여 정n각형은 작도 가능한가? 그런데 유클리드의 원론은 일반적인 정n각형의 작도에 대하여 언급하고 있지 않다.

이보다 약간 간단한 문제를 생각해 보자. 3의 배수인 자연수 각은 모두 작도가능함은 앞에서 설명하였다 그렇다면 3으로 나누어 나머지가 1 또는 2인 자연수 각은 작도 가능한가 예를 들어, $1°$는 작도가능한가? 3으로 나누어 나머지가 2인 자연수 각은 어떤가? 예를 들어, $2°$는 작도가능한가?

가. 수의 작도

이러한 문제를 해결하기 위하여 지금과는 다른 접근 방법을 취하자. 즉, 기하적인 문제를 대수적인 문제로 바꾸어 생각하여 보자.

작도는 점이나 선 등 기하학인 도형을 그리는 것이지만 이를 수의 작도로 이해할 수 있다. 점은 그 좌표로 결정되고 선은 그 선이 지나는 두 점의 좌표로 결정되기 때문이다.

• 각의 작도

수학적으로 각의 작도는 수의 작도와 동일하다. 일반적으로 각 θ가 작도가능하면 다음과 같이 빗변이 단위 길이인 직각삼각형을 작도할 수 있다. 여기서 각 CAB는 θ이다.

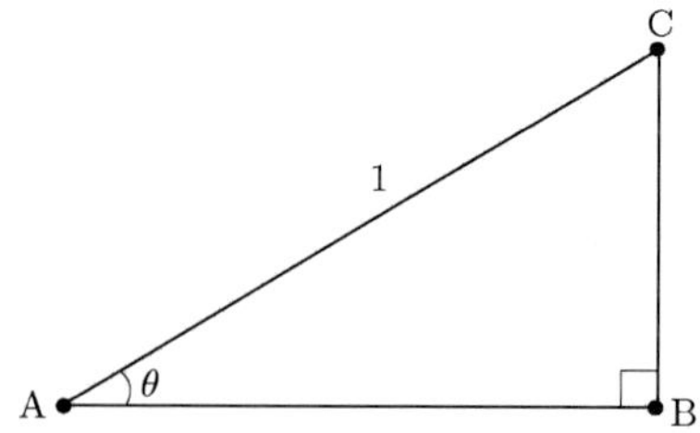

위 그림에서 선분 AB의 길이는 $\cos\theta$이다. 이제, 길이가 $\cos\theta$인 선분 AB가 주어졌다고 하자. 점 B에서 세운 수선과 점 A를 중심으로 하는 단위원의 교점을 C라고 하면 각 CAB는 θ이다.

- $\frac{1}{2}$의 작도

컴퍼스로 단위 길이 1을 정한다. 단위 길이를 가지는 선분의 중점을 작도한다는 것은 분수 $\frac{1}{2}$을 작도하는 것이고, 삼등분한다는 것은 분수 $\frac{1}{3}$을 작도하는 것으로 볼 수 있다. 마찬가지로, 모든 단위 분수 $\frac{1}{n}(n \in \mathbb{N})$, 더 나아가 모든 양의 유리수 $\frac{m}{n}(m, n \in \mathbb{N})$을 작도할 수 있다.

문제 6-7 $\frac{1}{n}(n \in \mathbb{N})$과 $\frac{m}{n}(m, n \in \mathbb{N})$의 작도 방법을 설명하여라.

다음을 전제할 수 있다.

- 단위 길이는 주어지는 것이므로 자연수 1은 작도 가능한 것으로 한다.
- 자와 컴퍼스를 사용하면 모든 자연수는 작도 가능하다.

문제 6-8 단위 길이 1이 주어졌을 때, 2와 3을 작도하여라.

한편, 음의 정수는 대수적인 편리함을 위하여 가능한 것으로 전제한다. 마찬가지로, 0도 작도가능한 수라고 전제한다. 두 자연수 $\alpha, \beta(\alpha > \beta)$에 대하여 길이가 α인 선분과 길이가 β인 선분의 작도가 가능하므로 길이가 $\alpha - \beta$인 선분의 작도도 가능하다. 따라서 음의 정수가 작도가능하다는 전제는 기하학적으로도 의미가 있고 타당하다고 할 수 있다.

따라서 모든 정수는 작도 가능하다.

모든 양의 유리수가 작도가능하므로 정수에서와 마찬가지로 음의 유리수도 작도가능하다고 전제한다. 따라서 모든 유리수는 작도가능하다.

나. 작도가능한 수의 집합

모든 유리수는 작도가능하고, 유리수 전체의 집합은 체(field)이다. 이제, C를 작도가능한(constructible) 실수 전체의 집합이라고 하면 다음이 성립한다.

$$\mathbb{N} \subset \mathbb{Z} \subset \mathbb{Q} \subset C \subset \mathbb{R}$$

집합 C는 실수의 덧셈과 곱셈에 관하여 체(field)일까?

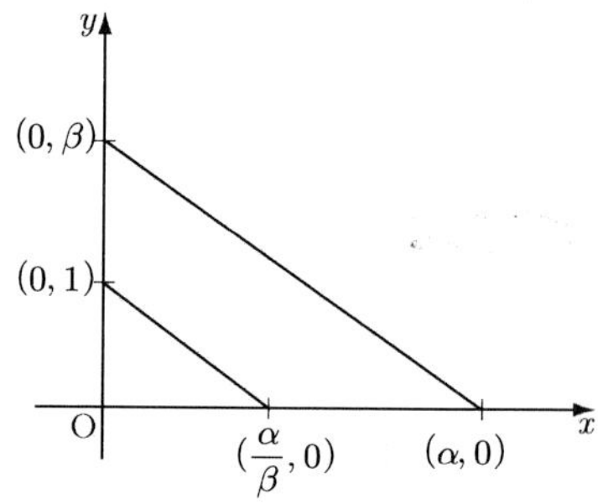

먼저, α, β가 작도 가능하면, $\dfrac{\alpha}{\beta}$도 작도 가능하다는 것을 알 수 있다. 오른쪽 그림에서 좌표평면에 $(\alpha, 0)$과 $(0, \beta)$의 점을 잡는다. 단위길이를 이용하여 점$(0,1)$을 잡는다. 평행선 작도를 이용하여 $(0,1)$지나면서 $(\alpha, 0)$, $(0, \beta)$을 지나는 직선과 평행한 직선을 작도한다. 작도한 평행선이 x축과 만나는 점의 x좌표가 $\dfrac{\alpha}{\beta}$이다.

이제, 두 수 α와 β가 작도 가능하면, $\alpha\beta$도 작도 가능하다는 것을 다음과 같이 알 수 있다.

또, 단위 길이 1 이 작도 가능하고 β가 작도 가능하므로 $\dfrac{1}{\beta}$도 작도 가능하다. α와 $\dfrac{1}{\beta}$이 작도 가능하므로 $\dfrac{\alpha}{\frac{1}{\beta}} = \alpha\beta$도 작도 가능하다.

이상의 논의를 정리하면 다음과 같다.

- 모든 유리수는 C의 원소이다.

- 집합 C는 덧셈에 관하여 가환군이다.
- $C^{+} = C - \{0\}$는 곱셈에 관하여 가환군이다.

따라서 작도가능한 수 전체의 집합 C 는 실수의 덧셈과 곱셈에 관하여 체(field)의 구조를 가진다.

다. 작도가능한 무리수

모든 유리수는 작도가능한데, 무리수 중에서 작도가능한 수가 있을까? 먼저, 피타고라스 정리에 의해 $\sqrt{2}$를 작도할 수 있다.

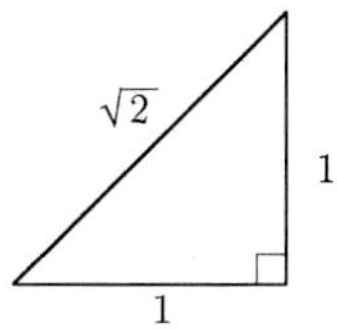

피타고라스정리를 반복하여 적용함으로써 모든 $\sqrt{n}\,(n \in \mathbb{N})$을 작도할 수 있다. 한 변의 길이는 1로 고정하여 다음 그림과 같이 직각삼각형을 그려나가면 된다.

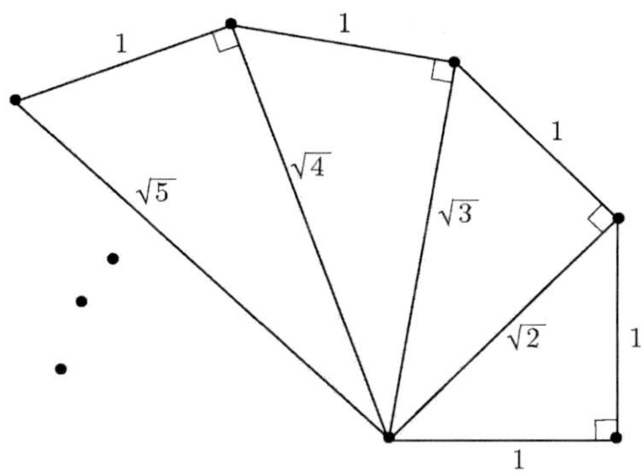

이제, 작도가능한 수의 제곱근도 작도가능하다는 것을 알 수 있다. 즉, u가 작도 가능하면, $\sqrt{u}$ 도 작도 가능하다. 아래 그림에서 두 점 $(u+1, 0)$과 $(\frac{u+1}{2}, 0)$을 잡고 $(\frac{u+1}{2}, 0)$을 중심으로 하고 반지름의 길이가 $\frac{u+1}{2}$인 반원을 그린다. 이제 $(1,0)$에서 수선을 세우고 반원과 만나는 점을 $P(1, \beta)$라고 하면 $\beta = \sqrt{u}$ 다.

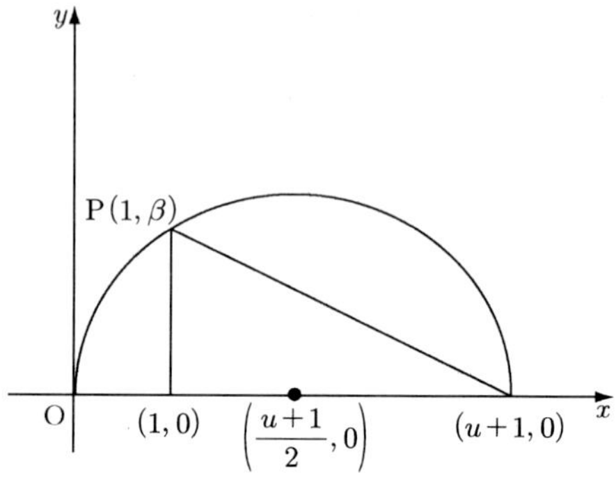

한편, $\sqrt{2}$, $\sqrt{3}$ 등과 같은 특정한 무리수의 작도가능성은 다음과 같이 설명할 수 있다. 수직선의 작도는 90°의 작도이며, 정삼각형의 작도는 60°의 작도이다. 각의 이등분이 가능하므로 $45^\circ, 30^\circ, 15^\circ$ 등의 작도가 가능하다. 따라서 $\cos 45^\circ, \cos 30^\circ$ 등의 수가 작도가능하고, 이는 피타고라스정리에 의하여 $\sqrt{2}$, $\sqrt{3}$이 작도가능함을 뜻한다.

결국, 유리수 전체의 집합 $\mathbb{Q}$는 작도가능한 수 전체의 집합 C의 진부분집합임을 알 수 있다.

5. 작도가능한 수의 꼴

임의의 유리수 α에 대하여 $\sqrt{\alpha} \in C$ 이고 C 가 체의 구조를 가지므로 다음과 같은 꼴의 수는 모두 작도가능하다는 것을 알 수 있다.

$a, b, c(\neq 0), d, e(\neq 0), f, g(\neq 0)$를 유리수라고 할 때,

$$\frac{a+\sqrt{b}}{c},$$

$$\frac{d+\sqrt{\frac{a+\sqrt{b}}{c}}}{e},$$

$$\frac{f+\sqrt{\dfrac{d+\sqrt{\dfrac{a+\sqrt{b}}{c}}}{e}}}{g}, \cdots$$

따라서 작도 가능한 무리수가 무수히 많이 있음을 알 수 있다. 그러나 모든 무리수가 작도 가능한 것은 아니다. 실제로 위에서 제시한 형태의 수가 아니면 작도가능하지 않다는 것을 알게 될 것이다. 이로부터 작도가능한 수보다 작도가능하지 않은 수가 훨씬 많다는 것을 알 수 있다.

이 장의 구체적인 목표는 유명한 다음 세 실수(무리수)는 위와 같은 꼴이 아니므로 작도가능하지 않음을 보이는 것이다.

$$\sqrt{\pi},\quad \sqrt[3]{2},\quad \cos 20^{\circ}$$

6. 문제의 재구성

작도의 문제를 좀 더 엄밀하게 재구성하여보자.

모든 유리수는 작도가능하므로 유리수 좌표평면 $\mathbb{Q}\times\mathbb{Q}$ 에서 작도를 시작할 수 있다. 즉, 시작 단계에서는 두 점$(x_1, y_1)\in\mathbb{Q}\times\mathbb{Q}$ 과 $(x_2, y_2)\in\mathbb{Q}\times\mathbb{Q}$, 즉 모든 좌표가 유리수인 두 점 (x_1, y_1)과 (x_2, y_2)을 지나는 직선, 중심이 $(x, y)\in\mathbb{Q}\times\mathbb{Q}$ 이고 반지름이 $r\in\mathbb{Q}$ 인 원을 그릴 수 있다. 다음을 주목한다.

유리수를 좌표로 갖는 두 점을 지나는 직선은 다음과 같은 식으로 표현된다.

$$ax+by+c=0,\ a, b, c, \in\mathbb{Q}$$

문제 6-9 두 점 (x_1, y_1), (x_2, y_2) 모두의 좌표가 유리수일 때, 그 두 점을 지나는 직선의 방정식을 구하고 방정식의 모든 계수가 유리수임을 설명하여라.

한편 중심의 좌표와 반지름의 길이가 유리수인 원은 다음과 같은 식으로 표현된다.

$$x^2+y^2+rx+sy+t=0,\ r,s,t\in\mathbb{Q}$$

> **문제 6-10** 유리수를 좌표로 가지는 점 (x_1, y_1)을 중심으로 하고 반지름의 길이가 유리수 r인 원의 방정식을 구하고 방정식의 모든 계수가 유리수임을 설명하여라.

방정식의 계수가 모두 유리수일 때 직선과 직선, 직선과 원, 또는 원과 원으로 구성되는 연립방정식의 해는 다음과 같은 모양의 수이다.

$$\alpha_1+\beta_1\sqrt{\gamma_1}\text{, 여기서 }\alpha_1,\beta_1,\gamma_1\text{는 유리수}$$

예를 들어 보자.

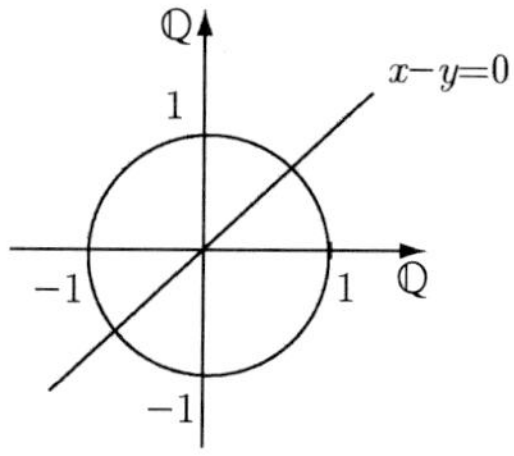

위의 그림에서와 같이 유리수 전체의 집합 $\mathbb{Q}$를 두 축으로 하는 좌표평면에서 원점을 중심으로 하고 반지름이 1인 원을 컴퍼스를 사용하여 그린다. 작도한 이 원을 식으로 나타내면 $x^2+y^2=1$이다. 한편, 원점 $(0,0)$과 점 $(1,1)$을 지나는 직선을 자를 이용하여 작도한다. 이 직선의 방정식은 $x-y=0$이다. 이제 원과 직선의 교점을 작도할 수 있는데 이 교점의 좌표는 $\left(\frac{\sqrt{2}}{2}, \frac{\sqrt{2}}{2}\right)$이다. 작도하여 얻은 수 $\frac{\sqrt{2}}{2}$는 $\alpha_1+\beta_1\sqrt{\gamma_1}$ ($\alpha_1, \beta_1, \gamma_1$는 유리수)의 꼴이다.

문제 6-11 연립방정식 $\begin{cases} x+y+1=0 \\ x^2+y^2-2=0 \end{cases}$의 해를 구하여라.

이제, 유리수 전체의 집합 $\mathbb{Q}$와 $\sqrt{\gamma_1}$ $(\gamma_1 \in \mathbb{Q})$을 포함하는 체 중에서 가장 작은 것을 $\mathbb{Q}(\sqrt{\gamma_1})$으로 나타내자. 이 체 $\mathbb{Q}(\sqrt{\gamma_1})$을 '$\mathbb{Q}$와 $\sqrt{\gamma_1}$으로 생성되는 체'라고 하고 다음이 성립한다.

정리 6.1

$$\mathbb{Q}(\sqrt{\gamma_1}) = \{\alpha_1 + \beta_1\sqrt{\gamma_1} \mid \alpha_1, \beta_1 \in \mathbb{Q}\}$$

항상 $\mathbb{Q} \subset \mathbb{Q}(\sqrt{\gamma_1})$이고, $\sqrt{\gamma_1} \in \mathbb{Q}$인 경우에는 $\mathbb{Q}(\sqrt{\gamma_1}) = \mathbb{Q}$이다. 한편, 모든 유리수와 $\sqrt{\gamma_1}$가 작도가능하고 작도가능한 수의 집합은 덧셈과 곱셈에 관하여 닫혀있으므로 $\mathbb{Q}(\sqrt{\gamma_1})$의 모든 원소는 작도가능하다. 유리수체 $\mathbb{Q}$에서 시작하여 한 단계의 작도 과정을 거쳐서 확대체 $\mathbb{Q}(\sqrt{\gamma_1})$을 얻음으로써 체의 구조를 유지하며 작도가능한 수의 집합을 확장한 것이다.

앞으로의 과정을 편리하게 하기 위하여 $\mathbb{Q}$를 F_0로 나타내고 $\mathbb{Q}(\sqrt{\gamma_1})$를 F_1으로 나타내자. 두 번째 단계의 작도는 F_1을 두 축으로 하는 좌표평면에서 시작하자.

F_1의 원소를 좌표로 갖는 두 점을 지나는 직선은 다음과 같은 식으로 표현된다.

$$ax+by+c=0,\ a,b,c, \in F_1$$

또, 중심의 좌표와 반지름의 길이가 F_1의 원소인 원은 다음과 같은 식으로 표현된다.

$$x^2+y^2+rx+sy+t=0,\ r,s,t\in F_1$$

방정식의 계수가 모두 F_1의 원소일 때 직선과 직선, 직선과 원, 또는 원과 원으로 구성되는 연립방정식의 해는 다음과 같은 모양의 수다.

$$\alpha_2+\beta_2\sqrt{\gamma_2}\text{, 여기서 } \alpha_2, \beta_2, \gamma_2 \text{ 는 } F_1\text{의 원소이다.}$$

F_1의 원소 전체와 $\sqrt{\gamma_2}$을 포함하는 체 중에서 가장 작은 것, 즉 F_1과 $\sqrt{\gamma_2}$으로 생성되는 체는 $F_1(\sqrt{\gamma_2})$이며 $F_1(\sqrt{\gamma_2})=\{\alpha_2+\beta_2\sqrt{\gamma_2} \mid \alpha_2, \beta_2\in F_1\}$이다. $F_1(\sqrt{\gamma_2})$의 모든 원소는 작도가능하다. 편의상, $F_1(\sqrt{\gamma_2})$를 F_2로 나타내자.

문제 6-12 다음을 확인하여라.

$$F_1(\sqrt{\gamma_2})=\mathbb{Q}(\sqrt{\gamma_1}, \sqrt{\gamma_2})$$

여기서 $\mathbb{Q}(\sqrt{\gamma_1}, \sqrt{\gamma_2})$는 모든 유리수, $\sqrt{\gamma_1}$, 그리고 $\sqrt{\gamma_2}$를 포함하는 가장 작은 체를 나타낸다.

F_2, 즉 $F_1(\sqrt{\gamma_2})$는 유리수체 $\mathbb{Q}$에서 시작하여 두 차례의 작도 과정을 거쳐서 얻은 확대체이다. 체의 구조를 유지하며 작도가능한 수의 집합을 한 차례 더 확장한 것이다.

작도는 유한 번 만에 끝나는 것이므로 n단계의 작도 과정을 거쳐 최종적으로 수 γ를 작도하였다고 하자. 이것은 다음 조건을 만족시키는 실수 $\gamma_1, \gamma_2, \ldots, \gamma_n$이 존재한다는 것이다.

- $\gamma\in\mathbb{Q}(\sqrt{\gamma_1}, \ldots, \sqrt{\gamma_n})$
- $\gamma_i\in\mathbb{Q}(\sqrt{\gamma_1}, \ldots, \sqrt{\gamma_{i-1}}),\ i=2,\ldots,n$
- $\gamma_1\in\mathbb{Q}$

예를 들어보자.

오른쪽의 그림에서와 같이 유리수 전체의 집합 $\mathbb{Q}$를 두 축으로 하는 좌표평면에서 변의 길이가 2인 정삼각형을 좌표평면의 제1사분면에 작도한다. 이 때 정삼각형의 한 꼭짓점은 원점으로 하고 한 변은 x축에 있도록 한다. 제1사분면에 있는 꼭짓점의 좌표는 $(1, \sqrt{3})$이다. 따라서 이 과정을 통해 얻게 되는 확대체는 $F_1 = \mathbb{Q}(\sqrt{3})$이다.

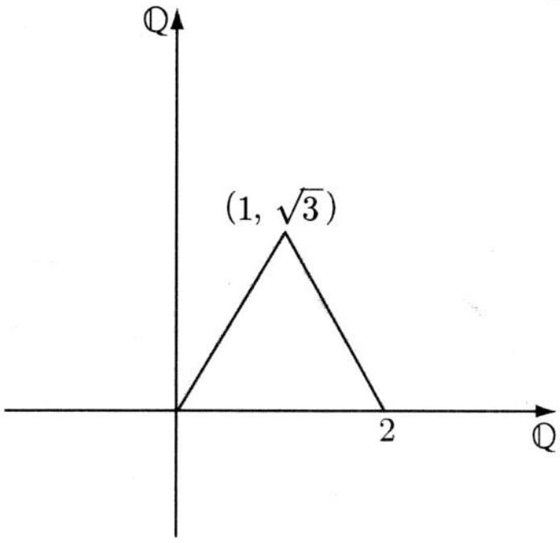

이제, 아래 그림과 같이 F_1을 두 축으로 하는 좌표평면에서 원점을 중심으로 하고 반지름이 $1+\sqrt{3}$인 원을 그린 다음 원점에서 직각을 이등분하는 직선 $y=x$를 그리고 위의 원과의 교점 중에서 일사분면에 있는 점을 작도한다. 이 점의 좌표는 $(\sqrt{2+\sqrt{3}}, \sqrt{2+\sqrt{3}})$이다.

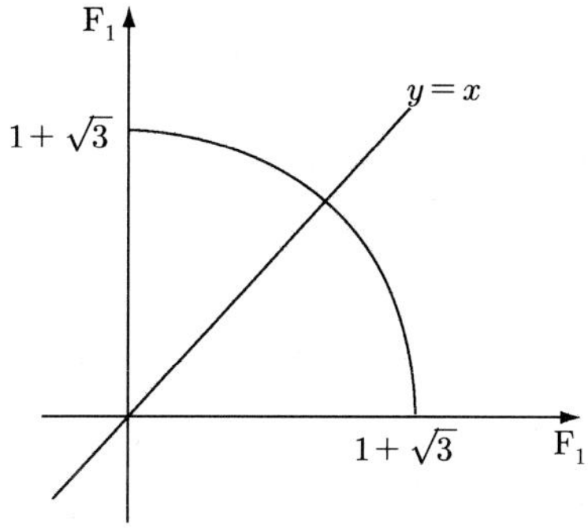

문제 6-13 위에서 점의 좌표가 $(\sqrt{2+\sqrt{3}}, \sqrt{2+\sqrt{3}})$임을 확인하여라.

두 번의 작도과정을 통해 얻게 되는 확대체는 $F_2 = \mathbb{Q}(\sqrt{3}, \sqrt{2+\sqrt{3}})$이다.

> **문제 6-14** $F_2 = \mathbb{Q}(\sqrt{2+\sqrt{3}})$임을 설명하여라.

이상으로부터 다음을 알 수 있다.

$\mathbb{Q}$ 의 모든 원소, 즉 모든 유리수는 작도가능하다. $\mathbb{Q}$ 를 $\mathbb{Q}(\sqrt{\gamma_1})(\gamma_1 \in \mathbb{Q})$ 으로 확대하여도 $\mathbb{Q}(\sqrt{\gamma_1})$의 모든 원소는 작도가능하다. 이러한 과정을 거쳐 작도가능한 수의 집합을 점점 확대할 수 있다. 즉, 위와 같은 과정을 거쳐 얻은 확대체 $\mathbb{Q}(\sqrt{\gamma_1}, \dots, \sqrt{\gamma_n})$의 모든 원소는 작도가능하다.

7. 벡터공간으로서의 체

작도가 가능한 수 전체의 집합 C는 체가 되는데, C의 대수적 구조를 자세히 살핌으로써 작도 가능성의 문제를 해결한다. 이를 위해 체 외의 또 다른 구조를 고려한다.

가. 벡터공간

$F_1 = \mathbb{Q}(\sqrt{\gamma_1})$은 체이고 모든 원소는 $\alpha_1 + \beta_1\sqrt{\gamma_1}$ $(\alpha_1, \beta_1, \gamma_1$ 는 유리수)의 꼴로 유일하게 표현되므로 F_1은 $\mathbb{Q}$ 위에서 벡터공간이다. 이 경우, 집합 $\{1, \sqrt{\gamma_1}\}$이 벡터공간 F_1의 기저(basis)이므로 F_1은 $\mathbb{Q}$ 위에서 2차원 벡터공간이다.

마찬가지로, $F_2 = F_1(\sqrt{\gamma_2}) = \mathbb{Q}(\sqrt{\gamma_1}, \sqrt{\gamma_2})$는 F_1 위의 2차원 벡터공간이다. 따라서 F_2는 $\mathbb{Q} = F_0$ 위에서 $2 \times 2 = 4$차원 벡터공간이다.

$$
\begin{array}{c}
F_2 = F_1(\sqrt{\gamma_2}) \\
| \\
F_1 = \mathbb{Q}(\sqrt{\gamma_1}) \\
| \\
F_0 = \mathbb{Q}
\end{array}
$$

> **문제 6-15** 위에서 집합 $\{1, \sqrt{\gamma_1}, \sqrt{\gamma_2}, \sqrt{\gamma_1}\sqrt{\gamma_2}\}$은 $\mathbb{Q}$ 위에서 4차원 벡터공간인 $F_2 = \mathbb{Q}(\sqrt{\gamma_1}, \sqrt{\gamma_2})$의 기저임을 설명하여라.

나. 작도가능한 수의 꼴

$\mathbb{Q}(\sqrt{\gamma_1})(\sqrt{\gamma_2}) = \mathbb{Q}(\sqrt{\gamma_1}, \sqrt{\gamma_2})$의 임의의 원소 γ는 $a_2 + b_2\sqrt{\gamma_2}$ (a_2, b_2, $\gamma_2 \in \mathbb{Q}(\sqrt{\gamma_1})$)의 꼴이다. a_2, b_2, γ_2는 $\mathbb{Q}(\sqrt{\gamma_1})$의 원소이므로 각각은 $a_1 + b_1\sqrt{\gamma_1}$ ($a_1, b_1, \gamma_1 \in \mathbb{Q}$)의 꼴이다.

예를 들어보자.

실수 γ가 $\mathbb{Q}(\sqrt{2}, \sqrt{3}) = \mathbb{Q}(\sqrt{2})(\sqrt{3})$의 원소라고 하고 다음 계산을 해보자.

$$\gamma = a + b\sqrt{3} \quad (a, b \in \mathbb{Q}(\sqrt{2}))$$
$$(\gamma - a)^2 = 3b^2$$
$$\gamma^2 - 2a\gamma + a^2 = 3b^2$$

여기서 $a = c + d\sqrt{2}$, $b = e + f\sqrt{2}$ ($c, d, e, f \in \mathbb{Q}$) 이므로 다음을 알 수 있다.

$$\gamma^2 - 2(c + d\sqrt{2})\gamma + (c + d\sqrt{2})^2 = 3(e + f\sqrt{2})^2$$
$$\gamma^2 - 2c\gamma + c^2 + 2d^2 - 3e^2 - 6f^2 = 2(d\gamma - cd + 3ef)\sqrt{2}$$

위의 마지막 식의 양변을 제곱함으로써 γ는 사차유리계수다항식의 해가 됨을 알 수 있다. 일반적으로, 수 γ가 n단계의 작도 과정을 거쳐 작도되었다면, 위와 같은 계산을 반복함으로써 γ는 유리계수를 가지는 다항식의 해임을 알 수 있다.

수 γ를 해로 가지는 다항식 중에서 최저차이며 최고차항의 계수가 1인 다항식을 γ의 최소다항식(minimal polynomial)이라고 한다.

예를 들어, $\sqrt{2}$의 최소다항식은 $x^2 - 2$이고, $\sqrt[3]{2}$의 최소다항식은 $x^3 - 2$이다.

다음 정리는 유용하다.

정리 6.2

두 체 F, K에 대하여 $F \subseteq K$ 이고 $\gamma \in K$ 가 F 계수를 가지는 어떤 다항식의 해라고 하자. γ의 최소다항식 $p(x) \in F[x]$ 의 차수가 n 이면, 확대체 $F(\gamma)$는 F위에서 n차원 벡터공간이다.

예를 들어보자.

- $x^3 - 1 = 0$의 한 허근을 ω라고 하면, ω는 $x^2 + x + 1$의 해(근)이다. $\omega \in \mathbb{Q}(\omega)$는 $p(x) = x^2 + x + 1 \in \mathbb{Q}[x]$의 해이며 $p(x)$는 ω의 최소다항식이다. 따라서 $\mathbb{Q}(\omega)$는 $\mathbb{Q}$ 위에서 2차원 벡터공간이다. 이 경우, $\{1, \omega\}$는 $\mathbb{Q}$ 위에서의 벡터공간 $\mathbb{Q}(\omega)$의 기저이다.
- $x^3 - 1 = 0$의 한 허근을 ω라고 하면, $\sqrt[3]{2} \in \mathbb{Q}(\omega, \sqrt[3]{2})$는 $q(x) = x^3 - 2 \in \mathbb{Q}(\omega)[x]$의 해이며 $q(x)$는 $\sqrt[3]{2}$의 최소다항식이다. 따라서 $\mathbb{Q}(\omega, \sqrt[3]{2})$는 $\mathbb{Q}(\omega)$ 위에서 3차원 벡터공간이다. 이 경우에 $1, \sqrt[3]{2}, \sqrt[3]{4}$는 $\mathbb{Q}(\omega)$ 위에서의 벡터공간 $\mathbb{Q}(\omega, \sqrt[3]{2})$ 의 기저이다.

8. 문제의 해결

이제, 작도 가능성의 문제를 해결해보자.

n단계의 작도 과정을 거쳐 γ를 작도하였다고 하면 다음 조건을 만족시키는 실수 $\gamma_1, \gamma_2, \cdots, \gamma_n$가 있다.

- $\gamma \in \mathbb{Q}(\sqrt{\gamma_1}, \ldots, \sqrt{\gamma_n})$
- $\gamma_i \in \mathbb{Q}(\sqrt{\gamma_1}, \ldots, \sqrt{\gamma_{i-1}})(i = 2, \ldots, n)$
- $\gamma_1 \in \mathbb{Q}$

어떤 단계, 예를 들어, $\mathbb{Q}(\sqrt{\gamma_1},\dots,\sqrt{\gamma_j})(j \le n)$에서 새로운 수를 작도하였는데 그 수가 $\mathbb{Q}(\sqrt{\gamma_1},\dots,\sqrt{\gamma_j})$에 존재할 수 있다. 이러한 경우에는 새로운 확대체를 필요로 하지 않는다. 따라서 논의의 편의를 위해 위 조건을 다음과 같이 강화할 수 있다.

- $\gamma \in \mathbb{Q}(\sqrt{\gamma_1},\dots,\sqrt{\gamma_n})$
- $\gamma_i \in \mathbb{Q}(\sqrt{\gamma_1},\dots,\sqrt{\gamma_{i-1}}),\ \sqrt{\gamma_i} \notin \mathbb{Q}(\sqrt{\gamma_1},\dots,\sqrt{\gamma_{i-1}}),\ i = 2,\dots,n$
- $\gamma_1 \in \mathbb{Q},\ \sqrt{\gamma_1} \notin \mathbb{Q}$

이 경우에 $\mathbb{Q}(\sqrt{\gamma_1},\dots,\sqrt{\gamma_n})$는 $\mathbb{Q}$ 위에서 차원이 2^n인 벡터공간이다.

이제 다음이 성립함에 주목하자.

$$\mathbb{Q} \le \mathbb{Q}(\gamma) \le \mathbb{Q}(\sqrt{\gamma_1},\dots,\sqrt{\gamma_n})$$

즉, $\mathbb{Q}(\gamma)$는 $\mathbb{Q}(\sqrt{\gamma_1},\dots,\sqrt{\gamma_n})$의 부분공간이고, $\mathbb{Q}$는 $\mathbb{Q}(\gamma)$의 부분공간이다. 이러한 경우에 다음을 증명할 수 있다.

($\mathbb{Q}(\sqrt{\gamma_1},\dots,\sqrt{\gamma_n})$의 $\mathbb{Q}(\gamma)$위에서의 차원)
× ($\mathbb{Q}(\gamma)$의 $\mathbb{Q}$ 위에서의 차원)
= $\mathbb{Q}(\sqrt{\gamma_1},\dots,\sqrt{\gamma_n})$의 $\mathbb{Q}$ 위에서의 차원)

여기서 $\mathbb{Q}(\sqrt{\gamma_1},\dots,\sqrt{\gamma_n})$는 $\mathbb{Q}$ 위에서 차원이 2^n이므로 $\mathbb{Q}(\gamma)$의 $\mathbb{Q}$ 위에서 차원은 $2^k(k \le n)$이다.

따라서 다음을 알 수 있다.

정리 6.3

어떤 수 γ에 대하여 $\mathbb{Q}(\gamma)$는 $\mathbb{Q}$ 위에서 차원이 2^k 꼴이 아니면 γ는 작도가능하지 않다.

3대 작도 불가능 문제는 다음과 같다.

- 한 변의 길이가 1인 정육면체가 있을 때 이 정육면체 부피의 두 배인 정육면체의 한 변의 길이를 작도할 수 없다.
- 각 $60°$ 의 3등분 작도는 불가능하다.
- 단위원과 같은 넓이를 가지는 정사각형의 한 변의 길이를 작도할 수 없다.

이 세 문제를 다음과 같이 기술할 수 있다.

- $\sqrt[3]{2}$ 는 작도 불가능하다.
- $\cos 20°$ 은 작도 불가능하다.
- $\sqrt{\pi}$ 는 작도 불가능하다.

세 개의 작도 불가능 문제 중에서 처음 두 문제는 다음과 같은 과정을 통하여 쉽게 해결할 수 있다.

- 새로운 정육면체의 한 변의 길이 $\sqrt[3]{2}$ 는 $x^3-2=0$ 의 실수해이다. x^3-2 는 유리수 근이 없으므로 이 다항식은 $\sqrt[3]{2}$ 의 최소다항식이다. 따라서 $\mathbb{Q}(\sqrt[3]{2})$는 $\mathbb{Q}$ 위에서 3차원 벡터공간이다. 그러나 차원 '3'은 2^k 꼴이 아니므로 $\sqrt[3]{2}$ 는 작도가 불가능하다.

코사인 3배각 공식에 의해 다음이 성립한다.

$$\frac{1}{2}=\cos 60° = 4\cos^3 20° - 3\cos 20°$$

이 식에 의하여 $\cos 20°$ 은 다항식 $8x^3 - 6x - 1$ 의 해(근)임을 알 수 있다. 그런데 이 다항식은 유리수 근을 갖지 않으므로 $\cos 20°$ 의 최소다항식이다. $\mathbb{Q}(\cos\ 20°)$는 $\mathbb{Q}$ 위에서 3차원 벡터공간으로서 차원이 2^k 꼴이 아니다. 따라서 $\cos 20°$ 는 작도불가능하다.

한편 모든 각의 3등분 작도가 불가능한 것은 아니다. 예를 들어, $30°$가 작도 가능하므로 $90°$의 3등분 작도는 가능하다.

문제 6-16 n이 3과 서로소이고 180의 약수이면 $\dfrac{180°}{n}$의 3등분은 작도 가능함을 설명하여라.

앞에서 $3k$(k는 자연수) 꼴인 자연수는 모두 작도가능하다는 것을 살폈다. 그러나 $3k+1$(k는 자연수) 또는 $3k+2$(k는 자연수) 꼴인 자연수는 작도가능하지 않다. 이유는 다음과 같다. 먼저, $1°$는 작도가능하지 않다. 왜냐하면, $1°$가 작도가능하면 $1°$의 20 배인 $20°$도 작도가능하여야 하기 때문이다. 마찬가지로, $2°$는 작도가능하지 않다. 왜냐하면, $2°$가 작도가능하면 $2°$의 10 배인 $20°$도 작도가능하여야 하기 때문이다. 따라서 $3k+1$(k는 자연수) 또는 $3k+2$(k는 자연수) 꼴인 자연수는 모두 작도가능하지 않다. 이상의 논의를 다음과 같이 요약할 수 있다.

자연수 n에 대하여 $n°$가 작도가능하기 위한 필요충분조건은 n이 3의 배수인 것이다.

- $\sqrt{\pi}$ 의 작도 불가능성 증명은 π 의 초월성을 필요로 한다. 지금까지 우리가 접한 수는 어떤 유리계수 다항식의 근이다. 그러나 유리계수 다항식의 근이 될 수 없는 수가 있다. 이러한 수를 '초월수(transcendental number)'라고 한다. 다음 사실이 알려져 있다.

정리 6.4

π는 초월수이다.

이제, $\sqrt{\pi}$가 작도가능하다고 가정하자. 작도가능한 수 전체의 집합은 체이므로 $\pi = \sqrt{\pi} \times \sqrt{\pi}$ 가 작도가능하다. 이는 π가 어떤 다항식의 해라는 뜻이다. 이는 모순이므로 $\sqrt{\pi}$ 는 작도 불가능하다.

9. 질문

앞 절에서 다음이 성립함을 논의하였다.

정리 6.5

어떤 수 γ에 대하여 $\mathbb{Q}(\gamma)$는 $\mathbb{Q}$ 위에서 차원이 2^k 꼴인 확대체가 아니면 γ는 작도가능하지 않다.

이 정리는 다음과 같이 표현할 수 있다.

정리 6.6

어떤 수 γ가 작도가능하면 $\mathbb{Q}(\gamma)$는 $\mathbb{Q}$ 위에서 차원이 2^k 이다.

여기서 다음과 같은 질문이 가능하다.
'위 정리의 역도 성립할까?'

어떤 수 γ에 관하여 $\mathbb{Q}(\gamma)$의 $\mathbb{Q}$ 위에서 차수가 2^k라 해도 γ가 작도 가능하지 않을 수 있다. 즉, 위 정리의 역은 성립하지 않는다. 이를 알아보기 위해 다항식 $p(x) = x^4 - x - 1 \in \mathbb{Q}[x]$를 생각하자. 이 다항식이 기약다항식이 아니면 (일차다항식)×(삼차다항식) 또는 (이차다항식)×(이차다항식)의 꼴로 분해되어야 한다. 그러나 유리계수다항식이 두 개의 유리계수다항식으로 분해되면 두 개의 정수계수다항식으로 분해된다는 것을 증명할 수 있으므로(김응태・박승안, 2011), $p(x)$가 기약다항식이 아니라면 두 개의 정수계수다항식으로 인수분해 된다. 따라서 다음 네 가지 경우 중 하나이다.

$$p(x)=(x+1)(x^3+ax^2+bx-1),\ \ a,\,b\in\mathbb{Z}$$
$$p(x)=(x-1)(x^3+ax^2+bx+1),\ \ a,\,b\in\mathbb{Z}$$
$$p(x)=(x^2+ax+1)(x^2+bx-1),\ \ a,\,b\in\mathbb{Z}$$
$$p(x)=(x^2+ax-1)(x^2+bx+1),\ \ a,\,b\in\mathbb{Z}$$

간단한 계산을 통하여 위의 네 가지 중 어느 것도 가능하지 않다는 것을 알 수 있다. 따라서 $p(x)=x^4-x-1\in\mathbb{Q}[x]$는 기약다항식이다.

문제 6-17 http://www.wolframalpha.com을 활용하여 다음을 확인하여라.

다음 실수 γ는 다항식 $p(x)=x^4-x-1$의 한 근(root)이다.

$$\frac{1}{2}\sqrt{\frac{\sqrt[3]{\frac{1}{2}(9+\sqrt{849})}}{3^{2/3}}-4\sqrt[3]{\frac{2}{3(9+\sqrt{849})}}}-\frac{1}{2}\sqrt{4\sqrt[3]{\frac{2}{3(9+\sqrt{849})}}-\frac{\sqrt[3]{\frac{1}{2}(9+\sqrt{849})}}{3^{2/3}}+\frac{2}{\sqrt{\frac{\sqrt[3]{\frac{1}{2}(9+\sqrt{849})}}{3^{2/3}}-4\sqrt[3]{\frac{2}{3(9+\sqrt{849})}}}}}$$

다항식 $p(x)$의 또 다른 실근은 다음과 같고, 나머지 두 근은 허근이다.

$$\frac{1}{2}\sqrt{\frac{\sqrt[3]{\frac{1}{2}(9+\sqrt{849})}}{3^{2/3}}-4\sqrt[3]{\frac{2}{3(9+\sqrt{849})}}}+\frac{1}{2}$$

$$\sqrt{4\sqrt[3]{\frac{2}{3(9+\sqrt{849})}}-\frac{\sqrt[3]{\frac{1}{2}(9+\sqrt{849})}}{3^{2/3}}+\frac{2}{\sqrt{\frac{\sqrt[3]{\frac{1}{2}(9+\sqrt{849})}}{3^{2/3}}-4\sqrt[3]{\frac{2}{3(9+\sqrt{849})}}}}}$$

다항식 $p(x)=x^4-x-1$는 기약다항식이므로 $p(x)$는 γ의 최소다항식이다. 이제, '$\mathbb{Q}(\gamma)$의 $\mathbb{Q}$ 위에서 차수'는 'γ의 최소다항식의 차수'이므로 $\mathbb{Q}(\gamma)$는 $\mathbb{Q}$ 위에서 차수가 $4=2^2$ 인 확대체이다.

γ는 작도 가능할까?

일단, γ의 꼴로부터 γ가 작도가능하지 않을 것이라는 추측은 쉽게 할 수 있다. 작도 가능하지 않을 것 같은 수 $\sqrt[3]{\frac{1}{2}(9+\sqrt{849})}$ 가 보이기 때문이다. 그러나 이것은 증명이 아니다. γ가 작도 불가능한 수라는 것을 엄밀히 증명해보자.

$\mathbb{Q}(\gamma)$가 $\mathbb{Q}$ 위에서 차원이 $4=2^2$ 인 수 γ가 작도가능하면 다음 조건을 만족시키는 확대체 열이 있어야 한다.

- $\gamma \in \mathbb{Q}(\sqrt{\gamma_1}, \sqrt{\gamma_2})$
- $\gamma_2 \in \mathbb{Q}(\sqrt{\gamma_1})$, $\sqrt{\gamma_2} \notin \mathbb{Q}(\sqrt{\gamma_1})$
- $\gamma_1 \in \mathbb{Q}$, $\sqrt{\gamma_1} \notin \mathbb{Q}$

여기서 $\mathbb{Q}(\sqrt{\gamma_1})=\{\alpha_1+\beta_1\sqrt{\gamma_1} \mid \alpha_1,\beta_1 \in \mathbb{Q}\}$ 이고

$$\begin{aligned}\mathbb{Q}(\sqrt{\gamma_1}, \sqrt{\gamma_2}) &= (\mathbb{Q}(\sqrt{\gamma_1}))(\sqrt{\gamma_2}) \\ &= \{\alpha_2+\beta_2\sqrt{\gamma_2} \mid \alpha_2,\beta_2 \in \mathbb{Q}(\sqrt{\gamma_1})\}\end{aligned}$$

이므로 γ는 다음과 같은 꼴이다.

$$a+b\sqrt{\gamma_1}+(c+d\sqrt{\gamma_1})\sqrt{e+f\sqrt{\gamma_1}}, \quad a, b, c, d, \gamma_1 \text{은 유리수}$$

위에 제시된 다항식 $p(x)$의 실근 γ는 이러한 꼴이 아니다. 따라서 γ는 작도가능하지 않을 것 같다.

이 논증도 그럴 듯하지만 엄밀한 증명이라 할 수 없다. 그 이유는 다음과 같다.

삼차다항식 x^3+qx+r의 세 근은

$$\sqrt[3]{\frac{-r}{2}+\sqrt{\frac{q^3}{27}+\frac{r^2}{4}}}+\sqrt[3]{\frac{-r}{2}-\sqrt{\frac{q^3}{27}+\frac{r^2}{4}}},$$
$$\omega\sqrt[3]{\frac{-r}{2}+\sqrt{\frac{q^3}{27}+\frac{r^2}{4}}}+\omega^2\sqrt[3]{\frac{-r}{2}-\sqrt{\frac{q^3}{27}+\frac{r^2}{4}}},$$
$$\omega^2\sqrt[3]{\frac{-r}{2}+\sqrt{\frac{q^3}{27}+\frac{r^2}{4}}}+\omega\sqrt[3]{\frac{-r}{2}-\sqrt{\frac{q^3}{27}+\frac{r^2}{4}}}$$

이다. 여기서 $\omega=\dfrac{-1+\sqrt{3}\,i}{2}$이다.

이 공식에 의하면 삼차다항식 $x^3-15x-4$의 근은 다음과 같다.

$$\sqrt[3]{2+\sqrt{-121}}+\sqrt[3]{2-\sqrt{-121}},$$
$$\omega\sqrt[3]{2+\sqrt{-121}}+\omega^2\sqrt[3]{2-\sqrt{-121}},$$
$$\omega^2\sqrt[3]{2+\sqrt{-121}}+\omega\sqrt[3]{2-\sqrt{-121}}$$

실제로, $x^3-15x-4$의 세 근은 4, $-2-\sqrt{3}$, $-2+\sqrt{3}$이다. 이 중 어느 것도 세제곱근의 기호를 사용하지 않고 표현될 수 있는 실근이지만, 모두가 세제곱근 기호와 복소수(ω)까지 사용되어 표현되어 있다. 이 예로부터 삼차다항식의 근의 공식은 비교적 간단한 수가 복잡한 꼴로 제시될 수 있다는 것을 알 수 있다.

문제 6-18 다음을 확인하여라.

$\sqrt{121}=11$임을 유념하며 $\sqrt[3]{2+\sqrt{-121}}=2+ai$라고 놓고 양 변을 세제곱하면 $a=1$임을 알 수 있다. 즉, $\sqrt[3]{2+\sqrt{-121}}=2+i$이다. 마찬가지 방법으로, $\sqrt[3]{2-\sqrt{-121}}=2-i$ 이다. 따라서 $x^3-15x-4$의 세 근은 다음과 같다.

$$\sqrt[3]{2+\sqrt{-121}}+\sqrt[3]{2-\sqrt{-121}}=2+i+2-i=4,$$
$$\omega\sqrt[3]{2+\sqrt{-121}}+\omega^2\sqrt[3]{2-\sqrt{-121}}$$
$$=(2+i)\omega+(2-i)\omega^2=-2-\sqrt{3},$$
$$\omega^2\sqrt[3]{2+\sqrt{-121}}+\omega\sqrt[3]{2-\sqrt{-121}}$$
$$=(2+i)\omega^2+(2-i)\omega=-2+\sqrt{3}$$

실제로, 실수 γ가 작도가능하지 않다.
이에 관한 자세한 설명은 뒤에서 한다.

10. 정다각형의 작도가능성

앞에서 설명한 '3대 작도불가능 문제' 외에 또 하나의 중요한 작도가능성 문제는 정다각형의 작도가능성이다. 정삼각형, 정사각형, 정육각형은 쉽게 작도할 수 있고, 정오각형도 작도할 수 있다. 정칠각형의 경우는 어떨까?

실제로, 유클리드 원론에 정오각형의 작도에 관한 내용이 있지만 정칠각형의 작도 등 일반적인 정다각형의 작도에 관하여는 언급하지 않는다. 이 침묵은 2,000년 이상 지속되었다. 작도 가능성의 문제는 수학사에서 장기간에 걸친 미해결 문제였다고 할 수 있다.

일반적인 정다각형의 작도가능성을 살피기 위해서는 좀 더 깊은 수학을 이해하여야 한다. 따라서 이 문제에 관한 설명은 뒤에서 한다.

11. 근의 공식

일차다항식 $ax+b\,(a \neq 0)$와 이차다항식 $ax^2+bx+c\,(a \neq 0)$의 풀이는 구바빌로니아 시대(기원전 약 2000년)부터 알려져 있었다고 한다.

기원전 약 3세기경에 쓰인 것으로 여겨지는 유클리드의 원론은 이차다항식의 기하학적 풀이를 제시한다. 그러나 유클리드는 삼차다항식 등 2보다 큰 자연수 n에 대하여 n차다항식의 기하학적 풀이에 관해서는 언급하지 않는다. 이 침묵도 2000년 이상 지속되었다. 일반적인 다항식의 해를 작도로 구할 수 있는지 또는 없는지를 판단하는 문제도 장기간에 걸친 미해결 문제였다고 볼 수 있는 것이다.

유클리드와 당대의 수학자들은 삼차다항식의 기하학적 풀이가 궁금했을 것이다. 그러나 가장 간단한 삼차다항식 x^3-2의 해를 작도할 수 없었다. 따라서 x^3+ax^2+bx+c와 같은 일반적인 꼴의 해를 작도한다는 것은 그 시대에는 어려운 문제였을 것이다.

숱한 실패사례가 있었겠지만 실패담은 기록에 남지 않으므로 삼차다항식 그리고 그 이상 차수의 다항식의 해를 작도하는 문제에 관하여 긴 세월 동안 침묵할 수밖에 없었을 것이다.

유클리드 이후 2000년이 흐른 뒤에야 일부 수학자들에 의해 이 문제의 해결의 실마리가 찾아지게 된다. 공개적인 '풀기 대회' 또는 '내기'의 형식을 취했으니, 수학이라는 고상한 명목으로서가 아니라 명예가 걸려 있고 보상이 뒤따르는 '게임(game)'으로서 서로를 자극한 것이 도움이 되었을 수도 있다.

문제 6-19 안재권·안기연(2010), 안기연(2011), 김슬기·신기철(2013) 등을 참고하여 삼차다항식과 사차다항식의 풀이법에 얽힌 이야기를 조사하여라.

12. 기하학적 풀이

일차다항식과 이차다항식은 그림을 이용하여 풀 수 있다.

그림을 이용한다는 것은 '작도한다'는 뜻으로서 여기서 논의하는 다항식의 계수는 작도가능한 수이다.

가. 일차다항식

논의의 편의를 위하여 다음과 같은 형태의 방정식을 생각한다.

$$ax = b\,(a \neq 0)$$

여기서 a, b는 작도가능한 수이다.

앞에서 제시한 방법으로 $\dfrac{b}{a}$를 작도하면 된다.

나. 이차다항식

가장 간단한 형식의 이차방정식 $ax^2 = b\,(a \neq 0)$의 해 $\sqrt{\dfrac{b}{a}}$를 작도하면 된다. 여기서 a, b는 작도가능한 수임을 전제한다.

유클리드의 '원론' 제Ⅱ권 정리5(Proposition 5)의 내용은 다음과 같다.

아래 그림에서 점 C는 선분 AB의 중점이고 D는 선분 CB위의 임의의 점이다. 두 선분 DB와 DH의 길이가 같고, 두 선분 LH와 LE의 길이가 같다고 하자. 이때 직사각형 ADHK의 넓이와 정사각형 LHGE의 넓이의 합은 정사각형 CBFE의 넓이와 같다.

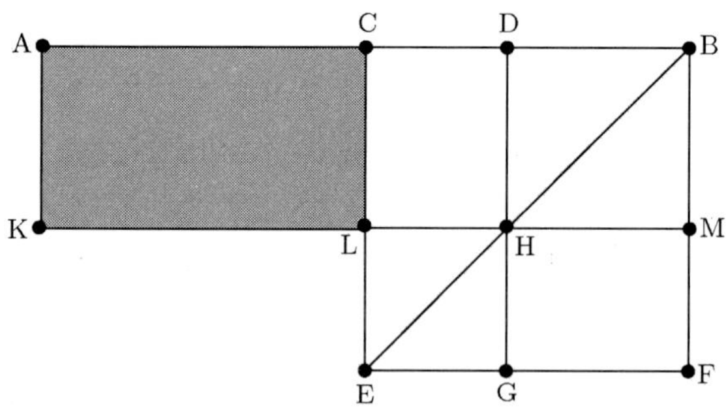

문제 6-20 위 그림을 그리기 위하여 다음을 작도하여야 함을 확인하여라.

- 선분의 중점
- 평행선
- 수선

유클리드는 위 사실을 기하적인 방법으로 논증한다. 여기서는 위 정리의 내용을 대수적으로 표현하여보자.

선분 AD의 길이를 x, 선분 DB의 길이를 y라고 하면 선분 CD와 선분 CB 각각의 길이는 $\frac{x-y}{2}$와 $\frac{x+y}{2}$이다. $xy=(\frac{x+y}{2})^2-(\frac{x-y}{2})^2$이므로 정리가 성립한다.

이제, '정리 5'가 다음 이차방정식의 해를 제시한다는 것을 알아보자.

$$\begin{cases} x+y=b \\ xy=c^2 \end{cases}$$

작도에서 제시하는 해는 양수이므로 위에서 b도 양수임을 전제한다. 주어진 관계식에서 $\frac{b}{2}=\frac{x+y}{2}$이므로 x의 길이는 $\frac{b}{2}+\frac{x-y}{2}$이고, 정리 5에 의하여 $\frac{x-y}{2}=\sqrt{(\frac{b}{2})^2-c^2}$이다. 따라서 다음을 알 수 있다.

$$\begin{cases} x=\frac{b}{2}+\sqrt{(\frac{b}{2})^2-c^2} \\ y=\frac{b}{2}-\sqrt{(\frac{b}{2})^2-c^2} \end{cases}$$

문제 6-21 위의 이차방정식은 다음과 같이 표현할 수 있음을 설명하여라.

$$x^2-bx+c^2=0$$

$$x(b-x)=c^2$$

$$x^2+c^2=bx$$

위의 풀이를 작도에 의해 구해보자. 주어진 이차방정식을 풀기 위하여 길이가 b인 선분을 그리고 중점을 작도하여 길이가 $\frac{b}{2}$인 선분을 얻는다.

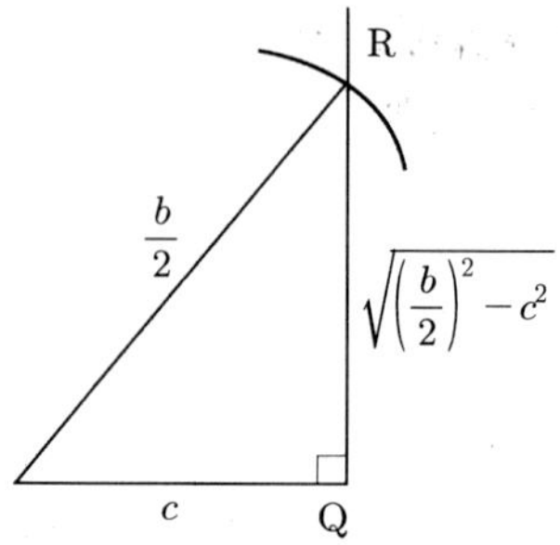

길이가 $c=\sqrt{c^2}$ 인 선분의 한 끝 Q에서 수선을 세운다. 선분의 다른 끝을 중심으로 반지름의 길이가 $\frac{b}{2}$인 원을 그려 수선과 만나는 점을 R라고 하면 선분 QR의 길이가 $\sqrt{(\frac{b}{2})^2-c^2}$ 이다.

문제 6-22 위 과정에서 $\frac{b}{2}\geq c$임을 확인하여라. 이때, 산술평균과 기하평균의 대소관계를 이용할 수 있다.

$\frac{x-y}{2}=\sqrt{(\frac{b}{2})^2-c^2}$ 임을 알 수 있고 따라서 다음을 작도한 것이다.

$$\begin{cases} x=\frac{b}{2}+\sqrt{(\frac{b}{2})^2-c^2} \\ y=\frac{b}{2}-\sqrt{(\frac{b}{2})^2-c^2} \end{cases}$$

문제 6-23 위에서 관계식 $\frac{x-y}{2}=\sqrt{(\frac{b}{2})^2-c^2}$ 는 피타고라스정리('원론' 제 I 권 정리47)를 사용하여도 얻을 수 있음을 확인하여라.

이상을 종합하여 다음과 같이 말할 수 있다.

유클리드의 '원론' 제Ⅱ권 정리5는 다음과 같은 형태의 이차방정식의 해를 작도를 통하여 기하적으로 제시한다. 즉, 방정식 $\begin{cases} x+y=b \\ xy=c^2 \end{cases}$ 는 이차방정식 $x^2-bx+c^2=0$과 같은 방정식으로서 위와 같은 해를 가진다.

> **문제 6-24** 100년 경의 유클리드의 '원론' 조각으로서 원론 제Ⅱ권 정리5를 설명하는 그림이 전해지고 있다. 이 조각을 검색하여 확인하여라.

유클리드의 '원론' 제Ⅱ권 정리6(Proposition 6)의 내용은 다음과 같다.

아래 그림에서 점 C는 선분 AB의 중점이다. 두 선분 DB와 DM의 길이가 같고, 두 선분 CD와 CE의 길이가 같다고 하자. 이때 직사각형 ADMK의 넓이와 정사각형 LHGE의 넓이의 합은 정사각형 CDFE의 넓이와 같다.

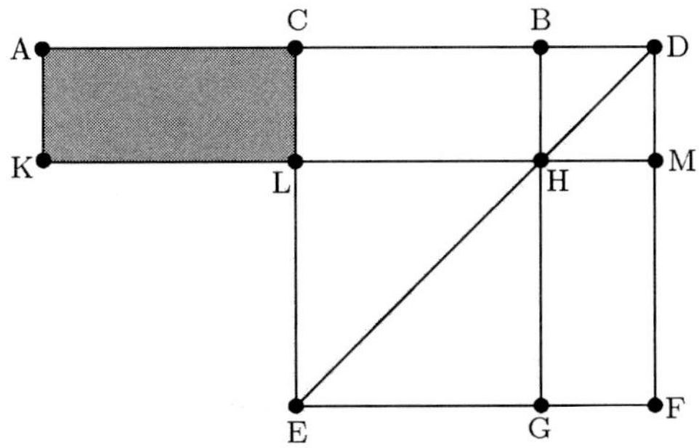

유클리드는 위 사실을 기하적인 방법으로 논증한다. 위 정리의 내용을 대수적으로 표현하여보자.

선분 AD의 길이를 x, 선분 BD의 길이를 y라고 하면 선분 CD와 선분 CB 각각의 길이는 $\frac{x+y}{2}$와 $\frac{x-y}{2}$이다. $xy+(\frac{x-y}{2})^2=(\frac{x+y}{2})^2$이므

로 정리가 성립한다.

이제, '정리6'은 다음 이차방정식의 해를 제시한다는 것을 알아보자.

$$\begin{cases} x-y=b \\ xy=c^2 \end{cases}$$

문제 6-25 위의 이차방정식은 다음과 같이 표현할 수 있음을 설명하여라.

$$x^2-bx-c^2=0$$
$$x(x-b)=c^2$$
$$x^2-c^2=bx$$

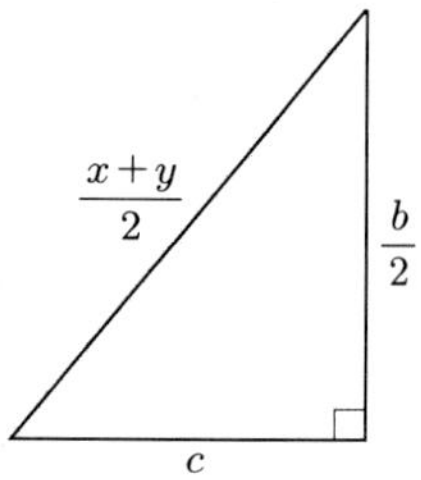

주어진 이차방정식을 풀기 위하여 길이가 b인 선분을 그리고 중점을 작도하여 길이가 $\frac{b}{2}$인 선분을 얻는다.

길이가 c인 선분의 한 끝에서 길이가 $\frac{b}{2}$인 수선을 세우고, 이렇게 얻은 직각삼각형의 빗변의 길이는 $\frac{x+y}{2}$이다.

x의 길이는 $\frac{b}{2}+\frac{x+y}{2}$이고 $\frac{x+y}{2}=\sqrt{(\frac{b}{2})^2+c^2}$ 이므로 다음을 알 수 있다.

$$\begin{cases} x=\frac{b}{2}+\sqrt{(\frac{b}{2})^2+c^2} \\ y=-\frac{b}{2}+\sqrt{(\frac{b}{2})^2+c^2} \end{cases}$$

이상을 종합하여 다음과 같이 말할 수 있다.

유클리드의 '원론' 제Ⅱ권 '정리6'은 다음과 같은 형태의 이차방정식의 해를 작도를 통하여 기하적으로 제시한다. 즉, 방정식 $\begin{cases} x-y=b \\ xy=c^2 \end{cases}$ 는 이차방정식 $x^2-bx-c^2=0$과 같은 방정식으로서 위와 같은 해를 가진다.

이상으로부터 두 개의 이차방정식 $x^2-bx+c^2=0$와 $x^2-bx-c^2=0$ 각각의 해(근)를 작도할 수 있음을 알 수 있다. 물론, 이때 생각하는 해(근)는 양의 실근이다. 이제, 필요한 경우 x를 $-X$로 치환하면 $X^2+aX+b=0$의 양의 실근을 작도할 수 있다는 것을 알 수 있다.

다. 기하학적 풀이의 한계

작도를 통한 기하학적 풀이는 그 자체로 흥미로운 방법이다. 그러나 이 방법은 몇몇 한계를 가지고 있다.

- 일차다항식과 이차다항식은 작도를 통하여 해를 제시할 수 있지만, 삼차 이상의 다항식의 해는 일반적으로 작도를 통하여 구할 수 없다.
- 다항식 x^2-2의 해 $\sqrt{2}$를 작도하였다면 $\sqrt{2}$의 길이를 가지는 선분을 그린 것이다. 이 값이 1보다는 크고 2보다는 작다는 사실 정도는 알 수 있겠지만 $\sqrt{2}$의 정확한 값 또는 근삿값을 구하는 데에는 어려움이 있다.
- x^2-2의 해 $\sqrt{2}$가 유리수인지 무리수인지 판별하기가 어렵다.
- x^2-2x-1의 해로서 $1+\sqrt{2}$를 작도하였다고 하더라도 x^2-2x-1 다른 해 $1-\sqrt{2}$를 유추하기 어렵다.

위와 같은 몇 가지 한계에도 불구하고, 다항식의 기학학적 풀이는 대수학적인 풀이와는 다른 가치를 부여할 수 있다.

13. 삼차, 사차다항식

앞에서 살펴보았듯이 실수 $\sqrt[3]{2}$는 작도가능하지 않다. 따라서 삼차다항식 $x^3=2$의 해는 작도에 의해 구할 수 없다.

작도를 통한 다항식의 풀이에는 한계가 있기 때문에 다항식을 풀기위해서 대수적인 방법으로 접근할 필요가 있다.

가. 근과 계수와의 관계

다항식을 푼다는 것은 다항식의 해를 다항식의 계수들의 합, 차, 곱, 몫, 그리고 거듭제곱근으로 표현하는 것이다. 따라서 해를 계수로 표현하는 근과 계수와의 관계는 도움이 될 수 있다.

이차다항식 x^2+ax+b의 두 해를 α, β라고 하면 다음 관계가 성립한다.

$$\alpha+\beta=-a$$
$$\alpha\beta=b$$

이 두 관계로부터 두 해 α, β를 구할 수 없을까? 직접 계산해보면 알겠지만 이 관계식을 적절히 변형하여 풀려는 시도는 결국 x^2+ax+b을 푸는 것으로 되돌아온다.

삼차다항식 x^3+ax^2+bx+c의 세 근을 α, β, γ라고 하면 다음 관계가 성립한다.

$$\alpha+\beta+\gamma=-a$$
$$\alpha\beta+\beta\gamma+\gamma\alpha=b$$
$$\alpha\beta\gamma=-c$$

위의 세 식을 적절히 조작하여 세 근을 구하려는 시도도 무의미하다.

나. 항의 제거

주어진 다항식의 항 중에서 일부를 제거할 수 있다면 다항식을 푸는데 도움이 될 수 있다. 사실, 이차방정식 $x^2+ax+b=0$의 경우에 x를

$x-\frac{a}{2}$로 치환하면 $X^2=b$의 꼴, 즉 일차항이 제거된 형태로 풀 수 있다.

삼차다항식의 경우에 이차항을 제거함으로써 쉽게 풀 수 있지 않을까? 실제로, 임의의 삼차다항식에서 이차항은 항상 제거가 가능하다. 실제로, 임의의 n차다항식에서 $n-1$차 항은 항상 소거가 가능하다.

> **문제 6-26** n차 다항식의 방정식을 풀 때, $n-1$차 항을 소거하는 방법은 무엇인가?

그러나 이렇게 다소 간단한 형태로 변환하였다고 하더라도 그 해를 구하는 것은 여전히 쉽지 않다.

다. 대수학의 기본 정리

다항식을 풀고자 할 때, 음수의 개념이 정립되기 전에는 양의 해를 구하고자 하였고, 복소수의 개념이 정립되기 전에는 실근을 구하고자 하였다.

수의 범위를 복소수로 확장하여 복소 계수 다항식의 해를 복소수 범위에서 구한다고 하자. 일차다항식은 한 개의 근을 가지고 이차다항식은 두 개의 근을 가진다. 더 나아가 n차 다항식은 n개의 근을 가진다는 생각을 자연스럽게 할 수 있다.

그러나 n차 다항식은 n개의 근을 가진다는 사실에 관한 엄밀한 증명은 19세기에 이르러서야 제시되었다. 이 사실을 보통 '대수학의 기본 정리(Fundamental Theorem of Algebra)'라고 한다.

정리 6.7 대수학의 기본 정리

복소수 계수를 가지는 n차 다항식은 n개의 복소수 근을 가진다.

위 정리에서 n개의 근 중에는 같은 것이 있을 수 있다. 예를 들어, 오차다항식 $(x-1)^5$는 다섯 개의 근을 가지지만 모두가 같다.

라. 삼차, 사차다항식

삼차다항식의 풀이에 관한 2000년의 답보 상태를 타개한 주인공은 타르타그리아(Tartaglia), 카르다노(Cardano), 페라리(Ferrari) 등이다. 이들은 모든 삼차다항식과 사차다항식은 거듭제곱근을 사용하여 풀 수 있다는 사실을 증명하였다. 추상적인 이론으로 증명한 것이 아니라 구체적인 풀이법을 제시한 것이다.

실제로 해를 구하기 위해서는 삼차다항식의 경우에도 적지 않은 계산을 하여야 하지만 사차다항식의 경우에는 푸는 사람의 인내심을 넘는 경우가 많이 있다. 실제로 어떤 사차다항식의 해를 구하는 것은 매우 복잡하다는 말이다. 예를 들어, 다항식 $p(x)=x^4-3x+1$의 한 해는 다음과 같다(http://www.wolframalpha.com).

$$\frac{1}{2}\sqrt{\frac{1}{3}\sqrt[3]{\frac{243}{2}-\frac{3\sqrt{5793}}{2}}+\frac{\sqrt[3]{\frac{1}{2}(81+\sqrt{5793})}}{3^{2/3}}}-\frac{1}{2}$$
$$\sqrt{\left(-\frac{1}{3}\sqrt[3]{\frac{243}{2}-\frac{3\sqrt{5793}}{2}}-\frac{\sqrt[3]{\frac{1}{2}(81+\sqrt{5793})}}{3^{2/3}}+\frac{6}{\sqrt{\frac{1}{3}\sqrt[3]{\frac{243}{2}-\frac{3\sqrt{5793}}{2}}+\frac{\sqrt[3]{\frac{1}{2}(81+\sqrt{5793})}}{3^{2/3}}}}\right)}$$

> **문제 6-27** 다음을 확인하여라.
> 다음에서 삼차다항식과 사차다항식의 해를 제공한다.
> http://www.wolframalpha.com

실제로, 여기에서는 임의의 삼차다항식 또는 사차다항식의 해를 다양한 형태로 제시한다. 즉 완전형식(exact form)으로도 제시하며 근삿값으로도 제시한다. 완전형식으로 제시하는 경우는 그 값이 대략 얼마나 되는 지 가늠하기 어렵지만 해의 형식을 정확히 알 수 있다. 한편, 근삿값으로도 제시되는 해는 어떠한 형식인지는 알 수 없지만 해의 크기를 가늠할 수 있다. 완전형식으로 주어지더라도 그 수가 실근인지 허근인지 판별할 수 있겠으나 근삿값의 형식은 실근인지 허근인지를 직접 보여준다.

이 책에서 다항식의 '해'와 '근'은 같은 의미로 혼용되고, '다항식을 풀 수 있다'와 '근의 공식이 있다'는 표현도 같은 의미로서 '다항식의 해를 다항식의 계수들의 합, 차, 곱, 몫, 그리고 거듭제곱근으로 표현할 수 있다'를 뜻한다.

마. 오차다항식

삼차다항식과 사차다항식의 성공적인 풀이는 오차다항식의 풀이를 찾는데 관심을 불러 일으켰다. 삼차다항식과 사차다항식의 풀이에 적용된 방법을 적용하였으나 실패하였다.

18세기 후반에 이르러 연구의 방향이 완전히 바뀌게 된다. 오차다항식의 경우에는 일차, 이차, 삼차, 그리고 사차다항식의 경우와는 다를 것이라는 생각이었다. 즉, 일차, 이차, 삼차, 그리고 사차다항식의 경우에는 어떠한 형태의 다항식이라고 하더라도 적용할 수 있는 일반적인 근의 공식이 존재하지만 오차다항식의 경우에는 그렇지 않을 것이라는 것이다. 예를 들어, 오차다항식 $(x-1)^3(x^2+3x+1)$의 경우에는 적용할 수 있는 근의 공식이 있지만 근의 공식으로 풀 수 없는 오차다항식이 있을 것이라는 생각이다.

일차다항식과 이차다항식은 작도를 통한 기하적인 방법으로 풀린다. 삼차다항식과 사차다항식은 대수적인 방법으로 풀린다. 오차 이상의 다항식이 기존의 방법으로 풀리지 않는다면 '풀리지 않는다'는 사실을 어떻게 증명할 수 있을까? 일차, 이차, 삼차, 그리고 사차다항식을 풀기 위해 2000년 이상 사용되어온 방법은 대부분 의미를 상실할 것이다.

아벨(Abel)은 근의 공식으로 풀 수 없는 오차다항식이 존재한다는 사실을 증명하였다. 갈로아는 근의 공식으로 풀 수 없는 오차다항식이 존재한다는 사실을 증명한 것은 물론이고 근의 공식이 존재하기 위한 필요충분조건이 무엇인지도 제시하였다. 이 이론을 '갈로아이론(Galois Theory)'이라고 한다.

아벨과 갈로아의 이론은 '추상대수학(Abstract Algebra)'이라는 새로운 수학을 탄생하게 한다.

> **문제 6-28** 안재권·안기연(2010), 안기연(2011), 김슬기·신기철(2013) 등을 참고하여 아벨과 갈로아의 삶을 간략하게 조사하여라.

14. 갈로아의 생각

일차다항식과 이차다항식의 해는 작도로 구할 수 있으나, 삼차 또는 그 이상의 차수 다항식의 해는 작도의 한계를 뛰어 넘는 대수적 방법을 요구하였다. 오차 이상의 다항식을 '일반적으로는 풀 수 없다'는 사실을 증명하기 위해서는 기존의 방법을 뛰어 넘는 새로운 수학이 요구된 것이다.

여기에서는 일차와 이차다항식은 물론이거니와 삼차와 사차다항식은 근의 공식으로 풀 수 있는 이유를 새로운 관점에서 살핀다. 그러한 새로운 생각이 오차 또는 그 이상의 차수 다항식은 근의 공식으로 풀 수 없다는 것을 설명할 것이다.

결정적인 계기는 아벨과 갈로아가 제공하였다. 특히, 갈로아는 멋진 이론을 발견하였다. 갈로아의 생각은 수많은 후대 사람들에 의하여 잘 다듬어져 오늘에 이르렀다. 이 이론이 '갈로아이론'인 것이다.

이 절에서는 갈로아의 기본 생각을 살핀다.

가. 분해체

$f(x) = x^3 + ax^2 + bx + c$의 세 근을 α, β, γ라고 하자. 우리의 목표는 α, β, γ를 구하는 것이므로 유리수체 $\mathbb{Q}$에 이 세 개의 근을 첨가한 확대체를 생각한다. 복소수 체 $\mathbb{C}$도 유리수체 $\mathbb{Q}$와 α, β, γ를 모두 포함하는 체이지만 너무 크다. 수학적으로 중요한 것은 $\mathbb{Q}$와 α, β, γ를 모두 포함하는 체 중에서 가장 작은 것이다.

$\mathbb{Q}(\alpha, \beta, \gamma)$는 $\mathbb{Q}$에 α, β, γ를 첨가하여 얻을 수 있는 가장 작은 체를 나타낸다. 이 $\mathbb{Q}(\alpha, \beta, \gamma)$는 $\mathbb{Q}$, α, β, γ에 의하여 생성되는 체로서 '다항식 $f(x)$의 분해체(splitting field)'라고 한다.

> **문제 6-29** 다음을 확인하여라.
> $f(x)$의 세 근이 α, β, γ인데 α, β, γ는 $\mathbb{Q}(\alpha, \beta, \gamma)$의 원소이므로 $f(x)$는 $\mathbb{Q}(\alpha, \beta, \gamma)$에서 $f(x) = (x-\alpha)(x-\beta)(x-\gamma)$와 같이 분해(split)된다.

예를 들어보자.

- $\mathbb{Q}(\sqrt{2}, -\sqrt{2})$는 $\mathbb{Q}$에 $x^2 - 2$의 두 해 $\sqrt{2}, -\sqrt{2}$를 첨가하여 얻는 가장 작은 체이다. 그런데 $\mathbb{Q}(\sqrt{2}, -\sqrt{2}) = \mathbb{Q}(\sqrt{2})$이다. 여기서 $\mathbb{Q}(\sqrt{2})$는 $\mathbb{Q}$와 $\sqrt{2}$를 포함하는 가장 작은 체를 나타낸다. $\mathbb{Q}(\sqrt{2}) \subset \mathbb{Q}(\sqrt{2}, -\sqrt{2})$은 분명한데 $-\sqrt{2} \in \mathbb{Q}(\sqrt{2})$이므로 $\mathbb{Q}(\sqrt{2}, -\sqrt{2}) \subset \mathbb{Q}(\sqrt{2})$ 이다. $x^2 - 2$는 $\mathbb{Q}$에서는 (인수)분해되지 않지만, $\mathbb{Q}(\sqrt{2})$에서는 $(x+\sqrt{2})(x-\sqrt{2})$와 같이 (인수)분해된다.

한편, $\mathbb{Q}(\sqrt{2})$는 $a + b\sqrt{2}\ (a, b \in \mathbb{Q})$ 꼴의 수 전체의 집합이다. 이 사실을 다음과 같이 설명할 수 있다.

$a+b\sqrt{2}\,(a,b\in\mathbb{Q})$ 꼴의 수 전체의 집합을 F라고 나타내면 F는 $\mathbb{Q}$와 $\sqrt{2}$를 포함하는 체임을 알 수 있다. $\mathbb{Q}(\sqrt{2})$는 $\mathbb{Q}$와 $\sqrt{2}$를 포함하는 가장 작은 체이므로 $\mathbb{Q}(\sqrt{2})\subset F$ 이다. 이제, $\mathbb{Q}(\sqrt{2})$는 $\mathbb{Q}$와 $\sqrt{2}$를 포함하는 체이므로 $\mathbb{Q}(\sqrt{2})$의 원소들의 덧셈과 곱셈에 관하여 닫혀있다. 따라서 $a+b\sqrt{2}\,(a,b\in\mathbb{Q})$ 꼴의 수 모두는 $\mathbb{Q}(\sqrt{2})$의 원소이다. 이는 $F\subset\mathbb{Q}(\sqrt{2})$를 뜻한다.

따라서 x^2-2의 분해체는 다음과 같다.

$$\mathbb{Q}(\sqrt{2}) = \{a+b\sqrt{2} \mid a,b\in\mathbb{Q}\}$$

- 다항식 x^2+x+1의 한 해 $\dfrac{-1+\sqrt{3}i}{2}$을 ω라고 나타내면 다른 근은 ω^2이다. $\mathbb{Q}(\omega,\omega^2)=\mathbb{Q}(\omega)$이므로 $\mathbb{Q}(\omega,\omega^2)=\mathbb{Q}(\omega)$는 $\mathbb{Q}$에 ω를 첨가하여 얻는 가장 작은 체로서 $a+b\omega\,(a,b\in\mathbb{Q})$ 꼴의 수 전체의 집합이다. 따라서 x^2+x+1의 분해체는 다음과 같다.

$$\mathbb{Q}(\omega) = \{a+b\omega \mid a,\ b\in\mathbb{Q}\}$$

다항식 x^3-1의 분해체와 다항식 x^2+x+1의 분해체는 같다.

문제 6-30 $\mathbb{Q}(\omega)=\mathbb{Q}(\sqrt{3}i)$임을 보여라.

- $\mathbb{Q}(\sqrt[3]{2},\ \sqrt[3]{2}\omega,\ \sqrt[3]{2}\omega^2)=\mathbb{Q}(\sqrt[3]{2},\ \omega)$는 $\mathbb{Q}$에 x^3-2의 세 개의 해 $\sqrt[3]{2}$, $\sqrt[3]{2}\omega$, $\sqrt[3]{2}\omega^2$를 첨가하여 얻은 가장 작은 체이다. 따라서 x^3-2의 분해체는 $\mathbb{Q}(\sqrt[3]{2},\ \omega)$이다.

문제 6-31 $\mathbb{Q}(\sqrt[3]{2},\ \omega)$는 다음과 같은 꼴의 수 전체임을 확인하여라.

$$a+\sqrt[3]{2}b+\sqrt[3]{4}c+\omega d+\sqrt[3]{2}\omega e+\sqrt[3]{4}\omega f\ \ (a,b,c,d,e,f\in\mathbb{Q})$$

나. 갈로아 군

갈로아의 궁극적인 호기심은 '다항식의 해가 어떠한 꼴인가'였다. 그의 생각을 삼차다항식의 경우에 살피면 유익하다.

대수학의 기본 정리에 의하면 복소수체 $\mathbb{C}$는 $f(x)=x^3+ax^2+bx+c$의 모든 근을 가지고 있으므로 $\mathbb{Q}(\alpha,\beta,\gamma)$는 $\mathbb{C}$의 부분체이다. 실수는 허수부분이 0인 복소수 이므로 우리가 생각하는 다항식의 해는 모두 복소수이다.

다항식 $f(x)\in\mathbb{Q}[x]$의 분해체를 K로 나타내고,

$$G(K/\mathbb{Q})=\{\sigma\mid\sigma: K\to K \text{ 는 동형사상}, \sigma\mid_{\mathbb{Q}}=I\}$$

을 생각하자. 여기서 $\sigma\mid_{\mathbb{Q}}=I$는 동형사상 σ를 $\mathbb{Q}$에 축소시키면 $\mathbb{Q}$에서 항등함수가 된다는 것을 나타낸다. 즉, $G(K/\mathbb{Q})$의 원소는 K 위에서의 동형사상 σ중에서 모든 유리수 x에 관해서는 $\sigma(x)=x$인 성질을 만족시키는 것이다.

정리 6.8

$G(K/\mathbb{Q})$는 사상의 합성연산에 관하여 군이다.

위의 정의에서 군 $G(K/\mathbb{Q})$를 다항식 $f(x)$의 갈로아 군(Galois group)이라고 한다. 다항식의 근(root)에 관한 문제가 군(group)에 관한 문제로 변환될 수 있다는 것을 암시한다.

다음 정리가 성립한다.

정리 6.9

임의의 다항식 $f(x)\in\mathbb{Q}[x]$에 대하여 $f(\alpha)=0$이면 $\sigma\in G(K/\mathbb{Q})$에 대하여 $f(\sigma(\alpha))=0$이다. 다시 말하면, α가 $f(x)$의 근이면 $\sigma(\alpha)$도 $f(x)$의 근이다.

이 정리로부터 다음을 알 수 있다.

$f(x)=x^3+ax^2+bx+c$의 세 근을 α, β, γ라고 하고 $K=\mathbb{Q}(\alpha, \beta, \gamma)$라고 하면, 임의의 $\sigma \in G(K/\mathbb{Q})$에 대하여 $\sigma(\alpha)$는 α, β, γ 중 하나이다.

다음 두 예는 뒤에서도 자주 활용될 것이므로 확실히 이해할 필요가 있다.

• $K=\mathbb{Q}(\sqrt{2})$

K는 $x^2-2\in\mathbb{Q}[x]$의 분해체이며 K의 원소는 $a+b\sqrt{2}\ (a,b\in\mathbb{Q})$ 꼴이므로 벡터공간으로서 $\mathbb{Q}(\sqrt{2})$의 기저는 $\{1, \sqrt{2}\}$이다. 또, 임의의 $\sigma\in G(K/\mathbb{Q})$에 대하여 $\sigma(\sqrt{2})$는 $\sqrt{2}$ 이든가 $-\sqrt{2}$ 이다. 따라서 σ는 다음과 같이 두 가지 경우만 있다.

$$\sqrt{2}\mapsto\sqrt{2} \text{ 또는 } \sqrt{2}\mapsto-\sqrt{2}$$

첫 번째 경우는 항등사상을 나타내고, 두 번째 $\sigma\in G(K/\mathbb{Q})$의 경우에는 임의의 $\alpha=a+b\sqrt{2}\in\mathbb{Q}(\sqrt{2})$에 대하여 다음이 성립한다.

$$\begin{aligned}\sigma(\alpha)&=\sigma(a+b\sqrt{2})=\sigma(a)+\sigma(b\sqrt{2})\\&=\sigma(a)+\sigma(b)\sigma(\sqrt{2})\\&=a+b\sigma(\sqrt{2})=a-b\sqrt{2}\end{aligned}$$

따라서 $G(K/\mathbb{Q})$는 위수가 2인 순환군 C_2 (또는 $\mathbb{Z}_2$)이다.

• $K=\mathbb{Q}(\sqrt[3]{2},\ \omega)$

K는 $x^3-2\in\mathbb{Q}[x]$의 분해체이다. 여기서 ω는 x^2+x+1의 근으로서 $\omega=\dfrac{-1+\sqrt{3}\,i}{2}$ 이다. 앞에서와 같은 이유로 $\sigma\in G(K/\mathbb{Q})$는 다음과 같은 여섯 가지 경우를 생각할 수 있다.

$$I=\begin{cases}\sqrt[3]{2}\mapsto\sqrt[3]{2}\\ \omega\mapsto\omega\end{cases}\qquad \tau=\begin{cases}\sqrt[3]{2}\mapsto\sqrt[3]{2}\\ \omega\mapsto\omega^2\end{cases}$$

$$\sigma = \begin{cases} \sqrt[3]{2} \mapsto \sqrt[3]{2}\,\omega \\ \omega \quad \mapsto \omega \end{cases} \qquad \tau\sigma = \begin{cases} \sqrt[3]{2} \mapsto \sqrt[3]{2}\,\omega^2 \\ \omega \quad \mapsto \omega^2 \end{cases}$$

$$\sigma^2 = \begin{cases} \sqrt[3]{2} \mapsto \sqrt[3]{2}\,\omega^2 \\ \omega \quad \mapsto \omega \end{cases} \qquad \tau\sigma^2 = \begin{cases} \sqrt[3]{2} \mapsto \sqrt[3]{2}\,\omega \\ \omega \quad \mapsto \omega^2 \end{cases}$$

결국, $G(K/\mathbb{Q}) \cong S_3 = < \sigma, \tau \mid \sigma^3 = 1 = \tau^2, \tau\sigma\tau = \sigma^2 >$ 임을 알 수 있다.

> **문제 6-32** 다음을 설명하여라.
>
> $$S_3 = < \sigma, \tau \mid \sigma^3 = 1 = \tau^2, \tau\sigma\tau = \sigma^2 > = \{1,\ \sigma^2,\ \sigma^3,\ \tau,\ \tau\sigma,\ \tau\sigma^2\}$$

다. 불변체

확대체가 있으면 그 확대체로부터 갈로아 군을 얻을 수 있다. 이제 갈로아 군의 부분군이 있으면 그 부분군으로부터 체를 얻을 수 있다.

> **정리 6.10**
>
> $F \le K$ 이고 H가 $G(K/F)$의 부분군일 때,
>
> $$K_H = \{k \in K \mid \sigma(k) = k, \forall\, \sigma \in H\}$$
>
> 는 F를 포함하는 K의 부분체이다.

다항식의 근의 문제는 군의 문제로 변환될 수 있고, 군의 문제는 다항식의 근의 문제로 변환될 수 있음을 알 수 있다.

예를 들어보자.

- $x^2 - 2 \in \mathbb{Q}[x]$의 갈로아 군 C_2는 두 개의 부분군 $M = C_2$, $N = \{1\}$를 가진다. $x^2 - 2 \in \mathbb{Q}[x]$의 분해체 $\mathbb{Q}(\sqrt{2})$를 K라고 하면 $K_M = \mathbb{Q}$ 이고 $K_N = \mathbb{Q}(\sqrt{2})$이다.

- x^3-2의 갈로아 군은 $S_3 = < \sigma, \tau \mid \sigma^3 = 1 = \tau^2, \tau\sigma\tau = \sigma^2 > = \{1, \sigma, \sigma^2, \tau, \tau\sigma, \tau\sigma^2\}$ 이다. S_3의 부분군 중에는 $M = \{1, \tau\}$ 와 $N = \{1, \sigma, \sigma^2\}$ 가 있다.
  x^3-2의 분해체 $K = \mathbb{Q}(\sqrt[3]{2}, \omega)$에 대하여 $K_M = \mathbb{Q}(\sqrt[3]{2})$이고 $K_N = \mathbb{Q}(\omega)$이다.

여기서 다음을 주목하자.

$G(K/K_N) = N$이며 N은 S_3의 정규부분군이다.
$K_N = \mathbb{Q}(\omega)$은 $x^2+x+1 \in \mathbb{Q}[x]$의 분해체이다.
$G(K/K_M) \neq M$이며 M은 S_3의 정규부분군이 아니다.
$K_M = \mathbb{Q}(\sqrt[3]{2})$는 분해체가 아니다.

≪정의 6.11≫
체 K가 체 F의 확대체일 때, $K_{G(K/F)} = F$ 일 때, K를 F의 갈로아확대체라고 한다.

예를 들어보자.

- $x^2-2 \in \mathbb{Q}[x]$의 분해체 $K = \mathbb{Q}(\sqrt{2})$에 대해 $K_{G(K/\mathbb{Q})} = \mathbb{Q}$ 이므로 $\mathbb{Q}(\sqrt{2})$는 $\mathbb{Q}$ 의 갈로아확대체이다.
- $x^3-2 \in \mathbb{Q}[x]$의 분해체 $K = \mathbb{Q}(\sqrt[3]{2}, \omega)$에 대해 $K_{G(K/\mathbb{Q})} = \mathbb{Q}$ 이므로 $\mathbb{Q}(\sqrt[3]{2}, \omega)$는 $\mathbb{Q}$ 의 갈로아확대체이다.
- $\mathbb{Q}$ 의 확대체 $K = \mathbb{Q}(\sqrt[3]{2})$에 대해 $G(K/\mathbb{Q}) = I$ 이다. 왜냐하면, 임의의 $\sigma \in G(K/\mathbb{Q})$에 대하여 $\sigma(\sqrt[3]{2})$는 $x^3-2 \in \mathbb{Q}[x]$의 세 개의 해 $\sqrt[3]{2}$, $\sqrt[3]{2}\omega$, $\sqrt[3]{2}\omega^2$ 중 하나여야 하는데 $\mathbb{Q}(\sqrt[3]{2})$에는 $\sqrt[3]{2}$ 밖에 없으므로 $\sigma(\sqrt[3]{2}) = \sqrt[3]{2}$ 이기 때문이다. 이제, $K_{G(K/\mathbb{Q})} = K \neq \mathbb{Q}$ 이므로 $\mathbb{Q}(\sqrt[3]{2})$는 $\mathbb{Q}$ 의 갈로아확대체가 아니다.

다음 정리는 자주 사용될 것이다.

정리 6.12

체 K가 체 F의 갈로아확대체이기 위한 필요충분조건은 K가 어떤 다항식 $f(x)\in F[x]$의 분해체인 것이다.

예를 들어, $\mathbb{Q}(\sqrt[3]{2})$는 $\mathbb{Q}$의 갈로아확대체가 아니므로 $\mathbb{Q}(\sqrt[3]{2})$는 어떤 다항식 $f(x)\in\mathbb{Q}[x]$의 분해체가 아니다.

앞으로 '갈로아확대체'라는 표현과 어떤 다항식의 '분해체'라는 표현은 같은 의미로 사용한다.

라. 단위원의 원시 $n-$제곱근

다항식 x^2-2의 두 근은 $\sqrt{2}, -\sqrt{2}=\sqrt{2}\times(-1)$이고, 다항식 x^3-2의 세 근은 $\sqrt[3]{2}$, $\sqrt[3]{2}\,\omega$, $\sqrt[3]{2}\,\omega^2$이며, 다항식 x^4-2의 네 근은 $^4\sqrt{2}$, $^4\sqrt{2}\,i$, $-{}^4\sqrt{2}(=4\sqrt{2}\times i^2)$, $-{}^4\sqrt{2}\,i(=4\sqrt{2}\times i^3)$이다. 여기서 x^2-1, x^3-1, x^4-1 각각의 해 -1, ω 그리고 i가 중요한 역할을 한다는 것을 볼 수 있다.

다항식 x^n-1 의 근 전체는 다음과 같이 구할 수 있다.

복소평면의 원점을 중심으로 하는 단위원은 x축과 항상 (1,0)에서 만난다. 이제, 점 (1,0)에서 시작하여 반시계방향으로 정$n-$각형의 꼭짓점들을 하나하나 생각한다. 점 (1,0)의 바로 다음에 있는 점이 나타내는 복소수를 ζ라고 하면, 정$n-$각형의 꼭짓점들을 반시계방향의 순서로 나타내면 다음과 같다.

$$\{\zeta, \zeta^2, \dots, \zeta^{n-1}, \zeta^n=1\}$$

여기서 ζ를 '단위원의 원시 $n-$제곱근(primitive $n-$root of unity)'이라고 한다. 예를 들어, 단위원의 원시 $2-$제곱근은 -1, 단위원의 원시

3 − 제곱근은 ω, 단위원의 원시 4 − 제곱근은 i이다.

다음을 알 수 있다.

임의의 양의 실수 a에 대하여 $x^n - a$의 근은 다음과 같다.

$$\{\sqrt[n]{a}\zeta,\ \sqrt[n]{a}\zeta^2,\ \cdots,\ \sqrt[n]{a}\zeta^{n-1},\ \sqrt[n]{a}\zeta^n = \sqrt[n]{a}\}$$

여기서 $\sqrt[n]{a}$는 a의 n − 제곱근 중에서 양의 실수인 것을 나타낸다.

마. 소수 차수 갈로아확대체

편의를 위하여 F의 확대체 E의 차수를 $[E : F]$로 나타내자.

다음 정리는 유용하다.

정리 6.13

p가 소수이고, F가 단위원의 원시 p − 제곱근을 포함하고 있다고 하자. F의 갈로아확대체 E에 대하여 $[E : F] = p$이면 $G(E/F)$가 순환군이고 $E = F(d)$이며 $d^p \in F$를 만족시키는 $d \in E$가 존재한다.

이 정리를 다음과 같이 이해할 수 있다.

집합 $\{d,\ d^2,\ \cdots,\ d^{p-1},\ d^p\}$는 기초체 F위에서의 벡터공간 E의 기저이다. 따라서 E의 모든 원소는 $d, d^2, \ldots, d^{p-1}, d^p$ 들의 일차결합으로 표현된다. 여기서 $d^p \in F$이므로 $d^p = a$인 F의 원소 a가 존재하므로 $d = \sqrt[p]{a}$ 꼴이다. 따라서 E의 모든 원소는 F의 원소들의 덧셈, 뺄셈, 곱셈, 나눗셈, 그리고 거듭제곱근을 사용하여 나타낼 수 있다.

예를 들어보자.

• $p = 2$인 경우

단위원의 원시 2 − 제곱근은 -1이므로 모든 체 F는 단위원의 원시 2 − 제곱근을 포함한다. $[E : F] = 2$이면 어떤 $\gamma \in F$가 있어서 $E = F(\sqrt{\gamma})$

이다. 이유는 다음과 같다. 먼저, $\alpha \in E-F$가 존재한다. $[F(\alpha): F]=2$이므로 α의 최소다항식은 $p(x)=x^2+ax+b \in F[x]$와 같은 꼴이다. 이제, $\gamma=a^2-4b$라고 하면 $E=F(\alpha)=F(\sqrt{\gamma})$이다. $E=F(\sqrt{\gamma})=\{\alpha+\beta\sqrt{\gamma} \mid \alpha,\beta \in \mathbb{Q}\}$이므로 E의 모든 원소는 F의 원소들의 덧셈, 뺄셈, 곱셈, 나눗셈, 그리고 제곱근을 사용하여 나타낼 수 있다.

- $p=3$인 경우

F는 단위원의 원시 3-제곱근 ω을 포함하고 있는 것으로 가정한다. 원소 $\alpha \in E-F$를 잡으면 $E=F(\alpha)$이다. 왜냐하면 $F(\alpha)$는 F를 포함하고 E와 같거나 E에 포함되는데 $[E : F]=3$은 소수이므로 F와 $F(\alpha)$ 사이에는 이 두 체와 다른 체가 존재할 수 없기 때문이다.

이제, $G(E/F)=\{\sigma,\sigma^2,\sigma^3=1\}$로 나타내자. α의 최소다항식을 $q(x)$라고 하면 $q(x)$의 차수는 3이다. $q(x)$의 다른 두 근을 β,γ라고 하고 다음을 생각하자.

$$d_1=\alpha+\beta+\gamma$$

$$d_2=\alpha+\beta\omega+\gamma\omega^2$$

$$d_3=\alpha+\beta\omega^2+\gamma(\omega^2)^2=\alpha+\beta\omega^2+\gamma\omega$$

위의 관계를 다음과 같이 나타낼 수 있다.

$$\begin{bmatrix} d_1 \\ d_2 \\ d_3 \end{bmatrix}=\begin{bmatrix} 1 & 1 & 1 \\ 1 & \omega & \omega^2 \\ 1 & \omega^2 & \omega \end{bmatrix}\begin{bmatrix} \alpha \\ \beta \\ \gamma \end{bmatrix}$$

여기서 $\begin{bmatrix} 1 & 1 & 1 \\ 1 & \omega & \omega^2 \\ 1 & \omega^2 & \omega \end{bmatrix}$의 역행렬은 $\dfrac{1}{3}\begin{bmatrix} 1 & 1 & 1 \\ 1 & \omega^2 & \omega \\ 1 & \omega & \omega^2 \end{bmatrix}$이다.

문제 6-33

- $\begin{bmatrix} 1 & 1 & 1 \\ 1 & \omega & \omega^2 \\ 1 & \omega^2 & \omega \end{bmatrix}$ 의 행렬식이 0이 아님을 설명하여라.
- 'Vandermonde 행렬식'이 무엇인지 조사하여라.

따라서 α, β, γ는 d_1, d_2, d_3의 일차결합으로 나타낼 수 있다. 여기서 ω, ω^2는 F의 원소이고 $\alpha \notin F$이므로 d_1, d_2, d_3 중에는 F에 속하지 않는 것이 있다. 속하지 않는 그 원소를 d라고 하면 $E = F(d)$이고 $d^3 \in F$ 이다.

여기서 $d^3 \in F$임을 보이기 위해 $\beta = \sigma(\alpha), \gamma = \sigma^2(\alpha)$라고 하자.

문제 6-34 $\alpha, \sigma(\alpha), \sigma^2(\alpha)$ 모두는 $q(x)$의 해임에 주목하여 위에서 $\beta = \sigma(\alpha)$, $\gamma = \sigma^2(\alpha)$라고 가정할 수 있음을 설명하여라.

먼저, $\sigma(d_1) = d_1$, $\sigma(d_2) = d_2\omega^2$, $\sigma(d_3) = d_3\omega$ 임을 쉽게 확인할 수 있다. d_1, d_2, d_3 중 어느 경우라고 하더라도 $\sigma(d_i^3) = (\sigma(d_i))^3 = d_i^3 \, (i = 1,2,3)$이다. E는 F의 갈로아확대체이므로 $d_i^3 \in F$이다.

위의 과정을 다음의 경우를 통하여 확인할 수 있다.

- $F = \mathbb{Q}(\omega)$
- $E = \mathbb{Q}(\omega, 1 + \sqrt[3]{2}) = (\mathbb{Q}(\omega))(1 + \sqrt[3]{2})$는 $q(x) = x^3 - 3x^2 + 3x - 3 = (x-1)^3 - 2 \in \mathbb{Q}(\omega)[x]$의 분해체이다. 실제로, $q(x)$의 세 근은 $\alpha = 1 + \sqrt[3]{2}, \beta = 1 + \sqrt[3]{2}\,\omega, \gamma = 1 + \sqrt[3]{2}\,\omega^2$이다.

- $G(E/F) \simeq \mathbb{Z}_3 = \{\sigma, \sigma^2, 1\}$ 이다. 여기서 σ는 다음과 같다.

$$\sigma(1+\sqrt[3]{2}) = 1+\sqrt[3]{2}\,\omega$$
$$\sigma^2(1+\sqrt[3]{2}) = 1+\sqrt[3]{2}\,\omega^2$$

- $d_1 = 3,\ d_2 = 0,\ d_3 = 3\times\sqrt[3]{2}$
- $E = F(d_3) = F(\sqrt[3]{2})$ 이고 $(\sqrt[3]{2})^3 = 2 \in F$ 이므로 E의 모든 원소는 F의 원소들의 덧셈, 뺄셈, 곱셈, 나눗셈, 그리고 거듭제곱근 $\sqrt[3]{2}$ 와 $(\sqrt[3]{2})^2$ 을 사용하여 나타낼 수 있다.

지금까지 살펴 본 다항식의 가해성에 대한 갈로아의 생각을 다음과 같이 정리할 수 있다.

- 주어진 다항식의 근의 형태를 살피기 위하여, 근들에 관하여 얻어지는 군이나 체 등 대수적 구조를 살핀다.
- 다항식의 가해성 문제를 먼저 확대체의 문제로 표현하고, 이를 다시 군의 문제로 변환하여 근들에 관한 대칭성을 살핀다.

15. 갈로아이론

앞에서 살펴본 바와 같이, 다항식의 가해성의 문제는 군의 문제로 귀착시킬 수 있다.

가. 갈로아이론의 기본정리

다음은 갈로아이론의 핵심 정리 중의 하나로서 '갈로아이론의 기본정리 (Fundamental Theorem of Galois Theory)'라고 한다.

정리 6.14

K가 F의 갈로아확대체라고 하자.

- K와 F사이의 중간체 전체의 집합을 Σ 라고 하고, $G(K/F)$ 의 모든 부분군의 집합을 Γ 라고 하자. 임의의 $E \in \Sigma$ 와 $H \in \Gamma$ 에 대하여, 다음과 같이 정의된 두 함수를 생각하자.

$$\Phi: \Sigma \to \Gamma\ ,\ \Phi(E) = G(K/E),$$
$$\Psi: \Gamma \to \Sigma\ ,\ \Psi(H) = K_H.$$

  그러면, $\Phi \cdot \Psi = I_\Sigma$ 이고 $\Psi \cdot \Phi = I_\Gamma$ 이다. 여기서 I_Σ와 I_Γ는 각각 Σ와 Γ에서의 항등함수를 나타낸다.
- 다음이 성립한다.
  $F \le L \le M \le K$이면 $[M:L] = |G(K/L):G(K/M)|$ 이다.
  $J \le H \le G(K/F)$이면 $|H:J| = [K_J:K_H]$ 이다.
- 중간체 E가 F의 갈로아확대체이면, 또 그러한 경우에만 $G(K/E)$는 $G(K/F)$의 정규부분군이 된다. 이때, $G(E/F) \cong G(K/F)/G(K/E)$ 이다.

갈로아이론의 기본정리를 다음과 같이 이해할 수 있다.

- K와 F사이의 중간체 전체의 집합 Σ 과 K의 F에 의한 갈로아 군 $G(K/F)$ 의 부분군 전체의 집합 Γ 사이에는 일대일대응이 존재한다.
- Σ 에 속하는 두 중간체 L, M 사이에 $L \le M$의 관계가 있으면 M은 L 위에서의 벡터공간이다. 이 벡터공간의 차원(dimension) $[M:L]$은, L, M 각각에 대응하는 Γ 의 두 원소 $G(K/L), G(K/M)$ 사이에 정의되는 지수(index)

$$|G(K/L):G(K/M)|$$

  와 같다. 이 역도 성립한다.

- K와 F사이의 중간체 E가 F의 갈로아확대체이면, 갈로아 군 $G(K/F)$의 구조를 더욱 간단하게 살필 수 있다. $G(K/F)$의 정규부분군을 얻어 $G(K/F)$의 상군을 얻을 수 있기 때문이다. 역으로, 갈로아 군 $G(K/F)$가 정규부분군을 가지면 마찬가지이다. 즉, 갈로아군이 자명하지 않은 정규부분군을 가지고 있으면 다항식의 갈로아확대체와 기초체 사이에 중간체를 하나 얻을 수 있고 그 중간체는 기초체 위에서 갈로아확대체이므로 문제를 한층 간단히 할 수 있는 것이다.

구체적인 예를 하나 살펴보자.

다항식 $f(x)=x^3-2\in\mathbb{Q}[x]$의 분해체는 $\mathbb{Q}(\omega,\ \sqrt[3]{2})$이고 $f(x)$의 갈로아군은 $G_f = S_3 =<\sigma,\tau \mid \sigma^3=1=\tau^2, \tau\sigma\tau=\sigma^2>$이다. 여기서 σ와 τ는 다음과 같이 주어진다.

$$\sigma=\begin{cases}\sqrt[3]{2}\mapsto\sqrt[3]{2}\,\omega\\ \omega\quad\ \mapsto\omega\end{cases}\qquad\qquad \tau=\begin{cases}\sqrt[3]{2}\mapsto\sqrt[3]{2}\\ \omega\quad\ \mapsto\omega^2\end{cases}$$

부분군 $<\sigma>=A_3$는 S_3의 정규부분군이다. 이제, $K=\mathbb{Q}(\omega,\ \sqrt[3]{2})$, $E=\mathbb{Q}(\omega)$, $G=G_f$, 그리고 $N=<\sigma>$로 나타내면 다음과 같은 그림을 얻을 수 있다.

$$\begin{array}{ll} K=\mathbb{Q}(w,\ \sqrt[3]{2}) & G(K/F)=<\sigma,\tau> \\ | & | \\ E=\mathbb{Q}(w) & G(K/E)=<\sigma> \\ | & | \\ F=\mathbb{Q} & I \end{array}$$

따라서 다항식 $f(x)\in\mathbb{Q}[x]$의 가해성의 문제는 다음과 같이 좀 더 간단한 가해성의 문제 두 개로 바뀐다.

$$\begin{array}{ccccccc} E & & G(E/F) & \qquad\qquad & K & & G(K/E) \\ | & & | & & | & & | \\ F & & I & & E & & I \end{array}$$

나. 정규확대체

K가 F의 대수적 확대체이고, K의 한 원소를 근으로 갖는 기약다항식 $f(x) \in F[x]$ 이 $K[x]$에서 일차식의 곱으로 분해될 때, K를 F의 정규확대체(normal extension)라고 한다.

정리 6.15

다음의 두 조건은 동치이다.

- K는 어떤 다항식 $f(x) \in F[x]$의 분해체다.
- K는 F의 유한, 정규 확대체다.

이 정리와 갈로아이론의 기본정리에 의하면 정규확대체는 정규부분군과 밀접한 관계에 있다는 것을 알 수 있다.

다. 가해군

다항식의 가해성 문제는 다음과 같이 구체적으로 기술할 수 있다.

- 주어진 다항식 $f(x) \in \mathbb{Q}[x]$의 갈로아확대체 E를 구한다.
- 이 갈로아확대체에 의한 갈로아군[7] G를 구한다.
- 군 G가 정규부분군 G_1을 가지며 $|G : G_1| = |G/G_1| = p_1$($p_1$은 소수)이면 G_1에 의한 E의 불변체 E_{G_1}은 어떤 다항식 $g(x) \in \mathbb{Q}[x]$의 갈로아확대체이다. 정리 6.14에 의하여 E_{G_1}의 모든 원소는 $\mathbb{Q}$의

7) 주어진 다항식의 갈로아 군이다.

원소들의 덧셈, 뺄셈, 곱셈, 나눗셈, 그리고 거듭제곱근을 사용하여 나타낼 수 있다.

- E는 E_{G_1}의 갈로아확대체이므로 갈로아군 $G(E/E_{G_1})$을 계산하여 앞의 과정을 다시 할 수 있다. G_2를 G_1의 정규부분군이며

$$|G_1 : G_2| = |G_1/G_2| = p_2 \,(p_2\text{는 소수})$$

라고 하면 E_{G_2}는 E_{G_1}의 갈로아확대체이며 차수는 p_2이다. E_{G_2}의 모든 원소는 E_{G_1}의 원소들의 덧셈, 뺄셈, 곱셈, 나눗셈, 그리고 거듭제곱근을 사용하여 나타낼 수 있다. 이는 E_{G_2}의 모든 원소는 $\mathbb{Q}$의 원소들의 덧셈, 뺄셈, 곱셈, 나눗셈, 그리고 거듭제곱근을 사용하여 나타낼 수 있다는 것을 뜻한다.

- 이 과정을 유한 번(예를 들어, n번) 계속 반복하여 G_n이 소수 위수를 가지는 순환군이라면 E의 모든 원소는 $\mathbb{Q}$의 원소들의 덧셈, 뺄셈, 곱셈, 나눗셈, 그리고 거듭제곱근을 사용하여 나타낼 수 있다.

$$\begin{array}{ll}
E & G = G(E/\mathbb{Q}) \\
\mid\ p_{n+1} & \mid\ p_1 \\
E_{G_n} & G_1 \\
\mid & \mid\ p_2 \\
\vdots & G_2 \\
\mid & \mid \\
E_{G_2} & \vdots \\
\mid & \mid \\
E_{G_1} & G_n \\
\mid & \mid\ p_{n+1} \\
\mathbb{Q} & I
\end{array}$$

이제, 자연스럽게 다음의 정의를 생각할 수 있다.

군 G가 다음 세 가지 조건 모두를 만족시키는 부분군 열(series)을 가지면 G를 가해군(solvable group)이라고 한다.

- $G = G_0 \geq G_1 \geq \cdots \geq G_{t-1} \geq G_t = \{e\}$
- 각각의 $i(i = 1, \cdots, t)$에 대하여 G_i 는 G_{i-1}의 정규부분군이다.
- 각각의 $i(i = 1, \cdots, t)$에 대하여 상군 G_{i-1}/G_i는 소수 위수이다.

몇 가지 예를 들어 보자.

- 모든 가환군은 가해군이다.
- $S_3(= D_3)$는 가해군이다. $G_0 = S_3$라고 하고 $G_1 = A_3$라고 하면 위의 조건을 만족시키는 다음과 같은 부분군 열을 생각할 수 있다.

$$G_0 \geq G_1 \geq 1$$

이때 등장하는 소수는 2와 3이다.

갈로아이론의 기본정리에 의하여 다음을 알 수 있다.

다항식 $f(x) \in \mathbb{Q}$ 의 갈로아군이 S_3라면 다음과 같은 확대체 열을 얻을 수 있다.

$$\mathbb{Q} \leq E_1 \leq E$$

여기서 $[E_1 : \mathbb{Q}] = 2$ 이고 $[E : E_1] = 3$이다.

- S_4는 가해군이다. $G_0 = S_4$, $G_1 = A_4$, $G_2 = \{1, (12)(34), (13)(24), (14)(23)\}$, 그리고 $G_3 = \{1, (12)(34)\}$ 라고 하면 위의 조건을 만족시키는 다음과 같은 부분군 열을 생각할 수 있다.

$$G_0 \geq G_1 \geq G_2 \geq G_3 \geq 1$$

이때 등장하는 소수는 2, 3, 2, 2이다.

갈로아이론의 기본정리에 의하여 다음을 알 수 있다.

다항식 $g(x) \in \mathbb{Q}$ 의 갈로아군이 S_4라면 다음과 같은 확대체 열을 얻을 수 있다.

$$\mathbb{Q} \le E_1 \le E_2 \le E_3 \le E$$

여기서 $[E_1 : \mathbb{Q}] = 2$, $[E_2 : E_1] = 3$, $[E_3 : E_2] = 2$, 그리고 $[E : E_3] = 2$ 이다.

라. 단순군

군 G의 두 개의 부분군 G와 $\{e\}$는 정규부분군이다. 이 두 부분군은 특별히 중요하다고 할 수 없다. 자명하기 때문이다. 그런 의미에서 이 두 정규부분군을 '자명한 정규부분군(trivial normal subgroup)'이라고 한다. 자명하지 않은 정규부분군을 가지지 않는 군을 '단순군(simple group)'이라고 한다.

위수가 소수(prime number)인 유한군은 당연히 단순군이다. 단순군 중에서 유의미한 것은 비가환 단순군이다. 비가환 단순군 중에서 위수가 가장 작은 것은 위수가 60인 A_5라는 사실이 알려져 있다. 이 사실은 일반적인 오차다항식은 근의 공식을 가지지 않는다는 사실과 긴밀히 연계된다.

마. 거듭제곱근 확대체

앞에서 다음을 언급하였다.

실수 α 가 작도가능하면 다음 조건을 만족시키는 실수 $\alpha_1, \alpha_2, \cdots, \alpha_t$가 존재한다:

- $\alpha \in \mathbb{Q}(\sqrt{\alpha_1}, \ldots, \sqrt{\alpha_t})$
- $\alpha_i \in \mathbb{Q}(\sqrt{\alpha_1}, \ldots, \sqrt{\alpha_{i-1}}),\ i = 2, \ldots, t$
- $\alpha_1 \in \mathbb{Q}$

이를 다음과 같이 표현할 수 있다.

실수 α가 작도가능하면 다음 조건을 만족시키는 실수 $\alpha_1, \alpha_2, \cdots, \alpha_t$ 가 존재한다:

- $\alpha \in \mathbb{Q}(\alpha_1, \ldots, \alpha_t)$
- $\alpha_i^2 \in \mathbb{Q}(\alpha_1, \ldots, \alpha_{i-1}),\ i = 2, \ldots, t$
- $\alpha_1^2 \in \mathbb{Q}$

위의 정의를 다소 확장하여 다음과 같은 정의를 생각하자.

≪정의 6.16≫
다음 조건을 만족시키는 $u_1,\ u_2,\ u_3, \cdots, u_t \in K$ 와 $n_i \in \mathbb{N}$ $(i = 1, \ldots, t)$ 가 있을 때, K 를 F 의 거듭제곱근 확대체(radical extension)라고 한다.

$$F = F_0 \leq F_1 \leq \cdots \leq F_t = K \text{이고}$$

$$F_i = F_{i-1}(u_i),\ u_i^{n_i} \in F_{i-1}\ (i = 1, \ldots, t)$$

다항식 $f(x) \in F[x]$의 분해체를 포함하는 거듭제곱근 확대체가 있다고 하자. F_1의 모든 원소는 F의 원소들의 덧셈, 뺄셈, 곱셈, 나눗셈, 그리고 거듭제곱근을 사용하여 나타낼 수 있다. 마찬가지로, F_2의 모든 원소는 F_1의 원소들의 덧셈, 뺄셈, 곱셈, 나눗셈, 그리고 거듭제곱근을 사용하여 나타낼 수 있다. 이 과정을 반복하면, $K = F_t$의 모든 원소는 F_{t-1}의 원소들의 덧셈, 뺄셈, 곱셈, 나눗셈, 그리고 거듭제곱근을 사용하여 나타낼 수 있다.

보통 '근의 공식으로 풀 수 있다' 또는 '근의 공식이 존재한다'라는 말의 정확한 정의는 다음과 같다.

≪정의 6.17≫
다항식 $f(x) \in F[x]$의 분해체를 포함하는 거듭제곱근 확대체가 있을 때 $f(x)$는 '거듭제곱근을 사용하여 풀 수 있다(solvable by radicals)' 라고 한다.

위 정의를 다음과 같이 나타낼 수 있다.

다항식 $f(x) \in F[x]$의 근을 $x_1, x_2, \ldots, x_k$ 라고 할 때, 다음 조건을 만족시키는 $u_1,\ u_2,\ u_3, \cdots, u_t \in K$ 와 $n_i \in \mathbb{N}\ \ (i = 1, \ldots, t)$가 존재할 때, $f(x)$는 '거듭제곱근을 사용하여 풀 수 있다'라고 한다.

- $K = F(u_1, \ldots, u_t)$
- $x_1, x_2, \ldots, x_k \in F(u_1, \ldots, u_t)$
- $u_i^{n_i} \in F(u_1, \ldots, u_{i-1}),\ i = 2, \ldots, t$
- $u_1^{n_1} \in F$

다항식 $f(x)$를 거듭제곱근을 사용하여 풀 수 있으면 $f(x)$의 모든 근은 $F(u_1, \ldots, u_{t-1})$의 원소들의 덧셈, 뺄셈, 곱셈, 나눗셈, 그리고 거듭제곱근을 사용하여 나타낼 수 있다.

몇 개의 예를 들어 보자.

먼저, 다항식 $x^2 - 2 \in \mathbb{Q}[x]$는 거듭제곱근을 사용하여 풀 수 있다.

- $\sqrt{2}, -\sqrt{2} \in \mathbb{Q}(\sqrt{2})$
- $(\sqrt{2})^2 \in \mathbb{Q}$

다항식 $x^3 - 2 \in \mathbb{Q}[x]$도 거듭제곱근을 사용하여 풀 수 있다. 이 방정식의 세 근은 $x_1 = \sqrt[3]{2}$, $x_2 = \sqrt[3]{2}\,\omega$, $x_2 = \sqrt[3]{2}\,\omega^2$이다. $u_1 = 2\omega + 1$, $u_2 = \sqrt[3]{2}$ 라고 하면 다음이 성립한다.

- $x_1, x_2, x_3 \in \mathbb{Q}(u_1, u_2)$
- $u_2^3 \in \mathbb{Q}(u_1)$
- $u_1^2 \in \mathbb{Q}$

삼차다항식 $x^3 - 3x - 8 \in \mathbb{Q}[x]$의 경우도 살펴보자. 다항식 $x^3 - 3x - 8 \in \mathbb{Q}[x]$는 한 개의 실근 $x_1 = \sqrt[3]{4+\sqrt{15}} + \sqrt[3]{4-\sqrt{15}}$과 두 개의 허근 $x_2 = \sqrt[3]{4+\sqrt{15}}\,\omega + \sqrt[3]{4-\sqrt{15}}\,\omega^2$, $x_3 = \sqrt[3]{4+\sqrt{15}}\,\omega^2 + \sqrt[3]{4-\sqrt{15}}\,\omega$을 가진다. $u_1 = 2\omega + 1$, $u_2 = \sqrt{15}$, $u_3 = \sqrt[3]{4+\sqrt{15}}$라고 하면 다음이 성립한다. 이때, $\sqrt[3]{4-\sqrt{15}} = \frac{1}{u_3}$임에 유념한다.

- $x_1, x_2, x_3 \in \mathbb{Q}(u_1, u_2, u_3)$
- $u_3^3 \in \mathbb{Q}(u_1, u_2)$
- $u_2^2 \in \mathbb{Q}(u_1)$
- $u_1^2 \in \mathbb{Q}$

다항식 $x^4 - x - 1 \in \mathbb{Q}[x]$도 역시 거듭제곱근을 사용하여 풀 수 있다. 이를 위해, http://www.wolframalpha.com/에서 $x^4 - x - 1 \in \mathbb{Q}[x]$의 근(exact form) x_1, x_2, x_3, x_4를 구한다.

$$x_1 = \frac{1}{2}\sqrt{\frac{\sqrt[3]{\frac{1}{2}(9+\sqrt{849})}}{3^{2/3}} - 4\sqrt[3]{\frac{2}{3(9+\sqrt{849})}}} + \frac{1}{2}$$
$$\sqrt{4\sqrt[3]{\frac{2}{3(9+\sqrt{849})}} - \frac{\sqrt[3]{\frac{1}{2}(9+\sqrt{849})}}{3^{2/3}} + \frac{2}{\sqrt{\frac{\sqrt[3]{\frac{1}{2}(9+\sqrt{849})}}{3^{2/3}} - 4\sqrt[3]{\frac{2}{3(9+\sqrt{849})}}}}}$$

$$x_2=\frac{1}{2}\sqrt{\frac{\sqrt[3]{\frac{1}{2}(9+\sqrt{849})}}{3^{2/3}}-4\sqrt[3]{\frac{2}{3(9+\sqrt{849})}}}-\frac{1}{2}\sqrt{4\sqrt[3]{\frac{2}{3(9+\sqrt{849})}}-\frac{\sqrt[3]{\frac{1}{2}(9+\sqrt{849})}}{3^{2/3}}+\frac{2}{\sqrt{\frac{\sqrt[3]{\frac{1}{2}(9+\sqrt{849})}}{3^{2/3}}-4\sqrt[3]{\frac{2}{3(9+\sqrt{849})}}}}}$$

$$x_3=-\frac{1}{2}\sqrt{\frac{\sqrt[3]{\frac{1}{2}(9+\sqrt{849})}}{3^{2/3}}-4\sqrt[3]{\frac{2}{3(9+\sqrt{849})}}}+\frac{1}{2}\sqrt{4\sqrt[3]{\frac{2}{3(9+\sqrt{849})}}-\frac{\sqrt[3]{\frac{1}{2}(9+\sqrt{849})}}{3^{2/3}}-\frac{2}{\sqrt{\frac{\sqrt[3]{\frac{1}{2}(9+\sqrt{849})}}{3^{2/3}}-4\sqrt[3]{\frac{2}{3(9+\sqrt{849})}}}}}$$

$$x_4=-\frac{1}{2}\sqrt{\frac{\sqrt[3]{\frac{1}{2}(9+\sqrt{849})}}{3^{2/3}}-4\sqrt[3]{\frac{2}{3(9+\sqrt{849})}}}-\frac{1}{2}\sqrt{4\sqrt[3]{\frac{2}{3(9+\sqrt{849})}}-\frac{\sqrt[3]{\frac{1}{2}(9+\sqrt{849})}}{3^{2/3}}-\frac{2}{\sqrt{\frac{\sqrt[3]{\frac{1}{2}(9+\sqrt{849})}}{3^{2/3}}-4\sqrt[3]{\frac{2}{3(9+\sqrt{849})}}}}}$$

위에서 x_1, x_2는 실근이고 x_3, x_4는 허근이다. 이제, $u_1=\sqrt{849}$,

$$u_2=\frac{\sqrt[3]{\frac{9+\sqrt{849}}{2}}}{3^{\frac{2}{3}}}=\sqrt[3]{\frac{9+u_1}{18}},\quad u_3=\sqrt{u_2-\frac{4}{3u_2}},$$

$$u_4=\sqrt{\frac{4}{3u_2}-u_2+\frac{2}{u_3}},\quad u_5=\sqrt{\frac{4}{3u_2}-u_2-\frac{2}{u_3}}$$

라고 하면 다음이 성립한다. 이때, $\sqrt[3]{\dfrac{2}{3(9+\sqrt{849})}}=\dfrac{1}{3u_2}$ 이다.

- $x_1, x_2, x_3, x_4 \in \mathbb{Q}(u_1, u_2, u_3, u_4)$
- $u_5^2 \in \mathbb{Q}(u_1, u_2, u_3, u_4)$
- $u_4^2 \in \mathbb{Q}(u_1, u_2, u_3)$
- $u_3^2 \in \mathbb{Q}(u_1, u_2)$
- $u_2^3 \in \mathbb{Q}(u_1)$
- $u_1^2 \in \mathbb{Q}$

바. 갈로아 규준

거듭제곱근을 사용하여 풀 수 있는 다항식을 가해다항식이라고 부른다.

다음은 '갈로아이론의 기본정리'와 함께 갈로아이론의 핵심 정리 중의 하나로서 '갈로아 규준(Galois' Criterion)'이라고 한다.

정리 6.18

$f(x)$가 가해다항식이면 $f(x)$의 갈로아군은 가해군이다. 역으로 $f(x)$의 갈로아군이 가해군이면 $f(x)$는 가해 다항식이다.

다항식이 주어지면 그 다항식의 근의 공식이 있는지 없는지를 다항식의 갈로아군을 계산하여 보면 알 수 있다는 것이다. 즉, 이 규준은 주어진 다항식을 거듭제곱근을 사용하여 풀 수 있는 지 그렇지 않은 지를 판단한다.

예를 들어보자.

이차다항식 $x^2+x+1 \in \mathbb{Q}[x]$의 갈로아군은 $\mathbb{Z}_2$로서 가해군이다. 따라서 $x^2+x+1 \in \mathbb{Q}[x]$은 가해다항식이다.

삼차다항식 $x^3-2 \in \mathbb{Q}[x]$의 갈로아군은 S_3로서 가해군이다. 따라서

$x^3 - 2 \in \mathbb{Q}[x]$는 가해다항식이다.

사차다항식 $x^4 - x - 1 \in \mathbb{Q}[x]$의 갈로아군은 S_4로서 가해군이다(http://magma.maths.usyd.edu.au/calc). 따라서 $x^4 - x - 1 \in \mathbb{Q}[x]$은 가해다항식이다.

사. 오차다항식

오차다항식 중에는 $x^5 - 1$처럼 거듭제곱근을 사용하여 풀 수 있는 것이 있는가 하면 그렇지 않은 것이 있다. 예를 들어, 갈로아 군이 S_5인 다항식이 있다. 실제로, $f(x) = x^5 - 4x + 2 \in \mathbb{Q}[x]$의 갈로아군은 S_5이다(신현용, 2011). S_5는 정규부분군 A_5를 가지지만 A_5는 자명하지 않은 부분군을 가지지 않는다. 즉, S_5는 가해군이 아니다. 따라서 $f(x)$는 거듭제곱근을 사용하여 풀 수 없다.

갈로아이론은 오차 또는 그 이상 차수의 다항식은 일반적으로 거듭제곱근을 사용하여 풀 수 없다는 것을 말한다. 더 나아가 주어진 다항식이 풀 수 있는지 없는지를 판단할 수 있는 방안을 제시한다. 즉, 다항식의 가해성은 그 다항식의 갈로아 군의 가해성에 따른다는 것이다.

16. 실제

갈로아 이론은 다항식의 가해성에 관한 이론을 제공하지만 실제적인 풀이 방법은 제시하지 않는다. 갈로아이론에 의하면 삼차다항식과 사차다항식은 항상 거듭제곱근을 사용하여 풀 수 있지만 구체적으로 어떻게 푸는지를 설명하는 것은 아니다. 예를 들어, 삼차다항식 $x^3 - 3x - 8 \in \mathbb{Q}[x]$이 주어졌을 때 이 방정식의 해를 어떻게 구하는 지에 관한 구체적인 절차를 설명하지는 않는다.

그렇다면 거듭제곱근을 사용하여 풀 수 있는 삼차 또는 사차다항식이 주어진다면 그 다항식을 어떻게 풀 수 있을까?

이차다항식 x^2+ax+b의 경우를 먼저 생각하자. x^2+ax+b을 '완전제곱꼴'로 고치면 $(x+\frac{a}{2})^2+b-\frac{a^2}{4}$이다. 여기서 x 대신에 $X-\frac{a}{2}$를 대입하면 x^2+ax+b은 $X^2+b-\frac{a^2}{4}$로 변형되어 일차항이 소거되어 쉽게 풀 수 있다.

가. 삼차다항식

삼차 다항식 x^3+ax^2+bx+c에서 $x=X-\frac{a}{3}$를 대입하면 이차항이 없는 삼차식, 즉 X^3+qX+r의 형태를 얻는다. 비록, X^3+qX+r과 같은 꼴로 변형하더라도 곧바로 풀리는 것은 아니지만, 처음보다 비교적 쉬워진다. 실제로, 삼차다항식의 근은 다음과 같이 얻어진다.

다항식 $g(x)=x^3+qx+r$에서 $d=\frac{q^3}{27}+\frac{r^2}{4}$라고 하고, 두 복소수 α, β를 $\alpha\beta=-\frac{q}{3}$, $\alpha^3=-\frac{r}{2}+\sqrt{d}$, $\beta^3=-\frac{r}{2}+\sqrt{d}$가 되도록 택하면, $g(x)$의 세 근은 다음과 같다.

$$\alpha+\beta,\ \alpha w+\beta w^2,\ \alpha w^2+\beta w\left(w=\frac{-1+\sqrt{3i}}{2}\right)$$

이 사실을 알아보기 위해 $x=u+v$를 $g(x)$의 근 이라고 하자. 이 때,

$$\begin{aligned}0&=g(u+v)=(u+v)^3+q(u+v)+r\\&=u^3+v^3+(3uv+q)(u+v)+r\end{aligned}$$

이므로, 연립방정식

$$\begin{cases}3uv+q=0\\u^3+v^3=-r\end{cases}\quad 즉 \quad\begin{cases}uv=-\frac{q}{3}\\u^3+v^3=-r\end{cases}\qquad ①$$

의 근 u, v를 구하여 이것을 $x=u+v$에 대입하면 $g(x)$의 근을 얻는다. 그런데 ①에 의하여 $u^3+v^3=-r$, $u^3v^3=-\frac{q^3}{27}$이므로, u^3과 v^3은 이차

다항식 $x^2 + rx - \frac{q^3}{27} = 0$의 근이고 따라서 u^3과 v^3을 다음과 같이 놓을 수 있다.

$$u^3 = -\frac{r}{2} + \sqrt{\frac{r^2}{4} + \frac{q^3}{27}} = -\frac{r}{2} + \sqrt{d} \quad ②$$

$$u^3 = -\frac{r}{2} - \sqrt{\frac{r^2}{4} + \frac{q^3}{27}} = -\frac{r}{2} - \sqrt{d} \quad ③$$

이제 $u = \alpha$, $v = \beta$를 각각 ②, ③의 한 근이라고 하면, ②의 세 근은 α, αw, αw^2이고 ③의 세 근은 β, βw, βw^2이다$\left(w = \frac{-1 + \sqrt{3i}}{2}\right)$. 한편, ①에 의하여 $uv = -\frac{q}{3}$이므로 α, β를 $\alpha\beta = -\frac{q}{3}$가 되도록 택하면

$$(\alpha w)(\beta w^2) = \alpha\beta w^3 = -\frac{q}{3}, \quad (\alpha w^2)(\beta w) = \alpha\beta w^3 = -\frac{q}{3}$$

이고, 이 때 $g(x)$의 세 근은 $\alpha + \beta$, $\alpha w + \beta w^2$, $\alpha w^2 + \beta w$이다.

여기서 다음을 주목하자.

- 삼차다항식의 세 근이 모두 실근이라고 하더라도 세 근은 $\alpha + \beta$, $\alpha w + \beta w^2$, $\alpha w^2 + \beta w$와 같은 꼴로 표현된다. 바꾸어 말하면, 어떤 근이 $\alpha w + \beta w^2$ 또는 $\alpha w^2 + \beta w$와 같이 표현되었다고 하더라도 실수(real number)일 수 있다.
- 위의 과정을 살펴보면, 삼차방정식 $x^3 + qx + r = 0$을 푸는 과정은 $X^2 = A$, $X^3 = B$의 형태의 방정식을 차례로 푼다는 것을 알 수 있다. 예를 들어, 앞에서 논의한 다항식 $x^3 - 3x - 8 \in \mathbb{Q}[x]$의 세 근은 $X^2 = 15$, $X^3 = 4 + \sqrt{15}$의 형태의 방정식을 차례로 풀어 구한 것이다. 이는 다항식 $x^3 - 3x - 8 \in \mathbb{Q}[x]$의 갈로아군 S_3가 가해군이고, S_3의 부분군 열이 $S_3 \geq A_3 \geq 1$라는 사실과 일치한다. 이때 등장하는 소수는 2와 3임에 주목하자.

나. 사차 다항식

다항식 $x^4+ax^3+bx^2+cx+d$에서 $x=X-\frac{a}{4}$를 대입하면 삼차항이 없는 사차다항식, 즉 X^4+qX^2+rX+s의 형태를 얻는다. 비록 X^4+qX^2+rX+s와 같은 꼴로 변형하였다고 하더라도 바로 풀리는 것은 아니지만, 처음보다 비교적 쉬워진다.

사차다항식 $g(x)=x^4+qx^2+rx+s$의 근을 구해보자. 여기서 $r=0$이면 매우 쉽게 풀리므로, $r\neq 0$라고 가정한다. 복소수체 $\mathbb{C}$ 위에서 $g(x)$가 다음과 같이 인수분해 된다고 하자.

$$g(x)=x^4+qx^2+rx+s=(x^2+jx+k)(x^2+lx+m)$$

이를 전개하여 계수를 비교하면 다음을 얻는다.

$$l=-j,\ m-j^2+k=q,\ jm-jk=r,\ km=s$$

다음을 알 수 있다.

$$2mj=j^3+qj+r,\ 2kj=j^3+qj-r$$

이때,

$$\begin{aligned}4sj^2=4kmj^2&=(2kj)(2mj)=(j^3+qj-r)(j^3+qj+r)\\&=(j^3+qj)^2-r^2=j^2=j^6+2qj^4+q^2J^2-r^2\end{aligned}$$

이므로 j^2에 관한 삼차방정식 $(j^2)^3+2q(j^2)^2+(q^2-4s)j^2-r^2=0$을 얻는다. 여기서 $r\neq 0$이므로 j는 0이 아니다. 삼차방정식 $(j^2)^3+2q(j^2)^2+(q^2-4s)j^2-r^2=0$을 풀고, 이어서 이차방정식 $x^2=j^2$을 풀어 k, l, m의 값을 구한 후, 이차다항식 x^2+jx+k와 x^2+lx+m의 근을 구하면, $g(x)$의 네 근을 다음과 같이 얻을 수 있다.

$$\frac{-j\pm\sqrt{j^2-4k}}{2},\ \frac{-j\pm\sqrt{j^2-4m}}{2}$$

사차방정식 $x^3+qx^2+rx+s=0$을 푸는 위의 과정을 자세히 살펴보자. 먼저, j^2을 구하기 위해서는 삼차방정식을 풀어야 하므로, 앞에서 언급한 바와 같이 $X^2=A$, $X^3=B$ 형태의 방정식을 차례로 풀어야 한다. 이어서 j를 구하기 위해 $X^2=C$의 형태를 풀어야 하고, $x^2+jx+k=0$와 $x^2+lx+m=0$를 풀기 위해서는 $X^2=D$의 형태의 방정식을 풀어야 한다.

예를 들어, 앞에서 논의한 다항식 $x^4-x-1\in\mathbb{Q}[x]$의 경우를 생각하자. 먼저, $(j^2)^3+2q(j^2)^2+(q^2-4s)j^2-r^2=0$에서 j^2을 X라고 놓으면, 삼차다항식 x^3+4x-1을 풀어야 한다는 것을 알 수 있다. 다항식 x^3+4x-1의 세 근은 다음과 같다.

$$x_1=\frac{\sqrt[3]{\frac{1}{2}(9+\sqrt{849})}}{3^{2/3}}-4\sqrt[3]{\frac{2}{3(9+\sqrt{849})}}$$

$$x_2=2(1-i\sqrt{3})\sqrt[3]{\frac{2}{3(9+\sqrt{849})}}-\frac{(1-i\sqrt{3})\sqrt[3]{\frac{1}{2}(9+\sqrt{849})}}{2\times 3^{2/3}}$$

$$x_3=2(1+i\sqrt{3})\sqrt[3]{\frac{2}{3(9+\sqrt{849})}}-\frac{(1-i\sqrt{3})\sqrt[3]{\frac{1}{2}(9+\sqrt{849})}}{2\times 3^{2/3}}$$

x_1은 실근이고 x_2, x_3는 허근이다. 이 풀이 과정에서 $X^2=849$, $X^3=\frac{9+\sqrt{849}}{18}$을 풀었음을 알 수 있다. 그 다음에는 $X^2=\frac{\sqrt[3]{\frac{1}{2}(9+\sqrt{849})}}{3^{2/3}}-4\sqrt[3]{\frac{2}{3(9+\sqrt{849})}}$을 풀었고, 이어서

$$X^2=4\sqrt[3]{\frac{2}{3(9+\sqrt{849})}}-\frac{\sqrt[3]{\frac{1}{2}(9+\sqrt{849})}}{3^{2/3}}-\frac{2}{\sqrt{\frac{\sqrt[3]{\frac{1}{2}(9+\sqrt{849})}}{3^{2/3}}-4\sqrt[3]{\frac{2}{3(9+\sqrt{849})}}}}$$

을 푼 것임을 알 수 있다. 다항식 $x^4-x-1\in\mathbb{Q}[x]$을 풀기 위해 $X^2=A$, $X^3=B$, $X^2=C$, $X^2=D$ 형태의 방정식을 차례로 푼 것이다.

위의 과정은 다항식 $x^4-x-1\in\mathbb{Q}[x]$의 갈로아군 S_4가 가해군이고, S_4의 부분군 열이 $G_0\geq G_1\geq G_2\geq G_3\geq 1$라는 사실과 일치한다. 여기서, $G_0=S_4$, $G_1=A_4$, $G_2=\{1,(12)(34),(13)(24),(14)(23)\}$, $G_3=\{1,(12)(34)\}$이다. 여기에 등장하는 소수는 2, 3, 2, 2 임에 주목하자.

> **문제 6-35** 위에서 언급한 S_4의 부분군 열 $G_0\geq G_1\geq G_2\geq G_3\geq 1$에 관하여 다음 사실을 확인하여라: 상군 G_0/G_2는 S_3와 동형이고, G_2는 클라인의 사원군 V_4와 동형이다.

CHAPTER

07 마무리

수학에서 눈금 없는 자와 컴퍼스만을 사용하는 작도는 오래 된 문제로서 중요하게 여겨졌다. 작도는 다항식의 풀이와 관련되기 때문이다. 작도가능성의 문제는 다항식의 가해성의 문제와 연계되며 이는 수학사의 중요한 한 축을 형성하였다.

다항식의 가해성의 문제는 군론(Group Theory)에 기반을 둔 갈로아이론(Galois Theory)으로 완전히 해결된다. 갈로아이론은 다시 작도가능성의 문제를 말끔하게 해결한다. 정다각형의 작도가능성 문제이다.

1. 작도

갈로아이론은 작도가능성의 문제에 도움을 줄 수 있다. 먼저, 다음을 기억하자.

실수 α가 작도가능하면 다음 조건을 만족시키는 실수 $\alpha_1, \alpha_2, \cdots, \alpha_n$이 존재한다.

- $\alpha \in \mathbb{Q}(\alpha_1, \ldots, \alpha_n)$
- $\alpha_i^2 \in \mathbb{Q}(\alpha_1, \ldots, \alpha_{i-1}),\ i = 2, \ldots, n$
- $\alpha_1^2 \in \mathbb{Q}$

이 작도가능성의 정의는 거듭제곱근 확대체 정의의 특수한 경우로 볼 수 있다. 따라서 작도가능성을 살피는 데에 있어서 갈로아이론을 적용하면 효과적일 수 있다.

가. 작도가능하지 않은 수

앞 장에서 다항식 $p(x) = x^4 - x - 1$의 근 γ가 작도가능하지 않을 것이라는 추측을 하였다. 실제로, 실수 γ가 작도가능하지 않음을 증명할 수 있는 방법 중의 하나는 다항식 $p(x)$의 갈로아군을 계산하는 것이다.

다항식의 갈로아군을 계산하는 것은 일반적으로 쉬운 일이 아니지만 삼차다항식이나 사차다항식의 경우에는 여러 방법이 소개되어 있고, 실제로 온라인 상에서 계산할 수 있다. 예를 들어, http://magma.maths.usyd.edu.au/calc 에서 다항식 $p(x) = x^4 - x - 1$ 의 갈로아군은 S_4 임을 확인할 수 있다.

한편, γ가 작도가능하기위한 필요충분조건은 γ의 최소다항식인 $p(x)$의 갈로아군의 위수가 2의 거듭제곱 꼴이라는 사실이 알려져 있다. S_4의 위수는 $4! = 24$로서 2의 거듭제곱 꼴이 아니므로 γ는 작도가능하지 않다.

나. 정다각형의 작도가능성

임의의 자연수 n에 대하여 정n각형의 작도가능성에 관하여 알아보자. 임의의 자연수 $n(n \geq 3)$에 대하여 정n각형은 작도가능한가? 이 문제는 원시n-제곱근의 작도가능성 문제이다. 여기서는 소수 p에 대하여 정p^k각형$(p \geq 1)$의 작도가능성을 살핀다.

먼저, 정p^k각형의 작도는 복소평면위에서 원점을 중심으로 하는 단위원을 p^k 등분을 작도할 수 있는가의 문제로 귀착된다는 것을 알 수 있다.

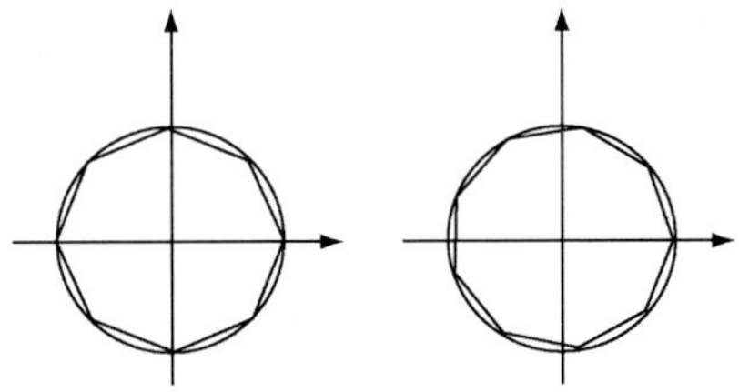

정8(2^3)각형　　정9(3^2)각형

단위원의 원시 p^k제곱근 ζ는 다음과 같다.

$$\zeta = \cos\frac{2\pi}{p^k} + i\sin\frac{2\pi}{p^k}$$

ζ의 작도가능성, $\cos\frac{2\pi}{p^k}$의 작도가능성, $\sin\frac{2\pi}{p^k}$의 작도가능성, 그리고 각 $\frac{2\pi}{p^k}$의 작도가능성 모두는 동치이다. $\frac{2\pi}{p^k}$를 θ라고 하면 정p^k각형의 작도는 $\cos\theta$의 작도가능성의 문제로, 이는 다시 θ의 최소다항식의 차수 문제로 귀착된다.

다음 정리는 잘 알려져 있다.

정리 6.19

임의의 홀수 소수 p에 대하여 $\cos\frac{2\pi}{p^k}$의 $\mathbb{Q}$ 위에서의 최소다항식의 차수는 $p^{k-1}(p-1)$이다.

이제, 다음 확대체 열을 생각하자.

$$\mathbb{Q} \le \mathbb{Q}(\cos\theta) \le \mathbb{Q}(\zeta)$$

ζ는 $x^2 - 2\cos\theta x + 1 \in \mathbb{Q}(\cos\theta)[x]$의 근이고 $x^2 - 2\cos\theta x + 1$는

$\mathbb{Q}(\cos\theta)[x]$에서 기약다항식이므로 $\mathbb{Q}(\zeta)$는 $\mathbb{Q}(\cos\theta)$ 위에서 2차원 벡터공간이다.

문제 6-36 $x^2 - 2\cos\theta x + 1$는 $\mathbb{Q}(\cos\theta)[x]$에서 기약다항식임을 설명하여라.

$\mathbb{Q}(\zeta)$는 $\mathbb{Q}$ 위에서 $p^{k-1}(p-1)$차원의 벡터공간이므로 $\mathbb{Q}(\cos\theta)$는 $\mathbb{Q}$ 위에서 $\dfrac{p^{k-1}(p-1)}{2}$차원의 벡터공간이다.

다음을 금방 알 수 있다.

임의의 홀수 소수 p에 대하여, $k \geq 2$이면 정p^k각형의 작도는 불가능하다. $\dfrac{p^{k-1}(p-1)}{2}$가 2의 거듭제곱 꼴이 아니기 때문이다.

이제, 임의의 홀수 소수 p에 대하여 정p각형의 작도가능성을 살피자. 정p각형의 작도가 가능하기 위해서는 $\dfrac{p-1}{2}$가 2의 거듭제곱 꼴이어야 하므로 소수 p는 다음과 같은 꼴이다.

$$2^m + 1\,(m \geq 1)$$

$2^m + 1\,(m \geq 1)$이 소수이면 m이 2의 거듭제곱 꼴이어야 하므로 정p각형의 작도가 가능하기 위해서는 소수 p 는 다음과 같은 꼴이다.

$$2^{2^k} + 1\,(k \geq 0)$$

$2^{2^k} + 1\,(k \geq 0)$와 같은 꼴의 소수를 '페르마소수(Fermat prime)'라고 부른다.

문제 6-37 자연수 m이 홀수인 소인수를 가지면 $2^m + 1$은 소수가 아님을 설명하여라.

이제 다음 질문은 필연적이다.

어떤 소수 p 가 $2^{2^k}+1\,(k \ge 0)$의 꼴이면 정p각형의 작도가 가능할까?

다항식 x^p-1의 분해체는 $\mathbb{Q}(\zeta)$ 이다. 여기서 ζ는 단위원의 원시 p제곱근으로서 $\zeta = \cos\frac{2\pi}{p} + i\sin\frac{2\pi}{p}$ 이다. $\zeta^{-1} = \cos\frac{2\pi}{p} - i\sin\frac{2\pi}{p}$ 이고 $\frac{\zeta+\zeta^{-1}}{2} = \cos\frac{2\pi}{p}$ 이므로 $\mathbb{Q}(\cos\frac{2\pi}{p}) < \mathbb{Q}(\zeta)$ 이다.

문제 6-38 다음을 확인하여라.
$x^p-1=(x-1)(x^{p-1}+x^{p-2}+\cdots+x+1)$이고 $x^{p-1}+x^{p-2}+\cdots+x+1$은 기약다항식이다. 따라서 x^p-1의 분해체 $\mathbb{Q}(\zeta)$는 $\mathbb{Q}$ 위에서 차원이 $p-1$인 벡터공간이고 x^p-1의 갈로아군 $G(\mathbb{Q}(\zeta)/\mathbb{Q})$의 위수는 $p-1=2^{2^k}$ 이다.

다항식 x^p-1의 갈로아군 $G(\mathbb{Q}(\zeta)/\mathbb{Q})$가 가해군이다. 실제로, $G(\mathbb{Q}(\zeta)/\mathbb{Q})$은 가환군이다. 임의의 $\sigma \in G(\mathbb{Q}(\zeta)/\mathbb{Q})$에 대하여 $\sigma(\zeta)=\zeta^i$ $(i=1,\,2,\,\cdots,\,p-1)$이기 때문에 $G(\mathbb{Q}(\zeta)/\mathbb{Q})$의 모든 원소는 서로 가환적이기 때문이다.

$\mathbb{Q}$ 위에서의 갈로아확대체 $E=\mathbb{Q}(\zeta)$에 대하여 다음과 같은 확대체 열을 생각하자.

$$
\begin{array}{c}
E=\mathbb{Q}(\zeta) \\
| \\
\mathbb{Q}\left(\cos\dfrac{2\pi}{p}\right) \\
| \\
\mathbb{Q}
\end{array}
$$

이 확대체 열에 의하여 x^p-1의 갈로아군 $G(E/\mathbb{Q})$의 부분군 열을 얻는다.

$$\begin{array}{c} G=(E/\mathbb{Q}) \\ | \\ G\left(E/\mathbb{Q}\left(\cos\frac{2\pi}{p}\right)\right) \\ | \\ I \end{array}$$

군 $G(E/\mathbb{Q})$가 가해군이므로 갈로아이론의 기본정리에 의하여 다음 조건을 만족시키는 확대체열이 존재한다.

$$\begin{array}{c} F=\mathbb{Q}\left(\cos\frac{2\pi}{p}\right) \\ |\,2 \\ F_n \\ |\,2 \\ \vdots \\ |\,2 \\ F_1 \\ |\,2 \\ 1 \end{array}$$

따라서 $\cos\frac{2\pi}{p}$는 작도가능하다.

이상의 논의로부터 다음을 알 수 있다.

정리 6.20

소수 $p(p \geq 3)$에 대하여 정p각형이 작도가능하기위한 필요충분조건은 p가 페르마소수인 것이다.

예를 들어, 정3각형, 정5각형, 정17각형은 작도가능하지만, 정7각형, 정11각형, 정13각형은 작도가능하지 않다.

이제, 일반적인 자연수 $n(n \geq 3)$에 대하여 정n각형의 작도가능성을 살피는 것은 어렵지 않다.

정리 6.21

쌍마다 서로 소인 자연수 $n_1, n_2, \ldots, n_t\ (n_i \geq 3)$ 각각에 대하여 정n_i각형이 모두 작도 가능하면 정$n_1 n_2 \cdots n_t$각형도 작도가능하다.

증명 t에 관한 수학적 귀납법으로 증명한다. 먼저 $t=1$인 경우는 분명하고 $t \geq 2$일 때 $t-1$이하인 모든 경우에 정리가 성립한다고 하자. $n = n_1 n_2 \cdots n_{t-1}$에 대하여 $nr + n_t s = 1$을 만족시키는 정수 r, s가 있다. 이제 두 각 $\frac{2\pi}{n}$과 $\frac{2\pi}{n_t}$가 작도가능하므로 $\frac{2\pi}{n_t} r + \frac{2\pi}{n} s = \frac{2\pi}{n_1 n_2 \ldots n_{t-1} n_t}$도 작도가능하다. 따라서 정$n_1 n_2 \cdots n_t$각형은 작도가능하다.

한 예로서 다음을 생각할 수 있다. 정삼각형과 정오각형은 작도가능하므로 두 각 $\frac{2\pi}{3}$과 $\frac{2\pi}{5}$가 작도가능하다. 그런데 $3 \cdot 2 + 5 \cdot (-1) = 1$이므로 $\frac{2\pi}{5} \cdot 2 + \frac{2\pi}{3} \cdot (-1) = \frac{2\pi}{15}$가 작도가능하다. 따라서 정15각형은 작도가능하다.

다음 정리는 일반적인 자연수 $n(n \geq 3)$에 대하여 정n각형의 작도가능성을 말한다.

정리 6.22

정n각형이 작도 가능하기위한 필요충분조건은 n이 다음과 같은 꼴로 표시되는 것이다.

$$n = 2^m \text{ 또는 } n = 2^k p_1 p_2 \ldots p_r$$

여기서 $m \geq 2, k \geq 0$이고 $p_1, p_2, \ldots, p_r$ 은 서로 다른 페르마소수이다.

2. 7과 17[8)]

자연수 '7'은 특별한 수이다. 자연수 p를 소수(prime number)라고 할 때, $p=3$인 경우, 정p각형의 작도는 누구나 할 수 있다. $p=5$인 경우의 정p각형 작도는 누구나 할 수 있는 것은 아니지만 유클리드 원론(Elements)에 이미 정리(Proposition)로 소개되어 있다. 그 후 유클리드는 정p각형의 작도에 관하여 침묵한다. 2,000년의 세월이 흐른 후에야 유클리드가 침묵할 수밖에 없었던 이유를 짐작할 수 있게 되었다. $p=7$인 경우 정p각형의 작도는 가능하지 않다. 따라서 정다각형의 작도에 관한 한 자연수 '7'은 특별하다.

자연수 '17'도 특별한 수이다. $p=11, 13$ 인 경우에도 정p각형의 작도는 가능하지 않다. 그러다 $p=17$인 경우 정p각형은 작도가 가능하다. 따라서 정다각형의 작도에 관한 한 자연수 '17'은 특별하다. 정17각형을 처음으로 작도한 사람은 가우스인데 그는 그의 많은 업적 가운데 이 업적을 가장 자랑스럽게 생각했단다. 그의 고향에 있는 그의 동상은 정17각형 위에 있다.

참고로, 7은 페르마 소수(Fermat prime)가 아니지만 17은 $2^{2^2}+1$로서 페르마 소수이다. 사실, 7은 2^3-1로서 메르센느 소수(Mersenne prime)이다.

3. 디자인

Shin, Sheen, Kwon, & Mun(2015)은 한국의 전통 띠 문양과 전통 문양을 가능한 모든 타입에 걸쳐 제시하였다. 숫자 '7' 과 숫자 '17'의 의미를 유념하며 Shin, Sheen, Kwon, & Mun(2015)에 소개된 $7+17=24$개의

8) 신현용·나준영·신실라(2015a, 2015b)의 내용 일부와 거의 같다.

문양을 한꺼번에 나타내는 그림을 생각하는 것은 흥미 있는 일일 것이다. 특히, 띠 7개 문양을 일곱 개의 동심원으로 배치하고, 벽지 17개 문양을 정17각형을 작도하여 각 모서리에 배치한 그림을 생각할 수 있다.

오른쪽 QR-코드를 인식하면 Shin, Sheen, Kwon, & Mun(2015)에 소개된 한국의 전통 띠 문양 일곱 개가 색깔을 입고 동심원으로 나타날 것이다. 나타난 문양을 터치하면 크게 보인다.

한편, 오른쪽 QR-코드를 인식하면 Shin, Sheen, Kwon, & Mun(2015)에 소개된 한국의 전통 벽지 문양 열일곱 개가 일곱 개 띠 문양과 함께 색깔을 입고 나타날 것이다. 이 책의 표지에 있는 문양이다. 벽지 문양은 작도된 정17각형의 모서리에 배치되었다. 이 경우에도 나타난 문양을 터치하면 크게 보인다.

한국의 전통문양 24개로 구성된 위 정17각형은 작도가능성, 군론, 갈로아이론의 결과이다. 수학적이며 전통적인 이 그림을 한국을 소개하는 방석이나 우산(雨傘) 디자인으로 사용하면 어떨까?

참고문헌

국립중앙박물관(2013), 이슬람의 보물, 국립중앙박물관.

김교신 옮김(2012), 레오나르도 다 빈치 조화와 비례의 미학, 시공사.

김병화 옮김(2008), 알브레히트 뒤러, 마로니에 북스.

김슬기 · 신기철 옮김(2013), 열세 살 딸에게 가르치는 갈루아 이론, 승산.

김원욱 옮김(2007), 아즈텍: 고대 문명의 역사와 보물, 생각의 나무.

노성두 옮김(2005), 창조의 수수께끼를 푼 레오나르도 다 빈치, 아이세움.

민경우(2011), 디자인의 이해, 미진사.

민병걸 옮김(2007), 디자인의 디자인, 안그라픽스.

박정선 옮김(2014), 눈속임, 한길사.

박한식(1987), 14면체 주사위, 뉴스레터 25호, 한국수학교육학회.

신현용(2011), 추상대수학 제2판, 한국수학교육학회 수학교사 시리즈 Ⅰ, 교우사.

신현용(2013), 작도가능하지 않은 2의 거듭 제곱 차수인 실수: 증명과 논박, 뉴스레터 147호, 제29권 제6호, 한국수학교육학회.

신현용 · 신실라(2014), 문양에 관한 수학적 접근: 군론에 의한 한국 전통문양의 분류, Archives of Design Research, Vol. 27 (3), Aug. 2014.

신현용 · 신실라 · 문태선 · 권혜윤 · 이윤우(2014), 벽지문양을 소재로 한 수학 학습자료 개발 연구, 수학교육, 한국수학교육학회지 시리즈 A, 제 53권, 제 3호.

신현용 · 나준영 · 신실라(2014), 띠 7 벽지 17, 한국수학교육학회 뉴스레터 제30권 제6호 통권 154호, 한국수학교육학회.

신현용 · 나준영 · 신실라(2015a), 디자인, 디자인, 한국수학교육학회 뉴스레터 제31권 제1호 통권 155호, 한국수학교육학회.

신현용 · 나준영 · 신실라(2015b), 거문고 디자인, 한국수학교육학회 뉴스레터, 제31권 제2호 통권 156호, 한국수학교육학회.

신현용 · 나준영(2015), 프랙탈과 디자인, 한국수학교육학회 뉴스레터, 제31권 제4호 통권 158호, 한국수학교육학회.

신현용 · 나준영(2016), 대칭: 수학자의 유언, 승산.

안기연 옮김(2011), 대칭, 승산.
안재권 · 안기연 옮김(2010), 아름다움은 왜 진리인가, 승산.
이영민 옮김(2007), 인도: 고대 문명의 역사와 보물, 생각의 나무.
이유경 옮김(2007), 이슬람: 고대 문명의 역사와 보물, 생각의 나무.
이희명 옮김(2013), 디자인의 탄생, 안그라픽스.
임영주(1998), 한국의 전통문양 1, 2, 3, 예원.
임태경 · 김관배(2005), 전통문양을 활용한 패턴 디자인교육 프로그램 개발에 관한 연구, 한국디자인학회 학술발표대회 논문집.
조선유적유물도감편찬위원회(2002), 북한의 문화재와 문화유적 조선시대 Ⅰ, Ⅱ, Ⅲ, Ⅳ, 서울대학교출판부.
조영수 · 강주호 · 신현용(2007), 선형대수학. 경문사.
조영제 · 권명광 · 안상수 · 이순종(2012), 디자인 사전, 안그라픽스.
최재혁 옮김(2006), 레오나르도 다 빈치, 마로니에북스.
한국문화재보호재단(2005), 한국의 무늬(개정판), 한국문화재보호재단.
한국복식학회 옮김(2009), 세계 복식 문화사, 한국복식학회.
Atalay, B.(2006), Math and the Mona Lisa, Smithsonian Books.
Bool, F. H., Kist, J. R., Locher, J. L., & Wierda, F.(1992), M. C. Escher, Abradale Press, Harry N. Abrams, Inc., Publishers.
Burn, R. P.(1985), Groups A Path to Geometry, Cambridge University Press.
Coxeter, H. S. M.(1969), Introduction to Geometry, John Wiley & Sons, INC.
Da Vinci, L.(1897), A Treatise On Painting, Georg Bell & Sons.
Du Sauty, M.(2008), Symmetry, New York: Harper.
Elam, K.(2001), Geometry of Design, Princeton Architectural Press.
Escher, M. C.(2000), The Magic of M. C. Escher, Joost Elffers Books, Harry N. Abrams, Inc., Publishers.
Hart, V.(2009), Symmetry and Transformations in the Musical Plane, http://vihart.com.
Kimberly, M.(2011), Geometry of Design : Princeton Architectural Press.
Mackiw, G.(1985), Applications of Abstract Algebra, John Wiley & Sons.
Mazur, B.(2003), Imagining Numbers, Farrar Strauss Giroux.

Morandi, P. J.(2013), The Classification of Wallpaper Patterns: From Group Cohomology to Escher's Tessellations, http://sierra.nms-u.edu/morandi/notes/mathematicalnotes.html.

Munkres, J. R.(1975), Topology. Prentice-Hall.

Peitgen, H-O, Jürgens, H., & Saupe, D.(1992), Fractals for the Classroom. NCTM.

Rose, B. & Stafford, B.(1981), An Elementary Course in Mathematical Symmetry, American Mathematical Monthly, January.

Sarhangi, R.(2013), A Workshop in Geometric Constructions of Mosaic Designs, Seoul, Korea,

Schattschneider, D.(1978), The Plane Symmetry Groups: Their Recognition and Notation, American Mathematical Monthly, June/July.

Shin, H., Sheen, S., Kwon, H., & Mun. T., Korean traditional patterns: frieze and wallpaper, Snbmitted.

Stewart I.(2007), Why Beauty Is Truth. Basic Books.

Stewart, I.(2013), Symmetry, Oxford: Oxford University Press.

찾아보기

H

I

J

K

L

M

N

| O |

| P |

| Q |

| R |

| S |

| T |

| U |

| W |

· 신 현 용 (한국교원대학교)

· 유 익 승 (전북과학고등학교)

· 문 태 선 (서울특별시 교육청)

· 신 기 철 (University of California Davis 대학원)

· 신 실 라 (프리랜서 디자이너)

한국수학교육학회 수학교사 시리즈 13

수학 IN 디자인

2015년 7월 15일 초판 발행
2023년 8월 10일 초판 1쇄 발행

저 자 • 신현용 · 유익승 · 문태선 · 신기철 · 신실라
발행자 • 오판근
발행처 • 교우사

주 소 • 서울특별시 동대문구 약령시로 8 교우빌딩 2층
전 화 • 925-2861(代), 편집부 / 925-2825, 홈쇼핑 / 969-5762
팩 스 • 070-7966-8610

이메일 / kyowoo@kyowoo.co.kr
홈페이지 / http://www.kyowoo.co.kr
북스토어(쇼핑몰) / http://www.kyowoo.co.kr

등록번호 • 1994년 3월 24일 제6-0256호

ISBN 979-11-251-0116-1 (93140)

값 32,000원